中国石油科技进展丛书（2006—2015 年）

# 天然气液化厂及 LNG 接收站建设运行技术

主　编：宋少光

副主编：白改玲　罗　凯

石油工业出版社

## 内 容 提 要

本书主要介绍了2006—2015年期间中国石油在液化天然气领域取得的重要科技成果，内容包括：天然气液化厂工艺技术、液化天然气接收站工艺技术、大型液化天然气储罐设计技术、性能化安全设计、设备及材料国产化、施工技术、天然气液化厂及LNG接收站操作运行技术与安全运行管理等，并对"十三五"期间国内及中国石油在液化天然气相关领域的发展进行了展望，是一本指导液化天然气研究、技术开发、工程设计、工程建设和操作运行的参考书。

本书可供LNG工程相关领域的工程技术人员、管理人员、采购人员、设计与科研人员以及有关高等院校学生阅读参考。

**图书在版编目（CIP）数据**

天然气液化厂及LNG接收站建设运行技术/宋少光主编.—北京：石油工业出版社，2019.5

（中国石油科技进展丛书.2006—2015年）

ISBN 978-7-5183-3060-7

Ⅰ.①天… Ⅱ.①宋… Ⅲ.①天然气加工厂–建设–研究 ②液化天然气–天然气输送–研究 Ⅳ.①TE68

中国版本图书馆CIP数据核字（2018）第271684号

出版发行：石油工业出版社

（北京安定门外安华里2区1号　100011）

网　　址：www.petropub.com

编辑部：（010）64523535　图书营销中心：（010）64523633

经　　销：全国新华书店

印　　刷：北京中石油彩色印刷有限责任公司

2019年5月第1版　2019年5月第1次印刷

787×1092毫米　开本：1/16　印张：21.5

字数：480千字

定价：176.00元

# 《天然气液化厂及 LNG 接收站建设运行技术》
## 编　写　组

**主　　编：** 宋少光

**副 主 编：** 白改玲　罗　凯

**编写人员：**

| | | | | | |
|---|---|---|---|---|---|
| 赵月峰 | 安小霞 | 王　红 | 郑建华 | 刘　博 | 范吉全 |
| 舒小芹 | 向苍义 | 宋媛玲 | 林　畅 | 李金光 | 蒲黎明 |
| 梅　丽 | 曹学荣 | 孙金英 | 高　贤 | 赵　欣 | 朱为明 |
| 谢　旸 | 吴　笛 | 纪明磊 | 贾琦月 | 艾绍平 | 马颖辉 |
| 刘　娜 | 吕永军 | 贺永利 | 唐志和 | 欧华锋 | 马　玉 |
| 魏玉迎 | 李卓燕 | 李文忠 | 贾保印 | 穆长春 | 佟跃胜 |
| 肖　峰 | 曹力慧 | 张金伟 | 宋延杰 | 唐辉永 | 邵　晨 |
| 贺　丁 | 宗淑贞 | 赵金涛 | 刘　阳 | 廖志成 | 张　奕 |
| 陈运强 | 王　科 | 李莹珂 | 傅贺平 | 杨　娜 | |

# 序

习近平总书记指出，创新是引领发展的第一动力，是建设现代化经济体系的战略支撑，要瞄准世界科技前沿，拓展实施国家重大科技项目，突出关键共性技术、前沿引领技术、现代工程技术、颠覆性技术创新，建立以企业为主体、市场为导向、产学研深度融合的技术创新体系，加快建设创新型国家。

中国石油认真学习贯彻习近平总书记关于科技创新的一系列重要论述，把创新作为高质量发展的第一驱动力，围绕建设世界一流综合性国际能源公司的战略目标，坚持国家"自主创新、重点跨越、支撑发展、引领未来"的科技工作指导方针，贯彻公司"业务主导、自主创新、强化激励、开放共享"的科技发展理念，全力实施"优势领域持续保持领先、赶超领域跨越式提升、储备领域占领技术制高点"的科技创新三大工程。

"十一五"以来，尤其是"十二五"期间，中国石油坚持"主营业务战略驱动、发展目标导向、顶层设计"的科技工作思路，以国家科技重大专项为龙头、公司重大科技专项为抓手，取得一大批标志性成果，一批新技术实现规模化应用，一批超前储备技术获重要进展，创新能力大幅提升。为了全面系统总结这一时期中国石油在国家和公司层面形成的重大科研创新成果，强化成果的传承、宣传和推广，我们组织编写了《中国石油科技进展丛书（2006—2015年）》（以下简称《丛书》）。

《丛书》是中国石油重大科技成果的集中展示。近些年来，世界能源市场特别是油气市场供需格局发生了深刻变革，企业间围绕资源、市场、技术的竞争日趋激烈。油气资源勘探开发领域不断向低渗透、深层、海洋、非常规扩展，炼油加工资源劣质化、多元化趋势明显，化工新材料、新产品需求持续增长。国际社会更加关注气候变化，各国对生态环境保护、节能减排等方面的监管日益严格，对能源生产和消费的绿色清洁要求不断提高。面对新形势新挑战，能源企业必须将科技创新作为发展战略支点，持续提升自主创新能力，加快构筑竞争新优势。"十一五"以来，中国石油突破了一批制约主营业务发展的关键技术，多项重要技术与产品填补空白，多项重大装备与软件满足国内外生产急需。截至 2015 年底，共获得国家科技奖励 30 项、获得授权专利 17813 项。《丛书》全面系统地梳理了中国石油"十一五""十二五"期间各专业领域基础研究、技术开发、技术应用中取得的主要创新性成果，总结了中国石油科技创新的成功经验。

《丛书》是中国石油科技发展辉煌历史的高度凝练。中国石油的发展史，就是一部创业创新的历史。建国初期，我国石油工业基础十分薄弱，20 世纪 50 年代以来，随着陆相生油理论和勘探技术的突破，成功发现和开发建设了大庆油田，使我国一举甩掉贫油的帽子；此后随着海相碳酸盐岩、岩性地层理论的创新发展和开发技术的进步，又陆续发现和建成了一批大中型油气田。在炼油化工方面，"五朵金花"炼化技术的开发成功打破了国外技术封锁，相继建成了一个又一个炼化企业，实现了炼化业务的不断发展壮大。重组改制后特别是"十二五"以来，我们将"创新"纳入公司总体发展战略，着力强化创新引领，这是中国石油在深入贯彻落实中央精神、系统总结"十二五"发展经验基础上、根据形势变化和公司发展需要作出的重要战略决策，意义重大而深远。《丛书》从石油地质、物探、测井、钻完井、采油、油气藏工程、提高采收率、地面工程、井下作业、油气储运、石油炼制、石油化工、安全环保、海外油气勘探开发和非常规油气勘探开发等 15 个方面，记述了中国石油艰难曲折的理论创新、科技进步、推广应用的历史。它的出版真实反映了一个时期中国石油科技工作者百折不挠、顽强拼搏、敢于创新的科学精神，弘扬了中国石油科技人员秉承"我为祖国献石油"的核心价值观和"三老四严"的工作作风。

《丛书》是广大科技工作者的交流平台。创新驱动的实质是人才驱动，人才是创新的第一资源。中国石油拥有 21 名院士、3 万多名科研人员和 1.6 万名信息技术人员，星光璀璨、人文荟萃、成果斐然。这是我们宝贵的人才资源。我们始终致力于抓好人才培养、引进、使用三个关键环节，打造一支数量充足、结构合理、素质优良的创新型人才队伍。《丛书》的出版搭建了一个展示交流的有形化平台，丰富了中国石油科技知识共享体系，对于科技管理人员系统掌握科技发展情况，做出科学规划和决策具有重要参考价值。同时，便于科研工作者全面把握本领域技术进展现状，准确了解学科前沿技术，明确学科发展方向，更好地指导生产与科研工作，对于提高中国石油科技创新的整体水平，加强科技成果宣传和推广，也具有十分重要的意义。

掩卷沉思，深感创新艰难、良作难得。《丛书》的编写出版是一项规模宏大的科技创新历史编纂工程，参与编写的单位有60多家，参加编写的科技人员有1000多人，参加审稿的专家学者有200多人次。自编写工作启动以来，中国石油党组对这项浩大的出版工程始终非常重视和关注。我高兴地看到，两年来，在各编写单位的精心组织下，在广大科研人员的辛勤付出下，《丛书》得以高质量出版。在此，我真诚地感谢所有参与《丛书》组织、研究、编写、出版工作的广大科技工作者和参编人员，真切地希望这套《丛书》能成为广大科技管理人员和科研工作者的案头必备图书，为中国石油整体科技创新水平的提升发挥应有的作用。我们要以习近平新时代中国特色社会主义思想为指引，认真贯彻落实党中央、国务院的决策部署，坚定信心、改革攻坚，以奋发有为的精神状态、卓有成效的创新成果，不断开创中国石油稳健发展新局面，高质量建设世界一流综合性国际能源公司，为国家推动能源革命和全面建成小康社会作出新贡献。

2018 年 12 月

# 丛书前言

石油工业的发展史，就是一部科技创新史。"十一五"以来尤其是"十二五"期间，中国石油进一步加大理论创新和各类新技术、新材料的研发与应用，科技贡献率进一步提高，引领和推动了可持续跨越发展。

十余年来，中国石油以国家科技发展规划为统领，坚持国家"自主创新、重点跨越、支撑发展、引领未来"的科技工作指导方针，贯彻公司"主营业务战略驱动、发展目标导向、顶层设计"的科技工作思路，实施"优势领域持续保持领先、赶超领域跨越式提升、储备领域占领技术制高点"科技创新三大工程；以国家重大专项为龙头，以公司重大科技专项为核心，以重大现场试验为抓手，按照"超前储备、技术攻关、试验配套与推广"三个层次，紧紧围绕建设世界一流综合性国际能源公司目标，组织开展了50个重大科技项目，取得一批重大成果和重要突破。

形成40项标志性成果。（1）勘探开发领域：创新发展了深层古老碳酸盐岩、冲断带深层天然气、高原咸化湖盆等地质理论与勘探配套技术，特高含水油田提高采收率技术，低渗透/特低渗透油气田勘探开发理论与配套技术，稠油/超稠油蒸汽驱开采等核心技术，全球资源评价、被动裂谷盆地石油地质理论及勘探、大型碳酸盐岩油气田开发等核心技术。（2）炼油化工领域：创新发展了清洁汽柴油生产、劣质重油加工和环烷基稠油深加工、炼化主体系列催化剂、高附加值聚烯烃和橡胶新产品等技术，千万吨级炼厂、百万吨级乙烯、大氮肥等成套技术。（3）油气储运领域：研发了高钢级大口径天然气管道建设和管网集中调控运行技术、大功率电驱和燃驱压缩机组等16大类国产化管道装备，大型天然气液化工艺和20万立方米低温储罐建设技术。（4）工程技术与装备领域：研发了G3i大型地震仪等核心装备，"两宽一高"地震勘探技术，快速与成像测井装备、大型复杂储层测井处理解释一体化软件等，8000米超深井钻机及9000米四单根立柱钻机等重大装备。（5）安全环保与节能节水领域：

研发了 $CO_2$ 驱油与埋存、钻井液不落地、炼化能量系统优化、烟气脱硫脱硝、挥发性有机物综合管控等核心技术。（6）非常规油气与新能源领域：创新发展了致密油气成藏地质理论，致密气田规模效益开发模式，中低煤阶煤层气勘探理论和开采技术，页岩气勘探开发关键工艺与工具等。

取得 15 项重要进展。（1）上游领域：连续型油气聚集理论和含油气盆地全过程模拟技术创新发展，非常规资源评价与有效动用配套技术初步成型，纳米智能驱油二氧化硅载体制备方法研发形成，稠油火驱技术攻关和试验获得重大突破，井下油水分离同井注采技术系统可靠性、稳定性进一步提高；（2）下游领域：自主研发的新一代炼化催化材料及绿色制备技术、苯甲醇烷基化和甲醇制烯烃芳烃等碳一化工新技术等。

这些创新成果，有力支撑了中国石油的生产经营和各项业务快速发展。为了全面系统反映中国石油 2006—2015 年科技发展和创新成果，总结成功经验，提高整体水平，加强科技成果宣传推广、传承和传播，中国石油决定组织编写《中国石油科技进展丛书（2006—2015 年）》（以下简称《丛书》）。

《丛书》编写工作在编委会统一组织下实施。中国石油集团董事长王宜林担任编委会主任。参与编写的单位有 60 多家，参加编写的科技人员 1000 多人，参加审稿的专家学者 200 多人次。《丛书》各分册编写由相关行政单位牵头，集合学术带头人、知名专家和有学术影响的技术人员组成编写团队。《丛书》编写始终坚持：一是突出站位高度，从石油工业战略发展出发，体现中国石油的最新成果；二是突出组织领导，各单位高度重视，每个分册成立编写组，确保组织架构落实有效；三是突出编写水平，集中一大批高水平专家，基本代表各个专业领域的最高水平；四是突出《丛书》质量，各分册完成初稿后，由编写单位和科技管理部共同推荐审稿专家对稿件审查把关，确保书稿质量。

《丛书》全面系统反映中国石油 2006—2015 年取得的标志性重大科技创新成果，重点突出"十二五"，兼顾"十一五"，以科技计划为基础，以重大研究项目和攻关项目为重点内容。丛书各分册既有重点成果，又形成相对完整的知识体系，具有以下显著特点：一是继承性。《丛书》是《中国石油"十五"科技进展丛书》的延续和发展，凸显中国石油一以贯之的科技发展脉络。二是完整性。《丛书》涵盖中国石油所有科技领域进展，全面反映科技创新成果。三是标志性。《丛书》在综合记述各领域科技发展成果基础上，突出中国石油领先、高端、前沿的标志性重大科技成果，是核心竞争力的集中展示。四是创新性。《丛书》全面梳理中国石油自主创新科技成果，总结成功经验，有助于提高科技创新整体水平。五是前瞻性。《丛书》设置专门章节对世界石油科技中长期发展做出基本预测，有助于石油工业管理者和科技工作者全面了解产业前沿、把握发展机遇。

《丛书》将中国石油技术体系按 15 个领域进行成果梳理、凝练提升、系统总结，以领域进展和重点专著两个层次的组合模式组织出版，形成专有技术集成和知识共享体系。其中，领域进展图书，综述各领域的科技进展与展望，对技术领域进行全覆盖，包括石油地质、物探、测井、钻完井、采油、油气藏工程、提高采收率、地面工程、井下作业、油气储运、石油炼制、石油化工、安全环保节能、海外油气勘探开发和非常规油气勘探开发等 15 个领域。31 部重点专著图书反映了各领域的重大标志性成果，突出专业深度和学术水平。

《丛书》的组织编写和出版工作任务量浩大，自 2016 年启动以来，得到了中国石油天然气集团公司党组的高度重视。王宜林董事长对《丛书》出版做了重要批示。在两年多的时间里，编委会组织各分册编写人员，在科研和生产任务十分紧张的情况下，高质量高标准完成了《丛书》的编写工作。在集团公司科技管理部的统一安排下，各分册编写组在完成分册稿件的编写后，进行了多轮次的内部和外部专家审稿，最终达到出版要求。石油工业出版社组织一流的编辑出版力量，将《丛书》打造成精品图书。值此《丛书》出版之际，对所有参与这项工作的院士、专家、科研人员、科技管理人员及出版工作者的辛勤工作表示衷心感谢。

人类总是在不断地创新、总结和进步。这套丛书是对中国石油 2006—2015 年主要科技创新活动的集中总结和凝练。也由于时间、人力和能力等方面原因，还有许多进展和成果不可能充分全面地吸收到《丛书》中来。我们期盼有更多的科技创新成果不断地出版发行，期望《丛书》对石油行业的同行们起到借鉴学习作用，希望广大科技工作者多提宝贵意见，使中国石油今后的科技创新工作得到更好的总结提升。

2018 年 12 月

# 前　言

　　天然气作为重要的清洁能源，对我国建设生态文明和实现高质量经济发展的作用越来越突出，天然气产业将是我国未来一个时期一次能源发展最快的产业。2017 年，天然气在我国仅占一次能源消费的 6.0%，与世界平均水平 23.4% 相比差距显著，未来天然气消费在我国增长空间巨大。我国能源"十三五"规划中，天然气消费将从"十二五"末的 5.9% 提高到 10%，这是国家优化能源产业结构、建设环境友好型社会的重大战略。

　　液化天然气（LNG）已成为国际天然气贸易中越来越重要的组成部分，是全球能源增长最快的产业之一。2017 年，全球液化天然气贸易量创历史新高，达到 $2.97 \times 10^8 t$（约 $3900 \times 10^8 m^3$），比上年增长了 $2989 \times 10^4 t$。其中，我国 LNG 进口总量为 $3789 \times 10^4 t$，同比增幅高达 48.37%，成为全球第二大液化天然气进口国。

　　LNG 是对天然气进行脱酸气、脱水、脱汞、脱重烃等深度净化处理，再经过冷却液化后产出的温度小于或等于 −161℃ 的液态产品。天然气液化后体积缩小为气态的 1/600，极大地提高了储存及运输效率，使这一能源产品的远洋运输和全球贸易成为现实，LNG 产业对世界能源供需格局产生了深刻影响，天然气液化和 LNG 接收及存储技术被公认为是近年来能源行业最重大的技术。

　　LNG 产业包含天然气开采及集输、天然气净化和液化、LNG 船运、LNG 接收及再气化、天然气利用等环节，已形成一个完整的产业链。我国 LNG 产业起步较晚，为满足我国经济社会对天然气清洁能源需求的快速增长，中国石油设立重大科技专项，组织有关单位开展联合攻关，取得了重大技术突破，并建成一批天然气液化工业装置和大型 LNG 接收站，为保障国家天然气安全供应发挥了重要作用，也对推动我国 LNG 产业发展和冶金、装备制造、工程建设等行业技术进步做出了巨大贡献。

　　为总结中国石油 2006 年至 2015 年期间在液化天然气领域的科技成果，更好地推动"十三五"科技工作的进一步发展，受中国石油天然气集团公司（以下简称集团公司）科技管理部的委托，由中国寰球工程有限公司（以下简称寰球公司）牵头，组织中国石油工程建设有限公司西南分公司（以下简称 CPE 西南分公司）、中国石油天然气第六建设有限公司（以下简称六建公司）、中国石油江苏液化天然气有限公司（以下简称江苏 LNG）、中国石油京唐液化天然气有限公司（以下简称唐山 LNG）、安塞华油天然气有限公司（以下简称安塞 LNG）等单位的技术专家，编写完成了《天然气液化厂及 LNG 接收站建设运行技术》专著。本书吸收了 2006 年至 2015 年期间中国石油在液化天然气研究、开发实验、工程设计、工程建设和操作运行方面的新成果，具有系统性、先进性、指导性和实用性。

本书共包括 9 章。第一章为绪论，简要介绍了中国石油 2006 年至 2015 年期间在液化天然气领域取得的重要技术成果；第二章为天然气液化厂工艺技术，包括天然气净化技术、天然气液化技术和轻烃分离技术；第三章为液化天然气接收站工艺技术，包括液化天然气装卸技术、液化天然气储存技术、液化天然气再气化技术和蒸发气处理技术；第四章为大型液化天然气储罐设计技术，包括预应力混凝土外罐设计技术、金属外罐设计技术、金属内罐设计技术和绝热系统设计技术；第五章为性能化安全设计，包括危险性和可操作性分析、安全完整性等级定级分析、工艺本质安全审查和量化风险分析；第六章为设备及材料国产化，包括液化天然气储罐材料、压缩机组及泵、换热设备以及低温阀门和管道元件；第七章为施工技术，包括液化天然气储罐的建造技术、管道安装技术和机械设备安装技术；第八章为天然气液化厂及 LNG 接收站操作运行技术与安全运行管理，包括天然气液化厂操作运行技术、LNG 接收站操作运行技术、天然气液化厂安全生产及操作运行管理以及 LNG 接收站安全生产及操作运行管理；第九章为展望，对"十三五"期间国内及中国石油在液化天然气相关领域的发展进行了展望。

本书第一章和第九章由白改玲编写，第二章由王红、宋媛玲、林畅、白改玲、李卓燕、吴笛、纪明磊、蒲黎明、王科、李莹珂、傅贺平、陈运强编写；第三章由安小霞、赵月峰、孙金英、白改玲、马颖辉、贾保印、穆长春、佟跃胜编写；第四章由郑建华、刘博、李金光、高贤、曹力慧、张金伟、宋延杰、唐辉永编写；

第五章由舒小芹、赵欣、贺丁、宗淑贞编写；第六章由范吉全、郑建华、刘博、朱为明、谢旭、贾琦月、刘娜、肖峰、梅丽、艾绍平、邵晨、张奕编写；第七章由唐志和、向苍义、赵金涛、刘阳、廖志成编写；第八章由贺永利、曹学荣、吕永军、魏玉迎、欧华锋、马玉、李文忠编写。杨娜负责全书的内容汇总和文字校对工作，宋少光、白改玲和罗凯分别担任本书主编与副主编，并负责全书的组织和审查工作。

在本书编写过程中，得到中国石油天然气集团公司科技管理部，以及黄永刚、贾明、孙培华、杨莉娜、赵德贵、于世华等专家的大力支持和悉心指导，对于提高本书的编写水平和发展液化天然气技术提出了很好的建议与希望，在此表示衷心的感谢。

需要指出的是，由于液化天然气涉及的知识领域十分广阔，囿于我们的学识和资料掌握程度，错误与纰漏在所难免，尚祈读者谅解，并恳请读者批评指正。

# 目 录

# 第一章 绪 论

2006年至2015年期间，中国石油围绕LNG领域业务发展中的重大生产需求和难题开展了多项科技攻关，并取得了多项技术突破，有力地支撑了LNG领域重大工程建设项目的实施，保障了LNG设施的安全运行，提升了LNG工程建设及运行管理技术的水平。这期间，中国石油在LNG工程建设领域取得了多项具有自主知识产权的专利技术、专有技术、专用程序及技术秘密，为我国LNG领域科技水平的进步做出了重要贡献，为中国石油LNG业务发展目标的顺利实现提供了有力的技术保障，2014年，中国石油LNG技术及其工业化应用荣获集团公司科技进步特等奖。

2006年至2015年期间，液化天然气工程技术成果显著，寰球公司开发了包含LNG接收及再气化工艺、工程设计、大型LNG储罐设计及建造、超低温9%Ni钢材国产化、开架式气化器、LNG接收站开车等成套LNG接收站工程设计及建设技术，并成功应用于江苏如东、辽宁大连、河北唐山等LNG接收站项目建设中，不仅打破了国外的技术垄断，降低了工程投资和管理成本，而且为后续项目的开工建设提供了一整套具有自主知识产权的成套技术，对提升我国LNG接收站建设和管理水平具有里程碑意义。

2006年至2015年期间，寰球公司和CPE西南分公司分别开发了双循环混合冷剂和多循环单组分天然气液化工艺技术，其中，寰球公司与国内制造厂联合成功研制了适合多变组分的高效混合冷剂压缩机、低温BOG压缩机和多股流大温降高效板翅式冷箱等关键设备，实现了LNG工程低温材料和核心设备国产化，形成了天然气液化装置成套工艺及工程设计技术以及全国产化建造模式。目前，寰球公司和CPE西南分公司已分别成功地将具有自主知识产权的液化技术及国产化建造模式应用于安塞 $50 \times 10^4$ t/a、泰安 $60 \times 10^4$ t/a和黄冈 $120 \times 10^4$ t/a 天然气液化装置，节约了建设投资20亿元，打破了国外技术和装备制造垄断，为中国技术走向国际奠定了坚实的基础。同时，寰球公司和CPE西南分公司还采用各自的技术，完成了 $550 \times 10^4$ t/a 和 $350 \times 10^4$ t/a 的天然气液化工艺包，为海外大型天然气液化项目提供了技术储备。

截至2016年底，中国石油LNG接收站能力达到 $1900 \times 10^4$ t/a、天然气液化装置能力达到 $470 \times 10^4$ t/a（约合 $2000 \times 10^4$ m³/d）。

根据2006年至2015年期间LNG业务发展和需求，中国石油天然气集团有限公司加大了LNG技术的研究和工程化应用力度，LNG科技工作者针对LNG技术和生产运行中的核心技术和工程化难点问题积极探索和攻关，取得了丰硕的成果，并形成了一大批具有自主知识产权的专利技术、专有技术和技术秘密，有力地促进了LNG工程技术的发展。

## 一、双循环混合冷剂制冷天然气液化技术

双循环混合冷剂制冷（HQC-DMR）天然气液化技术具有两个独立闭式制冷循环、多股流灵活匹配换热的流程结构，使用由氮气和 $C_1$—$C_5$ 烃类介质组合的混合冷剂，采用

全局搜索、多参数同步优化方法保证全流程整体最优。本液化技术流程简短紧凑、换热易匹配、冷剂组分易调整，液化比功耗低至 12.1kW·d/t，单线规模适应性范围为 $50 \times 10^4 \sim 550 \times 10^4$t/a，适应从极地寒冷到热带干旱沙漠地区等极端和常规环境，可用于岸基和海上浮式天然气液化装置，操作弹性在 25%~100% 可调。该技术已经成功用于陕西安塞 $50 \times 10^4$t/a 和山东泰安 $60 \times 10^4$t/a LNG 项目，并实现了混合冷剂压缩机、主冷换热器、低温 BOG 压缩机等核心设备的国产化。同时，完成了针对中东某国家 $260 \times 10^4$t/a、亚马尔气质条件的 $550 \times 10^4$t/a 天然气液化装置的工艺包。寰球公司可提供天然气液化技术方案、工艺包、可行性研究、工程设计、项目总承包以及技术评估与工艺系统优化等技术服务。

## 二、多级单组分冷剂制冷天然气液化技术

多级单组分冷剂制冷工艺（CPE-MSC）包含丙烯、乙烯和甲烷三个制冷循环系统，其中丙烯和乙烯制冷分别采用丙烯和乙烯作为单一制冷介质，甲烷制冷系统采用以甲烷为主的配方冷剂。该技术是在阶式制冷循环工艺的基础上，利用国内业已成熟的制冷压缩机技术开发的新型天然气液化技术。该技术具有传热温差较小、制冷压缩机单机功率较低、冷剂组成单一或简单配方、主换热器型式简单可靠等特点。该技术已经成功应用于湖北黄冈 $120 \times 10^4$t/a LNG 项目，同时，开发完成了单线产能 $350 \times 10^4$t/a 的天然气液化工艺包，可满足中型和大型天然气液化工程需要。

CPE 西南分公司可提供天然气液化技术方案、工艺包、可行性研究、工程设计和项目总承包等技术服务。

## 三、天然气液化和轻烃分离一体化技术

天然气液化和轻烃分离一体化技术是一项将轻烃分离过程与天然气液化过程联合的集成技术。该技术轻烃分离与天然气液化系统共用制冷和换热设备，在较高压力条件下进行轻烃精馏分离，实现凝析油回收、乙烷和丙烷冷剂生产及 LPG 抽提。作为一种高效、可靠、低能耗的一步式解决方案，该技术流程简捷、便于控制，采用基于遗传算法的数值模拟优化后，其综合能耗较传统轻烃分离技术降低 15%，可满足天然气液化装置的多重要求，如防止 $C_{5+}$ 烃类低温下冻堵设备和管道、调整 LNG 产品热值、大型天然气液化工厂内自产冷剂等。

## 四、液化天然气接收储存及再气化技术

LNG 接收储存及再气化技术综合了 LNG 装卸船、LNG 低温储存、BOG 冷凝、LNG 气化外输、LNG 装卸车等多项技术，具有可接卸 $8 \times 10^4 \sim 27 \times 10^4$m³ LNG 运输船、LNG 常压低温（−161℃）储存、BOG 再冷凝全回收、火炬零排放、气化能耗最低等特点，该技术解决了 LNG 低温装卸船及冷循环、LNG 储罐压力控制、LNG 低温加压、BOG 全冷凝、LNG 气化、LNG 低温装卸车及冷循环等实际生产问题，能够满足 LNG 接卸、储存、NG/LNG 外输的安全和可靠运行要求。采用此项技术建设的江苏如东 $650 \times 10^4$t/a、辽宁大连 $600 \times 10^4$t/a、河北唐山 $650 \times 10^4$t/a 三座 LNG 接收站，年周转能力合计将近 $2000 \times 10^4$t，年最大调峰供应能力 $400 \times 10^8$m³ 天然气。

## 五、单包容储罐设计技术

单包容储罐设计技术主要包括金属外罐和内罐强度及稳定性设计、吊顶系统设计和绝热系统设计技术。该技术可进行容积 $10 \times 10^4 m^3$ 及以下 LNG 单包容罐外罐的设计和 9% Ni 钢或不锈钢材料的内罐的设计计算，确保内罐在承受液柱静压力、绝热材料、外载荷及各种地震工况下的强度及稳定性，保证吊顶在承受绝热材料静载荷及地震载荷下的强度及储罐绝热要求，满足工艺系统的整体要求。

该技术通过建立 LNG 储罐液固耦合设计有限元三维模型，利用解析和数值模拟手段，通过正常操作、水压试验、OBE 和 SSE 等全工况分析，研究内罐罐体、储罐绝热材料和罐内液体三者相互作用规律，形成了大型 LNG 储罐内罐及保冷系统设计方法。

此技术还适用于全包容双金属壁的 LNG 储罐的设计。此外，其内罐强度及稳定性设计、吊顶系统设计和绝热系统设计技术还可应用在采用预应力混凝土外罐的全包容储罐之内罐和绝热系统的设计中。

## 六、全包容储罐设计技术

全包容储罐以预应力混凝土外罐和 9% Ni 钢内罐为主要结构，其设计技术主要包括内罐强度及稳定性设计、吊顶系统、绝热系统设计、低温混凝土应用技术、复杂的混凝土外罐有限元模型分析、储罐基础隔震分析技术和混凝土截面配筋分区迭代计算技术。其中，内罐强度及稳定性设计、吊顶系统设计和绝热系统设计技术与单包容储罐设计中相关技术相同。

混凝土外罐设计技术通过发明以应变线性叠加、应力非线性叠加为基础的大型低温预应力混凝土储罐的配筋计算方法、温度效应计算方法和外部火灾条件下的性能分析方法，将计算收敛效率提高 1.5 倍以上，解决了 LNG 储罐混凝土外罐的混凝土配筋设计、施工、质量验收的问题。同时，系统完成了混凝土在 −196～20℃ 区间内的各项力学和热工性能试验，建立了不同强度等级混凝土随温度变化的应力应变本构关系，创立了该领域首部国家标准，为国内外 LNG 储罐预应力外罐设计提供了技术依据和指导。此外，通过将罐内液体与罐体的液固耦合模型与隔震支座恢复力模型相结合，建立全工况数值模拟计算模型，通过单向和三向地震激励下的储罐基础隔震振动试验，验证并形成了基础隔震计算方法，攻克了高地震烈度地区建设大型 LNG 储罐的稳定性和适应性问题，提高了分析效率，使设计方案优化更易于实现。

## 七、大型液化天然气储罐建造技术

大型 LNG 储罐为现场建造设备，其 9%Ni 钢内罐的焊接和罐顶气顶升是建造的核心技术。中国石油自主创新，开发应用了 9%Ni 钢壁板环缝埋弧自动焊封底免清根技术，一次焊接合格率达 99%，工效提高 1 倍以上。中国石油研发了近百米超大直径储罐拱顶气顶升国家级工法，实现了整体预制罐顶拱架、铝吊顶、罐顶板等近千吨复合结构；同时，通过自主研发的配套自平衡升顶控制系统，可在安全可控时间内实现顶升至罐顶一次就位，顶升高度可达 50m，且整体偏差满足设计要求，实现了 $3 \times 10^4 ～ 22 \times 10^4 m^3$ 大型和超大型低温储罐的自主建造。

## 八、国产化材料应用技术

1. 9%Ni 钢

LNG 储罐用的 9%Ni 钢一直以来都被国外公司进行技术垄断，价格高、供货周期长，极大地制约了我国 LNG 储罐的建设。中国石油联合国内钢厂，开展 9%Ni 钢材料的国产化研究，并制定了 9%Ni 钢钢材磷、硫杂质含量和低温冲击功等核心指标，建立了制造、检验、验收标准，发明了低磷、硫超纯净炼钢和"高拉速、低水比、高温出坯"连铸等一整套冶金制备工艺，国产化 9%Ni 钢综合性能优于国外同类产品，打破了国外技术垄断，实现了 9%Ni 钢国产化，缩短了供货周期，降低了储罐建造成本 50%。

2. 罐底绝热材料

中国石油联合国内生产厂家，研制了高性能、高强度罐底保冷材料泡沫玻璃，制定了导热率、密度、吸湿率、强度、颗粒度等核心技术指标，实现了 LNG 储罐用罐底绝热材料的国产化，打破了国外技术垄断，缩短了材料供货期，降低了储罐建造成本，目前绝热材料已经出口日本和韩国等多个国家和地区。

## 九、大型关键设备研制

中国石油开展了 LNG 项目用关键设备的专题研究，开发出了多项新技术，通过与国内一流制造厂合作，实现了天然气液化厂及 LNG 接收站关键设备的国产化。国产化设备打破了国际垄断，降低了工程设备投资 20%～50%，节省制造周期 2 个月以上。

1. 混合冷剂压缩机技术

开发出适合多变组分混合冷剂压缩机的大流量系数、高马赫数、高能头系数、高效率的线元素三元叶轮，减少了叶轮级数、增大了操作范围、实现了大型离心式混合冷剂压缩机完全国产化，实际生产中压缩机能够高效、可靠、稳定运行。

技术特点：适用产量范围广（$30 \times 10^4 \sim 550 \times 10^4$ t/a）、操作弹性大（50%～105% 负荷调节）、适应性强（冷剂分子量变化范围 ±10%）、流量系数高（0.044～0.15）、机器马赫数高（约 0.95）、能头系数高（0.6～0.63）、多变效率高（80%～86%）、操作稳定、运行成本低。

2. 蒸汽透平驱动机技术

开发出变转速 2.8m² 低压级组叶片及双倒 T 形叶根的汽轮机，解决了大面积可变转速扭叶片的强度与寿命问题，实现了适合天然气液化装置用大功率蒸汽透平驱动机的国产化。

技术特点：适用产量范围广（约 $550 \times 10^4$ t/a）、适应蒸汽参数范围广（约 14MPa/540℃ 的高压蒸汽）、输出功率大（50000～80000kW）、转速范围宽（2200～4000r/min）、效率高（83%～86%），操作稳定、运行成本低。

3. 低温蒸发气压缩机技术

开发出适合低温工况（–161℃）的高镍低温球墨铸铁材料与低温隔冷结构，解决了普通压缩机由于结构限制不能用于低温工况的问题，实现了低温蒸发气压缩机国产化。

技术特点：适用产量范围广（约 $260 \times 10^4$ t/a 天然气液化厂、$1000 \times 10^4$ t/a LNG 接收站）；可靠性高，采用立式迷宫压缩机，易损件大为减少；操作经济性好，实现冷能利用，并取消冷却水系统；调节性能好，可实现不同挡位的流量调节。

4. 低温板翅式冷箱技术

开发出板翅式换热器两相换热流道设计结构，解决了换热器两相流换热的适应性问题；开发了高压、高效翅片，通过小节距、厚翅片的多孔锯齿形换热元件，解决了传统板式换热器只能用于低压力的工况；开发出"先分配后混合"的气液分配结构，解决了板翅式换热器易偏流和两相流均布的难题，实现了天然气液化板翅式换热器冷箱的国产化，并且其单体换热器芯体尺寸达世界最大。

技术特点：适用产量范围广，可通过多组并联的方式适应不同规模装置的需求；承压能力高，可达 8.0MPa；压力损失小，可有效降低系统的能耗。

5. 开架式气化器

利用数值模拟方法模拟和回归出开架式气化器（ORV）全管程传热系数曲线，解决了 ORV 传热计算的工程设计问题，开发出内外翅管 + 扰流杆 + 内芯筒的超级 ORV 核心传热管结构，通过实验方法解决了 ORV 传热管在制造和运行过程中的海水腐蚀和侵蚀问题，实现了 ORV 国产化。

技术特点：采用内外翅片的传热管，并设计了管内扰流子和内芯筒结构，改变 LNG 和 NG 的流道形状，增加了流体在流动过程中的扰动，提高了传热效率，并有效改善了 ORV 在运行时管束下部结冰状况。设计压力可达 15.0MPa，设计温度为 –170℃。

6. 海水泵

创新泵的结构设计，在可抽部件的内接管加装了防止窜动的止动装置；套筒联轴器改为密封型结构，提高了轴间连接可靠性；筒体内导流片流道采用龟背式替代了格栅式；内接管将原来的多台阶形状优化为包覆式的无台阶圆柱形，降低了泵内压力损失，并增设了排气功能，提高了润滑的可靠性。采用 CFD 软件，对主要的零部件进行强度和应力的有限元分析，保证泵的高可靠性。

采用变频电动机驱动方式，可根据海水潮汐变化情况及接收站工艺需求，调节海水泵转速控制海水泵出口流量及扬程，保证海水泵在不同工况下均能在高效区运行，节能效果明显。启动时，高压变频技术可降低泵启动对电网的冲击，提高了运行的适用性。

技术特点：流量高（6000～30000m³/h），扬程范围为 15～50m，可以适用于 LNG 接收站和发电厂中的海水输送。

## 十、液化天然气装置运行管理技术

LNG 装置包含天然气液化工厂和 LNG 接收站两种类型。"十一五"和"十二五"期间，中国石油采用自主技术和引进技术建成了天然气液化厂 22 座，合计液化能力 2020×10⁴m³/d（68×10⁸m³/a）；采用自主技术建设 LNG 接收站 3 座，合计储存能力为 180×10⁴m³，气化能力为 1900×10⁴t/a。

随着上述 LNG 装置的建成投产，中国石油采用总体自主开发、局部合作开发方针，形成了适应天然气液化工厂和 LNG 接收站运行管理的成套技术。目前，通过对运行管理技术的摸索和应用，在产的 20 余套 LNG 装置运行效果良好。

1. 天然气液化工厂

天然气液化工厂是将天然气进行净化和液化的装置，其原料是天然气，产品是 LNG，副产品有液化石油气（LPG）或者轻烃等。天然气液化工厂的运行操作主要包含原料天然气净化、天然气液化、LNG 储存及装载外输等核心内容。天然气液化工厂中的主要危险因素应考虑危险工艺介质（天然气、LNG、LPG 和轻烃等）、设备和管道高压低温、外部人员操作频率高等多种因素。其中，LNG 储运工艺介质储存量大（以数万立方米计）、易泄漏、易气化（LNG 等）、LNG 气化后体积膨胀巨大（1∶600）、易爆炸（可燃气体）、低温（≤-161℃）；工艺设备包括设计压力为 8MPa（表压）的压力容器、塔器等高压设备和操作温度 -161℃及以下的低温设备、阀门及管道；另外，LNG 槽车等运输设施频繁出入天然气液化工厂。因此，天然气液化工厂运行和管理技术主要围绕工艺设备的运行操作以及危险工艺介质的安全管理和维护。中国石油在 2006 年至 2015 年期间，通过 22 座天然气液化工厂的运行和管理实践，总结形成了适合天然气液化工厂中的天然气净化、天然气液化、LNG 储运等方面规范、安全运行的一整套操作和管理程序，培养出一大批经验丰富的技术和管理人员，这些运行管理的程序和经验不仅可以满足中国石油的需求，对国内外同类天然气液化工厂也有借鉴意义。

2. 液化天然气接收站

LNG 接收站是通过码头接卸远洋 LNG 运输船运来的液化天然气，并进行低温储存和加压气化外输天然气的大型 LNG 储运设施，其原料是 LNG，产品是天然气和 LNG，部分 LNG 接收站有副产品 LPG 或者轻烃等。LNG 接收站的运行操作主要包含原料 LNG 的接卸、LNG 储存、LNG 加压气化外输、蒸发气（Boil Off Gas，BOG）回收处理、LNG 低温外输等核心内容。LNG 接收站中的主要危险因素应考虑危险工艺介质（LNG、天然气等）、设备和管道高压低温、外部人员操作频率高等。其中工艺介质储存量大（以数十万立方米计）、易泄漏、易气化（LNG 等）、LNG 气化后体积膨胀巨大（1∶600）、易爆炸（可燃气体）、低温（≤-161℃）；其中的工艺设备涉及设计压力为 15MPa（表压）的 LNG 泵和气化器、压力管道等高压设备，还有 -161℃及以下的低温设备、阀门及管道；同时，还有 LNG 远洋运输船、LNG 槽车等运输设施频繁出入 LNG 接收站，涉及 LNG 和管输天然气的货物进口清关和外输贸易计量，接口和界面比较复杂。因此，LNG 接收站运行和管理技术主要围绕工艺设备的运行操作、危险工艺介质的安全管理和维护以及进口货物清关和贸易计量等业务。中国石油在 2006 年至 2015 年期间，通过所建设的 3 个大型 LNG 接收站的运行和管理实践，总结形成了适合 LNG 接收站规范安全运行的一整套操作和管理程序，培养了一大批经验丰富的技术和管理人员，这些运行管理的程序和经验不仅可以满足中国石油大型 LNG 接收站的需求，也可以推广至国内外 LNG 接收站及同类低温储运工厂。

# 第二章 天然气液化厂工艺技术

天然气液化厂生产设施主要包括 4 个部分：天然气净化设施、液化设施、LNG 储运设施、公用工程和辅助设施。工厂的功能是对原料天然气进行净化和液化，获得产品 LNG、副产品 LPG 和凝析油等，然后对产品和副产品进行储存和外输。对于内陆型的天然气液化工厂来说，产品和副产品是通过槽车进行外输的，而对于非内陆的天然气液化工厂，产品和副产品将通过专用码头装船外输。

天然气液化工厂工艺装置主要由天然气净化、天然气液化等几部分构成。天然气净化是指脱除原料中的硫及硫化物、二氧化碳、水分、重烃和汞等杂质，满足 LNG 产品的质量要求，同时也避免这些杂质腐蚀设备及在低温下冻结而堵塞设备及管道。天然气经深度净化，各项指标达到要求后进入液化单元，温度由制冷系统降到 −161℃ 左右而成为液化天然气。液化单元是天然气液化工厂的核心部分。液化工艺通常分为级联式液化流程、混合冷剂液化流程及带膨胀机的液化流程。在天然气的液化过程中，为防止烃类在低温下冻结或控制 LNG 产品热值，通常还需要对天然气中含有的烃类进行脱除，对于大型天然气液化工厂，还可以为液化单元提供冷剂并可提高工厂的经济效益。因此，天然气液化厂工艺技术主要包括天然气净化技术、天然气液化技术、天然气凝液（Natural Gas Liquid，NGL）回收及分离技术。

"十二五"期间，中国石油实施了"天然气液化关键技术研究"重大科技专项，自主开发了寰球公司 HQC-DMR 液化工艺、LNG/NGL 一体化、CPE 西南分公司 MSC 液化工艺等工艺技术，天然气液化工艺技术取得了突破性进展。采用其成果建设并成功运行了陕西安塞天然气液化厂、山东泰安天然气液化厂及湖北黄冈天然气液化厂等多个天然气液化厂，在海外市场参与了俄罗斯亚马尔 LNG、加拿大四方等 LNG 项目。

## 第一节　天然气净化技术

天然气净化技术是指脱除原料天然气中的 $CO_2$、$H_2S$ 以及硫醇和羰基硫（COS）等有机硫杂质，并且深度脱除水分和汞，以避免下游设备与管道发生冻堵和腐蚀、满足液化过程对天然气进料的气质指标要求的技术，具体包括脱酸气技术、脱水技术和脱汞技术。

### 一、醇胺法脱酸气技术

#### 1. 技术开发背景

从井口开采出来的天然气除含有大量低分子饱和烃类外，还不同程度地含有 $H_2S$、$CO_2$、有机硫化物和水等杂质。$H_2S$ 是一种具有刺激性气味的有害气体，不仅对人体健康危害巨大，在开采、处理和运输过程中严重腐蚀钢材，燃烧过程中会产生 $SO_2$ 污染环境，而且在天然气用作化工原料时会造成人员和催化剂中毒。$CO_2$ 是温室效应的主要来源，在

与水共存的条件下 $CO_2$ 同样会造成设备和管道的腐蚀；过高的 $CO_2$ 含量将降低天然气热值和管输能力；低温条件下，$CO_2$ 还可能会导致深冷设备堵塞。由此，天然气必须经过脱硫脱碳装置脱除酸性气体后才能输向下游用户。

脱除酸性气体的方法一般可以分为化学溶剂法、物理溶剂法、化学—物理溶剂法、直接转化法和其他方法等。由于胺法具有反应活性好、净化度高，溶剂廉价易得、适应性好，具有选择性等优点，在天然气净化中被广泛应用并处于主导地位。在我国，胺法处理的天然气量占到总处理量的 80% 以上。胺法处理又包括醇胺法和砜胺法[1,2]。

醇胺法采用以醇胺溶剂为基液的复合型溶剂。最早由 Axens 和 BASF 等公司开发并工业化应用，脱酸气工艺也掌握在少数溶剂供应商手中。近年来，随着天然气处理业务的增加、国内溶剂生产厂的发展与溶剂质量的提高，以及商业化专业软件功能的日臻完善，我们具备了脱酸气工艺开发条件和能力，并将技术成果应用于工程实践。

2. 技术原理及流程

1）吸收原理

醇胺类化合物的分子结构中至少包含 1 个羟基和 1 个胺基。前者的作用是降低化合物的蒸气压，并增加其水溶性；后者则为水溶液提供必要的碱度，促进对酸性气体组分的吸收。

天然气中的酸气主要是 $CO_2$ 和 $H_2S$。醇胺法脱除，采用活化甲基二乙醇胺（一种叔胺）为作为吸收剂，即 N– 甲基二乙醇胺（MDEA）和少量活化剂。因为叔胺吸收 $H_2S$ 很快，而吸收 $CO_2$ 较慢，为加快叔胺对 $CO_2$ 的吸收，通常加入少量活化剂，并在水溶液环境下进行，以提高反应速率。

主要的化学反应如下：

$$H_2S + R_3N \rightleftharpoons R_3NH^+ + HS^- \quad （瞬间反应）$$

$$R_3N + CO_2 + H_2O \rightleftharpoons R_3NH^+ + HOCOO^- \quad （慢反应）$$

醇胺与酸性气体的反应，当温度在 25～40℃时，反应正向进行（放热），吸收酸性气体 $CO_2$ 和 $H_2S$；当温度升高至 105℃及更高时，反应逆向进行（吸热），此时胺类失去碱性，胺的碳酸盐和硫化物分解释放酸性气体，胺得到再生并循环利用。

2）工艺流程

醇胺法脱除酸性气体采用双塔流程、MDEA 配方溶剂，在高压、常温下，将天然气中的酸性组分吸收，然后在低压、高温下，将吸收的组分解吸出来。典型流程如图 2–1 所示。

原料天然气与胺吸收塔顶的物料在吸收塔进出料换热器中进行换热，一方面冷却胺吸收塔顶的物料，利于后续的脱水分液；另一方面预热原料气（特别在进料温度低的情况下）便于胺吸收塔操作。

预热后的原料天然气自胺吸收塔底向上通过吸收塔，与从吸收塔顶部进入的胺液进行逆流接触，胺液吸收酸性气体后形成富胺液汇于塔釜。富胺液经减压后进入胺闪蒸罐闪蒸，闪蒸气去燃料气系统作为燃料，闪蒸后的富胺液经过贫富胺液换热器后送至胺再生塔再生。贫富胺换热器在加热富胺液的同时冷却了贫胺液，这样可降低贫胺液的冷却负荷，又可减少胺再生塔的再沸负荷，是脱酸气系统主要的能量回收设施。

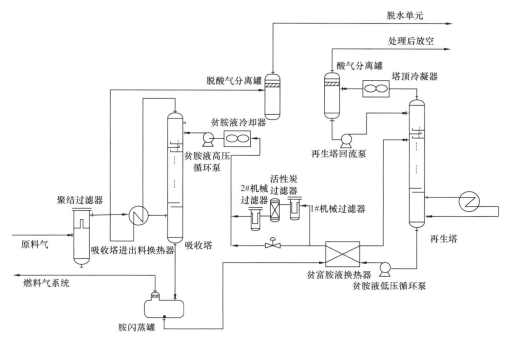

图 2-1　醇胺法脱酸气工艺流程简图

富胺液在胺再生塔通过加热析出酸性气，再生为贫胺液。胺再生塔的气相经空冷或循环冷却水冷凝后进入酸气分离罐进行气液分离，分离出的气体为酸性气，经安全处理后排放，冷凝液经回流泵返回再生塔。

胺再生塔釜的贫胺液经低压循环泵增压，送入贫富胺液换热器冷却，然后分流 10%～20% 的贫胺液进行过滤除杂质处理。贫胺液最后再经贫胺液冷却器进一步冷却、经高压循环泵升压，送至胺吸收塔，完成胺液系统的循环。

3. 技术特点及工艺指标

该技术的技术特点在于其溶剂的选择和流程的优化：

（1）采用以 MDEA 为基液的配方溶剂，MDEA 为 N-甲基二乙醇胺，在使用时通常采用 40%～50% 浓度的水溶液。该类型溶剂不易降解，具有较强的抗化学和热降解能力、反应热小、腐蚀轻微、蒸气压低、溶液循环率低，并且烃溶解能力小；再生温度低，所需的热负荷低。该配方可减少胺液年消耗量，降低设备腐蚀，减少随酸气排放带来的烃损失，操作能耗低。

（2）采用原料气进出料换热、贫胺液循环分级增压、脱盐水低压补充的流程结构，便于操作、利于设备选型，提高操作经济性、降低设备投资。

工艺指标：经醇胺吸收脱除酸性气后，天然气中酸性气含量达到液化单元的要求，$CO_2$ 含量不大于 50μL/L、$H_2S$ 含量不大于 3.5μL/L、总硫含量不大于 30μL/L。

4. 技术应用

该技术在山东泰安天然气液化工厂、忠县天然气净化厂、万州天然气处理厂和长岭气田地面建设等 50 余项工程上得到了成功应用，单套装置处理量为 $200 \times 10^4$～$260 \times 10^4 m^3/d$，酸气脱除效果好、溶剂不易发泡、运行稳定。

该技术不仅可应用于常规天然气与非常规天然气的酸性气体脱除，也可以用于合成氨厂合成气的酸性气脱除，甚至可以处理诸如高炉煤气等特殊气体中的酸性组分；可用于新项目建设，也可应用到已建工厂的技术改造上。通常应用于 $CO_2$ 含量不超过 5.0%（摩尔分数）的情况下较为经济；若 $CO_2$ 含量过高，可考虑与膜分离技术结合使用，即可保证酸性气体脱除深度要求，又可以有较好的经济性。

## 二、固体吸附脱水及脱汞技术

### 1. 脱水技术及应用

天然气、伴生气和尾气中通常都含有以液相和气相形式存在的水，其主要来源于开采过程或脱酸气处理过程。为避免天然气在适合的条件下与液态水或游离水形成水合物堵塞管道和阀门，以及水在管线和设备内凝结引起段塞流、腐蚀或其他形式的设施受损，需要对天然气进行干燥脱水处理，以便天然气高压长距离运输和天然气液化。

目前，国内外应用广泛、技术成熟的天然气脱水方法有低温脱水法、固体吸附法和甘醇吸收法等。但由于原料气条件的限制和对脱水深度的高要求，低温脱水法和甘醇吸收法脱水不能满足天然气液化工厂和轻烃回收工厂脱水的要求，因此通常选用固体吸附法脱水。

吸附脱水的固体吸附剂（干燥剂），多采用硅胶、活性氧化铝和分子筛 3 种，其中分子筛脱水可使天然气水露点降至 -70℃以下，含水量可降至 $0.1 \times 10^{-6} \sim 10 \times 10^{-6} \mu L/L$。分子筛脱水在实际工业中应用最为广泛，技术最成熟可靠[2]。

1）技术原理与流程

分子筛对物质的吸附来源于物理吸附（范德华力），其晶体孔穴内部有很强的极性和库仑场，对极性分子和不饱和分子表现出强烈的吸附能力。分子筛脱除天然气中的水就是利用了分子筛对极性水分子和非极性饱和烃的吸附能力的显著差异。该过程为可逆过程，吸附热小，吸附所需的活化能小，吸附速度快，易达到平衡。常用 3A、4A 及 X 型分子筛。

在工业应用中可采用两塔或多塔流程。在两塔流程中，一塔进行吸附脱水操作，另一塔进行吸附剂的再生和冷却，然后切换操作，流程如图 2-2 所示。在三塔（或多塔）装置中，切换程序有所不同，对于普通的三塔流程，一般是一塔脱水，另一塔再生，再一塔冷却；对于大型装置的三塔流程则通常为两塔吸附、另一塔再生和冷却。对于中小型天然气液化装置常选用两塔流程，较为经济。

2）技术应用

分子筛脱水技术适用于不同规模天然气液化装置的天然气预处理过程、油气地面伴生气和化工装置尾气等需要深度脱除水分的场合（水含量脱除至 $1.0\mu L/L$ 以下），还可以与冷却法脱水和液体干燥剂（乙二醇）脱水法联合使用，用于处理原料气含水量高、脱水指标要求严格的场合。

通常在大中型天然气液化装置中采用三塔流程，其中两塔吸收、另一塔再生（热吹 + 冷吹）；对于装置规模相对较小的装置可采用两塔流程，其中一塔吸收、另一塔再生。应用该项技术中国石油已完成 50 多个工程项目。

（1）山东泰安 $60 \times 10^4 t/a$ LNG 装备国产化项目，位于泰安市岱岳区范镇工业园区，于 2014 年 8 月建成投产，天然气处理量为 $260 \times 10^4 m^3/d$，装置进气压力约 6.0MPa（表压），出脱碳装置后湿净化气温度为约 40℃，含水量为 110～144kg/h。工程采用 4A 分子筛作为干燥剂，选用两塔流程，开车后装置运行平稳，操作简单，天然气脱水深度达到技术指标要求（＜1.0μL/L）。另外，流程中设有床层跨线，以保证再生气压缩机运行连续。

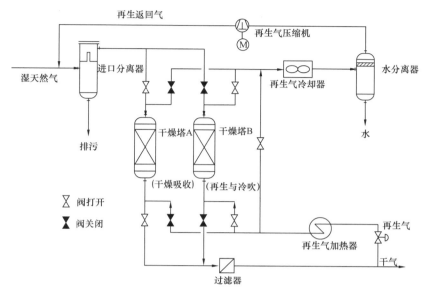

图 2-2　天然气干燥的两塔工艺流程

（2）湖北 $500 \times 10^4 m^3/d$ LNG 工厂国产化示范工程位于湖北省黄冈市，于 2014 年建成投产，天然气处理规模为 $500 \times 10^4 m^3/d$，装置进气压力约 6.6MPa（表压），出脱碳装置后湿净化气温度约 40℃，含水量约 200kg/h。由于该工程气量较大，理论上应使用三塔或四塔流程，会增加脱水装置投资，该工程使原料气通过液化装置预冷至约 20℃后再进入脱水装置，此时湿净化气含水量降为约 80kg/h，工程选用两塔流程，降低投资，简化操作，填装 4A 分子筛，现场使用效果良好，天然气经过脱水塔后水露点不大于 -80℃，满足下游液化装置要求。

（3）垫江 LNG 工厂是 LNG 储备调峰综合利用示范项目（一期），位于重庆市垫江县，于 2015 年建成投产，天然气处理规模为 $15 \times 10^4 m^3/d$，装置进气压力约 4.85MPa（表压），出脱碳装置后湿净化气温度约 40℃，含水量约 8.5kg/h。由于该工程具有气量小、原料气含硫醇等特点，该工程选用两塔流程，填装 13X 分子筛，现场使用效果良好，天然气经过脱水塔后水露点不大于 -80℃，满足下游液化装置要求。

2. 脱汞技术及应用

据研究表明，汞对铝具有腐蚀作用，按腐蚀程度可以分为汞齐化、汞齐化腐蚀和液态金属脆化（LME）三类。汞齐化是汞腐蚀金属的基本形式，在有水存在的情况下，汞充当催化剂引起金属的汞齐化腐蚀（电化学腐蚀），发展到一定阶段后，金属汞可能引起某些合金发生液态金属脆化。汞对铝质设备的液态金属脆化最为严重，在没有任何征兆的情况下，可使得设备表面的细微裂纹迅速扩大，导致铝质设备开裂失效。

天然气液化工厂的天然气深冷液化装置和深冷脱烃装置需采用板翅式换热器或绕管式换热器作为主换热设备，其核心部件均为铝制。原料天然气中含有汞，并主要以单质汞形式存在，若不将汞脱除，单质汞在低温铝制换热设备内凝聚会导致设备腐蚀，将危及设备和人员安全。因此，天然气脱汞是天然气深度净化过程中的重要一环，在天然气进入液化或脱烃装置前完成，使天然气中的汞含量降低至 $10^{-9}g/m^3$ 以下。

目前，脱汞工艺有化学吸附、溶液吸收、低温分离、阴离子树脂和膜分离等，各工艺方法及特性详见表 2-1。低温分离工艺是利用低温分离原理实现汞脱除，分离的汞将进入液烃、污水中，会造成二次污染，增加处理难度；溶液吸收工艺脱汞效果差，吸收溶液腐蚀性强，饱和吸收容量较低，脱除的汞进入吸收溶液中也将造成二次污染；膜分离脱汞及阴离子树脂脱汞工艺的使用范围较窄，工业化装置应用较少。化学吸附脱汞工艺在经济性、脱汞效果和环保等方面都优于其他脱汞工艺，在天然气脱汞装置中得到广泛应用。

表 2-1　脱汞工艺方法及特性

| 工艺方法 | | 特性 |
| --- | --- | --- |
| 化学吸附 | 载硫/银活性炭 | 应用广泛、经济性好、来源广泛 |
| | 载银分子筛 | 投资高、可再生重复使用、脱汞效果好 |
| | 金属硫化物、金属氧化物 | 可满足管输天然气的含汞量要求、适应性强 |
| 溶液吸收 | 铬酸和酸性高锰酸钾 | 吸收溶液腐蚀性强，饱和吸收容量较低 |
| 低温分离 | | 脱汞效果较差，汞进入凝液、水中，造成二次污染 |
| 膜分离脱汞 | | 脱汞深度低（仅 $1\mu g/m^3$），处理能力有限，要求原料气压力不能太高，不能有液态物质存在 |
| 阴离子树脂脱汞 | | 处理量有限，技术不成熟 |

1）化学吸附脱汞技术原理及特点

天然气中的汞与吸附材料中的硫或银等反应物产生化学反应，以汞金属化合物的形式从天然气中分离出来。由于载银型脱汞剂价格较高，天然气处理厂中通常使用活性炭（或三氧化二铝）载硫型和三氧化二铝载硫化铜型的脱汞剂作为反应吸附剂。以三氧化二铝载硫化铜型的脱汞剂为例，其脱汞原理如下反应式所示[4]：

$$Hg + M_xS_y \longrightarrow M_xS_{y-1} + HgS$$

反应后汞以稳定的化合物汞齐形态存在于脱汞剂中。当吸附剂汞容量达到饱和后，需更换脱汞剂，废弃的脱汞剂由专业厂商进行回收。

载硫型脱汞剂汞容（单位重量脱汞剂能脱除的汞含量）相对较低，反应时间长，同等工况下需要的传质区较高，适用于脱汞前后汞含量差值不大，气汞含量不高的情况（原料气中汞含量小于 $10 \times 10^4 ng/m^3$）。该类型脱汞剂可国产，价格低，且有使用业绩。

三氧化二铝载硫化铜型的脱汞剂汞容高，部分欧美公司产品的实验汞容值可达到 0.1kg（汞）/kg（脱汞剂），是活性炭载硫型脱汞剂的 3 倍以上；活性高，床层传质区短，同等工况下床层填装量远小于载硫型的脱汞剂；性能稳定，不易粉化，寿命较长（约 10年）；对原料气含汞量适用范围广；但价格远高于载硫型脱汞剂，常适用于原料气汞含量高，且脱汞前后汞含量差值大的情况。

化学吸附脱汞工艺流程简单，通常设单台吸附塔，无须设置控制系统；设备少、占地小，操作可靠，检修简单。

2）技术应用

（1）华气安塞液化天然气项目。

华气安塞液化天然气项目建于陕西省安塞县，气源由长庆采气一厂第三净化厂提供，处理气量为 $200 \times 10^4 m^3/d$，折合 LNG 产能为 $50 \times 10^4 t/a$。进气压力约 5.0MPa（表压），汞含量按 $200 ng/m^3$ 设计，该工程在分子筛脱水塔后设置脱汞塔一台，装填三氧化二铝载硫型脱汞剂。天然气经过脱汞塔后汞含量不大于 $10 ng/m^3$，满足设计要求。

（2）山东泰安 $60 \times 10^4 t/a$ LNG 装备国产化项目。

山东泰安 $60 \times 10^4 t/a$ LNG 装备国产化项目，以泰—青—威管线的天然气为气源，在泰安市岱岳区范镇工业园新建设一套 $260 \times 10^4 m^3/d$ 的天然气液化装置，折合 LNG 产能 $60 \times 10^4 t/a$。进气压力约 6.0MPa（表压），汞含量按 $200 ng/m^3$ 设计，该工程在分子筛脱水塔后设置脱汞塔一台，装填三氧化二铝载硫化铜型脱汞剂。天然气经过脱汞塔后汞含量不大于 $10 ng/m^3$，满足设计要求。

（3）湖北 $500 \times 10^4 m^3/d$ LNG 工厂国产化示范工程应用情况。

湖北 LNG 工厂国产化示范工程位于湖北省黄冈市，于 2014 年建成投产，天然气处理规模为 $500 \times 10^4 m^3/d$，装置进气压力约 6.6MPa（表压），原料气汞含量为 $120 ng/m^3$，针对该工程气量大、含汞量较低的工况，该工程在分子筛脱水塔后设置脱汞塔一台，填装三氧化二铝载硫型脱汞剂。天然气经过脱汞塔后汞含量不大于 $10 ng/m^3$，满足下游工况要求。

（4）垫江 LNG 工程应用情况。

LNG 储备调峰综合利用示范项目（一期）位于重庆市垫江县，于 2015 年建成投产，天然气处理规模为 $15 \times 10^4 m^3/d$，装置进气压力约 4.85MPa（表压），原料气汞含量为 $200 ng/m^3$，该工程具有气量小、含汞量低等特点。该工程在分子筛脱水塔后设置脱汞塔一台，填装国产活性炭载硫型脱汞剂，天然气经过脱汞塔后汞含量不大于 $10 ng/m^3$，满足下游工况要求。

（5）长岭气田扩能工程应用情况。

长岭天然气处理厂位于吉林省松原市前郭尔罗斯蒙古族自治县，其中长岭气田扩能工程天然气脱水脱汞装置作为该处理厂第三期前期建设部分于 2011 年底建成投产，天然气处理规模 $180 \times 10^4 m^3/d$，操作弹性 50%～100%，装置进气压力约 5.35MPa（表压），原料气汞含量为 $120 \times 10^4 ng/m^3$。该气田原料气含汞量较高，该工程中在 TEG 脱水装置后设置脱汞塔一台，填装进口的三氧化二铝载硫化铜型脱汞剂，天然气经过脱汞塔后满足天然气管输要求。

# 第二节　天然气液化技术

天然气液化技术是指将脱除杂质后的天然气在 -161℃ 左右形成低温液态天然气的低温制冷工艺。天然气液化技术研究始于 20 世纪 20 年代，最初提出的是经典级联式液化流程，随后于 30 年代提出了混合制冷剂流程，到 40 年代天然气液化技术开始工业化应用。最早于 1941 年在美国克利夫兰建成世界第一套工业规模的 LNG 装置，液化能力

约为 $20 \times 10^4$t/a。60 年代后，LNG 工业得到了迅猛发展，规模越来越大，单线产能可达 $100 \times 10^4$t/a。随着工艺技术和设备加工制造技术的进步，到 80 年代单线产能已可达到 $200 \times 10^4$t/a，90 年代进一步提高到 $300 \times 10^4$t/a。从已建和在建的生产规模来看，近 10 年 LNG 装置的单线生产能力已在 $300 \times 10^4 \sim 780 \times 10^4$t/a[5]。

LNG 工业生产与工艺技术发展历经了半个多世纪。按工艺流程关键特征划分，大体可分为混合制冷剂液化流程、级联液化流程和膨胀液化流程三类；按工艺流程循环数量来划分，又可划分为单循环、双循环和三循环液化流程，如图 2-3 所示。一般来说，工艺流程中制冷循环回路数越多则 LNG 单线产能越大，但设备数量和建设投资也将随循环数量增加而增加，所以循环数量也不能无限制地增加。

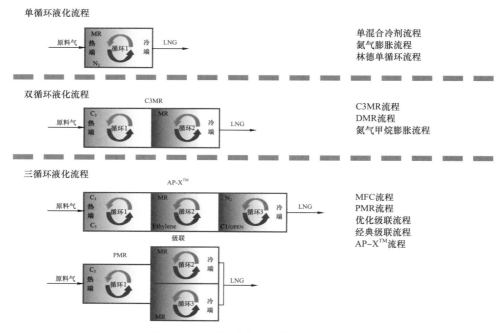

图 2-3　天然气液化流程按循环数量分类

单循环液化流程有单混合冷剂流程、氮气膨胀流程、林德单循环流程。

双循环液化流程有丙烷预冷混合冷剂流程（C3MR）、双混合冷剂流程（DMR）、氮气—甲烷膨胀流程。

为了实现更大的 LNG 单线产能，世界一些大的石油和低温产品供应商提出了三循环液化流程，目前三循环液化流程有美国空气公司（APCI）的混合制冷剂循环与氮膨胀循环流程（AP-X™）、德国林德公司（Linde）的混合制冷剂级联流程（MFC）以及美国康菲公司（ConocoPhilips）的康菲优化级联流程。

在"十二五"期间，为实现海外天然气资源利用和油气主营业务发展的战略需求，中国石油天然气集团公司开展了"天然气液化关键技术"重大科技专项研究，并形成双循环混合冷剂制冷（HQC-DMR）天然气液化技术和多级单组分冷剂制冷（MSC）天然气液化技术。上述两项天然气液化技术均已在中小型天然气液化装置中得到工程应用和验证，并完成中型及大型天然气液化装置工艺技术包开发。另外，基于已有的液化技术，开发形成了寰球公司单循环混合冷剂制冷（HQC-SMR）天然气液化技术和CPE西南分公司单循环多级节流混合冷剂制冷（MMRC）天然气液化技术，应用于多个国内外天然气液化工程项目。

## 一、双循环混合冷剂制冷技术

### 1. 技术开发背景

随着中国石油天然气集团公司海外业务发展，尤其是在中东地区的天然气业务，迫切需要将天然气液化后运输至国内，因此天然气液化技术成为中国石油实现海外天然气资源利用和业务发展的战略需求，同时也是优化能源结构、实现清洁能源利用的必需手段之一。2007年，中国石油与中东某国家石油公司等签署了气田及天然气液化厂合作项目。该气田可以满足 $1000 \times 10^4$ t/a 液化天然气稳产25年，建设该项目对中国石油海外业务发展至关重要。面对西方国家的制裁，该项目急需开展大型天然气液化装置工艺技术开发及关键装备国产化研制。

2009年9月，中国石油天然气集团公司批准"天然气液化工艺技术开发"重大科技专项立项，由寰球公司牵头，中国石油工程设计有限责任公司（CPE）、西南油气田天然气研究院参与，天然气液化工艺技术为5个专项研究课题之一。通过重大科技专项研究，解决大中型天然气液化工程的工艺技术难题、实现关键设备国产化、工艺技术工程化，并应用于国内工程项目。自2009年起，寰球公司经过近5年的攻关研究，开发了双循环混合冷剂制冷（HQC-DMR）天然气液化技术，达到国内领先、国际先进水平。

### 2. 技术原理及流程

双循环混合冷剂制冷（HQC-DMR）天然气液化技术是指具有两个独立闭式制冷循环、多股流灵活匹配换热流程结构，使用氮气和 $C_1$—$C_5$ 烃类介质中的两种或两种以上组合的混合物作为制冷剂，实现天然气冷却、液化和过冷过程的工艺技术[6-10]。

HQC-DMR技术采用相变制冷，选用蒸发温度成梯度的一组冷剂组分，如异戊烷、丙烷、乙烷/乙烯、甲烷、氮气等配制成两种混合制冷剂（MR1和MR2）。两种混合制冷剂经压缩机压缩做功，再与环境换热被冷却（热量传递给环境）、液化或进一步冷却后液化，液化的制冷剂经节流过程获得低温，与天然气换热，混合冷剂组分逐步气化释放冷量，天然气温度逐渐降低达到液化。

HQC-DMR技术两个制冷循环为独立循环，一个实现天然气的预冷，另一个实现天然气的液化及深冷，工艺流程简图如图2-4所示。

预冷循环采用单缸两段压缩、两级减压、两次节流，并带有二级补气的混合冷剂制冷技术，预冷冷剂MR1由乙烯和丙烷等组成。高压常温的MR1以液态形式进入LNG板翅式换热器顶部，向下流动并在适当的位置分两次抽出LNG板翅式换热器，节流膨胀降温后返回LNG板翅式换热器，预冷原料天然气、深冷冷剂和预冷冷剂自身，所达到的预冷温度为 $-50 \sim -40$℃。

液化及深冷循环采用两缸两段压缩，并带有中间冷却的混合冷剂制冷技术，深冷冷剂MR2由甲烷、乙烯、丙烷及氮气等组分组成。高压MR2以气态形式进入LNG板翅式换热器，向下流动在LNG板翅式换热器中部流出，经气液分离，液相节流膨胀后进入LNG板翅式换热器提供冷量，气相进入LNG板翅式换热器继续冷却、节流膨胀降温后返回LNG板翅式换热器提供冷量。

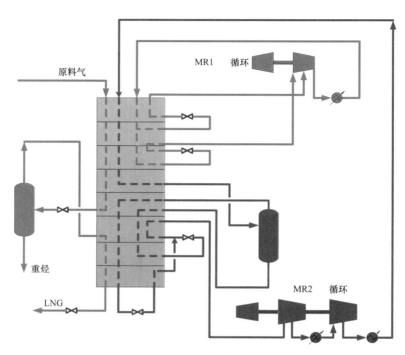

图2-4　HQC-DMR技术工艺流程简图

3. 技术特点及工艺指标

HQC-DMR技术两个闭式制冷循环系统，穿插式串联，均采用混合制冷剂，技术特点如下：

（1）循环数少，设备数量较少，流程简短紧凑；

（2）多股流换热易匹配，冷剂组分易调整；

（3）混合冷剂传热温差小，能量利用率高，液化能耗低；

（4）对环境温度与原料气条件变化适应性强，操作弹性大（50%～100%）；

（5）预冷、液化和过冷过程可集成于同一板翅式换热器中，设备结构紧凑，占地面积小；

（6）技术安全，设备成熟；

（7）可应用于$50 \times 10^4$～$550 \times 10^4$t/a的中大型天然气液化工程，易实现规模效益；

（8）单位液化能耗在11.8～14.2kW·d/t LNG范围内，实际数值与原料气条件（组成、温度、压力）及环境条件有关，不高于国际同类技术；

（9）天然气液化率可达到90%以上，LNG产品中$N_2$小于1%。

4. 技术应用

寰球公司通过多年的技术攻关和中型装置试验及验证，在双循环混合冷剂制冷（HQC-DMR）天然气液化方面授权发明专利5项[6-10]、认定技术秘密4项。

HQC-DMR技术主要用于富含甲烷的气态轻烃液化，包括常规天然气（如气藏气、油田伴生气、凝析气）和非常规天然气（如页岩气、煤层气、致密气、焦炉煤气等），可应用于陆上液化设施以及离岸浮式液化设施。该技术已成功应用于安塞和泰安天然气液化装置，单线生产能力分别为$50 \times 10^4$t/a和$60 \times 10^4$t/a，两套天然气液化装置分别于2012年8

月和 2014 年 8 月投产成功，并通过 72h 性能考核。另外，采用 HQC-DMR 技术完成了单线生产能力 $260 \times 10^4$t/a 和 $550 \times 10^4$t/a 天然气液化装置工艺技术包开发，并已通过中国石油天然气集团公司验收。图 2-5 为泰安 LNG 工厂液化系统外观照片。

图 2-5　泰安 LNG 工厂液化系统外观照片

HQC-DMR 技术的成功应用，摆脱了国内 LNG 项目对国际大型工程公司的技术依赖，在国际上首次实现了采用板翅式换热器的双循环混合冷剂天然气液化工艺技术的工业化应用，实现了天然气液化、脱重烃、储运全面的技术国产化，为今后国内外 LNG 工厂的设计、建设、试运、管理提供了经验借鉴与技术保障。全面提升了我国液化天然气技术能力与在国际 LNG 行业的话语权，带动了国内 LNG 装备制造业发展。

## 二、多级单组分冷剂制冷技术

### 1. 技术开发背景

近年来，受国际政治影响，某些国家和地区受到了西方国家对该国家和地区的制裁，对技术和装备进行封锁，对我国开拓海外天然气资源形成了一定程度的技术壁垒。因此，拥有自主知识产权的天然气液化技术是中国石油实现海外天然气资源利用和油气主营业务发展的战略需求，是摆脱西方国家的经济及技术制裁的有效措施。为了解决 LNG 业务发展面临着大型化 LNG 生产技术和装备瓶颈等难题，CPE 西南分公司基于国内已成熟的离心压缩机，进行大型 LNG 生产技术和关键设备国产化研究，成功开发了多级单组分冷剂制冷（MSC）天然气液化技术，并已成功应用于百万吨级 LNG 工厂国产化示范工程。

### 2. 技术原理及流程

多级单组分冷剂制冷天然气液化技术基于国内已成熟的制冷压缩机技术开发，制冷工艺包括丙烯、乙烯和甲烷三个制冷循环系统，其中丙烯和乙烯制冷分别采用丙烯和乙烯作为单一制冷介质，甲烷制冷系统采用以甲烷为主的配方冷剂。工艺流程示意图如图 2-6 所示。

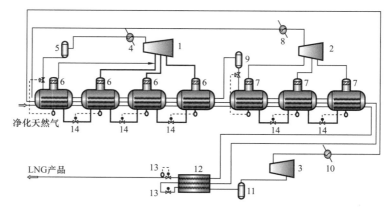

图 2-6　多级单组分液化工艺流程示意图

1—丙烯压缩机；2—乙烯压缩机；3—甲烷压缩机；4—丙烯冷凝器；5—丙烯分离器；6—丙烯蒸发器；
7—乙烯蒸发器；8—乙烯冷却器；9—乙烯分离器；10—甲烷冷却器；11—甲烷分离器；
12—冷箱；13—节流阀；14—调节阀

　　净化后的天然气首先用丙烯作为第一冷却级冷却至约 −36℃，分离 $C_5$ 以上的重烃后进入第二冷却级；丙烯蒸发器中蒸发出来的丙烯气体经增压并冷却为液体后返回丙烯蒸发器。第二冷却级用乙烯作为制冷剂，天然气被冷却并液化后进入第三冷却级；乙烯蒸发器蒸发出来的乙烯气体经增压、循环水冷却、丙烯蒸发器换热后，通过节流阀降压降温为液体返回乙烯蒸发器。第三冷却级用甲烷为主并含有少量乙烯和氮气的配方冷剂作为制冷剂，将液化天然气过冷后，节流降温至 −161℃进入 LNG 储罐储存；配方冷剂在板翅式换热器中冷却，并通过节流阀降温降压后返回板翅式换热器为天然气过冷和自身冷却提供冷量；复热后的配方冷剂经配方冷剂压缩机增压，返回丙烯蒸发器冷却循环。

　　3. 技术特点及工艺指标

　　该技术体现出了操作上的灵活性和对原料的适应性，具有如下特点：

　　（1）设置 3 台制冷压缩机实现对天然气高达 8 阶以上的冷却、冷凝，尽可能降低工艺过程的传热温差、降低液化能耗，简化了工艺流程；

　　（2）采用的制冷压缩机等关键设备均基于国内已成熟的技术，有利于缩短建设周期；

　　（3）采用丙烯、乙烯、甲烷三级制冷系统，降低制冷压缩机的单机功率，减小压缩机启动时对电网的冲击，有利于实现国产化及大型化；

　　（4）制冷系统采用单组分或者简单的配方冷剂策略，与混合冷剂工艺相比，制冷压缩机压缩介质简单，吸入口冷剂组成不变，操作灵活、可靠；

　　（5）制冷压缩机采用变频调速技术，增加对负荷变化的适应性，利于节能；

　　（6）换热系统采用"管壳式换热器＋冷箱"，技术成熟、安全可靠，同时前端换热器负荷分担，冷箱中换热器数量少、尺寸小；

　　（7）可应用于单线生产规模 $120×10^4$～$350×10^4$t/a 的中大型天然气液化工程；

　　（8）单位液化能耗不大于 0.293kW·h/m³ LNG（气），操作弹性范围 50%～100%，天然气液化率不小于 93%。

4. 技术应用

多级单组分冷剂制冷（MSC）天然气液化技术已成功应用于湖北 $500 \times 10^4 m^3/d$ LNG 工厂国产化示范工程（图 2-7）。项目于 2014 年 6 月 9 日顺利投产，其建设规模大、水平高，为同类项目的示范工程和样板工程。

图 2-7　湖北 $500 \times 10^4 m^3/d$ LNG 工厂国产化示范工程全景图

通过湖北 $120 \times 10^4 t/a$ LNG 工厂国产化示范工程的实践，为 $350 \times 10^4 t/a$ 天然气液化工艺包研发提供了研发依据，为 $350 \times 10^4 t/a$ 天然气液化工厂的建设提供了实践经验，实现了中国大型 LNG 装置建设技术和设备全面国产化的突破，打破了国际大型 LNG 技术和设备的垄断，标志着中国成功步入自主建设百万吨级 LNG 工厂时代，为保障我国能源战略安全、进一步深化走向海外奠定了坚实的基础，提供了宝贵的工程设计和建设经验。

## 三、单循环混合冷剂制冷技术

1. 技术开发背景

单循环混合冷剂制冷（SMR）天然气液化技术是由级联液化流程简化而来，采用一种混合冷剂（$C_1$—$C_5$，$N_2$），利用其重组分先冷凝、轻组分后冷凝的特征，依次节流、气化来冷凝天然气中对应组分。相比级联液化技术，SMR 技术仅需要一套混合冷剂压缩机，流程简单且设备数量少。通过调整混合冷剂的组分，可有效降低换热器内冷热流股之间的温差，提高流程效率。

SMR 技术因所需设备数量少、流程简单，在国内外小型与中型液化装置中备受青睐。为开拓和扩大国内外市场，基于已有液化技术，寰球公司与 CPE 西南分公司分别开发形成了单循环混合冷剂制冷（HQC-SMR）天然气液化技术、单循环多级节流混合冷剂制冷（MMRC）天然气液化技术。

2. 技术原理及流程

1）单循环混合冷剂制冷（HQC-SMR）技术

单循环混合冷剂制冷（HQC-SMR）天然气液化技术是指具有单个独立闭式制冷循环、多股流灵活匹配换热流程结构，使用氮气和 $C_1$—$C_5$ 烃类介质中的几种组合的混合物作为制冷剂，实现天然气冷却、液化和过冷以及脱氮过程的工艺技术。

HQC-SMR 技术采用了一种单循环混合冷剂制冷工艺和汽提塔脱氮工艺耦合技术，工艺流程简图如图 2-8 所示[11]。

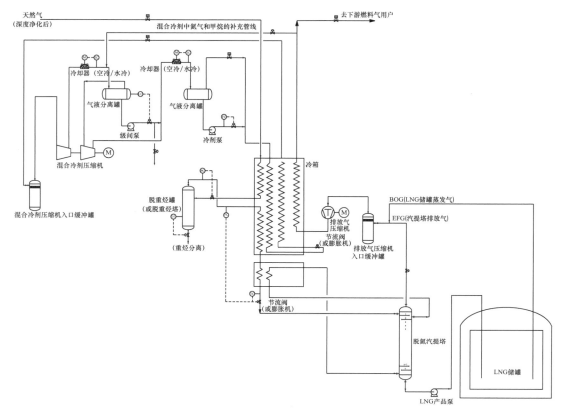

图 2-8　HQC-SMR 技术工艺流程简图

HQC-SMR 技术闭式制冷循环采用两缸两段压缩，并带有中间冷却、气液分离和冷剂泵增压的混合冷剂制冷，混合冷剂由氮气、甲烷、乙烯、丙烷和异戊烷等组成。

来自冷箱顶部的混合冷剂通过冷剂压缩机入口分离罐后，经冷剂压缩机一段压缩后进入级间冷却器，冷却后进入冷剂压缩机一段出口缓冲罐进行气液分离，气相进入冷剂压缩机二段压缩至一定压力，与一段出口冷剂泵增压后的液相冷剂汇合后进入后冷却器，冷却后进入冷剂压缩机二段出口缓冲罐进行气液分离，气相以其自身的压力返回冷箱，并与二段出口冷剂泵增压后的液相冷剂汇合后进入冷箱上部，自上而下流出冷箱，经 J-T 阀节流膨胀后返回冷箱，由下向上流动吸收原料气和冷剂的热量。

预处理合格后的原料气从冷箱热端面进入，在冷箱中向下流动，经混合冷剂冷却、液化和深冷后相变为液化天然气从冷箱冷端面抽出。抽出的液化天然气经节流减压后进入汽提塔，在塔内对富含氮的液化天然气进行汽提脱氮，最终从塔底获得合格的 LNG 产品。

2）单循环多级节流混合冷剂制冷（MMRC）技术

单循环多级节流混合冷剂制冷（MMRC）天然气液化技术是一种单循环混合冷剂四级节流制冷系统，包括天然气液化系统和混合冷剂制冷系统，工艺流程如图 2-9 所示。

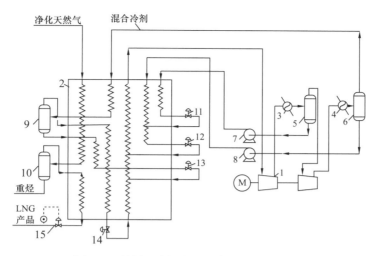

图 2-9　单循环多级节流混合冷剂制冷工艺

1—冷剂压缩机；2—冷箱；3——级冷却器；4—二级冷却器；5——级分离器；6—二级分离器；

7——级冷剂增压泵；8—二级冷剂增压泵；9—冷剂分离器；10—重烃分离器；

11—节流阀；12—节流阀；13—节流阀；14—节流阀；15—节流阀

从冷箱顶部出来的低压混合冷剂进入冷剂压缩机增压，再经过压缩机一级冷却器冷却至 40℃后进入压缩机一级分离器进行气液分离。其中液相冷剂经一级冷剂输送泵注入冷箱进行冷却、过冷后，经一级 J-T 阀节流为冷箱预冷段提供冷量；气相冷剂进入压缩机二级入口增压并经压缩机二级冷却器冷却后进入压缩机二级分离器进行气液分离。液相冷剂经二级冷剂输送泵注入冷箱，过冷后经二级 J-T 阀节流为冷箱液化段提供冷量；气相冷剂进入冷箱预冷后，从冷箱中抽出进入冷剂低温分离器进行气液分离。液相冷剂进入冷箱，过冷后经三级 J-T 阀节流，为冷箱液化段提供冷量；气相冷剂进入冷箱，液化、过冷后经四级 J-T 阀节流膨胀后进入冷箱，为冷箱过冷段提供冷量，低压混合冷剂提供完冷量后，从冷箱顶部返回混合冷剂压缩机进行循环。

3. 技术特点及工艺指标

HQC-SMR 技术主要技术特点及工艺指标如下：

（1）对环境条件变化、原料气气质条件变化、氮气含量变化适应性强；

（2）可解决氮气含量较高（摩尔分数 3%～17%）的天然气液化装置的脱氮要求；

（3）多处进行能量集成，减少混合冷剂用量、降低装置能耗；

（4）该技术便于调节，可实现稳定操作。

MMRC 技术与现有混合冷剂制冷工艺相比，具有能耗低、流程简单、工程总投资低、变工况适应能力强等特征，具体表现如下：

（1）MMRC 技术在传统单混合冷剂制冷循环工艺（MRC）的基础上增加了混合冷剂分液罐，气相冷剂经冷箱冷到一定温度后，从冷箱抽出进行气液分离，进一步提纯液相混合冷剂。该工艺与传统 MRC 工艺相比具有的特点为：

① 多级气液分离，解决了混合冷剂在冷箱中的气—液分配不均问题，使冷流和热流换热温差比较接近，从而比传统单循环混合工艺节约 5% 的能耗；

　　② 采用 2～4 级冷剂节流，混合冷剂中的重组分如异戊烷等介质不进入低温端，避免了重组分在低温段无法气化、形成液塞或凝固导致制冷系统无法正常循环的问题。

　　（2）对制冷循环过程的气相、液相混合冷剂采用单独过冷、节流设计，同时优化调整冷剂配比，提高了制冷效率。

　　（3）该工艺流程简单、投资省、投资回收期短、工程建设周期短。

　　4. 技术开发与应用

　　通过技术攻关，目前单循环混合冷剂制冷（HQC-SMR）天然气液化技术已获授权发明专利 1 项[11]，并应用于吉林油田 $50 \times 10^4$ t/a 天然气液化工程和山西祁县 $25 \times 10^4$ t/a 液化调峰储备集散中心项目等多个国内外天然气液化工程项目的前期研究。该技术适用于单线产能为百万吨以下的岸基与浮式天然气液化工程项目，并可应用于各种天然气类型，尤其适于原料气中氮气含量在 4%～8%（摩尔分数）范围内的天然气液化与脱氮处理。

　　在单循环多级节流混合冷剂制冷（MMRC）天然气液化技术方面，已建成和成功运行内蒙古西部天然气股份有限公司旗下天然气液化项目，设置 4 列相同的 $25 \times 10^4$ t/a 天然气液化装置，该项目于 2015 年 12 月 31 日完成投料试车并出液，目前工艺装置运行稳定，操作可靠，各项指标均达到或优于设计指标。

## 第三节　轻烃分离技术

　　天然气进入液化装置和设备前，必须对其进行预处理。天然气的轻烃分离属于预处理的一种。轻烃分离可以脱除天然中比甲烷更重的烃类，避免在低温下冻结而堵塞液化装置的设备和管道。另外，由于不同国家或地区对 LNG 产品热值的要求存在差异（如北美和欧洲往往要求更低热值的 LNG），因此轻烃分离工艺还可以达到控制和调整 LNG 产品热值的功能。鉴于以上两点主要原因，在天然的液化过程中必然涉及天然气的轻烃回收工艺。国外天然气轻烃回收一般称为天然气凝液回收，简称 NGL（即 Natural Gas Liquids）回收。该工艺主要采用精馏的原理获得天然气凝液，再经过多次精馏分离进一步获得乙烷，主要是丙烷和丁烷的液化石油气（LPG）以及脱丁烷后的凝析油（$C_{5+}$）产品。天然气凝液回收的要求是从天然气中回收乙烷及以上的轻质烃类；其目的主要是回收天然气中的轻烃，防止在后续的深冷液化工段产生结冻问题，影响设备的正常安全操作，同时使液化厂 LNG 产品满足消费国家或地区 LNG 热值的规定。另外，回收的轻烃一部分可作为液化工厂制冷剂的补充，获得的 LPG 与凝析油产品在一定程度上还可产生一定的经济效益，降低液化工厂的操作费用。

　　从轻烃分离装置获得的产品统称为天然气凝液，它们是目前制备乙烯重要且优秀的原料。在美国 NGL 占有重要的地位，天然气轻烃回收率达 80% 以上，NGL 产量与原油产量之比达到 1:5；在加拿大，NGL 日产量达 $8.34 \times 10^4$ m³，并重视乙烷回收，其中乙烷占 $2.44 \times 10^4$ m³。据预测，石化原料乙烯和丙烯的需求量在未来 10 年间会稳步增加，因此，从天然气中回收 NGL 将会受到人们更大的关注。一般具有代表性的 NGL 的组成及用途见表2-2。

表2-2 NGL 的组成及常见用途

| 典型原料气组成, %（摩尔分数） | | NGL 组成 | 用途 |
| --- | --- | --- | --- |
| 贫气 | 富气 | | |
| 2.0 | 6.6 | 乙烷 | 化工原料 |
| 0.7 | 7.0 | 丙烷 | 燃料或 LPG |
| 0.1 | 5.4 | 丁烷 | |
| < 0.1 | 2.5 | 戊烷及以上组分 | 凝析油送往炼厂 |

天然气轻烃分离是天然气处理与加工中一个十分重要而又常见的过程。然而，并不是在任何情况下进行天然气凝液回收都是经济合理的。它取决于天然气的组成和液化厂的规模、天然气凝液回收的目的、方法及产品价格等。目前，由于各地的天然气中各类轻烃的含量不一，以及 LNG 的消费市场对 LNG 中轻烃含量的要求也不尽相同，因此，在各地建成的天然气液化工厂中轻烃的回收方案、工艺也存在一定的差别。由于 NGL/LPG 较 LNG 具有更高的经济价值（图2-10），因此，天然气凝液的回收一直以来都备受关注。

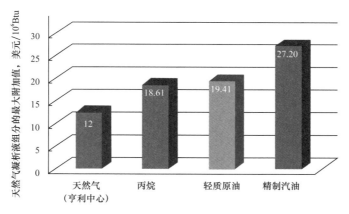

图 2-10 天然气凝液中各组分的经济指标

资料来源：NYMEX

## 一、轻烃分离与天然气液化一体化技术

1. 技术开发背景

目前，主要采用天然气部分冷凝分离来实现天然气的轻烃分离和凝液回收，其主要有三个类型：直接膨胀制冷、外加冷源制冷和混合冷剂制冷。其中混合制冷技术是前两者的综合，外加一部分冷量来弥补膨胀制冷量的不足。

初期，大多数的天然气轻烃回收装置均采用独立的 NGL 回收工厂，例如沙特阿拉伯石油公司很早就意识到沙特阿拉伯气田开采的天然气比北美与北海气田的天然气更富含 NGL，为寻找最佳回收 NGL 的工艺，尤其是回收天然气中的乙烷方案，在沙特阿拉伯 Haradh 气体装置上比较了由美国 Ortloff 工程公司提供的深冷涡轮膨胀工艺与休斯敦先进抽提技术公司提供的增强吸收工艺。这类工艺基本上均采用低温膨胀制冷回收工艺。关于膨胀机制冷的适宜范围，大体上是当原料气较贫且又有压能可以利用或者需提高回收后的出口压力（如外输要求，凝析气田开发中的干气回注），宜采用膨胀机制冷，其增压机可利用膨胀剂的输出功率实现提高回收后的出口压力；反之宜采用制冷剂制冷回收。近年来，有多种方法综合使用的趋势。国外天然气轻烃回收工艺进展主要集中于降低能耗、提高轻烃回收率及降低投资等方面。

"十二五"期间，寰球公司经过近 5 年的攻关研究，开发了双循环混合冷剂制冷（HQC-DMR）天然气液化技术。为了实现工艺技术国内领先、国际先进的研发目标，寰球公司针对天然气液化过程中的轻烃分离技术进行专项科技攻关，形成了轻烃分离与天然气液化一体化技术，即 LNG/NGL 一体化技术，该技术首先是服务于天然气液化装置，在满足获得 LNG 产品的前提下，为优化设计，节约投资的同时为天然气液化装置获取更大的经济效益而采用了目前较流行的天然气液化与轻烃回收相结合的一体化设计理念，即轻烃分离及天然气液化一体化设计。此种工艺经济、节能，且可与天然气液化工厂共用同一套制冷系统，充分实现轻烃分离所需冷量与天然气液化所需冷量的耦合，在尽可能少量增加液化冷量负荷的前提下完成轻烃回收的任务。

2. 技术原理及流程

轻烃分离及回收中广泛采用冷凝分离法，它是利用在一定压力下天然气中各组分的挥发度不同，将天然气冷却至露点温度以下，得到一部分富含重烃类的天然气凝液，并使其与气体分离的过程。分离出的天然气凝液又多采用精馏的方法进一步分离成所需要的液烃产品。这种冷凝分离过程是向气体提供足够的冷量使其降温，并在几个不同温度等级下完成分离。由于天然气液化中同样也涉及降温冷凝的过程，且大部分设备可以共用，因此可采用天然气液化的预冷冷剂对天然气进行精馏分离前的预冷。

当原料气中含有 $C_3$ 及以上的烃类量越多，可以实现的 NGL 回收率或某种烃类产品的收率就越高，装置的经济效益就越好。但是，原料气越富时在给定 NGL 回收率或产品收率时所需的制冷负荷及换热器面积也越大，相应增大设备负荷，投资费用随之提高。反之，原料气越贫时，为达到较高的产品回收率则需要更低的冷凝温度。因此，应在满足 LNG 产品指标的前提下，通过投资、运行费用、产品价格（包括干气在内）等指标进行技术经济比较后确定所要求的 NGL 回收率，然后再选择合适的工艺流程，确定适宜的原料气压力和制冷温度。对于高压原料气，还要注意此压力、预冷温度应远离（通常是压力宜低于）临界点值，以免气相与液相密度相近，导致分离困难，或者在压力、温度略有变化时，分离效果就会出现较大差异，致使实际运行很难控制。轻烃分离与天然气液化一体化工艺流程图如图 2-11 所示。

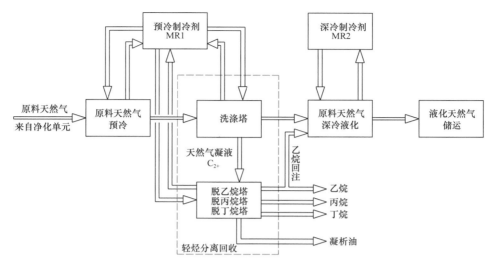

图 2-11　轻烃分离与天然气液化一体化工艺流程简图

经过净化预处理后的原料天然气进入液化装置，首先进入天然气预冷换热器，达到预冷温度后进入洗涤塔进行精馏粗分，将在塔底获得的天然气凝液（主要含 $C_{2+}$）再送入后续精馏分离单元进行进一步的顺序精馏分离，依次获得乙烷、丙烷、丁烷和凝析油产品。其中，从脱乙烷塔塔顶获得的部分乙烷产品在满足制冷剂补充后往往还有富余，在满足 LNG 产品指标（如组成、热值等）的前提下，此部分乙烷可回注入天然气液化装置的深冷换热器中，最终成为 LNG 产品。图 2-11 中红色方框中的部分为轻烃分离回收单元。可以看出，此部分工艺嵌入在天然气液化的主流程中，预冷制冷剂即为天然气预冷提供了冷量，又同时为轻烃分离提供冷量，因此称为轻烃分离与天然气液化一体化工艺技术。

在设计天然气预冷及液化换热流程时，应使冷、热物流换热系统经济合理，即：（1）冷流股与热流股的温差总体上比较接近；（2）对数平均温差宜低于 10℃；（3）换热过程中冷流股与热流股的温差应避免出现小于 2℃ 的情况；（4）当对数平均温差较大时，应采用分级制冷的压缩制冷系统以提供不同温位的冷量。

原料天然气组成、NGL 各组分回收率以及产品（包括干气在内）质量指标等对轻烃分离与天然气液化一体化流程的设计有着十分重要的影响。

在商品气质量指标中对其热值可能有一定要求，回收 NGL 后将会导致气量缩减及热值降低。因此，如果在 LNG 中存在氮气、一氧化碳或氢气等组分时，则需要保留足够的乙烷和更重烃类以符合热值指标的要求；如果 LNG 中只有极少量的氮气、一氧化碳或氢气等组分时，乙烷和更重烃类的回收率仅受到市场需求、回收成本及价格的制约。

3. 技术特点及工艺指标

轻烃分离与天然气液化一体化技术，其主要的技术特点如下[11, 12]：

（1）由于天然气液化采用了混合制冷剂，其组成和配比可根据原料天然气的组成、温压、外部环境温度、洗涤塔及脱乙烷塔冷凝器负荷等因素进行灵活调整，使得制冷系统的效率最高、能耗最低、操作稳定可靠；

（2）轻烃分离回收部分的精馏塔器采取顺序分馏流程，实现前塔塔底的出料作为下一级塔的进料节流后无须换热（饱和进料或气液两相混合进料），流程简单并有效降低下一级塔的塔底热负荷，从而降低了整体的系统运行能耗；

（3）洗涤塔在较高压力下操作，尽量减少天然气的压力损失，有利于降低天然气深冷液化所需的能耗；

（4）轻烃分离回收获得的乙烷、丙烷和丁烷均可作为混合冷剂组分补充，实现装置内自给自足，无须外购，还能起到增加 LNG 产量和调节 LNG 产品热值的作用，在提高天然气液化工厂整体经济效益的同时，还能提高液化厂的整体灵活适应性；

（5）液化工厂通过采用轻烃分离一体化工艺技术，还脱除了原料天然气中的凝析油（$C_{5+}$），避免天然气在后续的低温液化区冻堵主换热器等关键设备，确保了液化装置的安全平稳运行。

由于不同工厂的原料组成和商品气的要求均存在一定的差异，不同工况下采用的乙烷回收率必然有所不同，导致整个轻烃回收方案、能耗指标及关键设备的工艺参数和配置也有较大的不同。在工厂运行初期，原料气一般多为相对较贫的天然气，因此对乙烷的回收率一般不高。近年来，由于能源价格的上涨以及乙烯工业的发展，往往在保证 LNG 产品规定的前提下不断提高乙烷的回收率以求获得更多的 NGL 产品，以求提高工厂的经济性。另外，随着乙烷回收率的上升，LPG 与天然气凝析油的回收率以及装置的能耗也逐渐增加。采用轻烃分离与天然气液化一体化工艺技术，采用多种乙烷回收率得到的天然气凝液中轻烃各组分的回收率数据及 LNG 产品的热值数据见表 2-3。

表 2-3　NGL 中各组分在不同乙烷回收率下对应的回收率数据

| 项　目 | | 工况 1 | 工况 2 | 工况 3 | 工况 4 |
|---|---|---|---|---|---|
| 乙烷回收率，% | | 1 | 16 | 36 | 65 |
| NGL 中各组分回收率，% | 丙烷 | 99.0 | 95.8 | 94.5 | 97.7 |
| | 丁烷及以上烃类组分 | 100 | 100 | 100 | 100 |
| 高热值，Btu/ft³ | | 1046.6 | 1042.0 | 1033.8 | 1019.0 |
| 沃泊指数，MJ/m³ | | 51.1 | 51 | 50.8 | 50.5 |

4. 技术应用

寰球公司采用自主开发的 LNG/NGL 一体化技术完成了大中型天然气液化工艺包，主要针对国外某地区气田条件，采用了轻烃分离及天然气液化一体化的设计思路，在液化天然气的同时，可依次获得乙烷、丙烷、丁烷及凝析油产品，装置的单线生产规模为 $260×10^4 t/a$ LNG。轻烃回收分离获得的烃类产品一方面满足液化工厂混合冷剂的补充，另一方面可作为副产品外输，为整套装置获得一部分的经济效益。采用此工艺技术的工艺包设计中原料天然气条件及获得的各类轻烃产量见表 2-4。

表 2-4　轻烃分离与天然气液化一体化工艺原料组成及轻烃产量

| 组分 | 摩尔分数，% | 轻烃产量，t/a | 备注 |
|---|---|---|---|
| $N_2$ | 4 | — | |
| $C_1$ | 88 | — | |
| $C_2$ | 5.5 | 177848 | 部分 $C_2$ 回注 LNG |
| $C_3$ | 1.3 | 35528 | |
| $iC_4$ | 0.2 | 40360 | 可混合作为 LPG 产品外输 |
| $nC_4$ | 0.4 | | |
| $iC_5$ | 0.1 | 85424 | |
| $nC_5$ | 0.2 | | |
| $C_6$ | 0.3 | | |
| 合计 | 100 | 339160 | |

## 二、DHX 轻烃回收技术

### 1. 技术开发背景

冷凝分离法的原理是利用原料气中各烃类组分冷凝温度的不同，通过将原料气冷却至露点以下温度，将 $C_{3+}$ 为主凝液进行冷凝分离，并经过精馏分离成液化气和轻油等产品。该方法具有工艺流程简单、运行成本低、轻烃回收率高等优点，目前在轻烃回收技术中处于主流地位。CPE 西南分公司先后形成了包括膨胀机制冷、单一冷剂制冷、J–T 阀制冷、混合冷剂制冷、混合冷剂 + 膨胀机一系列工艺技术，其中"十二五"期间已经建成投产的轻烃回收装置包括中坝气体处理厂，广安轻烃回收厂等。

传统的膨胀机制冷技术，具有流程简单、投资低、操作方便、原料气适应性高等特点，被广泛运用于我国绝大部分的轻烃回收装置，其 $C_{3+}$ 收率在 75%～85%，回收率较低。随着轻烃回收技术的发展，1984 年加拿大埃索公司（ESSO Resources Canada Ltd.）首先提出直接换热工艺即 DHX 工艺（Direct Heat Exchange），并在 Judy Creek 工厂的装置上实践并获得了成功，该工艺将 $C_{3+}$ 收率由 72% 提高至了 95%，该工艺的实质是用脱乙烷塔回流罐的液烃换热，降温节流后进入 DHX 塔，以此吸收从低温分离器出来的气相中含有的 $C_3$ 组分，从而提高 $C_3$ 回收率[12]。同时，改造成本低，从而得到了国内外轻烃回收装置的广泛应用。1995 年，我国大港油田压气站首次引进了 DHX（直接换热）工艺，成功将轻烃回收 $C_{3+}$ 收率提高至 90% 以上。通过不断的研究与实践总结，我国各大油田相继建立了多套采用直接换热工艺的天然气轻烃回收装置，"十二五"期间，CPE 西南分公司设计、建设并投产的轻烃回收装置有哈萨克斯坦让纳若尔油田天然气处理及综合利用工程第三油气处理厂 II 期和 III 期工程，安岳轻烃回收厂；在建中的有全国最大的轻烃回收工程——塔里木油田凝析气轻烃深度回收工程。

2. 技术原理及流程

直接换热工艺的实质是增加了一个重接触塔（DHX塔），将脱乙烷塔塔顶回流罐的凝液经过换热、节流降温之后进入重接触塔的顶部，作为吸收剂吸收不凝气中残留的$C_{3+}$烃类，从而达到提高$C_{3+}$收率的目的。

直接换热工艺的基本流程如图2-12所示。

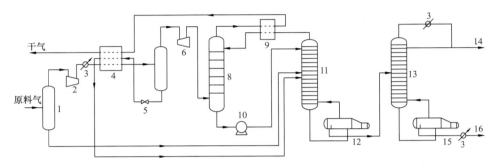

图2-12 DHX法工艺流程图

1—分离器；2—压缩机；3—水冷器；4—大冷箱；5—节流阀；6—膨胀机；7—低温分离器；
8—重接触塔（DHX塔）；9—小冷箱；10—液烃泵；11—脱乙烷塔；12—脱乙烷塔重沸器；
13—脱丙烷塔；14—液化气；15—脱丙烷塔重沸器；16—稳定轻油

原料气经过分离器脱除液滴和粉尘等杂质后，进入压缩机增压，经过水冷器冷却，进入大冷箱与重接触塔塔顶气和低温分离器的液相进行换热，冷却后进入低温分离器进行气液分离。从低温分离器底部分离出来的液烃经过节流阀节流降压，进入大冷箱与原料气进行换热，加热后进入脱乙烷塔。分离器的气相经过膨胀机膨胀制冷，进入重接触塔底部，与脱乙烷塔塔顶的回流罐凝液逆流接触，吸收原料气中的$C_{3+}$组分。

重接触塔底部液烃通过液烃泵打入脱乙烷塔的顶部。富含乙烷的脱乙烷塔塔顶气进入小冷箱与重接触塔顶干气换热后进入重接触塔顶部。重接触塔塔顶干气进入大冷箱与原料气进行换热后外输。脱乙烷塔底液烃进入脱丙烷塔。

3. 技术特点及工艺指标

DHX工艺具有如下几个特点：

（1）能够显著提高脱乙烷塔顶气相的冷凝率。经过脱乙烷塔脱除掉大量$C_1$和$C_2$后，$C_{2+}$组分在脱乙烷塔中得到有效提浓，从而大幅提高了进入DHX塔中$C_{2+}$组分的冷凝率，为脱乙烷塔提供可靠的制冷剂和吸收剂。

（2）能够达到二次吸收$C_{3+}$组分的效果。由于脱乙烷塔塔顶回流罐的凝液将再次进入DHX塔，预冷原料气中的$C_{3+}$组分再次被吸收，因此能够显著提高$C_{3+}$的收率。

（3）能够达到二次制冷的效果。$C_2$组分闪蒸汽化制冷的主要因素是脱乙烷塔内气相中的$C_2$组分浓度的梯度变化。在塔内，富含液态乙烷的凝液被逐级闪蒸，能使塔底温度比塔底进料温度低，从而塔顶温度降低，提高塔内$C_{3+}$组分冷凝率。

4. 技术应用情况

目前，CPE西南分公司承担设计的项目共有16项，其中已投产14项，在建2项，工艺方法主要采用的冷凝分离法回收轻烃，其中包括膨胀机制冷、J-T阀制冷、丙烷制冷、DHX工艺及联合制冷工艺方法。

哈萨克斯坦让纳若尔油田天然气处理及综合利用工程第三油气处理厂Ⅱ期和Ⅲ期工程于 2012 年开工建设，处理规模为 $715 \times 10^4 m^3/d$（Ⅱ期），$715 \times 10^4 m^3/d$（Ⅲ期）。该油田原料气组成较富（具体组成见表 2-5），压力较高，因此该装置工艺选择采用丙烷制冷 + 膨胀制冷工艺 + 重接触塔工艺，装置 $C_3$ 收率达到 94%。工艺流程分为原料天然气预冷及丙烷制冷、膨胀制冷、气液烃分离和液烃分馏 4 个部分。

安岳区块油气处理厂于 2012 年开工建设，处理规模为 $150 \times 10^4 m^3/d$，原料气组成见表 2-5。川渝地区天然气原料气压力较低，与哈萨克斯坦让纳若尔油田相比，无压差优势，因此最终采用了 CPE 专利技术"混合冷剂制冷 + 二次脱烃"（专利号：ZL2011103245331，ZL 201120406551.X），$C_3$ 收率达到了 95%。该工艺方案结合了外制冷脱烃工艺、LNG 装置中的 MRC 工艺及常规膨胀机制冷 +DHX 工艺的特点，其投资较低，$C_3$ 收率高，能耗较低，且对原料气组成、流量变化具有较强的适应性。

2016 年开工的塔里木油田凝析气轻烃深度回收工程采用了膨胀机制冷 +DHX 工艺方案。与安岳油气处理厂相比，其原料气压力较高，混合冷剂制冷技术并不适合该工况，故采用膨胀机制冷方式为原料天然气提供所需冷量，实现原料天然气中 LPG 和轻烃的回收。因原料气组成较贫（具体组成见表 2-5），为了尽可能地回收 $C_{3+}$ 组分，提高工厂的经济效益，采用了直接换热工艺即 DHX 工艺，该工艺增加了一个重接触塔（DHX 塔），将脱乙烷塔顶气体与膨胀机制冷后的原料气进行直接传热和传质，使气体中 $C_{3+}$ 组分得到冷凝和洗涤，从而达到提高收率的目的。塔里木轻烃回收厂对常规的 DHX 工艺进行了优化，在常规的 DHX 工艺中，重接触塔（DHX 塔）底低温液烃直接作为脱乙烷塔顶回流，冷量利用不充分，塔里木轻烃回收厂将低温分离器液相和 DHX 塔底低温烃液冷量充分回收，取消了丙烷制冷系统，降低了能耗；与常规的 DHX 工艺相比，塔里木轻烃回收厂将脱乙烷塔顶气进行二次冷凝，第一次冷凝后液相作为脱乙烷塔回流，气相经第二次冷凝后作为 DHX 塔顶回流，DHX 塔顶 $C_3$ 组分降低，从而提高了产品收率。

**表 2-5 轻烃回收装置原料天然气组成**

| 组分 | 组成，%（摩尔分数） | | |
| --- | --- | --- | --- |
| | 让纳若尔油田 | 安岳区块油气处理厂 | 塔里木油田 |
| $C_1$ | 84.1388 | 85.92 | 89.9304 |
| $C_2$ | 7.2414 | 8.37 | 6.4600 |
| $C_3$ | 3.8074 | 2.74 | 1.2800 |
| $iC_4$ | 0.6296 | 0.64 | 0.2100 |
| $nC_4$ | 0.9997 | 0.57 | 0.2100 |
| $iC_5$ | 0.1303 | 0.01 | 0.0600 |
| $nC_5$ | 0.2907 | 0.27 | 0.0500 |
| $C_6$ | 0.1613 | 0.12 | 0.0300 |

续表

| 组分 | 组成，%（摩尔分数） | | |
|---|---|---|---|
| | 让纳若尔油田 | 安岳区块油气处理厂 | 塔里木油田 |
| $C_7$ | 0.0713 | 0.14 | 0.0600 |
| $C_8$ | 0.0288 | 0.15 | 0.0000 |
| $C_9$ | 0.0131 | 0.09 | 0.0000 |
| $C_{10}$ | 0.0006 | 0.04 | 0.0000 |
| $C_{11}$ | 0.0004 | 0.01 | 0.0000 |
| $H_2S$ | 0.0001 | 0 | 0.6200 |
| $CO_2$ | 0.1989 | 0.37 | 0.0096 |
| $N_2$ | 2.2972 | 0.56 | 1.0800 |
| $H_2O$ | （水露点≤-80℃） | — | — |
| 甲硫醇 | | — | — |
| 乙硫醇 | （硫醇硫≤16mg/m³） | — | — |
| 异丙硫醇 | | — | — |
| 正丙硫醇 | | — | — |
| 合计 | 100.0000 | 100.00 | 100.00 |

# 参 考 文 献

［1］王开岳.天然气净化工艺［M］.北京.石油工业出版社，2005：67-98.

［2］徐文渊.天然气利用手册［M］.2 版.北京：中国石化出版社，2006：96-113.

［3］刘家洪，冼祥发，周明宇，等.天然气脱硫脱碳深度净化系统：201220516853［P］.2013-03-20.

［4］蒋洪，梁金川，严启团，等.天然气脱汞工艺技术［J］.石油与天然气化工，2011，40（1）：26-33.

［5］林畅，白改玲，王红，等.大型天然气液化技术与装置建设现状与发展［J］.化工进展，2014（11）：2916-2922.

［6］李卓燕，白改玲，王红，等.一种天然气的液化系统和液化方法：103075868 B［P］.2015-09-23.

［7］王红，白改玲，宋媛玲，等.双循环混合冷剂的天然气液化系统和方法：102393126 B［P］.2013-11-06.

［8］白改玲，王红，宋媛玲，等.一种天然气的双冷剂液化系统和液化方法：103075869 B［P］.2015-09-23.

［9］白改玲，王红，宋媛玲，等.一种天然气的双冷剂液化系统：202339064 U［P］.2012-07-18.

［10］李卓燕，白改玲，王红，等.一种天然气的液化系统：202337770 U［P］.2012-07-18.

［11］白改玲，林畅，吴笛，等.一种降低液化天然气中的氮含量的系统：103146448 B［P］.2014-12-24.

［12］王红，白改玲，宋媛玲，等.一种天然气液化与轻烃分离一体化集成工艺系统及工艺：105486034 A［P］.2016-01-05.

［13］诸林.天然气加工工程［M］.2 版.北京：石油工业出版社，2008：261.

# 第三章 液化天然气接收站工艺技术

液化天然气（LNG）技术经过近百年的发展，已步入成熟期，形成了包含天然气开采生产、天然气净化及液化、LNG 船运、LNG 再气化和天然气应用等 5 个环节的 LNG 产业链。

世界上的第一个 LNG 接收站于 1969 年在西班牙巴塞罗那建成，此后各国相继建设了多个不同规模的 LNG 接收站，截至 2017 年 6 月，全世界共有接收站 105 座，分布在世界 25 个国家和地区。

中国的第一个大型液化天然气应用试点项目——广东 LNG 项目接收站一期工程已于 2006 年 6 月正式投产运营。中国海油福建 LNG 接收站项目、上海洋山 LNG 接收站项目也已经分别于 2008 年和 2009 年相继投产。中国石油自 2008 年开始启动 LNG 接收站工程建设，并陆续建成投产了江苏 LNG 接收站、大连 LNG 接收站和唐山 LNG 接收站。截至 2017 年 6 月，我国共建成 LNG 接收站 16 座，实施及规划中接收站项目近 20 个，因此，LNG 接收站工艺技术有着广阔的应用空间和发展前景。

我国 LNG 接收站建设起步于 21 世纪初，首批建成的广东大鹏、福建莆田、上海洋山等 LNG 接收站项目均由国外不同的工程公司提供专利及专有技术，在设计理念、设计指标及技术性能方面虽有一定共性，但也存在相当的差异。LNG 接收站项目在国内市场前景广阔，继续引进国外技术虽然可行，但不利于中国石油自主技术的开发和创新，因此寰球公司从 2008 年起，依托江苏 LNG 接收站及大连 LNG 接收站项目进行了 LNG 接收站自有工艺技术的开发，并成功实现了工业应用，大幅降低了工程造价并节省了高额的技术引进费用。目前，寰球公司已拥有了整套的 LNG 接收站工艺技术，并在唐山 LNG 接收站等后续项目的建设中最大限度地立足于材料和设备的国产化，节约了工程建设投资，产生了巨大的经济效益和社会效益。

天然气经液化后解决了气态天然气不利于远洋运输的问题，极大地增加了 LNG 的远洋贸易，从而使天然气利用更加广泛和便捷。LNG 接收站作为 LNG 远洋贸易的终端设施，接收来自 LNG 运输船的液化天然气，并将其输送至储罐中储存，再根据下游天然气用户的需求将其泵入气化器气化、计量后通过天然气管网供给终端用户，也可将储存的 LNG 通过公路或铁路槽车直接运送到卫星站、工业及民用等终端用户。作为液化天然气产业链中的关键组成部分，LNG 接收站既是远洋运输液化天然气的终端，又是陆上天然气供应的气源，其本质上是天然气的液态运输与气态管道输送的交接点。典型的 LNG 接收站布置图如图 3-1 所示。

由于 LNG 接收站库容较大，低温状态（-161℃左右）下储存的 LNG 气化后易燃、易爆，因此 LNG 接收站的设计和建设对安全和质量的要求非常严格，技术含量也较高。

图 3-1　典型 LNG 接收站布置图

# 第一节　液化天然气装卸技术

液化天然气（LNG）是将天然气净化后，在深冷条件下液化获得的液态天然气产品，其体积仅为气态下的 1/600 左右。天然气为目前世界三大能源之一，但通常气源地和最终用户间相距数千公里，需要中高压管道进行气体输送，而天然气经液化后储存和运输更为便利，特别适用于通过 LNG 船进行跨越海洋的长距离运输和贸易。

我国能源结构中占主导地位的一次能源是煤和石油，其中煤消耗量占能源消耗的 2/3 左右，由此带来的环境污染问题越来越严重。而天然气作为清洁能源，燃烧所产生的 $SO_2$，$NO_x$ 和 $CO_2$ 的排放量分别为燃煤、燃油排放量的 19.2% 和 42.1%，所以利用天然气对优化能源结构、改善生态环境，实现经济的可持续发展具有重要意义。根据国家能源规划，天然气（包括管道气及进口 LNG）在能源消费中所占的比重将逐年稳步上升，预计到 2020 年天然气在我国能源总需求构成中的比重将达到 10% 左右，其中进口 LNG 将成为国产天然气的重要补充部分，因此与进口 LNG 相配套的 LNG 接收站项目也将得到快速发展。

LNG 接收站主要包括 LNG 的卸载、储存、蒸发气处理、LNG 加压、气化、计量、外输等工艺单元，以及与之配套的公用工程系统和辅助设施等。各单元和系统之间相互配合至关重要，其中装卸和储存是接收站运行的基础。本节主要讲述 LNG 装卸技术中的 LNG 装卸船技术、LNG 装车技术和卸船系统瞬态数值模拟技术。

## 一、液化天然气装卸船技术

### 1. 技术开发背景

我国 LNG 产业起步较晚，早期建设的广东大鹏、福建、上海等 LNG 接收站项目都是由外国工程公司提供专有技术，且三个项目由于选择的承包商不同，在设计理念、设计指标及技术性能方面存在一些差异。为了打破国外工程公司在 LNG 接收站工艺技术的垄断，寰球公司在 2008 年开始进行 LNG 接收站成套工程技术研究，消化、吸收国外 LNG 接收站工艺技术，总结 LNG 领域工艺设计、工程设计及项目建设经验并在此基础上进行技术创新，开发出具有自主知识产权和国际先进水平的液化天然气接收站关键技术，经过江苏、大连、唐山三座接收站的建设，接收站的工艺及设计建造技术通过了性能考核和实践检验，已经形成了具有完全自主知识产权的设计及建造技术，国产化率也达到了相当高的水平。

2. 技术原理及流程

LNG 装卸船技术包括 LNG 装船技术和 LNG 卸船技术。LNG 装船技术是将储罐内的 LNG 通过泵及装船管道输送到运输船上进行外运的技术；LNG 卸船技术是将运输船上的 LNG 通过泵及卸船管道连续接卸至储罐储存的技术。为降低工程造价，卸船与装船系统通常共用装卸管道和装卸臂等设施。典型装卸系统的流程图如图 3-2 所示。

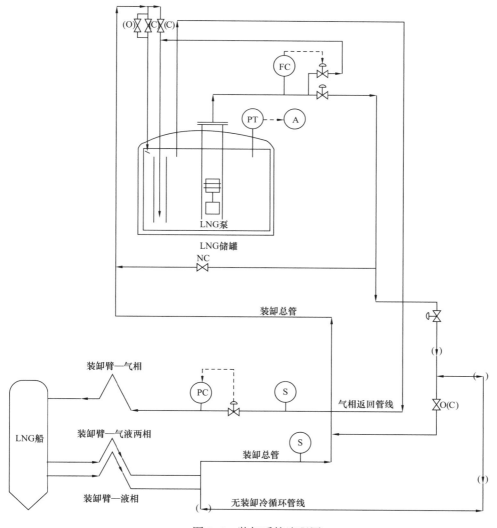

图 3-2　装卸系统流程图

一般情况下，LNG 接收站具有专用的接卸码头，其接卸能力应满足接收站周转能力的要求。码头设有 LNG 卸载所需要的工艺、安全设施及相关辅助设施。LNG 船到岸时，在港口操作员与领航员的指挥下、借助拖船以及 LNG 船停泊监测系统平稳靠岸系泊。在运输船安全系泊并和接收站取得有效通信联系后，方可连接 LNG 装卸臂和气相返回臂。船岸连接后需测试紧急切断系统，并通过氮气置换使装卸臂中氧气含量达到要求，再用船上的 LNG 冷却运输船的输送管道和 LNG 装卸臂后方可进行卸船作业。

LNG 运输船和装卸臂准备就绪后，LNG 由运输船上的卸料泵，经过 LNG 装卸臂，并通过卸船总管输送到 LNG 储罐中。为平衡船舱压力，LNG 储罐内的部分蒸发气通过气相返回管道返回至船舱中。如储罐和运输船之间的压差无法及时将蒸发气压回运输船，则需要通过回流鼓风机增压后将蒸发气送回运输船。

通常 LNG 装卸臂中有一台臂为气液两用臂。当气相返回臂发生故障不能使用时，气液两用臂可作为气相返回臂使用，此时，虽然卸船操作时间会延长，但可减少卸船中断造成的 LNG 船滞港时间，又可避免产生的蒸发气无法回船而排放至火炬系统燃烧。LNG 装卸臂都应配有紧急脱离系统（Emergency Release System，ERS），装卸臂的操作通过就地控制盘或集散控制系统进行控制，就地控制盘上设有就地/远控开关，码头控制室和中央控制室一般设有一套位置监视系统（PMS）监视装卸臂的移动。

卸船操作时，实际卸船速率和同时接卸 LNG 储罐数量需根据 LNG 储罐液位和 LNG 船型来确定。每座 LNG 储罐均设有液位计，可用来监测罐内液位。在卸船初期，用较小的卸船流量来冷却装卸臂及辅助设施，避免产生较多的蒸发气，超过蒸发气处理系统处理能力而排放到火炬造成浪费。当冷却完成后，逐渐增加卸船流量到设计值，此时的卸船速率由船泵的运行数量控制。在卸船过程中，应密切监控接收站和码头相关卸船设备和设施的操作状况。LNG 卸船系统一般设有两级紧急停车系统（Emergency Shutdown Device，ESD）保护，第一级为码头、栈桥及储罐区的切断隔离，第二级为第一级的确认和激活装卸臂和气相返回臂的紧急脱离系统，实现船岸脱离。

装船操作时，设置在 LNG 储罐内的输送泵将 LNG 通过装卸船总管及装卸臂输送到 LNG 船上。装船的速率通过 LNG 储罐内 LNG 泵的开启数量来决定。

装卸船管线一般设有取样分析系统，既可对管道中的 LNG 进行在线分析，也可取样进行实验室分析。卸船时应根据卖方提供的货运单上的 LNG 组分，制订合理的 LNG 进罐方案，通过储罐的顶部或底部进料阀使 LNG 注入储罐中，避免 LNG 产生分层，从而减少储罐内液体发生翻滚的可能性。

为了减少卸船时 LNG 进入储罐时大量闪蒸，卸船期间可适当提高 LNG 储罐操作压力，并将部分置换的蒸发气通过气相返回管线返回到船舱中，使储罐和船舱之间形成压力平衡，向船舱返气时船侧压力通过气相返回臂入口的压力控制阀进行调节，确保船舱压力不超出 LNG 运输船的要求。装船操作中，蒸发气通过气相返回管线返回到 LNG 储罐，以保持船舱和储罐之间的压力平衡，此时蒸发气的流向与装船时相反。

在装卸船完成后，用氮气从装卸臂顶部进行吹扫，将装卸臂内的 LNG 分别压送回 LNG 运输船、LNG 装卸船管线或 LNG 码头排净罐（如有），吹扫合格后解脱装卸臂与船的接头，LNG 运输船方可离泊。

通常无装卸船操作期间，LNG 装卸船管线通过 LNG 保冷循环维持冷态备用。此时用于保冷的 LNG 从储罐中的低压输送泵抽出，通过一根码头保冷循环管线以小流量 LNG 经装卸船管线循环。LNG 循环量通过流量调节阀控制，最小循环流量的确定原则是避免卸船总管内的 LNG 产生气化，但通常为了更好地保证装卸船管线的冷却状态，LNG 冷循环的流量以循环初始和结束时温升在 5～7℃为宜，此循环操作只在非装卸船操作期间运行。在装卸船操作期间，码头保冷循环中断，冷循环管线可以参与装卸船工作。

一般来讲，接收站码头保冷循环的流程有两种：

（1）码头保冷循环返回的 LNG 直接进入 LNG 储罐；

（2）码头保冷循环返回的 LNG 进入低压外输总管直接外输。

接收站根据栈桥长度、操作特点、再冷凝器操作压力和外输需求等选择合适的冷循环流程。以上两种流程有各自的优缺点，对于码头保冷循环返回 LNG 储罐流程，由于卸船管线相对较长，管线吸收的热量较多，在 LNG 储罐中闪蒸量较大，产生的蒸发气（BOG）量相对较多。对于码头保冷循环进入低压外输总管直接外输流程，经过低压泵增压后的 LNG 经冷循环后直接参与外输，因此操作能耗较低，但缺点是上下游关联性较大，如果下游操作压力波动，会影响码头保冷循环流量；如果码头保冷循环停止，对下游再冷凝器运行的影响也较大，所以在确定采取哪种保冷循环时要综合考虑多方面因素。

3. 技术特点及工艺指标

LNG 装卸船技术需要通过详细计算，准确确定 LNG 装卸系统尺寸及操作压力。合理的设计应考虑装卸船系统物料的气液平衡，实现自平衡连续装卸船，保证 LNG 装卸的安全、平稳运行，同时，装卸船共用一套装卸臂及管道系统。

在 LNG 装卸船技术中，常用的工艺指标如下：

（1）LNG 装卸温度为 -161.5～-158℃；

（2）卸船船型范围为 $4 \times 10^4 \sim 26.7 \times 10^4 m^3$；

（3）卸船时间为 10～20h；

（4）卸船流量为 2000～14000m³/h；

（5）装船船型范围为 5000～40000m³；

（6）装船流量为 2000m³/h 左右。

4. 技术应用

对于 LNG 接收站，装卸船技术发挥了非常重要的作用，只有将 LNG 从运输船中卸载到接收站，才能进一步通过接收站的其他工艺系统将天然气输送到下游用户。国内外的 LNG 接收站全部具有 LNG 卸船功能，国内部分接收站由于功能定位及需求不同，采用了国外应用较少的装船技术，使接收站同时具有装船和卸船的功能。中国石油大连 LNG 接收站一期工程便具有装卸船功能，江苏 LNG 接收站也于 2017 年进行改造，增设装船功能。

装卸船系统一般包含码头、装卸臂、登船梯和装卸船管道等设施。

1）码头

为了实现 LNG 运输船的卸载，需要建设同接卸船型相匹配的 LNG 运输船码头。国内的 LNG 接收站都建设有专用的 LNG 码头，为船只提供合适并且安全的作业条件，使其能够安全靠泊并完成 LNG 的卸载。大型 LNG 接收站因库容较大，通常能够完成 $12.5 \times 10^4 \sim 21.6 \times 10^4 m^3$ LNG 船的卸载。随着国际船运和造船业的发展，LNG 船舶的建造也日趋大型化，2010 年 10 月卡塔尔燃气公司订购的 $26.7 \times 10^4 m^3$ LNG 船开始交付使用。为实现 LNG 的转运，近年来国内 $1 \times 10^4 \sim 3 \times 10^4 m^3$ 的小型 LNG 船的需求量逐渐增加，目前国内已有多家船厂能够建造中小型 LNG 运输船。相比于陆路 LNG 运输，小型船运 LNG 成本更低，有较强的竞争力，部分国内已建LNG接收站码头不但要适应大船，也需要兼容小船。

码头区一般设置系缆墩、登船梯、装卸臂、码头平台、LNG收集池、消防设施、码头控制室等相关设施配合接收站进行LNG卸载。系缆墩结构独特，通常离岸布置，用作泊船点、系泊点、辅助停泊操作点或者以上全部三个功能。栈桥是连接码头和接收站的设施，栈桥上通常安装有接收LNG所用的工艺、公用工程以及消防管道等设施，同时栈桥上需设车行通道，满足码头平台上设施检修时车辆的通行要求以及紧急情况下车辆的进出。码头上设有平台，尺寸约为40m×30m，用检修期间装卸臂、管线、登船梯、消防炮以及LNG卸船相关其他附属设施的临时存放。

2）装卸臂

码头上一般配置三种类型装卸臂：液相臂、气相臂和气液两用臂。液相臂用来将LNG从船上输送到接收站内，气相臂用来将接收站内返回的蒸发气（BOG）输送回LNG船的船舱。正常操作时，气液两用臂作为液相臂使用，气相臂维修或出现故障时可作为气相臂使用，此时卸船操作时间会略有延长，但可减少LNG船滞港时间，避免蒸发气因无法回船而排放至火炬燃烧。

装卸臂的流量根据最大的卸船流量进行设计。由于目前在役的$12.5×10^4$～$21.6×10^4 m^3$的LNG运输船上最高卸料流量为$12000 m^3/h$，常用接口为16in。为同LNG船进行匹配，通常码头上设置3台或4台LNG装卸臂，每台16in装卸臂可以卸载约$4000 m^3/h$的LNG。当卸船码头距LNG储罐较远时，为降低卸船时阻力降，满足$12000 m^3/h$卸船流速要求，有时也会设置4台16in LNG装卸臂。对于目前世界上最大型$26.6×10^4 m^3$LNG运输船，其最高卸料流量可以达到$18000 m^3/h$，因此相应的码头上可设置3台或4台20in装卸臂。

装卸臂一般包括支架、连接管路、平衡系统、共用液压系统以及紧急脱离装置。为避免卸料过程中绝热材料妨碍装卸臂和LNG船的位移，装卸臂不需要设置保冷。典型LNG装卸臂如图3-3所示。

图3-3　LNG装卸臂

装卸臂设有旋转接头，能够根据仓载情况及所在海域的海水条件如浪高、潮汐等，在3个维度上进行移动，适应波浪和 LNG 船所产生的位移。装卸臂的操作应严格控制在包络线内，当运输船的位移超出预设限度时控制系统会进行警报。出于安全考虑，装卸臂设有紧急脱离装置，如发生重大的紧急情况，可保证装卸臂与运输船在几秒钟内迅速分离，船岸分离过程中外溢 LNG 量很少。

3）装卸船管线

装卸船管线是连接装卸臂和接收站 LNG 储罐的管道，装卸船管线直径大小取决于额定装卸料流量以及装卸船设施和陆上储罐之间相对布置。一般对于 12000m³/h 的卸料流量，卸船管线尺寸大约在 36～42in。装卸船管线一般设有取样分析系统，既可对管道中的 LNG 进行在线分析，也可取样进行实验室分析。

## 二、液化天然气装车技术

1. 技术开发背景

国外大多数 LNG 接收站仅采用 LNG 气化外输的形式，而国内由于天然气用户较分散，现有天然气管网无法覆盖所有终端用户，所以在 LNG 气化外输的基础上，还需要通过 LNG 槽车将 LNG 输送到各个 LNG 卫星站（气化站）、LNG 中转站、LNG 加注站、L-CNG 加气站等用户。因此，国内接收站一般设置有 LNG 槽车装车站，将 LNG 直接通过槽车运输到用户。

2. 技术原理及流程

LNG 槽车自动灌装技术将 LNG 装车臂、气相返回臂以及 LNG 流量计等组装成橇，设置装车量后，通过自动控制流速完成 LNG 槽车罐装。

LNG 槽车灌装一般采用冷态带压技术。低温 LNG 由输送泵抽出后通过装车总管输送到 LNG 装车单元，通过装车臂进行 LNG 槽车灌装，同时槽车内的 BOG 经气相臂返回到装车单元 BOG 总管，再接入与 LNG 储罐相连的 BOG 总管。流程详如图 3-4 所示。

3. 技术特点及工艺指标

大型 LNG 槽车装车站车辆进出频繁，进出场站人员繁杂，且操作人员工作强度大，存在一定安全生产隐患，通过设置定量控制槽车自动灌装系统，可实现对装车作业的控制和监控，自动记录每一个作业节点数据，并自动完成数据统计和报表服务，可降低人员劳动强度，提高装车效率。因此，槽车自动灌装技术具有控制稳定、操作简单、安全可靠等特点。

在 LNG 装车技术中，常用的工艺指标如下：

（1）LNG 装卸温度为 -161.5～-158℃；

（2）槽车容积为 30～55m³；

（3）装车时间为 1.0～1.5h；

（4）装车流量为 60m³/h；

（5）装车臂尺寸为 3in。

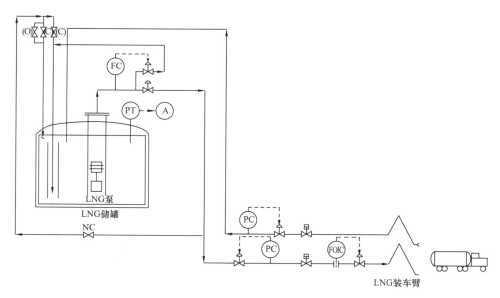

图 3-4　LNG 槽车自动灌装技术工艺流程图

**4. 技术应用**

定量控制槽车自动灌装系统由槽车装车臂、气相返回臂及定量控制系统组成，该系统包括就地操作盘、串口服务器、控制机、业务机、地秤系统、通信网络等，系统所有部件如槽车装车臂及气相返回臂、测量仪表等可组成装车橇。典型定量控制槽车自动灌装流程如图 3-5 所示。

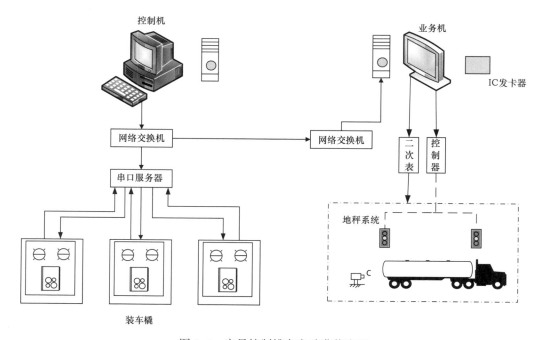

图 3-5　定量控制槽车自动灌装流程

定量控制槽车自动灌装可采用本地控制和远程控制两种装车模式。本地装车控制是在槽车装车站没有配置上位管理系统（控制机和业务机）的情况下，装车橇和地秤系统独立运行，装车时操作人员直接在装车的批量控制器上输入预装车量，批量控制器按照工艺流程完成装车，地秤系统独立完成秤重过程，槽车进出装车站完全靠人工调度；远程装车控制则是指槽车装车站配上位管理系统，地秤系统作为控制系统的一部分，将有关装车作业纳入一套控制系统进行控制。

### 三、卸船系统瞬态数值模拟技术

#### 1.技术开发背景

通常由于卸船管线尺寸比较大，当卸船管线上的阀门紧急关闭或运输船上卸料泵启停时会给卸船管线造成较大的冲击，因此需要对卸船管线进行液击计算，校核卸船管线的设计压力并确定卸船管线的冲击载荷等。管道系统的系统压力一般指的是系统动压和静压之和，输送流体的过程中出现高扬程、阀门启闭、泵启停或紧急停车时，系统中流体的流动状态（一般表现为流速）会发生突然变化。此时变化的动能需要得到释放，如果管网系统中缺乏保护措施，这部分动能会以压迫和应力形变的方式传递给管壁或管路中的元件，并以脉动波的形式沿管道往返传播，此动能转化动压的过程会产生的瞬间冲击高压，导致过流部件损坏、管道破损等事故。

瞬态数值模拟技术主要根据以上现象进行各种极端或事故工况的模拟，借助专业流体力学软件的瞬态模块，通过对系统可能会出现的各种极端或事故工况进行模拟，掌握关键点的参数随时间变化的趋势，如流量、压力、应力载荷等，最终达到预判整个系统在极端或事故工况下运行状态的目的，并针对极端或事故工况下可能出现的非正常参数，采取相应的优化设计、安全操作方案及防护措施，使得整个工艺系统处于安全运行状态。

#### 2.技术原理及流程

液击现象（Surge）是指在长距离管道输送流体的过程中，出现极端运行，发生停泵、阀门快速关闭等情况时，管道系统中产生剧烈的压力升高或降低的水力瞬变现象。液击现象的类型可以依据起因分为三种：

（1）空管启泵工况。空管启动泵，由于泵的功率过大，容易出现管内气体无法排除，形成压力。

（2）事故停泵工况。停泵与启泵的情况相反，关泵时，由于液击在管网入口端容易产生负压。

（3）关阀工况。阀门快速关闭时，会发生相邻两个液波迎面相撞的情况，在撞击点形成较大的压力。

LNG 管道系统具有口径大、距离长、易气化和工况复杂等特点，因此在运行过程中容易出现明显的液击现象，在极端运行和非正常操作条件下该现象容易产生事故危害，因此考虑液击现象对管道系统设计产生的影响非常重要。从理论角度分析，管道中流体流动状态的急剧变化势必会以压力波动的方式作用于管道内壁，从而形成明显的瞬态液击现象。当液击现象发生时，管道系统的内部压力和外部管道结构应力都会出现不稳定波动，从而对系统造成危害。

LNG 系统的液击现象危害根据起因的不同可分为两类：（1）由系统压力的脉动传播

导致瞬态液击压力急剧升高或降低，容易破坏管道系统元件或导致管壁破裂；（2）由流体冲击导致外部管道结构应力的波动，容易造成管道外部结构支架损坏或管道连接处松动、错位。实际上液击力普遍存在，但是对于管径较小、长度较短的管线，液击力的影响比较小，但因 LNG 接收站装卸船管线、LNG 高低压输送管线管径较大、长度较长，因此设计阶段需要进行瞬态模拟计算，并分析不同工况下的管道系统液击现象，确保工艺系统在所有工况下能够安全运行。液击压力通过以下公式进行计算。

液击压力波传播波速 $a$ 公式：

$$a = \sqrt{\dfrac{K}{\rho_{液}\left(1 + \dfrac{KdC_1}{\delta E}\right)}} \qquad (3-1)$$

以及液击增压 $\Delta H$ 公式：

$$\Delta H = \frac{a}{g}\Delta v = \frac{a}{g}(v_0 - v) \qquad (3-2)$$

式中　　$a$——液击压力波传播速度，m/s；

　　　　$C_1$——管道的约束系数，理想状态无轴向位移，$C_1=1$；

　　　　$d$——管道内径，m；

　　　　$E$——管材的弹性模量，Pa；

　　　　$g$——重力加速度，m/s$^2$；

　　　　$\Delta H$——压差变化，Pa；

　　　　$K$——流体的体积弹性模量，Pa；

　　　　$v_0$——稳态下流体流速，m/s；

　　　　$v$——瞬变后流体流速，m/s；

　　　　$\rho_{液}$——流体密度，kg/m$^3$；

　　　　$\delta$——管道壁厚，m。

根据以上公式，直接影响最大液击压力的因素有很多，其中最重要的因素包括液击压力波传播管道的长度、管道系统流体流量的变化速率和流体的物性参数等，通过分析影响液击压力的因素可以对缓解液击影响和降低液击压力的方案进行识别和优化。通常针对 LNG 管道系统，延长开关阀的启闭时间，缩短长距离输送管道的长度和调整阀门的启闭规律等都能够有效地防止过大的液击现象对系统造成危害。如果极端工况下的液击压力过大，甚至超过管道设计压力时，可通过减小稳态流量或者增加管道壁厚的方法来消除液击现象带来的安全隐患。

瞬态数值模拟技术依据模拟的对象分为瞬态液击压力数值模拟和管道液击应力载荷数值模拟。液击压力数值模拟通过在每个时程内，将管道系统内所有的水锤波以矢量叠加的形式进行计算，将每个时程段的数据拟合成动态压力数据并以瞬态压力曲线的形式输出，典型瞬态压力曲线如图 3-6 所示。每一个阶段的时间相同，都是管段长度 $L$ 除以波速 $a$，因此这样 4 个阶段时间之和 $T=4L/a$ 就是液击波的"周期"，每经过一个周期，液击现象就重复一次，管段中的压力大小也因此会呈现波纹起伏的状态。由于摩擦损失，压力波会逐渐衰减，典型液击波压力 - 时间曲线参如图 3-7 所示。

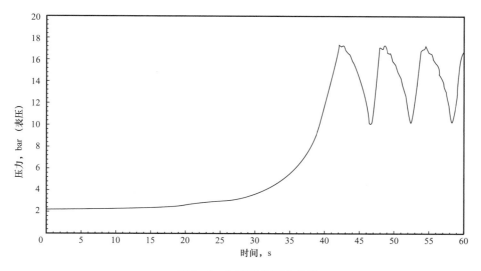

图 3-6 典型瞬态压力曲线

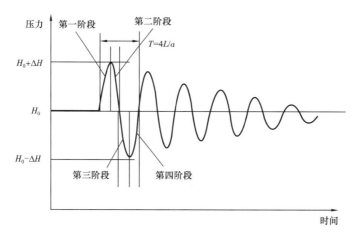

图 3-7 典型液击波压力—时间曲线

  管道液击应力载荷数值模拟则是通过将流体力学软件平台和管道应力载荷计算软件平台进行对接，运用实时分析方法模拟计算管道动态应力载荷，最终输出管道结构的设计要求。

  3. 技术特点及工艺指标

  LNG 管道系统具有规模大、低温易气化和工况复杂等特点，采用瞬态模拟技术进行液击力的计算已经成为工程设计中必不可少的手段。由于模拟计算迭代次数多、计算量大，因此多采用比较成熟的商业软件来进行。通过 LNG 系统瞬态数值模拟技术在不同工程项目中的运用，可以实现装置的动态实时化模拟，在指导工艺系统及管道设计、确保整个装置的安全稳定的同时，也避免了过度化、保守化设计。

  瞬态模拟计算时，不但需要提供泵、阀门的性能曲线，也需要提供 LNG 的温度、压力、密度、流量、黏度、饱和蒸气压、管道尺寸等工艺数据。

  4. 技术应用

  通常 LNG 接收站的装卸船管线系统、LNG 输送管道系统、装车管道系统等都需要进行瞬态模拟计算，通过瞬态模拟技术对液击力计算后，可以对设计进行指导，采取各种方法降低液击力，以保障管道系统的安全、降低工程造价。

根据工程经验，常见的降低液击力的方法有以下几种：

（1）降低管道系统中流体流速。

降低管道中稳态下的流体流速时，相应的流体惯性减小，水锤升压和降压的程度能够缓解。结合实际工程项目经验，在满足流体输送流量的前提下，增加管径是最直接降低流体流速的方法。

（2）改变阀门或者泵的启闭时间。

为了降低系统中流体流速的变化速率，最直接的方法就是在不影响安全运行的情况下适当延长阀门或泵的启闭时间。

（3）合理选择合适的阀门形式。

阀门的形式不同，其开度与流量系数的关闭曲线也不同。在相同的关阀时间下，完全关闭点附近特性变化比较平缓、均匀的阀门（如蝶阀），其压力变化较小。普通止回阀在关阀时产生很高的升压，应尽可能地少采用或不采用。对于高扬程、大流量、长距离的管道系统，为了防止物料倒流和泵的反转现象而又不产生过高的液击升压，在泵机出口处可以采用缓闭式止回阀。

（4）合理布置管线。

通过每个项目的水锤模拟计算分析后，得出合理的管线排布方案。一般来说，在纵断面上，应尽可能使管道按照先缓后陡、平缓上升的排布方案，避免先陡后缓的排布方案。先陡后缓的布置容易形成的驼峰凸部，且容易在事故停泵工况下引起降压过大，特别是该段管道压力如持续处于饱和蒸气压以下，会发生液柱分离现象。另外，由于水锤波在水平方向上的传播方式是圆形扩散，仅与管道长度有关系，与管道走向关系不大，因此在满足工厂规划和区域要求的条件下，尽量缩短流体输送管线的长度即可。

（5）设置液击防护设备。

一般来讲，在特殊的位置或需加保护的地方设置合适的液击防护设备，如液击消除器、缓冲罐、调压塔、排气阀等设施，都可以降低液击力。由于 LNG 物料的易燃易爆性，因此较少使用这种方法来降低液击力。

## 四、低温管线应力计算技术

### 1. 技术开发背景

管道应力分析在管道设计中是不可或缺的一个部分，是管道自身及与其连接的机器、设备、支架等安全运行的重要保证。与其他管道相比，对于 LNG 管道等深冷液体介质管道，除了根据常规的温度、压力对管道进行计算以外，其应力分析还有其特殊性，如管道的"冷桥现象"（Bowing Effect）。"冷桥现象"的发生会导致部分管道支架脱空，而与其相邻支架的载荷过大，从而引起管道的局部应力过大、管道支架过载。如果此现象发生在设备管口或法兰连接处，会导致设备管口的破坏、法兰的泄漏。管道的口径越大，这一现象导致的危害也越大。为了解决这一问题，在应力分析中，对于大口径 LNG 管道，需要对其产生"冷桥现象"时的受力及应力情况进行分析，以保证管道的安全运行。

2. 技术原理及流程

为了避免管路结构破坏，在卸船管线准备运行前，必须要先对管线进行预冷却。通过预冷，使管线的温度降低到一定程度，方可输送 LNG。卸船管线经过预冷后，其温度仍然高于 LNG 的流体温度。在卸船初期，随着低温的 LNG 突然流入比它温度高的管道，管道会迅速收缩。在 LNG 液体尚未充满整个水平布置的 LNG 管道内部的情况下，管道的底部与 LNG 液体直接接触，收缩量较大，而顶部相对温度较高，因而收缩量较小，从而导致管道弯曲拱起呈弓形，这种结果便是所谓的"冷桥现象"（图 3-8）。

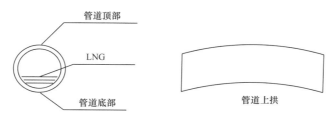

图 3-8 冷桥现象

3. 技术特点

通过对比"冷桥现象"发生时与正常操作时的应力计算结果，在"冷桥现象"作用下，管道的一次应力和二次应力都会发生变化，有可能超出管道材料的许用值，因此需要对管道支架或管道布置进行调整，以确保计算结果在许用范围内。当管道支架载荷过大时，在支架设计中要考虑这一载荷，以免支架的破坏，同时还要考虑法兰的泄漏问题。

4. 技术应用

目前，在中国石油几个大型接收站项目中，如江苏 LNG 接收站、大连 LNG 接收站、唐山 LNG 接收站等，均对 LNG 管道"冷桥现象"受力及应力情况进行了详细的分析计算，确保了接收站开车和运行的安全。

# 第二节 液化天然气储存技术

随着天然气在中国能源消费中所占比例的逐步提高，天然气管网提供的气量远远不能满足正常消费需求及调峰需求，因此为增加液化天然气作为能源储备，大力建设 LNG 的储存设施就非常重要。

LNG 的常用储存方法是压力储存和常压储存。压力储存一般多用于储存量较小的情况，通常采用真空绝热粉末储罐和子母罐进行储存，其中真空绝热粉末储罐由于运输等原因，一般单台容积不超过 $150m^3$；子母罐是由多个储罐组成，单台容积多在 $3000m^3$ 以下。常压储存一般用于大型储罐，容积多在 $5000m^3$ 以上，世界上最大的 LNG 储罐容积已达到了 $27 \times 10^4 m^3$。

对于大型的 LNG 接收站，液化天然气的储存量都在几十万立方米到 100 多万立方米。国内 LNG 接收站常用的 LNG 储罐单个有效工作容积为 $16 \times 10^4 m^3$，目前中国石油江苏 LNG 接收站已经建成了国内最大的有效工作容积为 $20 \times 10^4 m^3$（总容积 $22.3 \times 10^4 m^3$）的储罐。LNG 储罐容积大、结构复杂，是接收站中最重要、造价最高的设备，同时也是重大的危险源，因此对于 LNG 储罐的监测及保护就非常重要。本节主要介绍 LNG 储罐控制与监测技术以及翻滚预防技术。

## 一、储罐控制与监测技术

### 1. 技术开发背景

储罐控制与监测技术是 LNG 接收站的核心技术之一，LNG 的储存安全是接收站平稳运行的重要因素。液化天然气储罐作为接收站的重要储存设施，其容量和数量直接影响 LNG 的接收和天然气的外输能力，同时也影响接收站的投资和经济性。为此，在进行 LNG 接收站设计时，LNG 接收站储罐数量和罐容的确定十分重要。

LNG 储罐主要用于存储从 LNG 运输船卸载的 LNG，并作为下游用户的气源。依据 LNG 接收站的存储特点、LNG 运输方案、天然气外输方案、安全储备天数和卸船时间等均影响 LNG 接收站储存能力。合理设置 LNG 接收站的储罐数量和罐容需要综合考虑不同船型、船运方案、LNG 最小储存能力、外输能力等多方面的因素。

由于 LNG 储罐的储存能力巨大，是接收站造价最昂贵的设备且直接影响接收站的供气可靠性，一旦发生泄漏将威胁接收站的安全，因此对于储罐的各种工艺保护至关重要。

### 2. 技术原理及流程

LNG 储罐的设置方式可分为地上储罐、地下储罐与半地下储罐。按结构形式可分为单容罐、双容罐和全容罐，各种罐型的特点及比较参见本书第四章大型液化天然气储罐设计技术。

目前，国内已建成大型 LNG 接收站中 LNG 储罐均为全包容式混凝土顶储罐，储罐的有效工作容积多为 $16 \times 10^4 m^3$，2016 年 11 月国内最大有效工作容积为 $20 \times 10^4 m^3$ 全包容式混凝土顶储罐在中国石油江苏 LNG 接收站建成投产。

全包容式预应力混凝土储罐简称 FCCR，其内罐采用 9%Ni 钢，外罐壁采用预应力混凝土材料，罐顶采用钢筋混凝土结构。储罐的设计压力一般为 –0.5/29kPa（表压），储罐的日最大蒸发量一般不超过储罐容量的 0.05%。

为防止 LNG 泄漏，罐内所有的流体进出管道以及所有仪表的接管均从罐体顶部连接。每座储罐设有 2 根进料管，既可以从顶部进料，也可以通过罐内插入立式进料管实现底部进料。进料方式取决于 LNG 运输船待卸的 LNG 与储罐内已有 LNG 的密度差，若船载 LNG 比储罐内 LNG 密度大，则船载的 LNG 从储罐顶部进入，反之，船载的 LNG 从储罐底部进入。通过选择合理的进料方式可有效防止储罐内 LNG 出现分层、翻滚现象。另外，操作员也可以通过操控顶部和底部的进料阀来调节 LNG 从顶部和底部进料的比例。在 LNG 进料总管上设置切断阀，可在紧急情况时隔离 LNG 储罐与进料管道。

LNG 储罐通过一根气相管道与蒸发气总管相连，用于输送储罐内产生的蒸发气和卸船期间置换的气体至 BOG 压缩机、LNG 船及火炬系统。

每座 LNG 储罐都设有连续的罐内液位、温度和密度监测仪表，防止罐内 LNG 发生分层和溢流。储罐的压力通过调节 BOG 压缩机运行负荷和运行台数进行控制。

LNG 储罐一般设有两级超压保护。当储罐超压到设定值，压缩机无法及时处理大量的蒸发气时，可通过开启火炬总管的压力控制阀，将 BOG 气体排放至火炬系统来保护储罐；当储罐超压至更高一级的设定值时，可通过每座储罐罐顶的数个安全阀将超压气体直接排入大气。

LNG储罐一般设有两级真空保护。当LNG储罐压力低至一定数值时，来自外输天然气总管的天然气通过破真空阀补气至LNG储罐，维持储罐内压力稳定；如补充的破真空气体不足以维持储罐的压力在正常操作范围内，储罐的压力继续降低时，空气就会通过安装在储罐上的真空安全阀进入储罐内，维持储罐压力正常，保证储罐安全。

低压输送泵和管道及阀门的设置通常可实现LNG在同一座罐内部上下层之间的循环和混合。当一座储罐出现故障时，也可将罐中的LNG通过低压输送泵送至其他储罐。

在储罐的内部空间和环隙空间设置氮气管道，可以干燥、吹扫以及惰化储罐。储罐内顶部设有喷嘴，用于LNG储罐的初次预冷。

3.技术特点及工艺指标

储罐控制与监测技术从压力、温度、密度、液位、泄漏等多方面对储罐进行监测和保护。储罐多级压力控制及保护采用调节BOG压缩机负荷及控制压缩机启停的方式调整储罐操作压力；火炬排放控制和压力安全阀泄放可实现储罐的两级超压控制和保护；破真空气补气控制和真空安全阀补气可实现储罐的两级真空控制和保护。另外，通过设置多级压力控制和保护系统，可以有效地保证储罐操作压力的稳定，避免储罐内压力出现较大波动及内外罐压差过大导致储罐的损坏，保证了储罐的安全。

液位—温度—密度（LTD）的监测与控制是通过不同液位高度的温度差、密度差的监测，防止分层和翻滚现象的发生，保证储罐的安全。

泄漏的监测与控制可以在泄漏发生的最初通过倒罐等手段，将LNG安全转移，减少LNG的泄漏，同时也最大限度地减小对LNG储罐的损坏。

一般有效工作容积为$16 \times 10^4 m^3$预应力混凝土全包容储罐的典型参数如下：

（1）储罐直径为80m；

（2）储罐高度（内罐）为35m；

（3）正常操作压力为7～25kPa（表压）；

（4）设计压力为-0.5～29kPa（表压）；

（5）操作温度为-161℃；

（6）设计温度为-170℃；

（7）LNG设计密度为480kg/m³。

4.技术应用

1）储罐多级压力控制及保护

由于LNG储罐的气相空间互相连通，所以每座储罐的操作压力几乎相同。LNG储罐通常利用进行报警和联锁等压力保护。

为了降低大气压变化对储罐操作的影响，BOG压缩机的控制通常采用绝压。为准确监测储罐的压力，LNG储罐的表压和绝压参数都应在控制室内显示。

（1）正常压力控制。

在正常操作条件下，LNG储罐的压力通过调节BOG压缩机的负荷进行控制。在非卸船期间，LNG储罐的操作压力应维持在低压状态，以便在压力控制系统发生故障时，为储罐操作留有安全的缓冲余量。为了避免进入储罐的LNG发生大量闪蒸，在卸船操作期间，应升高储罐内压力。

（2）超压保护。

在 LNG 储罐压力升高到一定压力值时，压力控制阀开启，BOG 将直接排放到火炬总管。同时，每座 LNG 储罐还配备多个压力安全阀，作为 LNG 储罐的第二级超压保护，超压气体通过安装在罐顶的压力安全阀直接排入大气，压力安全阀的设定压力与储罐的设计压力相同。

（3）真空保护。

破真空阀是 LNG 储罐的第一级真空保护，当由于大气压快速增加等原因导致储罐表压较低时，破真空气体进入与储罐相连的 BOG 总管，维持 LNG 储罐内压力的稳定；如果补充的破真空气体不足以维持 LNG 储罐的正常操作压力，空气通过安装在储罐上真空安全阀进入罐内，维持储罐压力正常。

（4）操作压力范围。

储罐正常操作的压力范围既要考虑上述的报警和保护设定参数，也要考虑以下各种约束条件：

① LNG 储罐的设计压力 / 压力安全阀的设定压力；
② LNG 储罐的真空设计压力 / 真空安全阀的设定压力；
③ 破真空阀的设定值和压力控制阀的设定值；
④ 减少蒸发气产生量和降低 BOG 压缩机运行能耗；
⑤ 大气压变化的范围。

在卸船操作期间，LNG 储罐的操作压力上述基础上，综合考虑以下两点：

① LNG 运输船卸料时气相压力平衡范围；
② 蒸发气返回 LNG 船时，LNG 储罐与运输船之间的压力损失。

2）液位—温度—密度（LTD）的测量

大型 LNG 储罐通常设置液位—温度—密度（LTD）一体化测量装置，对不同液位高度上的温度和密度进行测量和监控。液位—温度—密度测量装置由多个感应探测器及控制单元组成。探测器组件由电动机进行驱动，包括液位、温度和密度测量传感器，并能接收控制单元发出的指令在 LNG 储罐底部和最高液位之间调节悬浮高度，对不同液位高度上的温度和密度进行监测。

探测装置可自动控制，也可手动控制。手动模式下操作员可在 DCS 系统中设置探测器的上下移动速度；自动模式下系统会周期性地对 LNG 液体断面进行扫描。中央控制室内的操作员可根据液位、温度和密度的测量读数判断物料是否分层并对趋势进行预测，如必要可及时采取措施防止 LNG 储罐内发生翻滚。

3）温度测量

通常每座 LNG 储罐中设置 1 套独立的多点温度变送器，用于测量罐内不同液位处 LNG 温度，操作员可通过不同液位高度下 LNG 的温度差，判断 LNG 是否有分层趋势。

在 LNG 储罐的内罐外壁和底部通常也设有温度传感器，在储罐预冷和正常操作期间提供温度测量参数，供控制室内的操作员对储罐不同区域的温度差进行监控。储罐冷却时钢材会发生收缩，为避免冷却不均匀导致焊缝撕裂，需要将预冷速度控制在钢材允许范围之内。

LNG 储罐的内外罐的环隙空间内装有电阻温度探测器（Resistance Temperature Detector，RTD），用于 LNG 内罐的泄漏监测。

4）液位控制

每座 LNG 储罐上设置液位变送器和液位开关，为安全仪表系统（SIS）所需的报警和联锁信号。

正常操作时操作员根据储罐液位情况，手动控制卸船操作期间的 LNG 接收储罐以及用于外输的 LNG 储罐。

高高、低低液位联锁可分别在紧急情况下切断 LNG 储罐进料和关停罐内低压输送泵。

储罐内液位计有用于高高液位联锁的雷达型液位计和用于液位—温度—密度测量（LTD）一体化测量装置两种类型。

5）储罐泄漏监测

LNG 储罐的内罐用于储存低温 LNG 液体，而外罐具有气密性，可防止 BOG 泄漏到外部环境中。内罐的 LNG 一旦泄漏或溢出，将对储罐产生不同程度的损坏。外罐气态烃泄漏会产生燃烧、爆炸等隐患。

为此，在环隙空间底部、外罐的罐体下部的内侧设置温度监测仪表，根据其监测结果来判断储罐的 LNG 是否发生泄漏。同时，罐顶和罐底分别设置气体探测器，实时监测储罐周边气态烃的浓度，对储罐及储罐周边管道的泄漏状况进行判断。

以上技术已经全部应用于江苏、大连、唐山等 LNG 接收站中的多座 LNG 储罐设计中，项目投产后运行良好。

## 二、翻滚预防技术

1. 技术开发背景

LNG 是低温混合物，长期储存时会因密度不同出现分层现象，储罐中上部的液体吸热蒸发气体，保持其温度，而下部的液体吸热使其温度升高，不同深度的 LNG 因温度和（或）密度的差异而产生传热、传质，致使各液体层发生快速的混合并伴随大量蒸发气从 LNG 储罐中急剧释放，此现象称为翻滚。翻滚一旦发生就无法控制，极易对储罐造成破坏性损坏，因此在储罐设计中必须有针对翻滚工况采取的预防措施，保证 LNG 储罐的运行安全。

2. 技术原理

翻滚现象出现的最根本原因是罐内 LNG 发生分层。LNG 是多组分混合物，LNG 组分的不同和密度的差异可导致储罐内的 LNG 发生分层。分层初期，上层密度较小，下层密度较大，各层处于相对稳定的状态。随着储罐中 LNG 从外部环境不断吸取热量，紧贴罐壁的液体层温度升高，密度减小，上升至液体层上部，并在气液界面发生蒸发，各层形成相对独立的自然对流循环，如图 3-9 所示。

当上层 LNG 和下层 LNG 之间的温差较小时，通过界面传递的热量小于下层 LNG 吸收的热量，储罐上层的 LNG 会在气液界面发生蒸发，轻组分（如甲烷和氮气）因吸热而首先蒸发，导致上层 LNG 密度增加。同时，罐体下层 LNG 吸收来自罐底和管壁的热量，导致下层 LNG 温度升高，但是由于上层 LNG 物料的重力的作用且 LNG 的传热速率较慢，下层 LNG 无法上升至气液表面，因而导致下层 LNG 温度升高较快，LNG 的密度随着温度升高而减小。当上下层密度趋于相等，层间界面变得模糊，液体层发生混合，此时下层LNG积蓄的能量迅速释放，大量液体吸热气化，产生大量的蒸发气，蒸发气上升至气液表面，即发生翻滚现象。

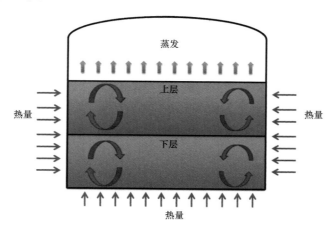

图3-9 分层后自然对流循环

当上层LNG和下层LNG之间的温差较大时，通过界面传递的热量大于下层LNG吸收的热量，下层LNG的密度随着温度的降低而增大，储罐上层的LNG在气液界面发生蒸发，密度也越来越大，上下层密度趋于相等，层间界面变得模糊，液体层发生混合时，下层LNG积蓄的能量迅速释放，液体吸热气化而产生大量的蒸发气，蒸发气上升至气液表面，即发生翻滚现象。

翻滚现象发生时，储罐压力迅速升高，若安全措施不当往往会导致储罐因为超压而发生破裂，为此在工程设计时必须要考虑翻滚现象对储罐的影响。

3. 技术特点

由于分层是产生翻滚的前提条件，因此在操作中要尽量避免分层的发生。通常LNG罐内发生分层的原因有两种：第一种是LNG进料位置不当引起的分层，如卸船期间将组分较轻的LNG从上部进料或将组分较重的LNG从底部进料，这时罐内的LNG会因不当卸船操作而发生分层，LNG接收站多数翻滚的发生原因均归于此。第二种是LNG在储罐内发生的自分层，即在长时间没有外部进料及出料的情况下，储罐内LNG因从外界吸热而发生的分层。为保证操作阶段能够消除分层的发生和避免翻滚，工艺设计阶段应考虑设计适当的预防和消除措施，典型的预防分层和避免翻滚的工艺方法如下：

（1）避免将密度差过大的LNG卸入同一个LNG储罐；

（2）在LNG储罐设置顶部和底部两根进料管；

（3）在LNG储罐设置一套液位—温度—密度（LTD）一体化测量装置，对分层趋势进行预判；

（4）在LNG储罐设置防翻滚管线，用于罐内LNG的混合。

4. 技术应用

由于翻滚对储罐的影响极大，所以在大型储罐设计时均需要考虑防止翻滚现象的出现，在工程设计中有以下几种常见的方法。

（1）避免密度差过大的 LNG 卸入同一个 LNG 储罐。

由于 LNG 是混合物，因此随着组分的不同，LNG 的密度范围通常为 425～455kg/m³。相同资源地的 LNG 密度基本上变化很小，通常可以卸入同一个 LNG 储罐。如果 LNG 的资源地较多，接收站就有可能接收密度差异较大的 LNG，因此在设计阶段对储罐的数量需要根据不同资源地的 LNG 密度进行优化。根据工程经验，注入同一个储罐的 LNG 密度差应尽量控制在 10kg/m³ 以下，为避免密度差过大的 LNG 卸入同一个 LNG 储罐，如果 LNG 接收站的资源地较多且 LNG 密度差异较大，则 LNG 储罐的数量不宜少于 2 座。

（2）采用不同进料方式。

LNG 储罐设有两根进料管，既可以从顶部进料，也可以通过罐内插入立式进料管实现底部进料。进料方式取决于 LNG 船与储罐内 LNG 的密度差。若船载 LNG 密度较大，宜从储罐顶部进料，反之，宜从储罐底部进料，这样有利于不同密度的 LNG 在储罐内自行混合，消除分层。典型储罐顶部和底部进料方式流程如图 3-10 所示。

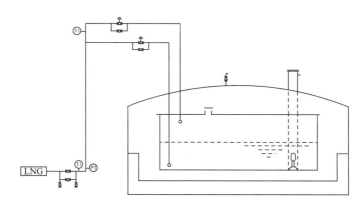

图 3-10  典型储罐顶部和底部进料方式流程

（3）设置多点温度计。

当不同液位的 LNG 温度差较大时，可能出现分层。因此可在 LNG 储罐内设置多点温度计，监测每 1.5 米液位差下 LNG 的温度差。当温差达到临界值时，应启动储罐内的 LNG 泵，对储罐内 LNG 进行混合，防止温差过大导致分层。

（4）设置液位—温度—密度（LTD）测量仪表。

翻滚发生前往往出现分层现象，因此可通过 LNG 储罐内的液位—温度—密度（LTD）测量仪表对分层趋势进行监控；同时，液位—温度—密度（LTD）测量仪表具有温度差和密度差报警功能，可提醒操作人员及时采用循环方法来消除密度差。

（5）设置防翻滚管线。

为了使储罐内不同密度 LNG 能够充分混合，可通过设置专用防翻滚管线（图 3-11）和利用泵的最小回流管线（图 3-12 和图 3-13）消除分层，具体采用的防翻滚方式应根据项目的具体情况来进行设置。

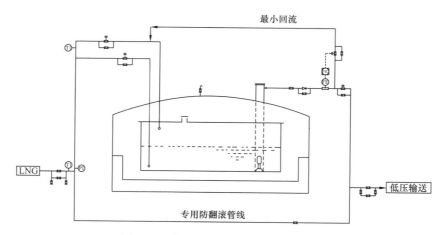

图 3-11　储罐专用防翻滚管线示意图

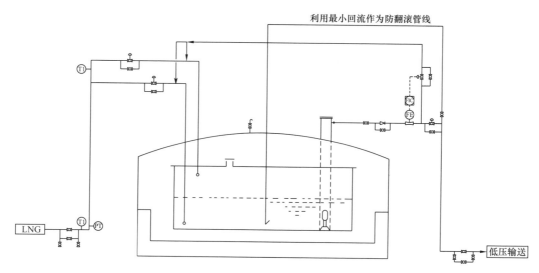

图 3-12　利用最小回流防翻滚示意图（一）

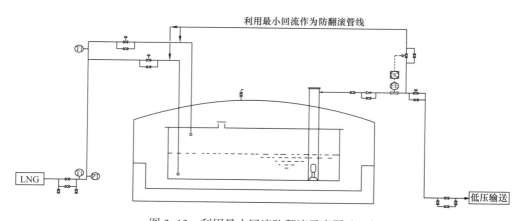

图 3-13　利用最小回流防翻滚示意图（二）

# 第三节  液化天然气再气化技术

天然气在自然界中通常以气态形式存在。为便于长距离海上运输及储存，通常将天然气冷却处理后由气态转变为液态，并在最终提供给用户前从液态重新转变为气态。为区分天然气在自然界中的原有气体状态，国际上将 LNG 在接收站中重新转变为气态的过程称为再气化，与之相关的技术称为再气化技术。

本节结合中国石油在 2006—2015 年间的液化天然气接收站建设，介绍了中国石油自主开发的液化天然气独立运行再气化技术和联合运行再气化技术。

## 一、独立运行再气化技术

### 1. 技术开发背景

液化天然气的再气化作为接收站中的一项基本功能，在国内外的 LNG 接收站中有着成熟而广泛的应用。气化器形式的选择主要有开架式气化器、浸没燃烧式气化器、中间介质气化器三种，但不同国家、不同地域在气化器形式的选择上差异较大，如英国的接收站再气化流程中主要采用浸没燃烧式气化器，日本大多采用开架式气化器和中间介质气化器，欧洲其他国家则浸没燃烧式气化器和开架式气化器的应用相当。不同国家和地区的接收站中气化器形式的选择主要取决于环保要求、设备投资及操作运行成本、自然及海洋环境、建设单位偏好等多方面因素。

为更好地总结国内外液化天然气再气化技术的经验，寰球公司在中国石油江苏 LNG 接收站等首批 LNG 接收站的建设过程中，充分分析及对比了国内外液化天然气气化技术的特点，总结了不同气化器的技术经济比选方法，并在此基础上，形成了自主的以开架式气化器为主气化器的独立运行再气化技术。

### 2. 技术原理及流程

独立运行再气化技术主要针对海水温度和水质满足开架式气化器的使用要求时[1]，独立运行开架式气化器以满足接收站的气化外输要求，无需运行浸没燃烧式气化器的一种再气化技术。该技术可最大限度地节省液化天然气的气化运行成本，避免浸没式燃烧器运行所造成的约气化量的 1.5% 的燃料损失。

开架式气化器主要利用海水作为热源，海水依靠重力的作用从气化器顶部的溢流水槽流出，在带翅片的换热管束板外自上而下流动，而 LNG 在换热管束内由下而上流动，通过换热后 LNG 被海水加热并气化后温度达 0℃以上（此温度要求可随项目不同而异），海水温度降低不超过 5℃（此温降要求可随项目不同而异）后排海。由于 LNG 接收站项目均靠海岸建设，海水作为天然的热源被广泛地应用在 LNG 的气化过程中，因此，目前国内的接收站建设通常采用开架式气化器作为主气化器。利用开架式气化器进行液化天然气气化的流程如图 3-14 所示。

### 3. 技术特点及工艺指标

独立运行再气化技术采用开架式气化器，主要有启动速度快、操作维护简单、运行费用低、操作弹性大（10%～100%）、负荷调节独立、环境污染小等特点。

独立运行再气化技术中单台开架式气化器的气化能力为 50～200t/h，液化天然气气化后的温度最低为 0℃，海水温降不超过 5℃。

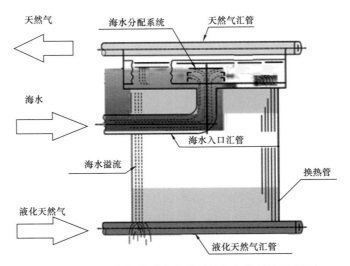

图 3-14　开架式气化器中液化天然气气化的流程简图

4. 技术应用

独立运行再气化技术的适用范围为海水常年海水温度高于 5.5℃，海水水质及含沙量满足开架式气化器要求的 LNG 接收站。特别是对于海水温度低于 5.5℃时天数较少的接收站，该技术可同联合运行再气化技术结合使用。

中国石油大连、唐山 LNG 接收站位于我国东北部，该区域夏季海水温度较高，冬季海水温度较低，因此接收站的设计中夏季采用以开架式气化器为主的独立运行再气化技术，冬季海水温度较低时，停止运行开架式气化器而启动浸没燃烧式气化器。由于接收站在运行的大部分时间内采用开架式气化器，因此在很大程度上节省了接收站的操作成本。

## 二、联合运行再气化技术

1. 技术开发背景

目前，国内外的液化天然气再气化技术主要采用独立运行再气化技术，联合运行再气化技术，即联合运行开架式气化器和浸没燃烧式气化器的再气化技术未见报道。

由于我国北方的大部分地区位于温带地区，冬夏温差较大且冬季温度较低，开架式气化器通常无法满负荷运行，为了避免冬季关停开架式气化器而将全部热负荷切换到浸没燃烧式气化器，减少操作能耗，寰球公司根据中国石油江苏 LNG 接收站的实际需求开发了基于外输气总温控制的冬季开架式气化器和浸没燃烧式气化器联合运行的再气化技术。

2. 技术原理及流程

联合运行再气化技术主要针对开架式气化器和浸没燃烧式气化器的联合应用。开架式气化器的原理及流程见本章第三节独立运行气化技术。浸没燃烧式气化器主要由脱盐水池、浸没在脱盐水中的换热盘管、燃烧器和鼓风机等组成。浸没燃烧式气化器以天然气作燃料，与通过鼓风机输送的空气混合后在燃烧器中燃烧，产生的热量从燃烧器传递至水浴，并通过水浴传递至换热盘管，最终将换热盘管中 LNG 气化。浸没燃烧式气化器消耗的天然气量约为气化量的 1.5%，与开架式气化器相比操作成本较高，目前国内南方的接收站通常采用浸没燃烧式气化器作为备用气化器，而在北方的接收站由于冬季海水温度较低无法满足将 LNG 气化的要求，通常需要设置开架式气化器和浸没燃烧式气化器两种气化器，分别作为夏季和冬季的主气化器。浸没燃烧式气化器工艺简图如图 3-15 所示。

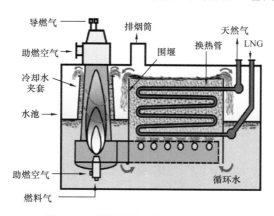

图 3-15　浸没燃烧式气化器工艺简图

　　联合运行再气化技术需要对当地的历年海水温度数据进行分析，明确冬季开架式气化器海水侧的最低设计温度，另外要根据开架式气化器和浸没燃烧式气化器运行负荷及各自天然气出口温度，校核联合气化后的混合外输气体温度，确保外输温度满足天然气管网最低温度要求。如图 3-16 所示，以单一气化技术和联合气化技术设备配置对比为例，本实例中四台相同能力的开架式气化器或浸没燃烧式气化器满负荷运行时可满足最大气体外输要求，如采用单一气化技术，由于开架式气化器冬季无法满负荷运行而关停时，需运行 4 台和开架式气化器能力相同的浸没燃烧式气化器才可满足最大外输气要求；如采用联合气化技术，冬季 4 台开架式气化器均可降负荷运行 50% 的情况下，另外运行 2 台浸没燃烧式气化器即可满足最大外输气要求，可见两种技术方案中联合气化技术方案可以减少 2 台浸没燃烧式气化器，同时也极大地降低了作为燃料的天然气的消耗，节约了操作成本。

| 单一气化技术（夏季） | 单一气化技术（冬季） | 联合气化技术（夏季） | 联合气化技术（冬季） |
|---|---|---|---|
| SCV 4（零负荷） | SCV 4（100%负荷） | | |
| SCV 3（零负荷） | SCV 3（100%负荷） | | |
| SCV 2（零负荷） | SCV 2（100%负荷） | SCV 2（零负荷） | SCV 2（100%负荷） |
| SCV 1（零负荷） | SCV 1（100%负荷） | SCV 1（零负荷） | SCV 1（100%负荷） |
| ORV 4（100%负荷） | ORV 4（零负荷） | ORV 4（100%负荷） | ORV 4（50%负荷） |
| ORV 3（100%负荷） | ORV 3（零负荷） | ORV 3（100%负荷） | ORV 3（50%负荷） |
| ORV 2（100%负荷） | ORV 2（零负荷） | ORV 2（100%负荷） | ORV 2（50%负荷） |
| ORV 1（100%负荷） | ORV 1（零负荷） | ORV 1（100%负荷） | ORV 1（50%负荷） |

图 3-16　单一气化技术和联合气化技术设备配置对比

3. 技术特点和工艺指标

联合运行再气化技术可在冬季开架式气化器无法达到满负荷运行时，基于外输气总温的控制要求，通过开架式气化器和浸没燃烧式气化器间的负荷分配，在满足海水排水和天然气温度要求的同时，最大程度地利用开架式气化器能力，减少浸没燃烧式气化器的操作负荷。

联合运行中开架式气化器的负荷分配主要控制指标为出口天然气温度应高于 0℃，且海水温降在满足小于 5℃ 的同时，海水排水温度不宜低于 0.5℃；另外，需与开架式气化器制造商确认，在低海水温度运行时，换热管底部的冰层厚度不影响气化器的正常运行。

4. 技术应用

联合运行再气化技术可有效降低浸没燃烧式气化器的设计能力，减少浸没燃料式气化器配置数量，实际运行中能够有效地降低我国中部及北方地区接收站冬季浸没燃烧式气化器运行负荷，节省燃料气消耗，从而降低接收站的运行成本。

江苏 LNG 接收站冬季历年海水最低温度为 2.5℃，通过对开架式气化器冬季降负荷运行的可行性分析，设计采用一台浸没燃烧式气化器补充海水温度低时三台开架式气化器气化能力的损失，在节省了设备投资的同时，也降低了冬季接收站运行费用。

# 第四节　蒸发气处理技术

接收站内 LNG 储罐、管线及其他低温设备的隔热不能完全阻止外界热量的传入，此外，LNG 动设备（LNG 泵）运转时产生热量、卸料和外输体积置换、压力差、闪蒸等因素必定导致产生大量蒸发气（BOG）。BOG 主要有以下来源：

（1）卸船时体积置换即活塞效应产生的气体，由于不断向储罐内卸料，使得储罐气相空间缩小，因而气体从储罐排出；

（2）由于 LNG 储罐、LNG 管线及其他低温设备吸热而产生一定量的 BOG；

（3）由于卸船管线冷损失以及船内泵的能量而产生 BOG；

（4）LNG 船的冷损失而产生 BOG（仅在卸船期间）；

（5）LNG 储罐与 LNG 船舱之间的压差（仅卸船期间）产生的闪蒸气；

（6）当地大气压变化产生 BOG；

（7）由于 LNG 分层引起的翻滚。

为了减少环境污染、安全隐患，BOG 主要采用如下几种方式回收或综合利用：

（1）将储罐 BOG 返回 LNG 船，防止船舱因卸料产生真空；

（2）再冷凝处理，即将 BOG 增压后与低温的 LNG 直接接触换热，将 BOG 再冷凝成 LNG 后进一步增压气化外输；

（3）直接进行压缩外输，即将 BOG 直接压缩到外输气管道压力后进行外输；

（4）再液化，即将 BOG 通过冷剂液化成 LNG，返回 LNG 储罐；

（5）排入火炬或直接排放至大气环境。

以上 5 种处理方式中第一种方式简便、高效，处理量大，但仅适用于 LNG 船卸料期间；第 5 种方式通常仅作为 BOG 处理的一种安全保障措施，在 BOG 系统及储罐超压等紧急工况下应用；第 4 种方式通常用于特殊情况，如 LNG 接收站暂时没有外输气体管线等，国外接收站 BOG 处理主要采用第 2 种和第 3 种方式，我国 LNG 接收站建设起步于 21 世纪初，首次建成的广东大鹏 LNG 接收站采用第 2 种方式，通常最初建设的 LNG 接收站都采用第 2 种方式，但第 2 种处理方式受限于接收站的最小外输至管网的气量影响，尤其是北方地区建设的以调峰为主的接收站，其 BOG 处理受最小外输量限制更加明显，随着接收站运行经验的不断积累以及操作模式的多样化，国内接收站 BOG 处理逐步采用第 2 种和第 3 种方式相结合，如江苏 LNG、大连 LNG、唐山 LNG 接收站目前都是第 2 种和第 3 种方式相结合。

## 一、再冷凝技术

### 1. 技术开发背景

因从外界吸热等原因，接收站液化天然气管线和设备在运行过程中不可避免地产生蒸发气（BOG）。为了提高经济效益，同时减少环境污染、安全隐患，BOG 多采用如下两种方式回收或综合利用：

（1）再冷凝处理，即将 BOG 增压后与低温的 LNG 直接接触换热，将 BOG 再冷凝成 LNG 后进一步增压气化外输；

（2）直接进行压缩外输，即将 BOG 直接压缩到外输气管道压力外输。

为确保 BOG 完全回收利用，达到"零排放"，寰球公司开发了适用于 LNG 接收站的 BOG 再冷凝技术。

### 2. 技术原理及流程

### 1）技术原理

BOG 再冷凝是在一定压力及温度下，利用过冷的 LNG"显冷"与 BOG 直接接触，进行传热和传质，将 BOG 从气相变为液相的过程。典型贫液和富液 BOG 的温度—压力的曲线如图 3-17 和图 3-18 所示。

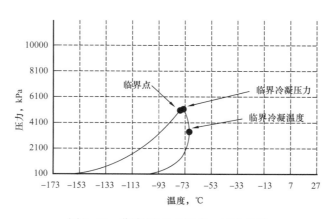

图 3-17  贫液 BOG 的温度—压力曲线

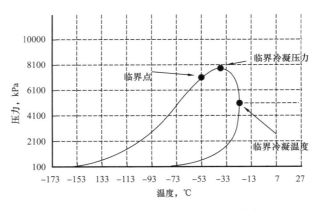

图3-18　富液BOG的温度—压力曲线

根据上述BOG的温度—压力的曲线确定冷凝所需压力、温度以及LNG需要量。

（1）BOG量的确定。

再冷凝技术首先确定BOG量，BOG量主要考虑以下方面：

① 体积置换即活塞效应产生BOG。当LNG从船向储罐内卸料时，储罐液相空间增加，气相空间减少，储罐内BOG进入BOG系统，此部分BOG量与卸船速率相关。

② 储罐中的LNG从外界吸热挥发而产生BOG，此部分BOG量可根据储罐本身的蒸发率进行估算。

③ 卸船管线中LNG从外界、船内泵吸热进入储罐后闪蒸而产生的BOG。

④ 卸船期间LNG船的冷损失而产生的BOG。

（2）再冷凝技术关键设备。

再冷凝器是再冷凝技术的关键设备，其主要作用是提供LNG和BOG混合及传热传质空间，使两者充分接触完成BOG的冷凝；同时，再冷凝器也作为LNG高压泵入口缓冲罐，防止LNG高压泵发生气蚀。再冷凝器是圆筒式压力容器，结构上分填料床和存液区两部分。填料床由不锈钢拉西环或鲍尔环等填料自由堆积而成，底部设有填料支撑格栅，顶部安装液体分布器，用来将LNG均匀分布在整个填料层，增大LNG与BOG的接触面积。存液区保证液体停留时间，为LNG高压泵吸入端提供缓冲。再冷凝器典型结构图如3-19所示。

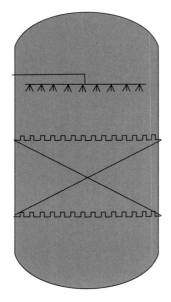

图3-19　再冷凝器典型结构图

BOG进入再冷凝器前通过BOG压缩机升压到所需压力。BOG压缩机应满足以下要求：

① 除备用外的单台BOG压缩机能力至少应满足LNG接收站不卸船时正常的BOG产生量；

② 所有BOG压缩机能力的总和应不小于最大的BOG量；

③ BOG压缩机数量应满足运行要求，并经设备造价比较后确定。

通常情况下，为满足上述要求，无卸船时仅运行一台或者多台BOG压缩机；卸船时多台压缩机同时运行，此时压缩机可不设置备用；如果一台压缩机进行维修，可适当降低卸船速率以减少蒸发气量，确保卸船时可全部回收处理产生的所有蒸发气。

2）流程

BOG 总管收集接收站内 LNG 储罐等产生的 BOG，经 BOG 压缩机加压后进入再冷凝器顶部，与通过再冷凝器顶部进入的 LNG 在填料层内混合并换热，冷凝后通过再冷凝器底部进入 LNG 低压输送管道，与低压输送总管中的 LNG 混合后进入 LNG 高压泵，加压到气化外输压力后进行气化，最终进入高压气外输管道。再冷凝技术典型流程如图 3-20 所示。

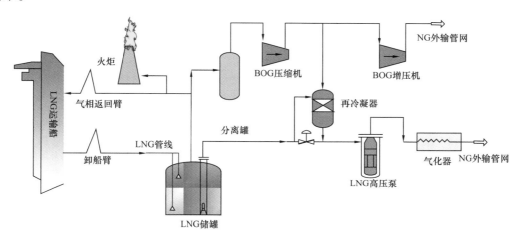

图 3-20　再冷凝技术典型流程

3. 技术特点及工艺指标

1）技术特点

再冷凝技术主要是将 BOG 回收后送至外输管网，气化外输前的升压做功主要是依靠 LNG 高压泵，和直接将 BOG 压缩到外输压力相比，BOG 冷凝后通过 LNG 高压泵升压所做的功较小，因此再冷凝技术操作能耗相对较低，实现 BOG 完全回收、零排放。

2）工艺指标

再冷凝技术工艺指标主要有 LNG/NG 流量比率控制、压力控制。

（1）LNG/NG 流量比率控制。

再冷凝技术中，LNG 的流量通常为 NG 的流量的倍数，可根据下述公式计算 LNG 流量：

$$Q_{LNG} = Q_{BOG} R \qquad (3-3)$$

式中　$R$——比率常数，一般为 7 ～ 10；

　　　$Q_{LNG}$——冷凝 BOG 所需的 LNG 流量，t/h；

　　　$Q_{BOG}$——BOG 的正常流量，t/h。

（2）压力控制。

再冷凝过程通过过冷的 LNG 与 BOG 直接接触，将 BOG 从气相变为液相，过程中 BOG 由气相变为液相，LNG 温度升高，过冷度降低。再冷凝过程中的操作压力和温度影响再冷凝的效率，通常操作压力越高，LNG 提供的冷量也越多，因此可通过提高操作压力、减少 LNG 用量，在回收 BOG 的同时减少 LNG 的气化外输量，满足外输气的谷值要求。再冷凝器操作在较高压力时，BOG 压缩机做功也较大，增加能耗较高，因此，操作压力的优化要综合考虑气化外输要求和降低操作能耗。根据 LNG 接收站最小外输气量和最大 BOG 量直接的关系，需要进行模拟计算出再冷凝器的操作压力，通常再冷凝器的操作压力应控制在 0.8MPa（表压）左右。

4. 技术应用

再冷凝器技术主要适用于 LNG 的最小气化外输量能够回收所有 BOG 的基荷型接收站，中国石油的江苏 LNG 接收站、大连 LNG 接收站和唐山 LNG 接收站均采用了再冷凝技术对 BOG 进行回收，实现了 BOG 零排放。

## 二、直接压缩外输技术

1. 技术开发背景

接收站在实际运行期间可能由于调峰需求、购销价格倒挂、终端用户不足、管道气和接收站气化气调配等原因需要减少 LNG 气化外输，甚至 LNG 零气化外输。如 LNG 的气化外输量不足以将 BOG 冷凝回收，再冷凝技术将无法发挥最大作用，此时为避免 BOG 的排放，需要开发新的工艺对 BOG 进行处理回收。为满足零外输条件下的 BOG 回收，寰球公司根据中国石油三个 LNG 接收站的实际运行要求，开发了直接压缩外输技术。

2. 技术原理及流程

1）技术原理

直接压缩外输技术是指将 BOG 压缩到一定温度和压力后直接外输的工艺技术。根据压缩机形式的选择以及接收站功能定位的不同，该技术可以和再冷凝技术联合使用，也可独立使用。

直接压缩外输技术关键设备是 BOG 压缩机，低温 BOG 通过压缩机进行加压，达到所需压力后直接进入外输管网。BOG 压缩分吸气、压缩和排气 3 个过程，因该过程升压较高，如何确定压缩比及实现等温压缩对降低操作能耗至关重要。

用于 BOG 直接压缩技术的压缩机可分为离心式压缩机和往复式压缩机。离心式压缩机造价较高、功率大、效率高，多用于超大型的 LNG 接收站和大型基荷型天然气液化厂。往复式压缩机根据其结构配置方式分为立式迷宫型和卧式对置平衡性两种，一般配有 2～4 对双动气缸，压缩机各部件的材质须满足操作压力和温度的要求，通常一级或二级气缸一般采用不锈钢，为满足 BOG 压缩后的温度要求，三级或四级以上的气缸的材质一般采用低温碳钢或碳钢。以上两种类型的压缩机通常均采用电动机驱动，为减少脉冲影响并延长设备使用寿命，往复式压缩机多采用固定转速。

2）典型流程

一般低温压缩直接外输技术的总压缩比在 50～70，直接压缩外输典型流程如图 3-21 所示。

3. 技术特点及工艺指标

1）技术特点

直接压缩外输技术利用压缩机将 BOG 从常压低温状态处理到常温高压状态，处理后的 BOG 可直接进行外输，相对再冷凝技术无须设置再冷凝器等设备，简化了 BOG 处理流程，操作简单，设备维修及投资降低。

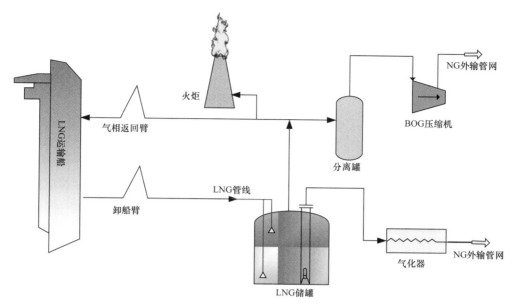

图 3-21　直接压缩外输典型流程图

2）工艺指标

直接压缩外输技术是将 BOG 直接压缩到外输管网输送要求的压力，多为 0.8～10MPa（表压）。高压压缩后气体温度较高，需冷却，处理后的 BOG 温度通常为 30～60℃。

4. 技术应用

直接压缩外输技术适合于小型调峰 LNG 接收站、天然气外输气量较小的气化站，如果和再冷凝工艺联合使用，则适合各种规模的基荷型及调峰型 LNG 接收站。

# 参 考 文 献

［1］张成伟 . LNG 接收站开架式气化器在高含沙海水工况下使用的探讨［J］. 石油工程建设，2007，33（6）：
　　8-10.

# 第四章 大型液化天然气储罐设计技术

大型 LNG 接收站中，LNG 一般在低温、低压条件下采用立式平底圆筒形储罐存储。自 20 世纪 40 年代开始，随着设计、材料和建造技术的发展，LNG 储罐的存储容积由小到大。目前，世界上已建成的最大 LNG 储罐公称容积已达 $27 \times 10^4 m^3$。我国大型 LNG 储罐的设计与建造技术的应用始于 20 世纪 90 年代引进的广东深圳大鹏 LNG 接收站，该项目由总承包方国外 STTS 公司联合寰球公司完成。随后国内陆续建成的福建 LNG 接收站、上海 LNG 接收站等项目采用相同的建设模式，即由国外工程公司总承包联合国内设计院完成。在这些项目中，作为接收站中最为核心的 LNG 储罐的设计和建造由外国公司负责，储罐的设计技术完全掌握在少数几个国外工程公司手中，比如大鹏 LNG 储罐采用法国技术、福建 LNG 储罐采用美国技术、上海 LNG 储罐采用日本的技术。国内既没有设计的研究成果，也没有设计的规范、标准。

寰球公司于 2007 年成立了 LNG 储罐国产化研发组。作为国内最早致力于 LNG 储罐工程化设计技术组织之一，该团队大多数成员于 2003 年开始接触大鹏 LNG 的设计工作；2008 年 12 月，寰球公司承担了中国石油管道天然气板块立项的"液化天然气接收站关键技术集成研究"的课题研究；2009 年 10 月，承担了中国石油天然气股份有限公司科技部立项的重大科技专项"天然气液化关键技术研究"的课题研究；2012 年 2 月，寰球公司自行立项了"$20 \times 10^4 m^3$ 全容式 LNG 储罐设计与建造关键技术研究"；同时依托寰球公司总承包的大连 LNG、江苏 LNG、唐山 LNG 和江苏 LNG 二期（$20 \times 10^4 m^3$）项目对 LNG 储罐设计展开了各项专题研究和技术攻关，实现了 LNG 储罐用 9% Ni 钢和低温钢筋的完全国产化，编制了 GB 51081—2015《低温环境混凝土应用技术规范》、GB 51156—2015《液化天然气接收站工程设计规范》、SY/T 6935—2013《液化天然气接收站工程初步设计内容规范》、SY/T 7349—2016《低温储罐绝热防腐技术规范》等国家和行业规范，独立自主开发了一套具有完全知识产权的 LNG 储罐工程设计技术，实现了 LNG 储罐设计技术的国产化，成为中国首个独立掌握 LNG 储罐设计技术的工程公司。以此技术为基础，在国内率先成功建成了广东东莞九丰 LNG 接收站 2 座 $8 \times 10^4 m^3$ 双金属壁单容罐、安塞和泰安 LNG 项目 2 座 $3 \times 10^4 m^3$ 双金属单包容 LNG 储罐、上海 5 号沟 LNG 项目 2 座 $10 \times 10^4 m^3$ 全包容 LNG 储罐，江苏、大连、唐山 LNG 接收站共 10 座 $16 \times 10^4 m^3$ 全容罐和江苏 LNG 接收站 1 座 $20 \times 10^4 m^3$ 全容罐，其中国内最大的 $20 \times 10^4 m^3$ 全容罐于 2016 年成功建成投产。

LNG 储罐的类型可分为单容罐、双容罐、全容罐和薄膜罐等。

1. 单容罐

单容罐是低温液化气体常压储存的常用罐型，它分为单金属壁罐和双金属壁罐。由于 LNG 常压储存温度为超低温的 $-161℃$，出于安全和绝热考虑，一般选择双金属壁单容式 LNG 储罐，单金属壁罐很少在新建 LNG 接收站及 LNG 工厂中使用。

双金属壁单容式 LNG 储罐内罐的设计要考虑盛装低温介质，其选材为低温钢。外罐用于盛装 LNG 从外部环境吸收热量所引起的蒸发气（BOG），防止其向外部环境扩散；同时，外罐还用于保护内罐的绝热层和抵抗外部载荷（如风、雨和雪等），但外罐选用材料为普通碳钢，不能用于盛装低温介质。内外罐之间为绝热材料。

双金属壁单容式 LNG 储罐的优势是造价低、建设周期短等，但其抵抗外部载荷的能力较弱（例如火灾、爆炸和外来飞行物的撞击），且为满足安全防护要求，按照规范单容式 LNG 储罐必须设置围堰，因此工厂布置所需的安全距离及占地面积较大。

由于单容罐结构限制，大直径单容罐设计压力相对较低，一般情况下其设计压力不超过 25kPa（表压）。

综合考虑单容罐的投资、安全性和操作特点，单容式 LNG 储罐一般适宜在远离人口密集区、不容易遭受灾害性破坏（例如火灾、爆炸和外来飞行物的撞击）的地区使用。近年来，新建的单容式 LNG 储罐容积大多不超过 $8 \times 10^4 m^3$。

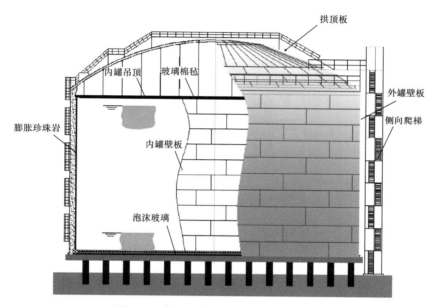

图 4-1　典型的单容式 LNG 储罐示意图

2. 全容罐

全容式 LNG 储罐内、外罐均能够盛装低温介质。正常操作时，内罐盛装低温介质，外罐用于保护内罐的绝热层和抵抗外部载荷。一旦内罐发生泄漏事故，外罐能够盛装泄漏的所有低温介质，并保证所产生的蒸发气被限定在储罐内，从而减小 LNG 泄漏后的影响范围，保证装置的安全。

全容式 LNG 储罐包括双金属壁全容式储罐和预应力混凝土外罐与金属内罐结合的全容式储罐两种形式。全容罐内、外罐的材料均能耐受低温介质。金属外罐或混凝土外罐内壁到内罐壁的距离 1～2m，外罐也能够耐受 LNG 和防止蒸发气向罐外泄漏。

双金属壁全容式 LNG 储罐和双金属壁单容式 LNG 储罐的结构形式类似，但双金属壁全容式储罐的外罐壁和外罐底的材料均为低温钢。

预应力混凝土全容式 LNG 储罐的结构相对复杂，其内罐采用低温钢、外罐为预应力混凝土，预应力混凝土外罐内表面衬碳钢板，内外罐间设有低温钢制成的高约 5m 的护角和二次底板组成的第二道保护结构。预应力混凝土外罐较厚重，相对于钢制外罐，抵御外部的火灾、外部冲击载荷等的能力和安全性更高。预应力混凝土LNG储罐的最大设计压力可达29kPa（表压），最大操作压力为25~26kPa（表压），因此其操作弹性更大，但其设备一次性投资大、建设周期长。双金属壁全容罐同样可在内罐大泄漏时防止罐内低温LNG及其蒸发气的外泄，保证储罐在事故工况下的安全性，该罐型无须设置围堰，且储罐布置间距较小，建设费用和建设工期可以减少，但由于其设计和操作压力相对较低，对储罐的操作弹性有一定影响。

典型预应力混凝土全容式LNG储罐实景图如图4-2所示。

图4-2　典型预应力混凝土全容式LNG储罐实景图

3. 双容罐

双容式储罐是介于单容式储罐和全容式储罐的一种中间罐型，由单容罐外加混凝土建造的高围堰组成，相当于将单容罐的围堰范围缩小、高度加高，从而有效减小占地面积，节省了土地投资。

双容式LNG储罐在内罐发生泄漏时，泄漏的LNG液体被高围堰盛装，不会向外流淌，但蒸发气体会向外泄漏。由于其外侧的混凝土堰可以盛装内罐泄漏的LNG且可阻挡外界产生危险载荷，因此，同单包容罐相比，其安全性较高。但由于其内罐和围堰间气相空间与大气相通，不能控制外泄LNG气化后的天然气向大气释放，同全容罐相比，其安全性较低。另外，由于高围堰内的LNG储罐为单容罐，其设计压力较低，操作弹性较小。基于以上特点，考虑到双容罐施工周期较单容罐长、投资高于单容罐、安全性低于预应力混凝土全容罐，这种储罐形式在实际工程中较少应用。

4. 薄膜罐

薄膜罐是一种新型的LNG储罐形式，2006年列入欧洲LNG储罐设计建造标准EN 14620。薄膜罐的外罐及内罐顶结构与预应力混凝土外罐的全容式LNG储罐相同，内罐采用1.2mm厚的压型不锈钢薄板，压型不锈钢薄板与混凝土储罐外壁之间采用特殊设计的保冷层结构，内罐介质的压力载荷通过保冷层传递到外罐的预应力混凝土结构。

薄膜罐有以下主要特点：

（1）外罐结构同混凝土全容罐外罐结构相同，对外部载荷（包括火灾、爆炸和外来飞行物的撞击等）的抵御能力和安全性较高，防火间距和安全距离较小；

（2）内罐采用 1.2mm 厚不锈钢膜板替代了 9%Ni 钢，大幅减低了材料的消耗；

（3）通过优化零部件模数，保冷材料及内罐不锈钢膜板规格实现标准化，能够最大限度地利用工厂预制、现场组装的方式进行施工，极大地减少了现场工作量，有效地缩短了 LNG 储罐的建设周期。

（4）在占地面积和外罐尺寸相同的条件下，同混凝土全容罐相比，可以获得更大的有效储存容积。

薄膜罐主要缺点为运行过程中需要保持内外罐间的惰性气体微正压，其控制复杂、操作费用略高。典型薄膜罐示意图如图 4-3 所示。

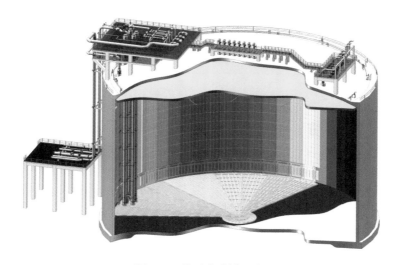

图 4-3 典型薄膜罐示意图

地上式 LNG 储罐罐型较多，但目前主要应用形式为单容罐和全容式储罐。LNG 储罐的选型需针对具体的项目进行本质安全风险分析，并综合考虑工厂位置、项目投资、建设周期、运行操作费用、环境保护等因素确定。通常单容式 LNG 储罐适宜在不容易遭受外来灾害性破坏（例如火灾、爆炸和外来飞行物的撞击）的地区使用，其特点是投资较低，建设周期较短。但基于安全考虑，国内外规范要求单容式 LNG 储罐必须设置围堰，安全布置间距较大，因此选择单容罐需考虑更大的工厂占地面积。随着 LNG 接收站规模越来越大，其安全性和环境影响越来越引起人们的关注，因此安全性更高的预应力混凝土全容罐的应用越来越广泛。该罐型虽然设计建造难度大、建设周期长、投资高，但安全性能好，使用阶段维护成本低，占地少，因此目前大容积 LNG 储罐绝大多数选择预应力混凝土全容罐。近年来，双金属壁全容罐因其兼具双金属壁单容罐和预应力混凝土外罐的全容罐的特点，越来越多地获得了国内业主的青睐。薄膜罐采用了混凝土外壁，其对防火和安全距离的要求与预应力混凝土外罐全容罐相同，且具有建设投资少和建设周期短等优势，因此近年来在国外劳动力成本高、劳工资源匮乏的地区和现场施工条件苛刻的地区逐步得到应用。综合考虑 LNG 储罐安全性、占地、运行费用、造价和施工周期等多方面因素，各种罐型的比较见表 4–1。

表 4–1　不同 LNG 储罐罐型比较

| 比较项目 | 双金属壁单容罐 | 双金属壁全容罐 | 预应力混凝土全容罐 | 薄膜罐 |
|---|---|---|---|---|
| 安全性（抵御外部载荷能力） | 低 | 低 | 高 | 高 |
| 占地 | 大 | 少 | 少 | 少 |
| 应用业绩 | 较多 | 较多 | 多 | 少 |
| 操作弹性（操作压力） | 小 | 小 | 高 | 高 |
| 运行费用 | 中 | 中 | 低 | 高 |
| 施工周期 | 短 | 短 | 长 | 较长 |
| 造价 | 低 | 中 | 高 | 较高 |

# 第一节　预应力混凝土外罐设计技术

通过近 10 年的技术攻关，寰球公司已掌握了 $10 \times 10^4 m^3$，$16 \times 10^4 m^3$，$18 \times 10^4 m^3$ 和 $20 \times 10^4 m^3$ 全容式 LNG 储罐混凝土外罐的一整套设计技术，并开发了 $30 \times 10^4 m^3$ 全容式 LNG 储罐混凝土外罐设计的关键技术，成为国内首个独立完成 LNG 储罐混凝土外罐设计的工程公司。该套技术不拘泥于纯研究型的成果，而是着眼于工程应用，所有的技术手段都着眼于方便工程化设计和易于被工程技术人员掌握，且配套开发了 30 余个计算程序来满足有限元模型分析中的荷载施加、有限元分析结果的后处理及荷载组合及混凝土截面的配筋验算等各个方面的需求，做到了分析技术的工程化无缝应用。

本节主要包括预应力混凝土外罐设计创新成果、预应力混凝土外罐设计技术、技术特点及优势和技术应用等 4 个部分。

## 一、预应力混凝土外罐设计创新成果

通过自主研制的超低温试验设备，寰球公司在世界上首次系统完成了混凝土在 –196～20℃下的性能试验。研究了不同温度下低温混凝土的抗压强度、抗拉强度、弹性模量、应力—应变关系和线膨胀变形性能，建立了不同强度等级混凝土在低温条件下的力学本构关系，确立并编制了 GB 51081—2015《低温环境混凝土应用技术规范》，该标准作为国际上本领域首部标准，为低温环境混凝土参数选取和 LNG 储罐结构设计提供了理论依据。

寰球公司发明了应用于大型低温预应力混凝土储罐的配筋计算方法，获得了混凝土截面和钢筋在正常使用极限状态下的应力分布，解决了传统的以构件内力为基础的配筋设计方法难以求取实际应力分布的难题；发明了大型低温预应力混凝土储罐温度效应及在外部火灾条件下的性能分析方法，解决了大型低温预应力混凝土外罐有限元模型非线性计算难以收敛的难题，且其结果比传统的折减弹性模量法计算结果更为精确，分析效率提高 1.5 倍以上。

寰球公司以罐内液体的动力反应特性为依据，建立了液体冲击、晃动质量与隔震支座并联的力学分析模型；首次进行了单向和三向地震激励下的储罐基础隔震振动试验。通过试验结果与有限元分析结果的比对，证明了其可靠性和有效性。

2006 年至 2015 年期间，通过科技攻关，寰球公司的预应力混凝土外罐设计技术共获得发明专利 7 件（表 4-2）、实用新型专利 7 件（表 4-3）、专有技术 2 件（表 4-4）、软件著作权 5 件（表 4-5），制定标准 4 项（表 4-6），发表论文 29 篇（表 4-7），获得省部级科技进步特等奖 1 项（表 4-8）、技术发明三等奖 1 项。

表 4-2　寰球公司发明专利表

| 序号 | 名称 | 类别 | 授权年份 | 专利号 |
|---|---|---|---|---|
| 1 | 一种全容式低温储罐预应力混凝土的实用配筋确定方法 | 发明专利 | 2014 | ZL 2012 1 0019559.X |
| 2 | 一种液态低温介质的收集池 | 发明专利 | 2014 | ZL 2011 1 0308847.2 |
| 3 | 超低温试验装置 | 发明专利 | 2014 | ZL 2011 1 0459894.7 |
| 4 | 用于超低温试验炉的压头 | 发明专利 | 2014 | ZL 2011 1 0460580.9 |
| 5 | 一种 LNG 储罐隔震效应的确定方法 | 发明专利 | 2014 | ZL 2012 1 0139286.2 |
| 6 | 一种混凝土构件在火灾作用下的性能分析方法 | 发明专利 | 2014 | ZL 2012 1 0019242.6 |
| 7 | 一种混凝土构件温度效应确定方法 | 发明专利 | 2014 | ZL 2012 1 0019976.4 |

表 4-3　寰球公司实用新型专利表

| 序号 | 名称 | 类别 | 授权年份 | 专利号 |
|---|---|---|---|---|
| 1 | 一种储罐的穹顶的升降监控系统 | 实用新型专利 | 2012 | ZL 2011 2 0254122.5 |
| 2 | 一种大型储罐的沉降与倾斜的监测系统 | 实用新型专利 | 2012 | ZL 2011 2 0379559.1 |
| 3 | 超低温试验装置 | 实用新型专利 | 2012 | ZL 2011 2 0575377.1 |
| 4 | 用于超低温试验炉的压头 | 实用新型专利 | 2012 | ZL 2011 2 0575365.9 |
| 5 | 一种低温储罐的围堰 | 实用新型专利 | 2012 | ZL 2011 2 0381120.2 |
| 6 | 一种大型低温储罐的隔震装置 | 实用新型专利 | 2012 | ZL 2012 2 0119785.0 |
| 7 | 一种液态低温介质的收集池 | 实用新型专利 | 2012 | ZL 2011 2 0387272.3 |

表 4-4　寰球公司专有技术表

| 序号 | 名称 | 授权机构 | 授权年份 | 专有技术号 |
|---|---|---|---|---|
| 1 | LNG 储罐预应力混凝土外罐的非线性工程设计 | 中国石油和化工勘察设计协会 | 2011 | ZYJS2011-004S |
| 2 | LNG 储罐罐顶施工全过程分析设计 | 中国石油和化工勘察设计协会 | 2011 | ZYJS2011-029S |

表 4-5　寰球公司软件著作权表

| 序号 | 名称 | 类别 | 授权年份 | 著作权号 |
|---|---|---|---|---|
| 1 | AddedMass-Housner 软件 | 软件著作权 | 2012 | 2012SR075987 |
| 2 | CombFM-MinMax 软件 | 软件著作权 | 2012 | 2012SR076009 |
| 3 | CombFM-SFSM 软件 | 软件著作权 | 2012 | 2012SR076000 |
| 4 | LoadCombination 软件 | 软件著作权 | 2012 | 2012SR075988 |
| 5 | Seismic-CombFM-SFSM 软件 | 软件著作权 | 2012 | 2012SR075989 |

表 4-6　参与制定的标准表

| 序号 | 名称 | 类别 | 发布年份 | 标准号 |
|---|---|---|---|---|
| 1 | 低温环境混凝土应用技术规范 | 国家标准 | 2015 | GB 51081—2015 |
| 2 | 液化天然气接收站工程设计规范 | 国家标准 | 2015 | GB 51156—2015 |
| 3 | 液化天然气接收站工程初步设计内容规范 | 行业标准 | 2013 | SY/T 6935—2013 |
| 4 | 液化天然气储罐混凝土结构设计和施工规范 | 行业标准 | 2016 | SY/T 7304—2016 |

表 4-7　2006—2015 年寰球公司发表论文

| 序号 | 论文名称 | 期刊名称及期号 |
|---|---|---|
| 1 | 立式圆柱形储液罐的三维液—固耦合模态分析 | 《化工设计》2012 年第 1 期 |
| 2 | 全容式 LNG 储罐的地震作用计算模型研究 | 《化工设计》2012 年第 2 期 |
| 3 | 全容式 LNG 储罐混凝土外罐的罐壁罐顶厚度取值研究 | 《石油工程建设》2012 年第 3 期 |
| 4 | 全容式 LNG 储罐内罐泄漏源模型 | 《油气储运》2012 年第 10 期 |
| 5 | 大型储罐的天然地基基础沉降计算方法研究与分析 | 《化工设计》2012 年第 5 期 |
| 6 | LNG 储罐罐顶施工全过程分析的网壳结构优化设计 | 《化工设计》2012 年第 5 期 |
| 7 | 全容式 LNG 储罐混凝土外罐的预应力方案计算 | 《石油工程建设》2012 年第 6 期 |
| 8 | 全容式 LNG 储罐的混凝土外罐在预应力荷载作用下的计算分析 | 《化工设计》2013 年第 1 期 |

续表

| 序号 | 论文名称 | 期刊名称及期号 |
|---|---|---|
| 9 | 高桩式 LNG 全容罐的地震作用计算 | 《化工设计》2013 年第 1 期 |
| 10 | 立式圆柱形储液罐的轴对称液—固耦合模态分析 | 《化工设计》2013 年第 2 期 |
| 11 | 全容式 LNG 储罐基底隔震计算模型及动力时程分析 | 《石油工程建设》2013 年第 3 期 |
| 12 | 全容式 LNG 储罐在飞行物冲击作用下的局部效应验算 | 《石油工程建设》2013 年第 4 期 |
| 13 | 全容式 LNG 储罐在外爆炸荷载作用下的计算分析 | 《石油工程建设》2013 年第 4 期 |
| 14 | LNG 储罐基础隔震反应谱设计 | 《哈尔滨工业大学学报》2013 年第 4 期 |
| 15 | 立式储罐基础隔震力学模型对比分析 | 《哈尔滨工业大学学报》2013 年第 6 期 |
| 16 | 带有填充墙的 LNG 储罐抗震性能数值模拟分析 | 《地震工程与工程振动》2014 年第 3 期 |
| 17 | 大型全容式 LNG 储罐基础隔震地震响应分析 | 《哈尔滨工业大学学报》2012 年第 8 期 |
| 18 | 低温 – 常温循环作用下混凝土力学性能试验研究 | 《混凝土与水泥制品》2012 年第 7 期 |
| 19 | 位于不同场地的隔震储罐在地震作用下响应对比分析 | 《地震工程与工程振动》2012 年第 6 期 |
| 20 | 考虑 SSI 效应的 $15 \times 10^4 \mathrm{m}^3$ 储罐基础隔震数值仿真分析 | 《地震工程与工程振动》2012 年第 6 期 |
| 21 | 考虑浮顶影响的隔震储罐简化力学模型及地震响应 | 《哈尔滨工业大学学报》2013 年第 10 期 |
| 22 | 15 万 $\mathrm{m}^3$ 储油罐桩基础的隔震设计 | 《地震工程与工程振动》2014 年第 2 期 |
| 23 | 桩土影响下 LNG 储罐基础隔震地震响应分析 | 《地震工程与工程振动》2014 年第 2 期 |
| 24 | 预应力对混凝土收缩徐变影响的有限元分析 | 《工业建筑》2015 年增刊 |
| 25 | 常温及 30℃至 –120℃间冻融循环作用混凝土受压强度试验研究 | 《低温工程》2015 年第 3 期 |
| 26 | 不同强度等级混凝土经历 –190℃再回至常温的受压性能试验研究 | 《工业建筑》2016 年第 1 期 |
| 27 | 泡沫玻璃砖超低温受压性能试验研究 | 《低温工程》2014 年第 5 期 |
| 28 | 冲击荷载作用下 LNG 外罐数值分析 | 《低温建筑技术》2015 年第 11 期 |
| 29 | DX 旋挖挤扩灌注桩在 LNG 储存罐中的应用 | 《中国工程科学》2012 年第 1 期 |

表 4-8　寰球公司获省部级奖项

| 序号 | 名称 | 奖项名称 | 授权机构 | 授权年份 |
|---|---|---|---|---|
| 1 | 我国大型液化天然气关键技术开发及应用 | 科技进步奖特等奖 | 中国石油天然气集团公司 | 2014 |
| 2 | 大型低温预应力混凝土储罐设计方法 | 技术发明奖三等奖 | 中国石油天然气集团公司 | 2015 |

## 二、预应力混凝土外罐设计技术

预应力混凝土外罐设计技术包括如下 7 个方面的内容。

### 1. 复杂的有限元模型分析技术

混凝土外罐是由圆形底板、圆柱形预应力罐壁和穹形罐顶组成的超静定结构，且其受力状况比较复杂，既要承受正常操作荷载、试水试压等施工荷载的作用，还要承受外部爆炸荷载、飞行物冲击、地震、外部火灾和内罐泄漏等异常作用。在对混凝土外罐进行工程设计时，无法通过简单的分析就能获得其在各个工况下的力学特性，而必须借助有限元方法来进行大量的数值分析，对外罐进行不同荷载工况下的静力、动力和温度效应分析。

大量的有限元分析工作需要工程师掌握众多的模型分析技术来满足不同的工况计算。目前，寰球公司已完整全面地掌握了 LNG 储罐预应力混凝土外罐工程设计所需的有限元模型分析技术，主要包括：适用于永久荷载、活荷载、试验荷载及预应力荷载等荷载工况分析的线性静力模型分析技术；适用于地震作用计算的液—固耦合模型反应谱分析技术、集中质量模型反应谱分析技术、附加质量模型反应谱分析技术和橡胶支座隔震模型的反应谱分析技术及时程分析技术；适用于计算爆炸荷载作用的瞬态动力时程分析技术；适用于外部火灾和内罐泄漏状态下的非线性热—固耦合分析技术。下列云图是静力分析结果（图 4-4）、罐底热分析结果（图 4-5）、作用时程分析结果（图 4-6）、地震作用分析结果（图 4-7）、罐顶火灾分析结果（图 4-8）、飞行物冲击作用分析结果（图 4-9）、罐壁相邻火灾分析结果（图 4-10）示意图。

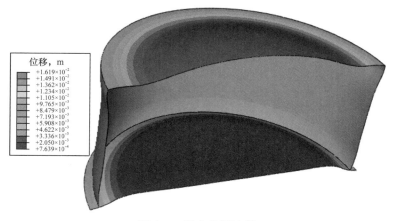

图 4-4　静力分析结果

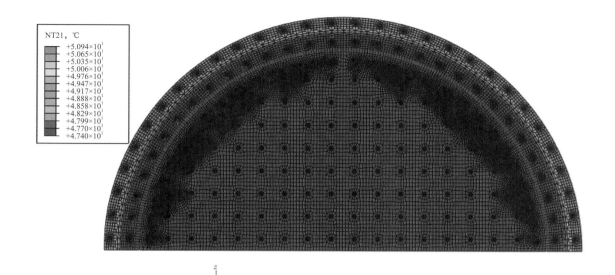

| 节点号 | 7080 | 厚度, m | 温度, ℃ |
|---|---|---|---|
| 外侧 | NT21 | 0 | 47.50 |
| | NT20 | 0.09 | 46.27 |
| | NT19 | 0.18 | 45.03 |
| | NT18 | 0.27 | 43.80 |
| | NT17 | 0.36 | 42.56 |
| | NT16 | 0.45 | 41.32 |
| | NT15 | 0.54 | 40.07 |
| | NT14 | 0.63 | 38.81 |
| | NT13 | 0.72 | 37.53 |
| | NT12 | 0.81 | 36.23 |
| 内侧 | NT11 | 0.91 | 34.90 |

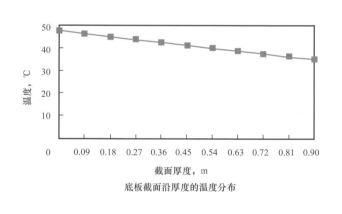

底板截面沿厚度的温度分布

图 4-5　罐底热分析结果

NT21—罐壁外表面处的温度；NT11—罐壁内表面处的温度

1）地震作用模型分析

LNG 储罐是由固体内外罐和盛装的液体组成的混合体，其动力特性不同于一般的结构。在储罐遇到地震作用时，所遭受的作用力分为内罐与外罐自身质量所产生的惯性力和罐内液体对内罐罐壁和底板所产生的动压力两个部分。内罐的液体动压力在地震作用下可分为晃动（Sloshing）动压力和冲击（Impulsive）动压力两个部分。当受水平加速度作用时，一部分液体与内罐罐壁刚性联系在一起运动，相当于实体接触，这部分液体质量称为冲击质量，其产生的动压力称为冲击动压力；另一部分液体则柔性地与罐壁接触，在罐内晃动，这部分液体质量称为晃动质量，其产生的动压力称为晃动动压力。一般情况下，LNG 储罐内液体的晃动作用周期较长，约为 10s；冲击作用周期则较短，约为 0.5s。如何合理地模拟罐内液体在地震作用下的动压力作用是 LNG 储罐地震作用计算的关键。在现阶段，国际工程界常用液—固耦合法计算模型、集中质量法简化计算模型和附加质量法简化计算模型来进行储罐的地震作用计算。

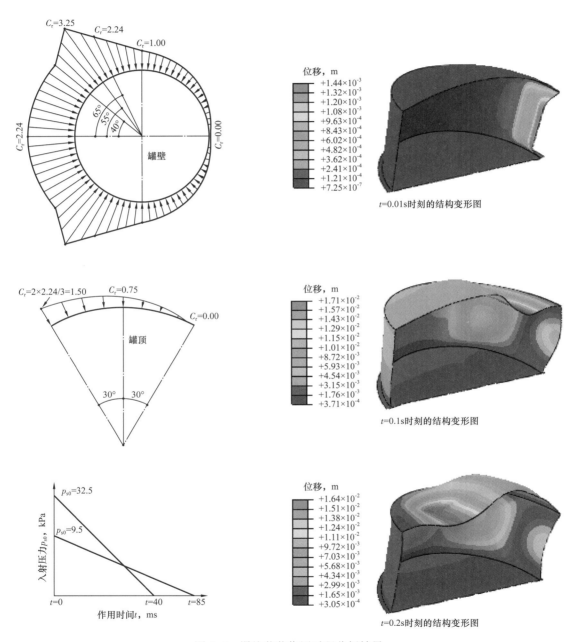

图 4-6　爆炸载荷作用时程分析结果

$C_r$—反射系数

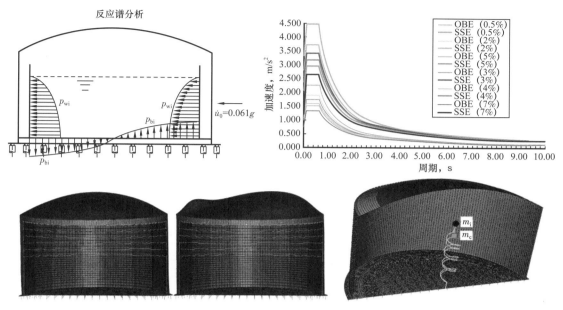

图 4-7　地震作用分析结果

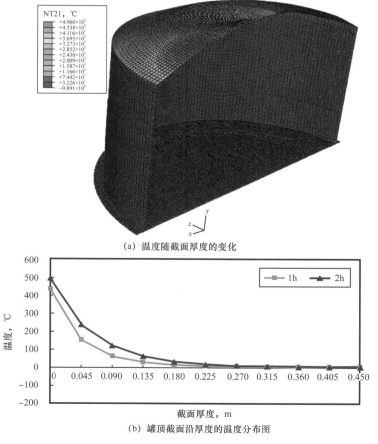

（a）温度随截面厚度的变化

（b）罐顶截面沿厚度的温度分布图

图 4-8　罐顶火灾分析结果

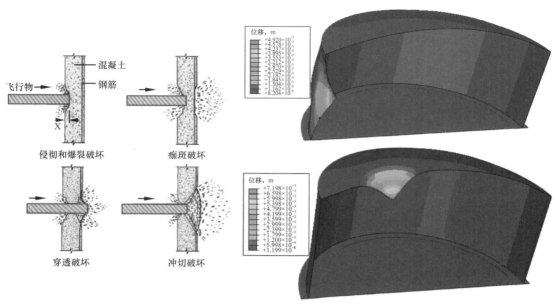

图 4-9　飞行物冲击作用分析结果

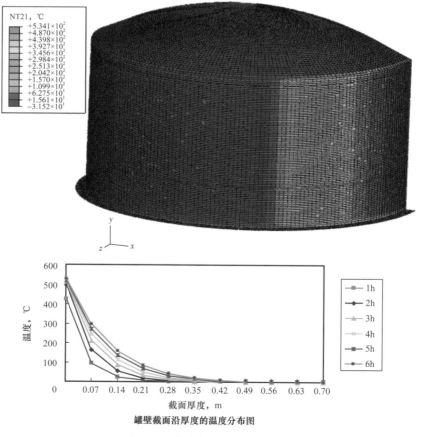

罐壁截面沿厚度的温度分布图

图 4-10　罐壁相邻火灾分析结果

（1）液—固耦合法计算模型。

该模型是直接从固体 / 流体的运动本质入手，利用有限元计算技术来进行罐内液体和固体在边界耦合条件下的动力分析，求得整个储罐在地震作用下的反应，计算模型简图如图 4-11 所示。

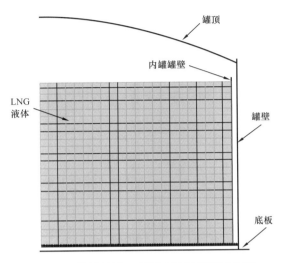

图 4-11　储罐的液—固耦合法计算模型简图

由于储罐结构的对称性，一般该模型用轴对称单元来模拟实体结构，这样可大大简化模型的复杂程度，提高计算效率。钢质内罐和混凝土外罐用可壳单元来模拟，内罐的 LNG 液体用流体单元来模拟。在流体单元和内罐罐底及罐壁的交界处，用耦合方程来约束以模拟液体和固体的相互作用。

（2）集中质量法计算模型。

该模型是以液体在地震作用下的反应特性为基础，利用液体动压力作用效应等效的原则来建立计算模型。常用的液体计算模型为 2 质点集中质量计算模型，即把液体冲击作用部分的质量和晃动部分的质量放置到其对应的等效作用高度上，然后用弹簧单元将其与外罐底板加以约束。计算模型简图如图 4-12 所示。

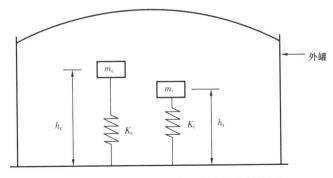

图 4-12　储罐的集中质量法计算模型简图

该模型一般采用三维计算模型，根据储罐的对称性，可取一半模型来进行计算。混凝土外罐用可壳单元来模拟，内罐的 LNG 液体用质点单元和弹簧连接单元来模拟。液体计算的相关参数可根据 API 650—2009 来进行计算，具体公式如下：

$$m_L = \rho \frac{\pi D^2}{4} H \tag{4-1}$$

$$m_i = \frac{\tanh\left(0.866 \frac{D}{H}\right) m_L}{0.866 \frac{D}{H}} \tag{4-2}$$

$$m_c = 0.230 \frac{D}{H} \tanh\left(\frac{3.67 H}{D}\right) m_L \tag{4-3}$$

$$h_i = 0.375 \left\{ 1.0 + 1.333 \left[ \frac{0.866 \frac{D}{H}}{\tanh\left(0.866 \frac{D}{H}\right)} - 1.0 \right] \right\} H \tag{4-4}$$

$$h_c = \left[ 1.0 - \frac{\cosh\left(\frac{3.67 H}{D}\right) - 1.937}{\frac{3.67 H}{D} \sinh\left(\frac{3.67 H}{D}\right)} \right] H \tag{4-5}$$

式中　$m_L$——液体的总质量，kg；

$\rho$——液体的密度，kg/m³；

$D$——内罐的直径，m；

$H$——液体的设计液位，m；

$m_i$——液体的冲击质量，在实际计算时还应在上式计算值基础上再加上内罐的罐体质量进行修正，kg；

$m_c$——液体的晃动质量，kg。

（3）附加质量法计算模型。

由于液体晃动动压力的周期较长、作用力较小，且与冲击动压力的作用步调不一致，故在计算时可不考虑该部分动压力的影响，仅考虑液体冲击动压力的作用即可。该计算模型基本思想是把液体对罐壁某点处的冲击动压力等效为与该点一起运动的附加质量对该点的惯性力，把附加质量附于到相应位置处的钢制罐壁上，同时应考虑液体的不可压缩性。计算模型简图如图 4-13 所示。

根据 Housner 动压力公式，可推导出某位置处的附加质量为：

$$m(\theta, z, t) = -\frac{\sqrt{3}}{2} \rho h \left[ 1 - \left(\frac{z}{h}\right)^2 \right] \tanh\left(\sqrt{3} \frac{r}{h}\right) \cos\theta \tag{4-6}$$

式中　$\rho$——储液罐中液体的密度，kg/m³；

$r$——储液罐半径，m；

$h$——液位高，m；

$\theta$——任意一点沿圆周方向的方位角，rad；

$z$——该点距底板的高度，m。

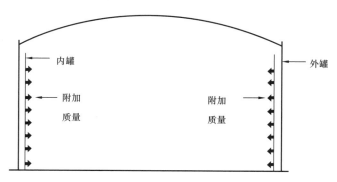

图 4-13 储罐的附加质量法计算模型简图

附加质量法是一种计算流—固耦合问题的近似方法，它将液体等效为附加质量，使得计算解耦，减少了计算量。

（4）计算模型比较。

由于不需要考虑液—固耦合作用，上述两种质量简化模型的计算效率大为提高。它们既模拟了罐内液体的动力效应，又能参与外罐的相互作用，能够较好地模拟储罐的整体动力特性；对软件的要求也不高，且计算方法易于被工程设计人员掌握；不足之处是无法计算出液面的晃动波高。液—固耦合模型能反应罐内液体的真实动力特性，还能算出液面的晃动波高，但该模型对软件的要求比较高，要有能进行液—固耦合分析的功能，计算也较为复杂，不易于被工程设计人员掌握。

由于地震作用是一种动力作用，其反应仅跟质量和刚度相关，而保冷层等辅助材料的质量很小，刚度更软，对整个结构的动力反应影响很小，因此，上述三种计算模型都不需把这些材料建立几何单元到模型中，只需把它们的质量附加到外罐模型中，考虑质量影响而忽略其刚度的影响。

2）温度场模型分析

在进行混凝土外罐的应力分析时要考虑正常操作状态、内罐泄漏状态和火灾状态下的温度效应。要求得这个温度效应，首先要进行热力学稳态和瞬态分析，求得罐壁内外的温度分布。因此，首先要建立热力学分析有限元计算模型。由于计算对象是混凝土外罐，所以这个热力学计算模型只要包含混凝土外罐即可，中间保冷层和内罐罐壁都不必建立单元到计算模型中，但必须根据等效的原则把内部热力边界条件从内罐等效到混凝土外罐的内表面上，以考虑保冷层的隔冷特性。

温度场计算涉及热力学的三种传热方式：热传导（Conduction）、对流（Convection）和热辐射（Radiation）。

由于混凝土外罐与内罐之间各个部位的热力边界条件不同，因此要分别计算各个部位的热力学参数，作为边界条件输入计算模型。外罐不同温度计算部位如图4-14所示。

（1）底板部位边界条件。在该部位，温度边界条件包含 3 个部分：

① 内罐 LNG 与保冷材料间的热对流；

② 由罐底保冷材料和混凝土底板组成的多层材料热传导；

③ 底板与外界环境的热对流。

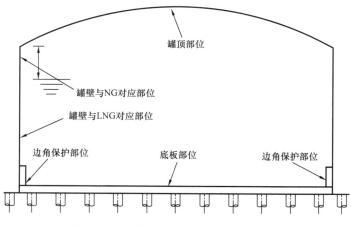

图4-14 外罐不同温度计算部位示意图

（2）罐壁与LNG对应部位边界条件。在该部位，温度边界条件包含3个部分：

① 内罐LNG与保冷材料的热对流；

② 保冷材料与罐壁组成的多层材料的热传递；

③ 罐壁外表面吸收太阳热辐射并向周围环境进行热辐射与热对流。

太阳对罐壁的热辐射使混凝土外表面温度升高（高于环境温度），同时，升温后的混凝土外表面向周围环境产生辐射热。

（3）罐壁与NG对应部位边界条件。该部位的温度计算同"罐壁与LNG对应部位边界条件"，只是产生对流的流体气体而非液体。

（4）罐顶部位边界条件。罐顶部位气体的热传导忽略不计。膜状沸腾系数仅用在LNG与NG的交界面处的计算。另外，LNG的对流计算仅用于气体层，这个部位有两层气体层，一层位于吊顶板底，另一层位于混凝土壳底。在该部位，温度边界条件包含7个部分：

① 内罐LNG与NG的热对流；

② LNG的膜状沸腾；

③ 吊顶板底的热对流；

④ 膨胀珍珠岩的热传导；

⑤ 混凝土壳底的热对流；

⑥ 罐顶混凝土截面的热传递；

⑦ 罐顶外表面吸收太阳热辐射并向周围环境进行热辐射与热对流。

太阳对罐顶的热辐射使混凝土外表面温度升高（高于环境温度），同时，升温后的混凝土外表面向周围环境产生辐射热。

（5）边角保护部位边界条件。该部位的边界条件同"罐壁与LNG对应部位边界条件"。

3）静力作用模型分析

应力计算模型是最常见的静力计算模型，对其施加力学边界条件和荷载条件，进行静力计算就可得到应力、应变和内力。这种计算模型的主要研究对象是外罐，所以保冷层材料和内罐及 LNG 液体均不需在模型中出现，仅把它们的荷载作用考虑进去即可。储罐的线性静力计算模型采用三维有限元模型，该模型的外罐结构部分用壳单元模拟；桩用梁单元来模拟。由于储罐结构的对称性，故可取实体的一半来模拟，在对称面施加对称约束条件。典型的静力计算的有限元模型如图 4-15 所示。

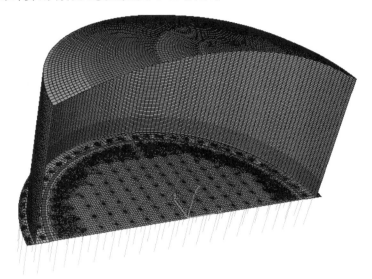

图 4-15　静力计算的有限元模型

2. LNG 储罐的预应力设计技术

1）混凝土外罐的受力特性

全容式 LNG 储罐混凝土外罐的罐顶是穹形结构，也即是球冠。作用于罐顶上表面的恒荷载和活荷载属于外压荷载，它们使罐顶截面受压；罐顶混凝土自重是均布荷载，也属于外压荷载，它使混凝土截面轴心受压；作用于罐顶内表面的操作工况挥发气压力或气压试验压力都属于内压荷载，它们使罐顶截面轴心受拉。在上述荷载的组合作用下，罐顶混凝土截面应受压或可控性受拉，即强度计算时，通过普通配筋能满足强度承载力要求；正常使用计算时，这些普通配筋可满足裂缝要求。故罐顶可不施加预应力，而仅为钢筋混凝土结构。

全容式 LNG 储罐混凝土外罐的罐壁是圆柱形结构。罐顶结构自重及其外表面恒荷载和活荷载使罐壁竖向轴心受压、环向轴心受拉；操作工况挥发气压力或气压试验压力使罐壁竖向和环向都轴心受拉；内罐泄漏后的液体对罐壁的静水压力使罐壁竖向受弯、环向轴心受拉，罐壁内外表面的温度效应使罐壁竖向和环向都受弯。在上述荷载的组合作用下，罐壁的竖向和环向都会产生很大的拉力，这些力若完全由混凝土自身来抵抗，则截面尺寸会非常大，不经济，故可在罐壁的竖向和环向设置预应力来平衡拉力作用，减小截面尺寸。

全容式 LNG 储罐混凝土外罐的底板为圆形，可直接坐落在地基或桩基上。在组合荷载作用下，混凝土截面处于压弯或拉弯受力状态，可通过配置普通钢筋来满足强度和正常使用的要求，即可不施加预应力。

2）预应力钢筋布置位置

竖向预应力应在施加水平预应力之前施加上去，这样使罐壁能够抵抗由于施加圆周方向预应力以及热效应引起的垂直方向的弯曲。否则，这些因素可能导致出现水平裂缝。在确定预应力钢筋位置时还应考虑应力分布和耐火性的问题。为防止外部火灾的作用和使罐壁的竖向受力均匀起见，竖向预应力钢筋束置于混凝土罐壁的中央位置；环形预应力钢筋束布置在竖向钢筋束的外侧，一方面可对竖向预应力钢筋可起到约束作用；另一方面，通过对罐壁外侧的偏压作用，可增加内罐大泄漏时罐壁受压区的残余压应力，提高罐壁的液密性。一般而言，底板可不需施加预应力，若为了限制底板处混凝土裂缝的开展及闭合掉部分因底板施工而产生的裂缝也可设置少量预应力钢筋。

3）罐壁的竖向预应力计算要点

竖向预应力的计算应考虑下列荷载：

（1）内部挥发气设计压力作用于罐顶时在罐壁顶部产生的竖向拉力；

（2）储罐结构、材料和管道设备自重在罐壁产生的竖向压力；

（3）罐壁的液密性要求所需的残余压应力。

竖向预应力的应力水平不宜小于上述三类荷载组合后的值。

4）罐壁的环向预应力计算要点

环向预应力的计算应考虑下列荷载：

（1）内罐泄漏后液体对罐壁的静水压力产生的环向拉力；

（2）内部挥发气设计压力作用于罐壁时产生的环向拉力；

（3）储罐结构、材料、管道设备自重和罐顶活荷载在罐壁顶部产生的环向拉力；

（4）罐壁的液密性要求所需的残余压应力。

环向预应力的应力水平不宜小于上述 4 类荷载组合后的值。

典型的罐壁环向预应力沿罐壁高度的分布图如图 4-16 所示。

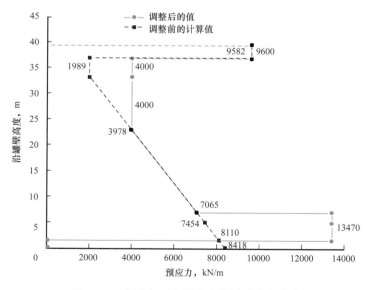

图 4-16　典型的环向预应力沿罐壁高度分布图

5）预应力计算值的调整

经过初步计算，得到的是没有考虑内罐大泄漏情况下罐壁温度效应的预应力计算方案，因此，还应对罐壁的如下几处关键部位的预应力数值进行调整以达到概念设计的目的：

（1）为了减小罐壁在与底板交界处的刚度，进而减小罐壁环向预应力在正常操作阶段对底板产生的弯矩，可把罐壁底部到高度为 2 倍壁厚处的环向预应力取消。

（2）在内罐大泄漏情况下，罐壁边角保温处（5m 高）与其上混凝土交界区域温度变化最大，会产生很大的温度效应，故该标高处附近区域的环向预应力应增大。

（3）在内罐大泄漏情况下，液体最高液位以下的罐壁与低温液体相接触，最高液位以上的罐壁不与低温液体相接触，因此，最高液位附近区域的温度效应很大，该区域的环向预应力应增大。

3. 最不利荷载效应组合技术

结构设计的关键点是进行荷载效应组合，把不同工况作用下的荷载效应按照一定的要求进行组合，以此作为配筋计算的依据。LNG 储罐的荷载效应组合不同于一般的建筑结构，它有其自身的特点，设计时，应考虑下面几种组合条件：

（1）气压和水压试验阶段（Pneumatic and Hydro Test）；

（2）使用阶段（Operating）；

（3）偶然事件（Incidental）包括 OBE 地震和轻微泄漏（Minor Leak）；

（4）异常事件（Accidental）包括 SSE 地震、爆炸（Blast）、冲击（Impact）、火灾（Fire）和严重泄漏（Major Leak）。

在这些不同的设计条件中，对应力、应变及裂缝等设计要求是不相同的，且每种荷载工况的荷载效应组合系数是变化的。

外罐设计时应进行正常作用条件下的验算和异常作用条件下的验算。其中，正常作用条件下的验算包括正常使用极限状态（SLS）验算和承载力极限状态（ULS）验算；异常作用条件下的验算仅包含承载力极限状态（ULS）验算。正常作用荷载工况应根据 EN 1991-1 和 GB 50009—2012 的规定进行组合。当异常作用荷载工况参与组合时，每次仅允许将一种异常作用荷载工况和适当的正常作用荷载工况进行组合，不必考虑异常作用载荷工况之间的组合。

1）荷载作用组合系数

正常作用条件下，SLS 组合系数和 ULS 组合系数分别见表 4-9 和表 4-10。

表 4-9 正常作用条件下 SLS 组合系数

| 组合系数 / 荷载类型 \\ 荷载类型 | Permanent | | Permanent2 | | Product | | Internal | | External | | Wind | | Temp | Test | | Prestress | | OBE | | MinorLeak | |
|---|---|---|---|---|---|---|---|---|---|---|---|---|---|---|---|---|---|---|---|---|---|
| | A | B | A | B | A | B | A | B | A | B | A | B | A/B | A | B | A | B | A | B | A | B |
| Construction | 1 | 1 | 0 | 0 | 0 | 0 | 0 | 0 | 1 | 0 | 0.3 | 0.3 | 0 | 0 | 0 | 1.2 | 1.2 | 0 | 0 | 0 | 0 |
| Test | 1 | 1 | 1 | 1 | 0 | 0 | 0 | 0 | 1 | 0 | 0.3 | 0.3 | 1 | 1 | 1 | 1.2 | 1 | 0 | 0 | 0 | 0 |
| Operating | 1 | 1 | 1 | 1 | 1 | 1 | 1 | 0 | 1 | 0 | 1 | 1 | 1 | 0 | 0 | 1.1 | 0.9 | 0 | 0 | 0 | 0 |
| OBE | 1 | 1 | 1 | 1 | 1 | 1 | 1 | 0 | 1 | 0 | 1 | 1 | 1 | 0 | 0 | 1.1 | 0.9 | 1 | 1 | 0 | 0 |
| MinorLeak | 1 | 1 | 1 | 1 | 0 | 0 | 1 | 0 | 1 | 0 | 1 | 1 | 1 | 0 | 0 | 1 | 0.9 | 0 | 0 | 1 | 1 |

注：A—该荷载对结构不利的情况；B—该荷载对结构有利的情况。

表 4-10 正常作用条件下 ULS 组合系数

| 荷载类型 \ 组合系数 | Permanent | | Permanent2 | | Product | | Internal | | External | | Wind | | Temp | Test | | Prestress | | OBE | | Minor Leak | |
|---|---|---|---|---|---|---|---|---|---|---|---|---|---|---|---|---|---|---|---|---|---|
| | A | B | A | B | A | B | A | B | A | B | A | B | A/B | A | B | A | B | A | B | A | B |
| Construction | 1.4 | 1 | 0 | 0 | 0 | 0 | 0 | 0 | 1.4 | 0 | 0.42 | 0.42 | 1 | 0 | 0 | 1.2 | 1.2 | 0 | 0 | 0 | 0 |
| Test | 1.2 | 1 | 1.2 | 1 | 0 | 0 | 0 | 0 | 1.2 | 0 | 0.42 | 0.42 | 1 | 1.2 | 1 | 1.2 | 1 | 0 | 0 | 0 | 0 |
| Operating | 1.4 | 1 | 1.4 | 1 | 1.4 | 0 | 1.4 | 0 | 1.4 | 0 | 1.4 | 1.4 | 1 | 0 | 0 | 1.2 | 0.9 | 0 | 0 | 0 | 0 |
| OBE | 1.2 | 1 | 1.2 | 1 | 0 | 0 | 1.2 | 0 | 1.2 | 0 | 1.2 | 1.2 | 1 | 0 | 0 | 1.2 | 0.9 | 1.05 | 1.05 | 0 | 0 |
| MinorLeak | 1.4 | 1 | 1.4 | 1 | 0 | 0 | 1.4 | 0 | 1.4 | 0 | 1.4 | 1.4 | 1 | 0 | 0 | 1.2 | 0.9 | 0 | 0 | 1.2 | 1.2 |

注：A—该荷载对结构不利的情况；B—该荷载对结构有利的情况。

异常作用条件下 ULS 组合系数见表 4-11。

表 4-11 异常作用条件下 ULS 组合系数

| 荷载类型 \ 组合系数 | Permanent | | Permanent2 | | Product | | Internal | | External | | Wind | | Temp | Prestress | | SSE | Blast | Impact | Fire | Minor Leak |
|---|---|---|---|---|---|---|---|---|---|---|---|---|---|---|---|---|---|---|---|---|
| | A | B | A | B | A | B | A | B | A | B | A | B | A/B | A | B | A/B | A/B | A/B | A/B | A/B |
| SSE | 1.05 | 1 | 1.05 | 1 | 0 | 0 | 1.05 | 0 | 1.05 | 0 | 0.3 | 0.3 | 1 | 1.05 | 1 | 1 | 0 | 0 | 0 | 0 |
| Blast | 1.05 | 1 | 1.05 | 1 | 1.05 | 0 | 1.05 | 0 | 1.05 | 0 | 0.3 | 0.3 | 1 | 1.05 | 1 | 0 | 1 | 0 | 0 | 0 |
| Impact | 1.05 | 1 | 1.05 | 1 | 1.05 | 0 | 1.05 | 0 | 1.05 | 0 | 0.3 | 0.3 | 1 | 1.05 | 1 | 0 | 0 | 1 | 0 | 0 |
| Fire | 1.05 | 1 | 1.05 | 1 | 1.05 | 0 | 1.05 | 0 | 1.05 | 0 | 0.3 | 0.3 | 1 | 1.05 | 1 | 0 | 0 | 0 | 1 | 0 |
| MajorLeak | 1.05 | 1 | 1.05 | 1 | 0 | 0 | 1.05 | 0 | 1.05 | 0 | 0.3 | 0.3 | 1 | 1.05 | 1 | 0 | 0 | 0 | 0 | 1 |

注：A—该荷载对结构不利的情况；B—该荷载对结构有利的情况。

说明：

（1）由于地震荷载是与内罐的液体状态紧密相关的，故在组合时，空罐和满罐时的地震力应对应于各自的空/满状态。为了一一对应的关系，当为地震荷载组合时，把荷载系数表中的液体荷载系数设置为 0，所以 LN-001 和 LN-002 应加在各自的地震组合中，以考虑液体自重的影响。

（2）火灾计算工况，因为 FIRE 属于温度工况，所以 Thermal 工况无须考虑，填为 0。

2）最不利内力组合值

由于相斥的可变荷载不能同时作用于结构上，而相容的可变荷载有可能单独出现，也有可能同时出现。因此，需找出可变荷载的最不利组合来进行结构设计。为此，在这里定义 20 组能够反应各种可能发生的对计算截面最不利的内力状态来进行设计。

（1）SF1_Max：表示 1 方向上轴力最大时对应的一组组合值；

（2）SF1_Max&SM1 > 0：表示 1 方向上轴力和弯矩都较大时对应的一组组合值；

（3）SF1_Max&SM1 < 0：表示 1 方向上轴力较大但弯矩较小时对应的一组组合值；

（4）SF1_Min：表示 1 方向上轴力最小时对应的一组组合值；

（5）SF1_Min&SM1 > 0：表示 1 方向上轴力较小但弯矩较大时对应的一组组合值；

（6）SF1_Min&SM1 < 0：表示 1 方向上轴力和弯矩都较小时对应的一组组合值；

（7）SF2_Max：表示 2 方向上轴力最大时对应的一组组合值；

（8）SF2_Max&SM2＞0：表示 2 方向上轴力和弯矩都较大时对应的一组组合值；

（9）SF2_Max&SM2＜0：表示 2 方向上轴力较大但弯矩较小时对应的一组组合值；

（10）SF2_Min：表示 2 方向上轴力最小时对应的一组组合值；

（11）SF2_Min&SM2＞0：表示 2 方向上轴力较小但弯矩较大时对应的一组组合值；

（12）SF2_Min&SM2＜0：表示 2 方向上轴力和弯矩都较小时对应的一组组合值；

（13）SF4_Max：表示法向为 1 方向的面上的最大剪力；

（14）SF4_Min：表示法向为 1 方向的面上的最小剪力；

（15）SF5_Max：表示法向为 2 方向的面上的最大剪力；

（16）SF5_Min：表示法向为 2 方向的面上的最小剪力；

（17）SM1_Max：表示 1 方向上弯矩最大时对应的一组组合；

（18）SM1_Min：表示 1 方向上弯矩最小时对应的一组组合；

（19）SM2_Max：表示 2 方向上弯矩最大时对应的一组组合；

（20）SM2_Min：表示 2 方向上弯矩最小时对应的一组组合。

3）荷载效应组合列表

通过对三个荷载组合系数表的拆解，通过自主开发程序利用穷举法可得到所有荷载效应组合的列表文件。示例见图 4-17。

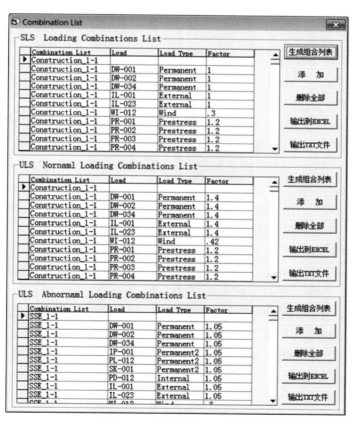

图 4-17　荷载效应组合示例

把所有荷载工况的内力计算结果依据荷载效应组合列表文件通过自主开发程序进行荷载效应组合计算，生成每个节点在每种组合工况下的内力组合值；然后把每个节点的所有组合工况的内力组合值进行对比，输出节点区域的 20 组最不利内力组合值，如图 4-18 所示。

| Nodeset | Force_Type | SF.SF1 | SF.SF2 | SF.SF3 | SF.SF4 | SF.SF5 | SM.SM1 | SM.SM2 | SM.SM3 |
|---|---|---|---|---|---|---|---|---|---|
| Node-0 | SF1_Max | −2.97E+02 | −1.65E+03 | −2.46E+01 | −8.55E−01 | −5.38E+02 | 2.13E+02 | 1.07E+03 | 1.10E+00 |
| Node-0 | SF1_Max&SM1>0 | −6.27E+02 | −2.19E+03 | −6.56E+01 | −5.64E−01 | −6.31E+02 | 2.62E+02 | 1.31E+03 | 1.52E+00 |
| Node-0 | SF1_Max&SM1<0 | −5.99E+02 | −1.14E+03 | −2.39E+01 | −1.52E+00 | −3.27E+02 | 9.73E+01 | 4.92E+02 | 1.96E+00 |
| Node-0 | SF1_Min | −1.31E+03 | −1.66E+03 | 3.15E+01 | 1.18E+00 | −3.73E+02 | 1.27E+02 | 6.44E+02 | 2.32E−01 |
| Node-0 | SF1_Min&SM1>0 | −9.32E+02 | −2.33E+03 | 1.10E+02 | −9.73E−01 | −6.26E+02 | 2.71E+02 | 1.36E+03 | −2.43E−01 |
| Node-0 | SF1_Min&SM1<0 | −1.10E+03 | −1.46E+03 | 2.99E+01 | 2.70E−01 | −2.97E+02 | 1.01E+02 | 5.14E+02 | 2.23E−01 |
| Node-0 | SF2_Max | −6.82E+02 | −9.92E+02 | −5.51E+01 | −2.85E+00 | −3.22E+02 | 9.67E+01 | 4.85E+02 | 4.61E−01 |
| Node-0 | SF2_Max&SM2>0 | −9.07E+02 | −2.34E+03 | 1.39E+02 | 2.12E−01 | −6.29E+02 | 2.72E+02 | 1.36E+03 | −1.57E+00 |
| Node-0 | SF2_Max&SM2<0 | −7.98E+02 | −1.02E+03 | 2.12E+01 | 8.10E−01 | −2.97E+02 | 8.17E+01 | 4.14E+02 | −2.86E−01 |
| Node-0 | SF2_Min | −1.08E+03 | −2.40E+03 | 6.07E+01 | −1.50E+00 | −5.36E+02 | 2.12E+02 | 1.06E+03 | 2.08E+00 |
| Node-0 | SF2_Min&SM2>0 | −8.84E+02 | −2.39E+03 | 1.07E+02 | 5.17E−03 | −6.23E+02 | 2.72E+02 | 1.36E+03 | −8.01E−01 |
| Node-0 | SF2_Min&SM2<0 | −7.98E+02 | −1.15E+03 | 2.43E+01 | 1.89E+00 | −2.95E+02 | 8.04E+01 | 4.07E+02 | −2.20E+00 |
| Node-0 | SF4_Max | −9.04E+02 | −2.03E+03 | 5.93E+01 | 1.22E+01 | −4.43E+02 | 1.67E+02 | 8.33E+02 | −8.30E−01 |
| Node-0 | SF4_Min | −9.11E+02 | −2.05E+03 | −5.80E+01 | −1.18E+01 | −4.41E+02 | 1.66E+02 | 8.29E+02 | 8.07E−01 |
| Node-0 | SF5_Max | −8.11E+02 | −1.13E+03 | 3.09E+01 | 3.84E−01 | −2.94E+02 | 8.02E+01 | 4.05E+02 | −9.70E−01 |
| Node-0 | SF5_Min | −7.54E+02 | −2.30E+03 | 2.70E+01 | −5.45E−01 | −6.41E+02 | 2.71E+02 | 1.35E+03 | 3.61E−01 |
| Node-0 | SM1_Max | −8.97E+02 | −2.35E+03 | 1.23E+02 | 5.99E+00 | −6.26E+02 | 2.72E+02 | 1.36E+03 | −2.89E+00 |
| Node-0 | SM1_Min | −8.23E+02 | −1.10E+03 | 2.57E+01 | 1.40E−01 | −2.94E+02 | 8.00E+01 | 4.06E+02 | −2.87E−01 |
| Node-0 | SM2_Max | −9.07E+02 | −2.34E+03 | 1.39E+02 | 2.12E−01 | −6.29E+02 | 2.72E+02 | 1.36E+03 | −1.57E+00 |
| Node-0 | SM2_Min | −8.11E+02 | −1.13E+03 | 3.09E+01 | 3.84E−01 | −2.94E+02 | 8.02E+01 | 4.05E+02 | −9.70E−01 |

图 4-18　最不利内力组合值示意图

SF.SF1—1 方向轴力；SF.SF2—2 方向轴力；SF.SF3—1—2 平面内剪力；SF.SF4—1 方向上的横向剪力；
SF.SF5—2 方向上的横向剪力；SF.SM1—1 方向上的截面弯矩；SF.SM2—2 方向上的截面弯矩；
SF.SM3—1—2 平面内的截面扭矩

这种方法从数量巨大的荷载效应组合中挑出了对结构最不利的一批组合值，形成了每个节点或区域的内力包络，不但保证了计算结果的合理性，还化巨量计算工作为有限量，大大节省了计算的工作量；编制了计算程序，保证了研究成果的实用性和正确性。

4. 混凝土外罐的截面配筋计算技术

根据 LNG 储罐设计规范 EN 14620，NFPA59A，GB/T 20368 和 GB/T 26978 的要求，LNG 预应力混凝土外罐设计应考虑外部火灾（泄放阀火灾和相邻装置的火灾）和内罐泄漏等偶然作用的影响。在外部火灾情况下，混凝土外罐内外表面间的温差会达到 500℃左右；在内罐泄漏情况下，混凝土外罐内外表面间的温差会达到 200℃左右；关于大温差的作用效应如何计算，现有规范的条款都仅是指导性、原则性的内容，缺乏指导性的措施。寰球公司通过重大科技专项"天然气液化关键技术研究"等课题的专题研究，发明了大型低温预应力混凝土储罐在外部火灾条件下的性能分析方法，以钢筋和混凝土在高温状态下的非线性力学特性为基础，综合考虑大型低温预应力混凝土储罐在火灾时构件间的相互作用，叠加火灾工况下的温度应变与常规荷载工况应变，进行储罐性能设计，获得了更为精确的定量分析结果，超越了传统的定性分析。发明了大型低温预应力混凝土储罐温度效应计算方法，将温度应变与常规工况应变叠加进行混凝土截面和钢筋的应力分布计算，实现快速收敛，解决了大型低温预应力混凝土外罐有限元模型非线性计算难以收敛的难题，反映了混凝土的非线性特性，其结果比传统的折减弹性计算结果更为精确，分析效率显著提高。

外罐的配筋计算是所有计算成果的终极体现，如何把有限元计算结果应用到配筋计算中是外罐设计工作的重中之重。根据 LNG 相关设计规范，混凝土截面配筋计算要验算

ULS 状态外罐会不会倾覆、是否因超过材料强度而破坏、是否因过度的塑性变形而不适于继续承载和会不会丧失稳定而出现失稳破坏；验算 SLS 状态外罐的变形、裂缝宽度和应力是否超过规定的限值，内罐严重泄漏时外罐壁是否满足致密性要求等。而应力限值要求和罐壁的致密性要求是国内以往的设计知识中不曾涉及的内容，需要采用与以往完全不同的方法来求解。针对不同的极限状态和设计条件，规范有不同的要求。寰球公司通过重大科技专项"天然气液化关键技术研究"等课题的专题研究，发明了应用于大型低温预应力混凝土储罐的配筋计算方法。将各荷载工况作用下的应变进行线性叠加，结果代入混凝土的非线性本构方程进行迭代计算，获得了混凝土截面和钢筋在正常使用极限状态下的应力分布，解决了传统的以构件内力为基础的配筋设计方法难以求取实际应力分布的难题。

　　由于 LNG 储罐的混凝土外罐有其特殊的性能要求，目前国内外还没有专门适用于外罐配筋计算的商业程序可供选用，且外罐的配筋计算程序也一直是国外工程公司的核心技术秘密。寰球公司结合中国混凝土设计规范的要求开发了若干个建立在常温状态下、超低温状态下和火灾高温状态下的考虑了材料非线性本构关系并符合中国规范要求的配筋计算程序（获 5 项软件著作权），满足了 LNG 储罐混凝土外罐的底板、罐壁和罐顶等不同部位的计算需求，实现了从计算到配筋的无缝连接，大大提高了设计效率。配筋计算程序界面和计算结果示例如图 4-19 和图 4-20 所示。

图 4-19　配筋计算程序界面

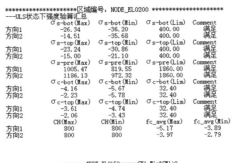

图 4-20　配筋计算结果示例

　　1）混凝土截面受力状态下的应力—应变分布

　　混凝土截面在受力状态下的应力—应变分布可按下列几种情况考虑：

　　（1）混凝土截面全截面受拉且未开裂。此状态下混凝土全截面受拉，且最大受拉侧应力小于开裂应力，截面未开裂，保持全界面受力状态。

　　（2）混凝土截面全截面受拉且部分开裂。此状态下混凝土全截面受拉，且最大受拉侧应力大于开裂应力，受力侧开裂；最小受拉侧应力小于开裂应力，受力侧未开裂。

（3）混凝土截面全截面受拉且全截面开裂。此状态下混凝土全截面受拉，且最小受拉侧应力大于开裂应力，全截面开裂。

（4）混凝土截面受拉压作用且未开裂。此状态下混凝土截面一侧受拉、另一侧受压，且受拉侧应力小于开裂应力，受力侧未开裂，保持全界面受力状态。

（5）混凝土截面受拉压作用且部分开裂。此状态下混凝土截面一侧受拉、另一侧受压，且受拉侧应力大于开裂应力，受力侧开裂。

（6）混凝土截面全截面受压。此状态下混凝土全截面受压。

（7）混凝土截面受压且部分开裂。此状态下混凝土截面一侧受压、另一侧受拉，且受拉侧应力大于混凝土开裂应力而开裂。

2）混凝土截面受力状态下的应变计算

依据混凝土截面的应变平截面假设，由截面底部应变 $\varepsilon_{c1}$ 和顶部应变 $\varepsilon_{c2}$ 可得到钢筋的应变及截面任意位置处的应变值：

$$\varepsilon_{s1} = \frac{d_{c1}(\varepsilon_{c2} - \varepsilon_{c1})}{h} + \varepsilon_{c1} \qquad (4-7)$$

$$\varepsilon_{s2} = \frac{d_{c2}(\varepsilon_{c1} - \varepsilon_{c2})}{h} + \varepsilon_{c2} \qquad (4-8)$$

$$\varepsilon_{p} = \frac{d_{p}(\varepsilon_{c2} - \varepsilon_{c1})}{h} + \varepsilon_{c1} \qquad (4-9)$$

式中　$\varepsilon_{s1}$，$\varepsilon_{s2}$——底部和顶部钢筋的应变；

$\varepsilon_{p}$——预应力钢筋的新增应变。

把截面高度 $h$ 等分为 $X_N$ 等分，每等分的长度为：

$$\Delta h = \frac{h}{X_N} \qquad (4-10)$$

每个等分段的中心点到截面底部的距离为：

$$x(i) = \frac{h}{2X_N}(2i - 1) \qquad (4-11)$$

混凝土截面每个等分段中心点的应变为：

$$\varepsilon(i) = \frac{x(i) \cdot (\varepsilon_{c2} - \varepsilon_{c1})}{h} + \varepsilon_{c1} \qquad (4-12)$$

式中，$i$ 为从截面底部算起的分段段号。

3）混凝土截面受力状态下的应力计算

利用上节求得的钢筋和混凝土应变，代入普通钢筋、预应力钢筋和混凝土的应力—应变关系公式（不同的规范有不同的应力—应变关系公式，依据采用的设计规范而定），得到各应变对应的应力：底部钢筋的应力 $f_{s1}$（拉正压负），顶部钢筋的应力 $f_{s2}$（拉正压负），预应力钢筋的应力 $f_{p}$ 及混凝土的应力 $f_{c}(i)$。其中：$f_{c}(i)$ 为压力时是负值，为拉力时是正值，超过轴心抗拉强度标准值 $f_{tk}$ 时为零。

4）截面迭代计算程序框图

截面迭代计算程序框图如图 4-21 至图 4-26 所示。

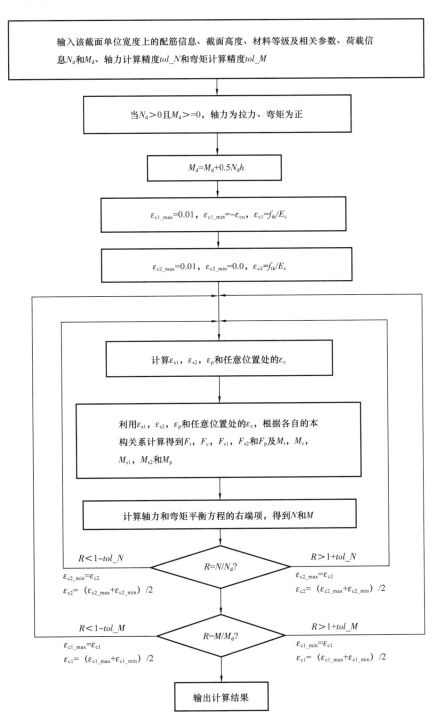

图 4-21　迭代计算流程图 1

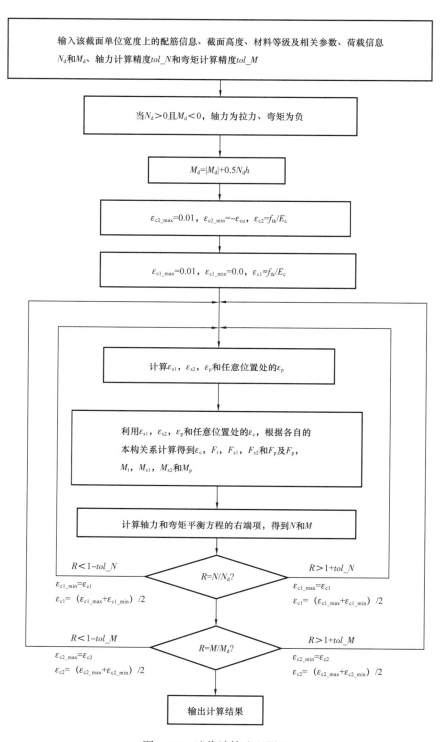

图 4-22　迭代计算流程图 2

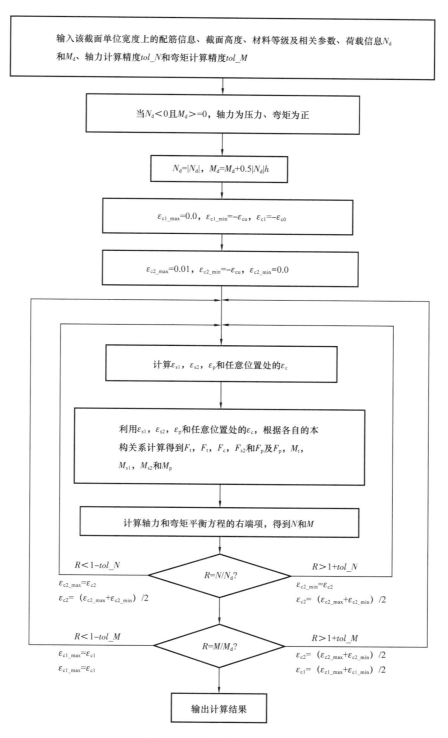

图 4-23　迭代计算流程图 3

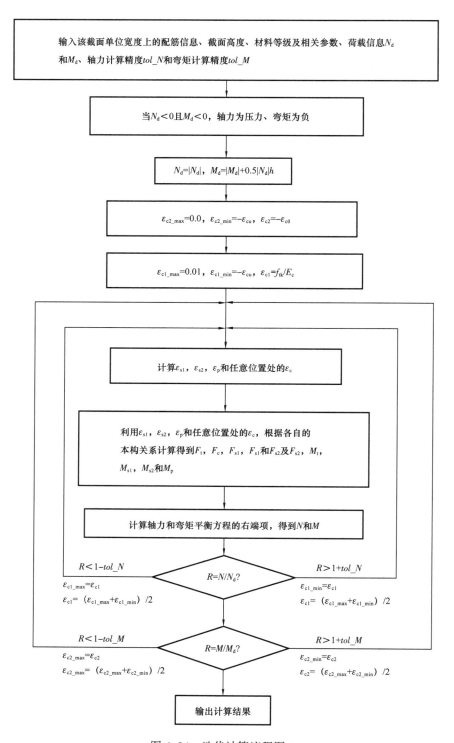

图 4-24　迭代计算流程图 4

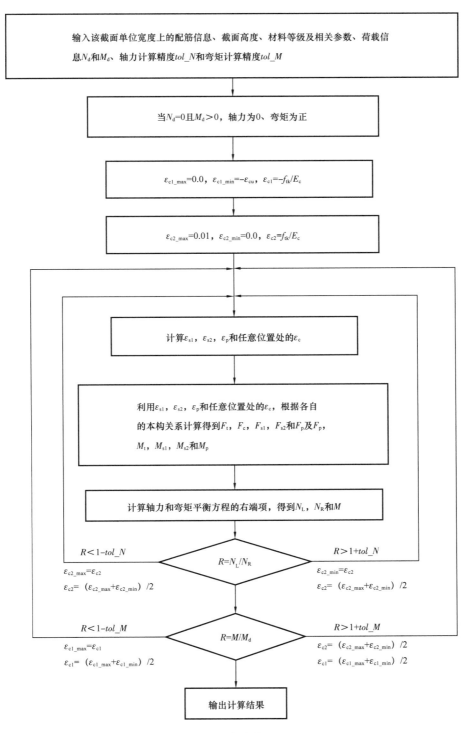

图 4-25　迭代计算流程图 5

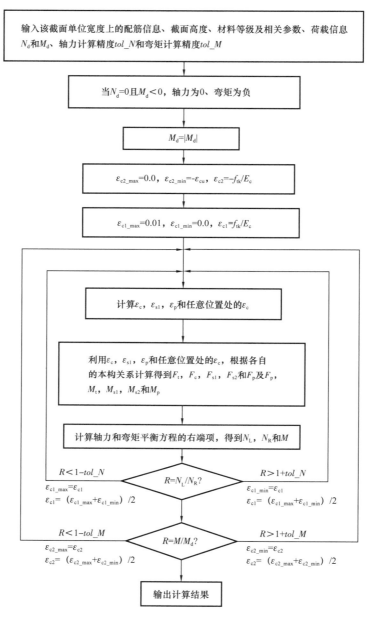

图 4-26　迭代计算流程图 6

5）温度作用有效应变计算

有限元热应力分析计算不能直接获得温度作用的有效应变，热应力分析的计算公式为：

$$\{\sigma\} = \boldsymbol{D} \cdot \left(\{\varepsilon\} - \{\varepsilon_0\}\right) \qquad (4-13)$$

式中　$\boldsymbol{D}$——弹性矩阵；

　　　$\{\varepsilon\}$——考虑结构约束作用及温度变化后产生的节点／单元应变；

　　　$\{\varepsilon_0\}$——自由伸缩时温度变化引起的初应变。

有限元计算得到的应变仅为 $\{\varepsilon\}$，温度变化产生的有效应变可按以下方法计算：

$$\{\varepsilon(T)\} = (\{\varepsilon\} - \{\varepsilon_0\}) \tag{4-14}$$

$$\varepsilon_0 = \alpha(T) \cdot (T - T_0) - \alpha(T_i)(T_i - T_0) \tag{4-15}$$

式中　$\alpha(T)$——温度为 $T$ 时的热膨胀系数；

　　　$T_0$——参考温度；

　　　$T_i$——初始温度。

同时应注意，温度变化不引起剪切应变。

6）其他计算

混凝土斜截面承载力、受冲切承载力计算和裂缝计算按 GB 50010—2010《混凝土结构设计规范》执行。

5. 罐顶施工全过程分析技术

大跨度的钢拱结构既是混凝土罐顶施工的模板，同时也是施工中的主要受力结构，由于跨度大，钢拱结构易在施工荷载的作用下发生失稳，因此，钢拱结构是 LNG 储罐施工过程中的关键节点和难点，它关系到混凝土罐顶的施工进度和施工安全。

罐顶的施工方案一般可采用立柱、桁架支模浇筑混凝土的方法，但是由于 LNG 储罐一般跨度大、距离地面高，采用此方法施工时不但脚手架的装卸工程量非常大，而且还会占用较长的施工时间，影响工程进度，故工程建设中一般不采用此种方案。另外，考虑到罐顶钢筋混凝土壳底附有挥发气屏障钢板，可把钢板先与单层钢网壳焊接在一起形成密闭的网壳结构，然后通过吹气顶升的方式把网壳结构整体顶升到位，且内部气体压力应保持一定的时间以支撑罐顶的混凝土浇筑，待完成相应的混凝土浇筑和养护工作后再泄掉罐内的压力。采用该方案时，要求做到结构设计经济合理，施工安全可靠，施工周期短，尽可能不影响其他工种的工作。

通过技术攻关，寰球公司掌握了对 LNG 储罐罐顶各种施工方案进行分析的技术，可对各个施工阶段和各种施工方案分别采用不同的加载方法和结构体系，建立有限元模型，考虑罐顶钢结构由于初始曲面形状制造、安装偏差等引起的结构初始缺陷影响，对储罐罐顶施工用钢拱结构进行整体稳定分析和施工过程分析。

1）罐顶施工全过程分析要点

进行网壳结构的罐顶施工全过程分析工作，应重点研究以下几方面的工作：

（1）网壳结构形式的选取。由于研究对象为网壳结构，故其结构形式的选取是整个计算工作的前提条件，经过多方案的比较，最后采用了穿拱式单层网壳的结构形式。

（2）施工方案的确定。由于网壳结构的分析是以罐顶施工全过程为基础的，故其结果与施工方案紧密相关。应事先会同项目施工单位共同确定切实可行的施工方案，具体内容应包括网壳的施工、混凝土的浇筑和施工段的合理划分等。为了节省作业时间，网壳结构一般采取在罐体外制作、罐体内拼装的施工方案；罐顶混凝土采用分段浇筑和罐体内充气减载的施工方法，当罐顶混凝土达到一定的强度时，泄压开始，当泄压完成后，即可开始内罐的各工序作业。

（3）差异化计算模型的确定。由于不同施工阶段，网壳结构的边界约束条件和荷载条件是不同的，故在计算过程中，应考虑不同施工阶段的结构状态来建立不同的计算模型和施加对应的荷载工况。

（4）计算分析内容。应采用有限元模型对网壳结构进行强度、变形和稳定分析。在计算中应考虑网壳结构由于制造和安装偏差所引起的结构初始缺陷，按几何非线性的分析方法对结构进行计算分析[1]，保证结构具有足够的安全度，并达到经济性的目标。

2）计算模型假定

在建立结构计算模型时，应充分保证计算模型与罐顶实际受力情况的一致性，可采用下列假定：

（1）由于网壳结构边缘与罐壁的加强圈为点焊，所以其支座约束形式采用铰接。

（2）网壳结构的拱梁与环梁截面采用焊接连接，且上翼缘均与罐顶钢板焊接，所有结构杆件的连接可视为刚接，符合 JGJ 7—2010《空间网格结构技术规程》3.1.8 单层网壳应采用刚接节点要求。

（3）结构计算时考虑网壳结构上表面的钢板平面内作用。

（4）罐顶混凝土浇筑过程中，要严格执行充气保压方案和混凝土浇筑方案。

（5）罐顶网壳结构和混凝土在施工状态时，不考虑地震作用的影响。

3）静力计算分析

网壳结构根据网壳类型、节点构造、设计阶段可分别选用不同方法进行内力、位移和稳定计算。模型杆件计算长度、杆件容许长细比和最大位移计算值均应满足 JGJ 7—2010《空间网格结构技术规程》的要求。

4）线性屈曲分析

对网壳结构进行屈曲模态分析，主要是为了得到几何非线性分析时的初始缺陷形状。依据 JGJ 7—2010《空间网格结构技术规程》，球面网壳的全过程分析可按满跨均布荷载进行。网壳全过程分析时考虑初始曲面形状的制造、安装偏差等影响，采用结构的最低阶屈曲模态作为初始缺陷分布模态，其最大计算值按网壳跨度的 1/300 取值。

5）几何非线性分析

当结构发生大位移引起的坐标变化或者像弯矩那样的附加荷载时，必须要考虑进行几何非线性分析。网壳结构就属于此类问题，依照 JGJ 7—2010《空间网格结构技术规程》的规定，需要对其进行几何非线性分析。

将屈曲模态分析中所得到的结构初始缺陷值叠加到原来的结构模型中，采用一致模态法对附加初始缺陷后的结构模型按考虑几何非线性的有限元分析方法（荷载—位移全过程分析）进行计算，进一步实现对整个结构的荷载—位移变化全过程进行追踪，从而合理地对 LNG 储罐罐顶网壳结构的设计方案进行调整和优化，以期达到最优方案的效果。

6）计算实例

以大连 LNG 接收站的设计方案为例，罐顶结构采用穹拱式单层网壳结构。网壳结构模型简图如图 4-27 所示。

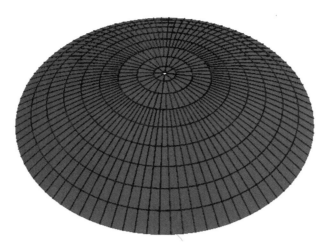

图 4-27　网壳结构模型简图

（1）线性屈曲分析。

本实例模型三种工况下的最低阶屈曲模态形状如图 4-28 至图 4-30 所示。

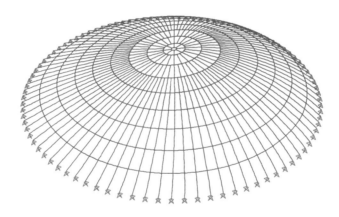

图 4-28　工况 A 最低阶屈曲模态

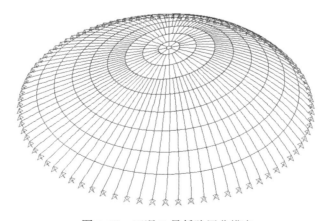

图 4-29　工况 B 最低阶屈曲模态

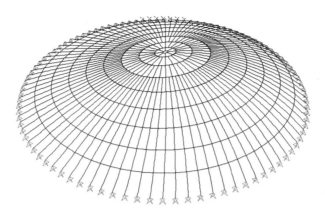

图 4-30　工况 C 最低阶屈曲模态

（2）几何非线性分析。

对网壳结构进行考虑几何非线性的有限元分析后，可以得到所追踪节点在失稳状态时的荷载（$K$ 值）—位移曲线，如图 4-31 至图 4-33 所示。

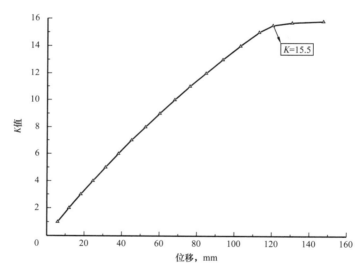

图 4-31　工况 A 荷载（$K$ 值）—位移曲线

由上面的结果可知，三种工况下 $K$ 值均大于 4.2，满足 JGJ 7—2010《空间网格结构技术规程》的规定。

6. 储罐的基础隔震分析技术

当 LNG 储罐的建设场地处于地震烈度较高的区域时，传统基础型式的 LNG 储罐遭受的地震作用效应往往很大，甚至于地基或桩基承载力不能满足设计要求。因此，如何有效降低 LNG 储罐在地震作用下的效应是 LNG 储罐设计中的一项重要内容。

目前，基底隔震技术被证明是降低储罐地震作用的有效途径，其原理是通过在储罐底部加入隔震装置（如橡胶支座、摩擦摆支座）延长储罐自振周期，避开场地的特征周期，减小地震力向上部储罐的传递，达到降低储罐地震效应的目的。由于 LNG 储罐在中国起步较晚，国内工程界对 LNG 储罐隔震方面的研究还不多。寰球公司通过重大科技专项"天然气液化关键技术研究"等课题的专题研究，将理论研究、数值模拟和地震振动台试验相结合，形成了具有自主知识产权的大型 LNG 储罐的基础隔震分析技术，并结合中国设计规范的要求，成功地将该技术应用于唐山 LNG 储罐的工程设计中，优化了 LNG 储罐的设计。

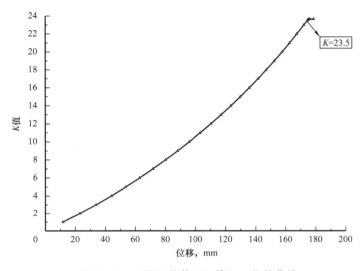

图 4-32　工况 B 荷载（$K$ 值）—位移曲线

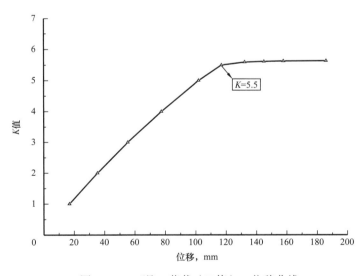

图 4-33　工况 C 荷载（$K$ 值）—位移曲线

1）LNG 储罐隔震计算模型

全容式 LNG 储罐隔震是在桩顶与底板之间设置隔震支座，每个桩头设置一个，其典型示意图如图 4-34 所示。

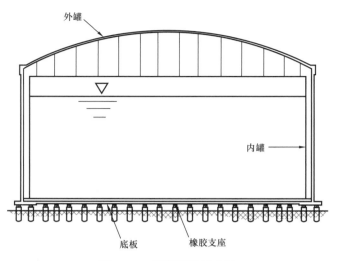

图 4-34　储罐隔震示意图

对于罐内的液体，可采用集中质量计算模型，即晃动质量质点和冲击质量质点；由于混凝土外罐自身的水平刚度比隔震支座的水平刚度大很多时，在地震作用下，外罐基本属于平动，故在计算模型中可不考虑外罐自身的振动特性，其参数可按静力等效（剪力相等和弯矩相等）的原则来确定。综上假定，全容式 LNG 储罐隔震结构体系可简化为如图 4-35 所示的力学计算模型。

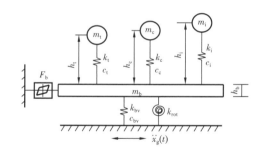

图 4-35　LNG 储罐隔震力学计算模型

$m_t$—混凝土外罐的质量，kg；$h_t$—混凝土外罐惯性力作用点等效高度，m；$k_t$—混凝土外罐的等效刚度，N/m；
$c_t$—混凝土外罐的阻尼，N·s/m；$m_c$—内罐液体晃动部分质量，kg；$h_c$—晃动质量作用点等效高度
（考虑了液体对底板的动压力），m；$k_c$—晃动作用等效刚度，N/m；$c_c$—晃动液体的阻尼，N·s/m；
$m_i$—内罐液体冲击部分质量，kg；$h_i$—冲击质量作用点等效高度（考虑了液体对底板的动压力），m；
$k_i$—冲击作用等效刚度，N/m；$c_i$—冲击液体的阻尼，N·s/m；$m_b$—混凝土底板质量，kg；
$h_b$—底板厚度，m；$F_b$—隔震支座的水平向恢复力（为非线性关系），N；$k_{bv}$—基础竖向刚度，N/m；
$c_{bv}$—竖向阻尼，N·s/m；$k_{rot}$—基础竖向刚度形成的整体转动刚度，N·m/rad；$\ddot{x}_g$—地震时的地面加速度，m/s$^2$

单质点体系在地震波激励下的水平向动力运动方程为：

$$m_p \cdot \ddot{x}_p + c_p \cdot \dot{x}_p + k_p \cdot x_p = -m_p \cdot \ddot{x}_g \tag{4-16}$$

式中　　$m_p$——质点的质量；

$c_p$——体系的阻尼；

$k_p$——体系的刚度；

$x_p$，$\dot{x}_b$ 和 $\ddot{x}_p$——分别为该质点与地面的相对位移、相对速度和相对加速度。

根据式（4-16），对质点 $m_t$，$m_s$，$m_i$ 和 $m_b$ 分别写出其动力运动方程为：

$$m_t\left(\ddot{x}_t + h_t\ddot{\theta}_b + \ddot{x}_b + \ddot{x}_g\right) + c_t\left(\dot{x}_t + h_t\dot{\theta}_b\right) + k_t\left(x_t + h_t\theta_b\right) = 0 \quad （4-17）$$

$$m_c\left(\ddot{x}_c + h_c\ddot{\theta}_b + \ddot{x}_b + \ddot{x}_g\right) + c_c\left(\dot{x}_c + h_c\dot{\theta}_b\right) + k_c\left(x_c + h_c\theta_b\right) = 0 \quad （4-18）$$

$$m_i\left(\ddot{x}_i + h_i\ddot{\theta}_b + \ddot{x}_b + \ddot{x}_g\right) + c_i\left(\dot{x}_i + h_i\dot{\theta}_b\right) + k_i\left(x_i + h_i\theta_b\right) = 0 \quad （4-19）$$

$$m_b\left(\ddot{x}_b + \ddot{x}_g\right) + m_t\left(\ddot{x}_t + h_t\ddot{\theta}_b + \ddot{x}_b + \ddot{x}_g\right) + m_c\left(\ddot{x}_c + h_c\ddot{\theta}_b + \ddot{x}_b + \ddot{x}_g\right) + m_i\left(\ddot{x}_i + h_i\ddot{\theta}_b + \ddot{x}_b + \ddot{x}_g\right) + F_b = 0$$
$$（4-20）$$

上列式中，$x_b$，$\dot{x}_b$ 和 $\ddot{x}_b$ 分别为底板 $m_b$ 与地面的相对位移、相对速度和相对加速度，其单位分别为 m，m/s 和 m/s$^2$；由于隔震支座是与底板连接在一起的，故 $x_b$，$\dot{x}_b$ 和 $\ddot{x}_b$ 也即为隔震支座的与地面的相对位移、相对速度和相对加速度；$x_t$，$x_c$ 和 $x_i$ 分别为质点对底板水平运动产生的相对位移；$\dot{x}_t$，$\dot{x}_c$ 和 $\dot{x}_i$ 分别为质点对底板水平运动产生的相对速度；$\ddot{x}_t$，$\ddot{x}_c$ 和 $\ddot{x}_i$ 分别为质点对底板水平运动产生的相对加速度；$\theta_b$ 为底板的转动角度；$h_t\theta_b$，$h_c\theta_b$ 和 $h_i\theta_b$ 分别为质点对底板转动产生的水平相对位移；$h_t\dot{\theta}_b$，$h_c\dot{\theta}_b$ 和 $h_i\dot{\theta}_b$ 分别为质点对底板转动产生的水平相对速度；$h_t\ddot{\theta}_b$，$h_c\ddot{\theta}_b$ 和 $h_i\ddot{\theta}_b$ 分别为质点对底板转动产生的水平相对加速度。

把上面的式子写成矩阵的形式，可得 LNG 储罐基底隔震后在地震波激励下的水平向动力运动方程：

$$M\{\ddot{x}\} + C\{\dot{x}\} + K\{x\} + F_b = -Mr\ddot{x}_g \quad （4-21）$$

矩阵表达式分别为：

$$M = \begin{bmatrix} m_t & 0 & 0 & m_t \\ 0 & m_c & 0 & m_c \\ 0 & 0 & m_i & m_i \\ m_t & m_c & m_i & m_b+m_t+m_c+m_i \end{bmatrix}, \quad C = \begin{bmatrix} c_t & 0 & 0 & 0 \\ 0 & c_c & 0 & 0 \\ 0 & 0 & c_i & 0 \\ 0 & 0 & 0 & 0 \end{bmatrix}, \quad K = \begin{bmatrix} k_t & 0 & 0 & 0 \\ 0 & k_c & 0 & 0 \\ 0 & 0 & k_i & 0 \\ 0 & 0 & 0 & 0 \end{bmatrix}$$

$$F_b = \begin{Bmatrix} 0 \\ 0 \\ 0 \\ F_b \end{Bmatrix}, \quad r = \begin{Bmatrix} 0 \\ 0 \\ 0 \\ 1 \end{Bmatrix}, \quad h = \begin{bmatrix} h_t \\ h_c \\ h_i \\ 0 \end{bmatrix}, \quad x = \begin{Bmatrix} x_t + h_t\theta_b \\ x_c + h_c\theta_b \\ x_i + h_i\theta_b \\ x_b \end{Bmatrix}$$

式中　$M$，$C$，$K$——分别为体系的质量矩阵、阻尼矩阵和刚度矩阵；

　　　$h$——质点高度矩阵；

　　　$F_b$——支座恢复力向量；

　　　$r$——单位向量矩阵；

　　　$x$，$\dot{x}$ 和 $\ddot{x}$——分别为质点的相对合位移、相对合速度和相对合加速度。

基底剪力为：

$$Q = m_t\left(\ddot{x}_t + h_t\ddot{\theta}_b + \ddot{x}_b + \ddot{x}_g\right) + m_c\left(\ddot{x}_c + h_c\ddot{\theta}_b + \ddot{x}_b + \ddot{x}_g\right) + m_i\left(\ddot{x}_i + h_i\ddot{\theta}_b + \ddot{x}_b + \ddot{x}_g\right) + m_b\left(\ddot{x}_b + \ddot{x}_g\right)$$

（4–22）

底板底部（支座顶部）弯矩为：

$$M = m_t\left(\ddot{x}_t + h_t\ddot{\theta}_b + \ddot{x}_b + \ddot{x}_g\right)\left(h_t + h_b\right) + m_c\left(\ddot{x}_c + h_c\ddot{\theta}_b + \ddot{x}_b + \ddot{x}_g\right)\left(h_c + h_b\right) +$$
$$m_i\left(\ddot{x}_i + h_i\ddot{\theta}_b + \ddot{x}_b + \ddot{x}_g\right)\left(h_i + h_b\right) + 0.5m_b\left(\ddot{x}_b + \ddot{x}_g\right)h_b = k_{rot}\theta_b$$

（4–23）

由上面的方程可见，在地震时 LNG 储罐的运动方程是一个非线性方程，直接求解是非常困难的。目前常用时域直接数值方法来进行计算，也称为时域逐步积分法，即时程分析法。

2）支座水平力计算模型

计算中采用 Bouc–Wen 恢复力模型模拟高阻尼橡胶支座的实际滞回曲线，它包含了非线性阻尼和非线性刚度；它对各种光滑的滞回曲线都能较好地近似模拟，动力计算稳定性高，在工程中得到了广泛的应用。在 Bouc–Wen 模型中，恢复力与位移非线性的本构关系为：

$$F_b = \alpha\frac{F_y}{D_y}x + \left(1 - \alpha\right)F_y Z$$

（4–24）

式中　$x$——支座的水平位移；

　　　$\alpha$——支座刚度比，代表支座屈服后刚度和与弹性刚度的比值，$\alpha = K_d/K_u$；

　　　$F_y$，$D_y$——分别为支座的屈服力和屈服位移；

　　　$Z$——反映支座滞回性能的滞回特性分量。

$Z$ 与支座运动参数的关系满足以下的一阶微分方程：

$$D_y\dot{Z} = A\dot{x} - \gamma\left|\dot{x}\right|Z\left|Z\right|^{n-1} - \beta\dot{x}\left|Z\right|^n$$

（4–25）

式中　$n$——控制滞回曲线弹性段与塑性段过渡平滑度的特征参数，当 $n \to \infty$ 时，恢复力曲线接近双线性模型；

　　　$A$，$\gamma$，$\beta$——描述支座滞回曲线整体形状的参数；

　　　$\dot{x}$——支座的速度。

计算中，取 $n=1$，$A=1$，$\beta=\gamma=0.5$，其曲线形状如图 4–36 所示。

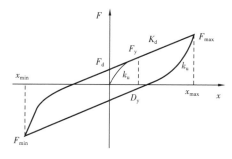

图 4–36　高阻尼隔震橡胶支座滞回曲线

在水平向，橡胶支座的水平刚度一般远小于土对桩的水平约束刚度，计算时只考虑橡胶支座的水平刚度即可。

3）基础竖向约束计算模型

在竖向，$k_{bv}$取隔震支座的竖向刚度和土对桩的竖向约束刚度二者间的较小值。

LNG 储罐是体积非常大的工业设施，在地震作用下，其罐内的液体不光产生水平向的动压力，还对底板产生竖向的动压力，这些动压力的作用和外罐水平地震力的作用联合起来会对底板产生较大的转动弯矩。转动弯矩不对支座产生水平力，但会对单个支座产生因其中心位置不同而异的竖向力，也即支座的空间分布会对转动弯矩产生约束作用。当把一个复杂的三维结构简化为一个多质点的集中质量计算模型时，应施加基础整体转动刚度以考虑模型简化带来的转动效应失真，整体转动刚度 $k_{rot}=k_{bv}(i)I$。

4）计算例题

以唐山 LNG 接收站的 $16 \times 10^4 m^3$ LNG 储罐为例，该罐体采用高桩承台式基础型式，储罐底板支立在露出地面 1.7～2m 高的桩头上，经计算得到的水平地震力很大，为了减轻地震力对储罐的作用效应，决定在桩头与底板之间设置高阻尼橡胶支座。

桩头设置隔震支座的计算结果与非隔震的计算结果比较见表 4–12 和表 4–13。

表 4–12　OBE 工况下的剪力和弯矩对比表

| 地震波 | 剪力 $V$ | | | 弯矩 $M$ | | |
|---|---|---|---|---|---|---|
| | 隔震，$10^6 N$ | 非隔震，$10^6 N$ | 隔震率，% | 隔震，$10^6 N$ | 非隔震，$10^6 N$ | 隔震率，% |
| 人工波 1 | 46.3 | 265.5 | 82.5 | 1242 | 6785 | 81.7 |
| EI_Centro | 46.8 | 201.6 | 76.8 | 1252 | 5451 | 77.0 |
| Sun_10 | 46.1 | 218.6 | 78.9 | 1205 | 5680 | 78.8 |

表 4–13　SSE 工况下的剪力和弯矩对比表

| 地震波 | 剪力 $V$ | | | 弯矩 $M$ | | |
|---|---|---|---|---|---|---|
| | 隔震，$10^6 N$ | 非隔震，$10^6 N$ | 隔震率，% | 隔震，$10^6 N$ | 非隔震，$10^6 N$ | 隔震率，% |
| 人工波 2 | 111 | 594 | 81.3 | 2708 | 14690 | 81.6 |
| 修正 EI_Centro | 94 | 565 | 83.4 | 2296 | 14760 | 84.4 |
| HOLLISTE | 128 | 584 | 78.1 | 3099 | 15060 | 79.4 |

由上面两个对比表可知，在设置隔震支座后，桩顶的剪力和弯矩大幅度减小（约 80%）。

7. 混凝土的超低温性能参数

液化天然气的温度大约为 –161℃，在这样的超低温作用下，混凝土的受力性能明显不同于在常温下，特别是其变形性能，并随温度的不断降低，还将发生不同的变化规律，因此，LNG 储罐预应力混凝土外罐的受力性能受制于混凝土超低温受力性能。混凝土低温受力性能虽然一直受到研究者高度的重视，相关的研究也较多，不过大多基于遭受自然环境低温、也即作用的温度不低于 –50℃情况进行探讨。国外已有一些关于混凝土超低温性能的研究，但还不够全面。另外，由于混凝土组成材料性能具有明显的地方性，不同地区材料浇筑的混凝土，其受力性能特别是其定量方面的特性将有所差异，而且其研究结果还取决于其他许多因素。因此，仅有的一些国外研究成果也只能作为相关研究或设计时参考，不能简单地直接套用。况且，我国目前尚未有涉及超低温下混凝土方面的相关标准或规范，为了解决 LNG 储罐工程建设中超低温混凝土性能参数难以满足国内工程需要的问题，寰球公司依托重大科技专项"天然气液化关键技术研究"课题四的专题研究，与清华大学合作开展了"超低温混凝土受力性能试验"的研究，研制了混凝土低温试验设备系统，系统地完成了低温混凝土性能试验研究，自主研制的低温试验装置系统和低温混凝土本构关系研究成果达到国际领先水平，并以此为基础主持编制了 GB 51081—2015《低温环境混凝土应用技术规范》，成为国际上第一个关于低温混凝土的应用技术标准，填补了国内和国际空白，用于指导全国范围内 LNG 储罐的工程应用，具有良好的社会效益。

1）试验内容

考虑超低温混凝土性能的特点，本次低温环境混凝土性能试验进行了 C40 和 C50 强度等级低温混凝土在常温以及 –10℃，–40℃，–80℃，–120℃，–161℃和 –196℃温度下的各项性能试验：

（1）轴心抗压强度；

（2）抗压强度；

（3）抗拉强度；

（4）弹性模量；

（5）应力应变关系；

（6）线膨胀变形；

（7）低温环境温度分布、尺寸效应。

2）试件个数

实际用于试验的试件总数为 537 个。其中立方体试件数 207 个。大立体试件数 34，小立方体试件数 173，棱柱体试件数 329 个，板状试件数 1 个。具体见表 4–14。

表 4–14　不同试验试验工况下的试件数量

| 试验工况 | 强度等级 | 实际试件数个 | 有效试件数个 | 试验工况 | 强度等级 | 实际试件数个 | 有效试件数个 |
|---|---|---|---|---|---|---|---|
| 尺寸效应 | C40 | 32 | 30 | 弹性模量 | C40 | 37 | 34 |
| | C50 | 31 | 30 | | C50 | 36 | 34 |
| 受压强度 | C40 | 36 | 34 | 应力应变关系曲线 | C40 | 36 | 34 |
| | C50 | 35 | 34 | | C50 | 37 | 34 |
| 劈拉强度 | C40 | 34 | 34 | 膨胀变形 | C40 | 43 | 42 |
| | C50 | 35 | 34 | | C50 | 42 | 42 |

续表

| 试验工况 | 强度等级 | 实际试件数个 | 有效试件数个 | 试验工况 | 强度等级 | 实际试件数个 | 有效试件数个 |
|---|---|---|---|---|---|---|---|
| 轴心受压强度 | C40 | 36 | 34 | 温度场 | C40 | 3 | 3 |
| | C50 | 35 | 34 | | C50 | 4 | 4 |
| 膨胀变形 | C60 | 25 | 24 | | | | |

3）试验装置

低温环境混凝土受力性能试验最为关键的是其试验装置，目前尚没有标准的产品供选择，都是研究人员根据其研究内容以及试验条件等自行研制。根据低温环境混凝土受力性能的特点以及本次试验内容和要求，自行研制适合混凝土低温环境受力性能试验的试验装置。该装置包括超低温加载系统（图4-37）、超低温作用系统和超低温作用控制系统（图4-38），以及超低温量测系统。

图4-37　超低温加载系统

图4-38　超低温作用及控制系统

4）试验成果

（1）混凝土抗压强度。C40和C50混凝土不同低温条件下的抗压强度变化如图4-39和图4-40所示。

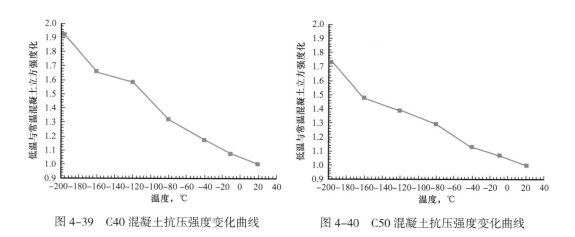

图 4-39　C40 混凝土抗压强度变化曲线　　　　图 4-40　C50 混凝土抗压强度变化曲线

（2）混凝土抗拉强度。C40 和 C50 混凝土不同低温条件下的抗拉强度变化如图 4-41 和图 4-42 所示。

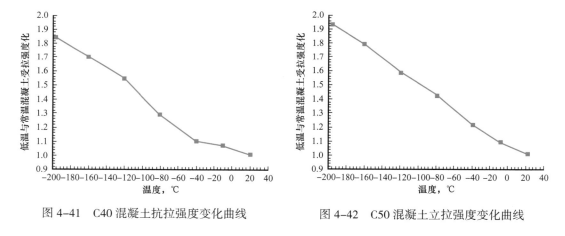

图 4-41　C40 混凝土抗拉强度变化曲线　　　　图 4-42　C50 混凝土立拉强度变化曲线

（3）混凝土轴心抗压强度。C40 和 C50 混凝土不同低温条件下的轴心抗压强度变化如图 4-43 和图 4-44 所示。

（4）混凝土弹性模量。C40 和 C50 混凝土不同低温条件下的弹性模量变化如图 4-45 和图 4-46 所示。

（5）混凝土应力—应变关系。C40 和 C50 混凝土不同低温条件下的峰值应力变化如图 4-47 和图 4-48 所示。

C40 和 C50 混凝土不同低温条件下的峰值应变变化如图 4-49 和图 4-50 所示。

C40 和 C50 混凝土在 −161℃应力应变关系如图 4-51 和图 4-52 所示。

（6）线膨胀变形。C40，C50 和 C60 混凝土在不同低温条件下的膨胀变形变化关系如图 4-53 至图 4-55 所示。

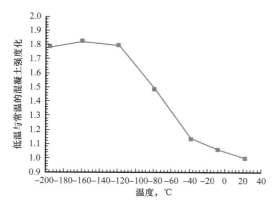

图 4-43 C40 混凝土轴心抗压强度变化曲线

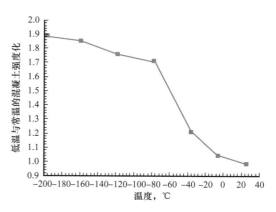

图 4-44 C50 混凝土轴心抗压强度变化曲线

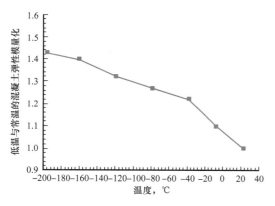

图 4-45 C40 混凝土弹性模量变化曲线

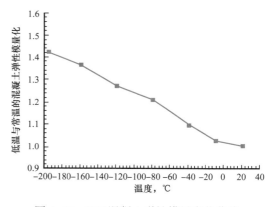

图 4-46 C50 混凝土弹性模量变化曲线

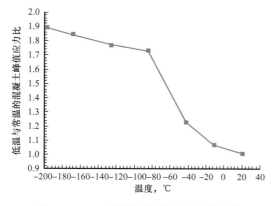

图 4-47 C40 混凝土峰值应力变化曲线

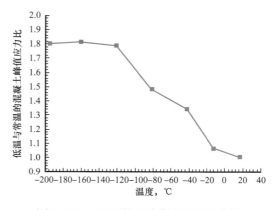

图 4-48 C50 混凝土峰值应力变化曲线

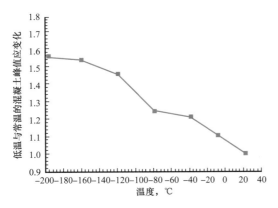

图 4-49　C40 混凝土峰值应变变化曲线

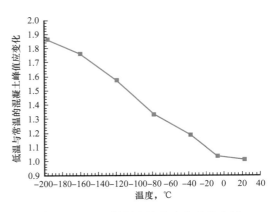

图 4-50　C50 混凝土峰值应变变化曲线

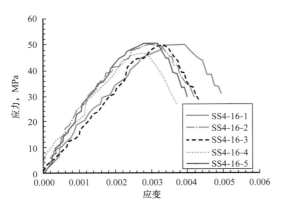

图 4-51　C40 混凝土 -161℃应力—应变关系曲线

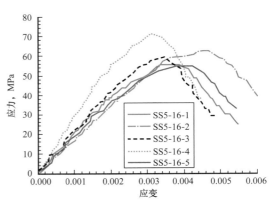

图 4-52　C50 混凝土 -161℃应力—应变关系曲线

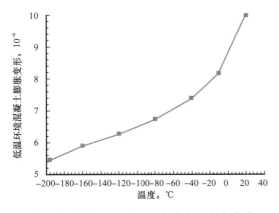

图 4-53　C40 混凝土低温膨胀变形变化曲线

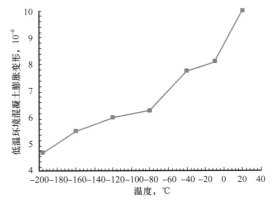

图 4-54　C50 混凝土低温膨胀变形变化曲线

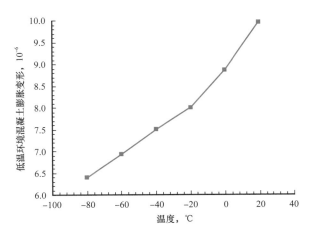

图 4-55　C60 混凝土低温膨胀变形变化曲线

5）编制标准

寰球公司以此试验数据为基础，结合大连 LNG、江苏 LNG 和唐山 LNG 等几个项目的工程实践经验，主持编制了 GB 51081—2015《低温环境混凝土应用技术规范》，成为国际上第一个关于低温混凝土的应用技术标准，填补了国内外设计规范在 –196～–40℃ 混凝土应用技术的空白。

## 三、技术特点及优势

### 1. 预应力方案计算

目前，国外工程公司能够完成 LNG 储罐预应力混凝土外罐的预应力方案的计算，但未见公开的计算书。国内对 LNG 储罐预应力方案的研究还不多，已有的研究深度较浅，达不到工程设计所需的要求，国内的其他设计院更是还没有独立从事过具体的研究。

寰球公司对 $10 \times 10^4 m^3$，$16 \times 10^4 m^3$，$18 \times 10^4 m^3$ 和 $20 \times 10^4 m^3$ 全容式 LNG 储罐混凝土外罐在各种荷载作用下的力学性能进行了理论分析，确定出影响预应力分布的主要荷载工况，并结合 LNG 行业规范要求，提出了确定预应力方案的计算公式及计算要点、总结了罐壁的竖向及环向预应力钢筋的布置原则，为工程设计提供了技术手段。

### 2. 受力分析

国外能够完成 LNG 储罐预应力混凝土外罐设计计算所需的受力分析，但对地震作用的计算，不同的公司采用的计算模型是不同的。国内对计算模型的研究还不多，已有的仅是一些高校的零星的研究，国内的其他设计院更是还没有独立从事过具体的研究。

寰球公司掌握了 LNG 储罐预应力混凝土外罐的线性静力模型分析技术，特别是掌握了确定冲击荷载、爆炸荷载和预应力荷载的计算方法；掌握了用于 LNG 储罐地震作用计算的液—固耦合模型反应谱分析技术、集中质量模型反应谱分析技术、附加质量模型反应谱分析技术，能根据计算内容的不同采用不同的计算模型，提高计算效率；掌握了 LNG 储罐混凝土外罐在各种状态下的非线性热—固耦合稳态、瞬态分析技术。

### 3. 荷载效应组合

国外仅见 LNG 储罐预应力混凝土外罐设计的荷载效应组合的原则性条款，未见如何实施。国内目前还未见有针对此项内容的研究文献。

寰球公司不但结合中国的荷载规范完成了 LNG 储罐预应力混凝土外罐设计的荷载组合原则，还自主开发了荷载效应组合计算程序。

4. 罐顶施工全过程分析

国外未见公开资料。国内目前还未见有针对此项内容的研究文献。

寰球公司结合中国规范的要求完成了 LNG 储罐预应力混凝土外罐设计的罐顶施工全过程分析。

5. 截面配筋计算

国外未见公开资料。国内还未见有针对此项内容的研究文献。

寰球公司结合中国规范的要求开发完成了预应力混凝土外罐的配筋验算的系列程序，可实现计算分析和截面配筋的无缝连接。

6. 基础隔震分析

国外能够完成基础隔震分析。寰球公司是国内第一个自主完成 LNG 储罐基础隔震应用的工程公司。

寰球公司拥有复杂的时程分析计算技术，同时还拥有快速确定计算方案和设计参数的等效线性简化计算技术。

7. 混凝土的超低温性能参数

国外未见公开资料。国内还未见有针对此项内容的研究文献。

寰球公司在国际上首次系统全面地进行了混凝土在低温环境下的性能试验，获得了第一手资料，并和高校合作进行了系统化的分析总结，其研究成果成为 GB 51081—2015《低温环境混凝土应用技术规范》的技术支撑。

## 四、技术应用

该套工程设计技术已成功应用于 5 个工程项目，应用该技术的储罐列表情况见表 4-15。

表 4-15　寰球公司外罐设计技术工业化公用

| 序号 | 项目名称 | 罐容，$10^4 m^3$/座 | 数量，座 |
|---|---|---|---|
| 1 | 江苏 LNG 项目接收站工程 | 16 | 3 |
| 2 | 大连 LNG 项目接收站工程 | 16 | 4 |
| 3 | 唐山 LNG 项目接收站工程 | 16 | 4 |
| 4 | 江苏 LNG 项目二期工程 | 20 | 1 |
| 5 | 上海五号沟 LNG 站扩建二期 | 10 | 2 |

虽然该套预应力混凝土外罐设计技术是基于 LNG 储罐开发的，但由于低温乙烯、低温丙烷储罐的预应力混凝土外罐在结构上和功能上与 LNG 储罐的预应力混凝土外罐基本是相同的，仅罐壁在内罐大泄漏工况下的作用温度不一样，因此，该套预应力混凝土外罐设计技术还适用于低温乙烯、低温丙烷全容式储罐的预应力混凝土外罐设计中。

# 第二节　金属外罐设计技术

LNG 储罐的金属外罐分为两种形式，一是单容双金属壁储罐外罐，二是全容双金属壁储罐外罐。

单包容双金属壁储罐外罐设计应考虑承受介质气相蒸气压、抵抗风雨的侵袭、保护储罐的保温层和预防空气中的水蒸气进入储罐。外罐材料选用普通碳钢。当内罐发生破裂泄漏时，金属外罐将因不能够承受泄漏的低温 LNG 介质而失效。

双金属壁全容 LNG 储罐外罐结构形式类似于单容双金属壁储罐外罐，但在内罐发生泄漏事故时，外罐能够盛装泄漏的所有低温介质，并保证所产生的蒸发气被限定在储罐内，因此，外罐壁、外罐底与内罐材料均为低温钢。

## 一、外罐设计荷载

单容双金属壁储罐外罐与全容双金属壁储罐外罐设计应考虑以下各种载荷及相应的组合：

（1）介质蒸气压；

（2）压力试验载荷；

（3）固定载荷（包括保冷层、梯子平台、罐顶设备等）；

（4）罐顶活动载荷；

（5）风载荷；

（6）雪荷载；

（7）地震载荷。

此外，与单容双金属壁储罐外罐需要考虑的荷载不同，全容双金属壁储罐外罐还需要考虑内罐介质全部泄漏进入外罐时产生的静载荷，同时应按规范要求对外罐进行震后余震（ALE）工况的校核。

## 二、外罐材料选择

单容双金属壁储罐外罐基本上考虑常温下操作，无须承受 LNG 低温介质，只承受气态的挥发气和保冷层外侧温度。外罐通常按环境温度选择碳钢材料（如采用 Q345R 或 16MnDR 钢板）。而对于全容双金属壁储罐外罐，其罐壁及罐底需要考虑材料与低温介质接触，需要选择与内罐相同材质的材料，罐顶则按环境温度选材。

## 三、外罐结构设计

### 1.拱顶板结构

大型 LNG 储罐由于直径较大，外罐拱顶板通常为球冠结构，其曲率半径 $R$ 一般取 $0.8\sim1.2$ 倍的外罐直径。拱顶板的布置可分为环向和径向两种，如图 4-56 所示。

根据储罐的大小及设计压力，拱顶板间的焊缝可以采用搭接或对接结构，如图 4-57 所示。

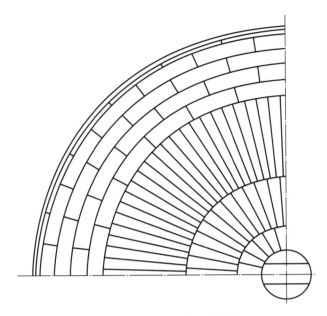

图 4-56 拱顶板布置示意图

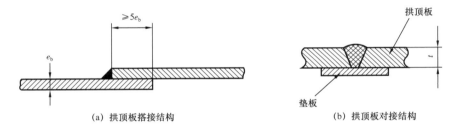

图 4-57 储罐拱顶板间的焊缝结构

2. 抗压环结构

抗压环可根据 API 620 的方法进行设计，计算有效面积板宽 Wh 和 Wc 按以下公式进行确定，典型抗压环区域图如图 4-58 所示：

$$W_{h} = 0.6\sqrt{R_{2}\left(t_{b}-c\right)}$$ （4-26）

$$W_{c} = 0.6\sqrt{R_{c}\left(t_{c}-c\right)}$$ （4-27）

式中　$W_{h}$——抗压环范围内罐顶（或罐底）部位承受环向应力的钢板宽度，mm；

　　　$W_{c}$——抗压环罐壁板承受环向应力的宽度，mm；

　　　$t_{h}$——罐顶（或罐底）与罐壁连接处 $W_{h}$ 范围内的板厚（包括腐蚀裕量），mm；

　　　$t_{2}$——圆筒形罐壁与顶（或底）连接处范围内的板厚（包括腐蚀裕量），mm；

　　　$R_{2}$——罐顶（及罐底）与罐壁连接处，从罐顶（或罐底）沿其法线至罐的垂直回转轴的长度，mm；

　　　$R_{c}$——圆筒形罐壁与罐顶（或罐底）连接处的水平半径，mm；

　　　$c$——腐蚀裕量，mm。

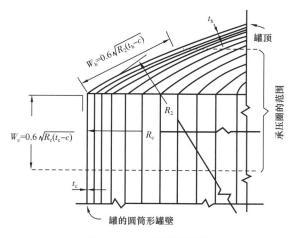

图 4-58 抗压环区域图

API 620 标准也列出了几种常用的抗压环结构形式，如图 4-59 所示。

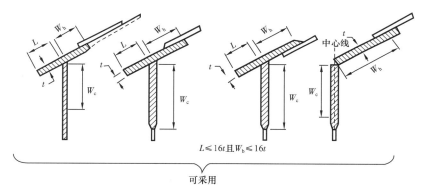

图 4-59 抗压环可采用结构典型图

3. 外罐壁板和壁板加强圈

外罐壁板通常由多带钢板焊接而成，一般可采用内径对齐方式布置，各带壁板纵焊缝之间的间距应至少保证 300mm 以上。

根据不同项目建设地点气象数据差异，外罐壁板上可设置数量不同的加强圈。一般情况下，外罐加强圈设置在壁板内侧。外罐加强圈典型结构形式如图 4-60 所示。

4. 外罐底板

外罐底板的布置方式和结构要求与内罐底板基本一致。但由于外罐通常设置锚固结构，因此，外罐边缘板的厚度和宽度满足标准的最低要求即可。对于内罐设置锚带结构的储罐，外罐边缘板的宽度应保证内罐锚带的开孔位置落在外罐边缘板上。

为了防止雨水在外罐底板下表面积聚对钢板造成腐蚀，通常外罐底板会设置一定的坡度（图 4-61）。由罐

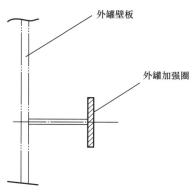

图 4-60 外罐加强圈典型结构形式图

中心向外形成一定的坡角，避免雨水渗入罐底，底板坡高应不大于罐底绝热第一找平层的高度。此外，对外罐底板边缘板与混凝土承台之间的缝隙应采取密封措施，进一步防止雨水的侵入。

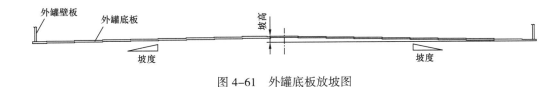

图 4-61　外罐底板放坡图

5. 外罐锚固结构

外罐锚固结构可以设计成两种不同的形式：一种为地脚螺栓结构形式；另一种为锚带结构形式。两者作用均为抵抗储罐的风荷载、地震荷载倾覆力矩和罐内气压产生的提升力。典型结构如图 4-62 和图 4-63 所示。

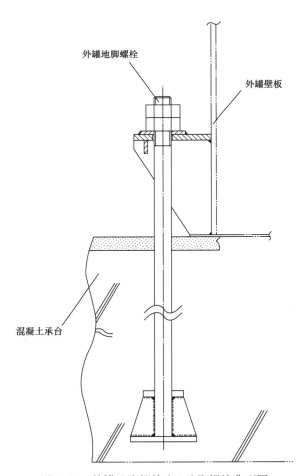

图 4-62　外罐地脚螺栓座 / 地脚螺栓典型图

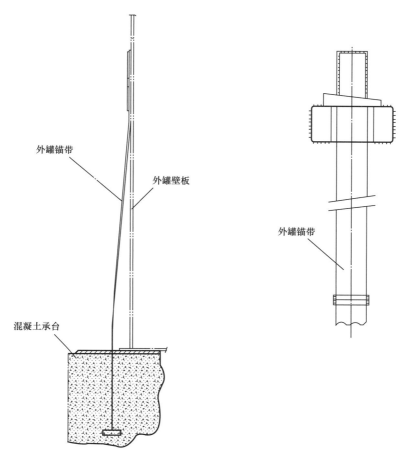

图 4-63　外罐锚带典型图

## 四、技术应用

　　金属外罐设计技术已成功应用于包括单容双金属壁储罐外罐和全容双金属壁储罐外罐的数十个 $2 \times 10^4 \sim 10 \times 10^4 \text{m}^3$ 的低温储罐项目中。

# 第三节　金属内罐设计技术

　　LNG 储罐的内罐放置于带有绝热层的外罐内，罐底绝热层具有一定的抗压强度，对内罐起到支撑作用，内罐壁周围被松散的绝热材料包裹。通常 LNG 储罐内罐采用敞口的储罐形式，罐顶采用覆盖绝热材料的吊顶结构，在强烈地震高发的地区，LNG 储罐内罐顶也可采用拱顶形式。典型单容罐和预应力混凝土全容罐内罐结构如图 4-64 和图 4-65 所示。

　　单容式 LNG 储罐和全容式 LNG 储罐的内罐设计理念基本相同。通常内罐作为盛装 LNG 的最核心部分，必须保证在正常操作工况、液压试验工况、运行基准地震（Operating-Basis Earthquake，OBE）工况、安全停运地震（Safety Shutdown Eathquake，SSE）工况等多种条件下的运行安全。

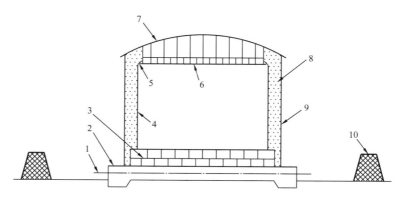

图 4-64　LNG 单容罐

1—基础加热系统；2—基础；3—罐底绝热层；4—钢制内罐；5—封闭结构；6—吊顶；
7—钢制外罐顶；8—罐壁绝热层；9—钢制外罐壁；10—围堰

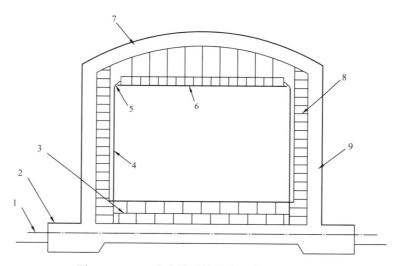

图 4-65　LNG 全容罐（外罐为预应力混凝土）

1—基础加热系统；2—基础；3—罐底绝热层；4—钢制内罐；5—封闭结构；6—吊顶；
7—预应力混凝土制外罐顶；8—罐壁绝热层；9—预应力混凝土制外罐壁

## 一、内罐的设计载荷

LNG 储罐内罐按罐顶形式分为拱顶型和吊顶型，由于吊顶形式结构简单，施工方便，因此更为普遍地应用在 LNG 储罐设计中。

LNG 储罐内罐承受的荷载种类分为正常操作载荷（包括永久荷载和可变荷载）及偶然作用载荷两种情况。

（1）设计荷载：包括设计压力、设计温度、设计液位等；对于吊顶式的内罐，由于内罐采用敞口形式，内罐只承受液相的静液柱压力，而不承受气相压力。

（2）液压试验载荷：LNG 储罐可不采用全液位水压试验，但根据规范要求，储罐设计应满足根据最大操作载荷的 1.25 倍确定的内罐试验液位下的载荷。

（3）热效应：应考虑在建造、试验、冷却、正常或非正常操作及预热时所有可能的热效应。

（4）储罐承受地震载荷：应考虑包括运行基准地震（OBE）和安全停运基准地震（SSE）工况下的地震载荷。

## 二、内罐的材料选择

由于 LNG 储罐内罐盛装液化天然气（LNG）介质，工作温度为 −161℃ 的深冷温度，因此，对 LNG 储罐的内罐材料选择要求非常高，通常材料选择主要应考虑以下方面：

（1）LNG 储罐的大型化要求材料选择应具有较高强度，以降低材料消耗量，从而降低工程造价；

（2）材料应在 −161℃ 的深冷温度下具有良好的低温韧性，防止材料发生低温脆断；

（3）材料应具有良好的焊接性能，满足现场建造要求。

通常满足上述条件的钢材包括 9%Ni 钢和奥氏体不锈钢。同奥氏体不锈钢相比，9%Ni 钢具有很高的机械强度，在 −196℃ 下具有优异的低温韧性，且焊接性能良好，因此，9%Ni 钢作为大型 LNG 储罐内罐材料的首选，广泛地应用在全球大型 LNG 储罐建设中。奥氏体不锈钢价格低、材料易得、焊接性能好，通常应用在较小型的 LNG 储罐中。

## 三、内罐的结构设计

LNG 储罐内罐放置于绝热层上，为敞口容器，主要结构包括罐底、罐壁及其加强圈、罐顶以及储罐的锚固结构（如果需要）。

1. 内罐底板设计

LNG 储罐内罐底板由罐底边缘板和罐底中幅板组成。边缘板之间的径向焊接接头应采用对接焊缝连接，中幅板之间应采用搭接焊缝或对接焊缝连接，边缘板与中幅板之间采用搭接方式，中幅板应位于边缘板上侧，搭接宽度不小于 60mm。

罐底典型布置图如图 4−66 所示。

罐底边缘板与罐壁相连，是重要的罐底受力部件，其厚度和宽度受多重设计条件控制，除应满足规范规定的最小厚度，还用综合考虑 OBE 和 SSE 等地震工况。

2. 内罐罐壁设计

内罐承受操作工况和液压试验工况下罐内介质的静压载荷。美国储罐设计规范 API 620 和欧洲储罐设计规范 EN 14620 中罐壁厚度计算公式理念基本相同，但公式表达和材料许用应力选取原则不同。罐壁厚度应根据规范分别计算出各带板在设计工况和水试工况下的壁厚，取正常载荷（操作载荷和液压试验载荷）两者中的较大值并圆整，最终壁厚的确定还应满足标准中对最小壁厚的要求。

内罐还应按照规范要求，进行基准地震（OBE, Operating Basis Earthquake）和安全停运基准地震（SSE, Safe Shutdown Earthquake）两种工况下的强度和稳定性校核。

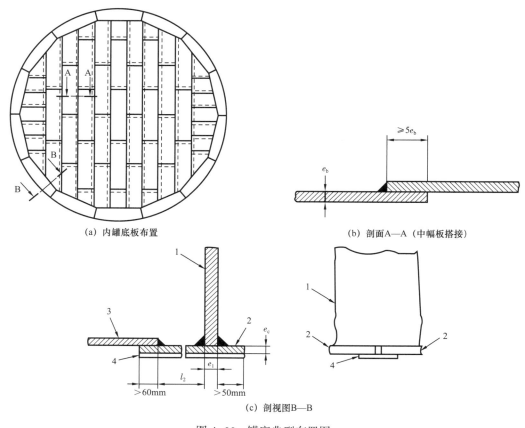

图 4-66　罐底典型布置图

1—罐壁；2—边缘板；3—中幅板；4—垫板

OBE 级别的地震是指在经历一次或多次该级别地震后，储罐系统没有明显损坏，只需要少量维护就能恢复其可操作性。美国标准定义的"OBE 地震载荷"是 5% 阻尼比、50年中发生概率 10% 的地震，相当于再现周期为 475 年，该级别地震载荷定义与欧洲规范相一致。

SSE 级别的地震是指在经历一次（仅一次）该级别地震后，储罐系统的盛装低温介质的内罐允许有少量的泄漏，但不会对周围公众造成伤害，如果损伤进一步扩展，则可能伤及周围公众。

对 LNG 储罐内罐进行地震载荷工况校核是基于 HOUNSER 理论，将液态介质分为脉冲部分和晃动部分，相应的质量分为脉冲质量 $m_i$ 和晃动质量 $m_c$，加速度分为脉冲加速度 $a_i$ 和晃动加速度 $a_c$。设计计算采用附加质量法和地震反应谱理论，模拟地震工况下介质对流模态和脉冲模态下对罐壁产生的载荷，从而核算储罐罐壁的应力情况，保证在地震载荷下储罐的安全。LNG 储罐内罐与其盛装的液体受到地震加速度作用，会导致罐壁环向应力和压缩应力增大，导致罐体的强度失效或失稳失效。同时，在地震力作用下，内罐罐体有可能发生滑移或倾覆趋势，这些情况在 LNG 储罐内罐设计时都应进行相应考虑。

3. 内罐壁外压加强圈的设计

低温操作过程中，LNG储罐内罐在轴向和径向会有收缩，内罐除承受介质及水压试验产生的静压力外，还需考虑环隙珍珠岩对罐壁产生的侧压力，因此需设置若干个加强圈用于抵抗侧压力的影响。

内、外罐环隙间填充的绝热材料对内罐壳体产生均匀的外压并在罐壁内产生弯曲应力为主的复杂应力，而这种附加应力一直会迅速发展到圆筒，由圆形变为波形。由于外压薄壁容器的稳定性非常复杂，在经典力学或实验基础上可推导出多种针对各种情况的外压失稳计算公式。对于大直径、薄壁、敞口受均匀外压的容器失稳计算，目前普遍采用D.F.WINDEBERG推导的公式。

加强圈的设计可采用解析法计算，即通过确定罐壁的最大无支撑长度和罐壁的当量高度，从而确定罐壁加强圈的数量和尺寸。加强圈还可基于有限元的稳定性分析方法，即通过建立包括罐壁、边缘板、加强圈的内罐有限元模型，从而确定罐壁加强圈的数量和尺寸。

4. LNG储罐吊顶设计

LNG储罐吊顶板最低设计温度为−165℃。为了降低储罐罐顶的设计载荷，一般选用密度较低的铝合金作为吊顶的材料。

吊顶板的设计要承载以下工况：

（1）吊顶板及其绝热层的静载荷；

（2）至少0.5kN/$m^2$的活载荷或吊顶板任意处，大小为1.5kN的集中活载荷；

（3）建造过程中可能出现的更高的载荷；

（4）地震载荷。

吊顶设计是将吊顶板、吊杆、吊顶板加强圈（或吊顶框架梁）作为一个复合结构，设计包括吊顶竖向位移分析，吊顶板的环向和径向应力的分析。计算方法可以采用解析法和有限元分析设计。但随着计算技术的发展，有限元分析可以得到更加精确的分析结果。但其计算误差受主观因素的影响较大，分析结果与分析人对模型的简化处理和对模型剖分的网格密度关系较大，尤其是网格划分的密度对分析结果影响更大。

## 四、技术应用

寰球公司开发的具有自主知识产权的金属内罐设计技术，已成功应用于$2\times10^4\sim20\times10^4m^3$的LNG储罐项目中。采用该技术设计、建造的大型低温储罐成功投用并经过长时间的运行考核，其安全性和工艺性指标达到设计要求，充分证明了金属内罐设计技术的可靠性。

# 第四节　绝热系统设计技术

LNG储罐的绝热设计是储罐设计的重要组成部分，绝热设计同储罐安全性和保冷性能等重要工艺指标密切相关。储罐的绝热系统既要满足储罐的最大蒸发率要求，又要满足外罐的最低设计温度要求，避免外壁结露和基础土壤冻结。

　　LNG 储罐的绝热系统应包括罐底绝热系统、罐壁绝热系统（环隙空间绝热系统）、吊顶绝热系统、罐顶空间低温管线绝热系统。罐底绝热系统主要材料应采用具有一定抗压强度的硬质绝热材料；罐壁绝热系统主要材料可采用膨胀珍珠岩和弹性毡；吊顶绝热系统材料可选用玻璃棉毡或膨胀珍珠岩；罐顶空间低温管线绝热系统材料可选用玻璃棉毡。

## 一、罐底绝热系统设计

　　罐底绝热层除满足储罐绝热要求外，还应具备一定的强度，满足操作、液压试验及地震工况下的安全要求。

　　罐底绝热系统应包括环梁部分和罐底绝热层部分，各部分组成如下：

　　（1）环梁部分宜由钢筋混凝土或珍珠岩混凝土砌块与高强度泡沫玻璃砖组成，或由珍珠岩混凝土砌块单独构成。

　　（2）罐底绝热层一般由找平层、泡沫玻璃绝热层以及弹性体改性沥青毡中间层组成，找平层可采用混凝土或干砂。泡沫玻璃绝热层间、最下找平层与泡沫玻璃绝热层间的弹性体改性沥青毡应采用对接结构，对接缝要平整。最上找平层与泡沫玻璃绝热层、现场浇筑的环梁与泡沫玻璃绝热层间的弹性体改性沥青毡应采用搭接并密封。

　　预应力混凝土全容罐和双金属壁低温储罐罐底绝热系统典型结构如图 4-67 和图 4-68 所示。

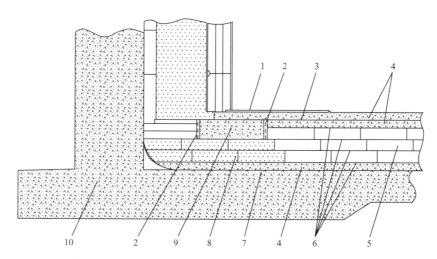

图 4-67　预应力混凝土全容罐罐底绝热系统典型结构示意图

1—内罐底板；2—玻璃棉毡；3—二次底板；4—找平层；5—泡沫玻璃；6—弹性体改性沥青毡；
7—外罐底衬板；8—泡沫玻璃；9—环梁；10—混凝土外罐

## 二、罐壁绝热系统设计

　　罐壁绝热系统是指内、外罐环隙的绝热，多采用弹性毡加膨胀珍珠岩结构。弹性毡包裹在内罐壁外侧，并采用保冷钉进行固定。

　　预应力混凝土全容式低温储罐应采用热角保护系统，热角保护部分的绝热材料应采用泡沫玻璃。罐壁和热角保护绝热系统典型结构如图 4-69 和图 4-70 所示。

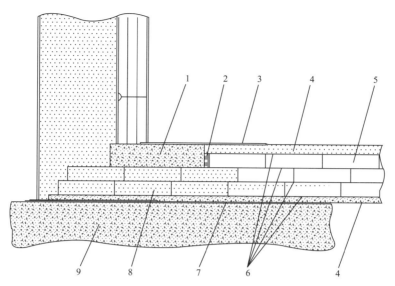

图 4-68　双金属壁低温储罐罐底绝热系统典型结构示意图

1—环梁；2—玻璃棉毡；3—内罐底板；4—找平层；5—泡沫玻璃；
6—弹性体改性沥青毡；7—外罐底板；8—泡沫玻璃；9—基础承台

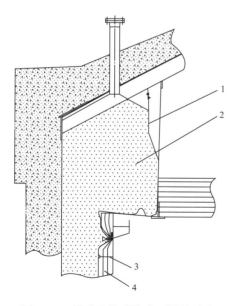

图 4-69　罐壁绝热系统典型结构示意图

1—珍珠岩挡墙；2—膨胀珍珠岩；3—保冷钉；
4—弹性毡

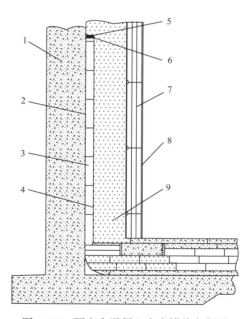

图 4-70　预应力混凝土全容罐热角保护
绝热系统典型结构示意图

1—混凝土外罐；2—外罐壁衬板；3—泡沫玻
璃；4—热角保护壁板；5—热角保护盖板；
6—玻璃棉毡；7—弹性毡；8—内罐壁板；
9—膨胀珍珠岩

### 三、吊顶绝热系统设计

吊顶绝热系统宜选用玻璃棉毡铺叠，也可采用膨胀珍珠岩充填。

吊顶绝热系统应保证绝热层沉降后的厚度不小于设计厚度。吊顶绝热系统典型结构如图 4-71 和图 4-72 所示。

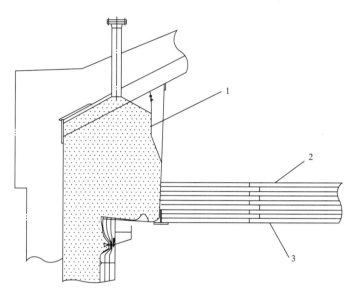

图 4-71　吊顶绝热系统典型结构示意图（一）

1—珍珠岩保冷库挡墙；2—吊顶绝热（玻璃棉毡）；3—吊顶板

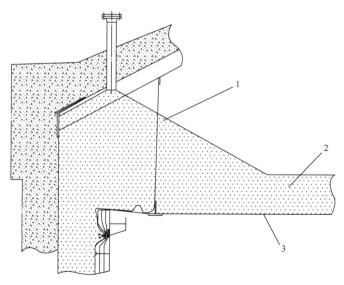

图 4-72　吊顶绝热系统典型结构示意图（二）

1—珍珠岩保冷库挡墙；2—吊顶绝热（膨胀珍珠岩）；3—吊顶板

## 四、罐顶空间低温管线绝热系统设计

罐顶和吊顶板间的低温管线可采用玻璃棉毡绝热。对于有内部支撑的低温管线，支撑隔断部分宜采用硬质绝热材料。

低温管线绝热层外宜用金属铝箔或玻璃纤维布包覆。罐顶空间低温管线绝热系统典型结构如图 4-73 所示。

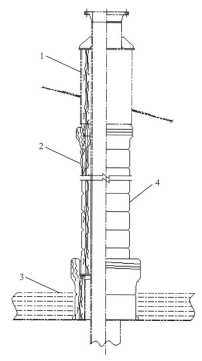

图 4-73　罐顶空间低温管线绝热系统典型结构示意图

1—拱顶套管；2—玻璃棉毡；3—吊顶绝热层；4—金属铝箔或玻璃布包覆层

## 五、技术应用

寰球公司开发的大型 LNG 储罐绝热系统设计技术，已成功应用于 $2 \times 10^4 \sim 20 \times 10^4 \mathrm{m}^3$ 的 LNG 储罐项目中并经过长时间的运行考核，其安全性和工艺性指标达到设计要求，充分证明了 LNG 储罐绝热系统设计技术和国产化绝热材料的技术的可靠性。

## 参 考 文 献

［1］EN 14620 Design and Manufacture of Site Built，Vertical，Cylindrical，Flat-bottomed Steel Tanks for the Storage of Refrigerated，Liquefied Gases with Operating Temperatures between 0℃ and -165℃［S］.

［2］API 625 Tank Systems for Refrigerated Liquefied Gas Storage［S］.

［3］API 620 Design and Construction of Large，Welded，Low Pressure Storage Tanks［S］.

# 第五章　性能化安全设计

性能化安全设计是指在满足国家法律法规、设计标准规范前提下，按照"合理可行地尽可能降低风险"原则，针对设计对象固有的风险特点确定安全性能化要求，并为实现该要求所开展的一系列设计优化活动，使项目风险降低至可接受水平。

天然气液化场站处理的主要危险物料有含硫化氢等杂质的天然气、配制冷剂所需的乙烯、丙烷、异戊烷等烃类物质及液氮、天然气净化所需的吸收剂及液化天然气等低温产品。这些化学品易燃易爆或有毒有害，在净化、液化、储存及转运装卸等过程中还存在低温、高压等操作条件。这些固有的过程危险源使天然气液化场站存在一定的火灾、爆炸等风险。同天然气液化场站相比，液化天然气接收站除不存在天然气净化流程外，其他固有危险源与液化场站基本类似。

针对天然气液化场站及液化天然气接收站固有危险源，选用合适的风险评估方法，在设计阶段确定有针对性的风险削减和控制措施，对风险控制目标进行"量体裁衣"，保证将工厂的风险控制在可接受范围内是性能化安全设计的真正内涵。

另外，性能化安全设计也是运用风险评估方法进行优化设计或设计参数的过程。在工厂建设期间，合理应用工艺本质安全分析、危险源早期辨识（Hazard Identification Analysis）[1]、过程危险源分析（Process Hazard Analysis，PHA）、安全完整性等级（Safety Integrity Level，SIL）定级评估和定量风险分析（Quantitative Risk Analysis，QRA）等技术，可以有针对性地评估工厂的风险水平，制订并执行适当的风险削减和控制措施，满足工厂的当前风险控制指标和安全性能化要求。

通过应用上述工艺本质安全分析等技术，开展风险评估、提升工厂安全水平，也是国家对危险化学品行业的安全管理要求。国家安监总局、住建部发布的《关于进一步加强危险化学品建设项目安全设计管理的通知》（安监总管三〔2013〕76号）中要求："涉及'两重点一重大'建设项目的工艺包设计文件应当包括工艺危险性分析报告""涉及'两重点一重大'和首次工业化设计的建设项目，必须在基础设计阶段开展HAZOP分析""设计单位应加强对建设项目的安全风险分析，积极应用HAZOP分析等方法进行内部安全设计审查""具有爆炸危险性的建设项目，其防火间距应至少满足石油化工企业防火设计规范（GB 50160）的要求。当国家标准规范没有明确要求时，可根据相关标准采用定量风险分析计算并确定装置或设施之间的安全距离""应根据工艺过程危险和风险分析结果，确定是否需要装备安全仪表系统。涉及重点监管危险化工工艺的大、中型新建项目要按照《过程工业领域安全仪表系统的功能安全》（GB/T 21109）和《石油化工安全仪表系统设计规范》（GB 50770）等相关标准开展安全仪表系统设计。"

近年来，中国石油在天然气液化场站和液化天然气接收站等建设项目中积极利用与国外大型油气公司、知名国际工程公司合作的契机，探索性能化安全设计的方法和程序，目前已基本掌握了性能安全设计基本方法和关键技术要点，并在多个国产化项目中自主开展了多项风险评估并完成了性能化安全设计，对工厂的顺利投产和生产运营提供了根本安全保证。

　　本章主要介绍了在液化天然气场站和液化天然气接收站性能化安全设计中常用的 4 种风险评估和安全审查活动，并结合应用实例对分析方法及程序进行了详细说明。

# 第一节　危险性和可操作性分析

　　危险性和可操作性分析（Hazard & Operability Study，HAZOP）作为一种 PHA 技术，在危险化学品行业广泛应用[2, 3]。该方法采用小组分析会形式，与会人员在组长的带领下围绕设计意图，采用"关键词"引导"参数"形成"偏差"的系统分析方法，辨识导致发生偏离设计意图的原因及偏离后可能引发的后果，并根据设计中已有的安全措施及风险的可接受程度判断是否提出补充建议。

　　本节从 HAZOP 方法特点介绍入手，结合天然气液化场站和液化天然气接收站的 HAZOP 分析实例，说明了该方法在提升工厂安全水平方面的应用。

## 一、分析方法及程序

　　HAZOP 分析技术旨在通过以"引导词 + 参数"的偏差为线索的系统分析，辨识工艺过程中潜在的安全隐患，以及可能影响装置或设施正常生产的操作问题（不论这些操作问题是否是危险源）。

　　常规 HAZOP 分析是将管道及仪表流程图（P&ID）划分成若干系统或"节点"，围绕节点的"设计意图"，对设计意图偏离情况开展的讨论分析。其简化的分析程序如图 5-1 所示。HAZOP 分析方法的默认前提是"按照设计意图实现的工艺生产过程其本质应是可操作且风险是可接受的"。由于 HAZOP 分析无法识别设计意图的固有缺陷或错误，因此不宜作为不同工艺方案比选的手段。在进行 HAZOP 分析前，工艺过程及其设计意图应已明确并被最终用户认可。在研究不同工艺技术方案或工艺路线的安全问题时，可将本质安全设计审查与传统设计审查结合进行。

　　所谓"设计意图"是指所研究的工艺系统或"节点"按照设计所必须实现的功能或完成的动作，譬如某个轻烃分离塔节点，其设计意图是将进料（某操作温度、压力和流量下）中较轻组分（如甲烷等）在一定操作条件下从较重组分中分离出来，塔顶轻组分在一定压力控制下送至站内轻烃回收系统，而塔底较重组分则送入下一个分离系统进行重烃分离。描述设计意图时，可参照工艺流程说明，重点说明可能的操作工况、控制参数及其在各种操作工况下的设计允许波动范围、控制回路或控制方式、关键联锁设置情况等。

　　不同的分析团队、在不同的时间段，对同一套装置节点划分都不尽相同。譬如在早期工艺研发阶段，HAZOP 分析所划分的节点较少、每个节点包含设备较多，但在基础工程设计阶段，由于信息量已有极大丰富，则划分的节点范围小、节点数量相对较多，每个节点所包含设备数量则相对较少，节点的设计意图相对集中、单一。节点划分取决于分析团队对装置或设施的熟悉程度、分析时间的长短、分析时可用资料的详细程度，没有统一的绝对标准。只要能够清楚而准确描述出节点的设计意图，并能够将节点内以及节点之间可能出现的问题或潜在隐患尽可能地辨识出来，没有重大或明显遗漏，就是一个可以接受的节点划分。譬如 LNG 接收站挥发气（BOG）系统，视情况可以将整个挥发气（BOG）

系统（包括再冷凝器、BOG 压缩及输送等）作为一个节点，也可以将再冷凝器、挥发气（BOG）压缩及输送分别作为一个节点。

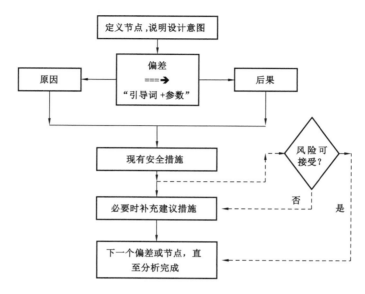

说明：实线、实框代表必须执行步骤；虚线、虚框代表可选执行步骤（通常在具备风险可接受标准（如风险矩阵）时开展）。

图 5-1　HAZOP 基本分析程序

　　完成节点划分并了解了设计意图后，分析小组应按照会议开始前共同约定的偏离清单开始原因—后果分析。典型偏离清单及其可能原因分析示例见表 5-1。在实际应用时，还需根据分析对象的特点对有意义偏差和可信原因进行筛选。

表 5-1　典型偏差及可能原因举例

| 典型偏差 | | 可能原因举例 |
| --- | --- | --- |
| 引导词 | 参数 | |
| 无 | 流量 | 阀门关闭、错误路径、堵塞、盲板法兰遗留、错误的隔离（阀/隔板）、爆管、气锁、流量变送器/控制阀误操作、泵或容器失效、伴热失效、泵或容器故障、泄漏等 |
| 偏多（或偏高） | 流量 | 泵能力增加（泵运转台数错误增加）、需要的输送压力降低、入口压力增高、控制阀持续开、流量控制失效 |
| | 压力 | 压力控制失效、安全阀等的故障、从高压连接处泄漏（管线和法兰）、压力管道过热、环境辐射热、液封失效导致高压气体冲入、添注时气体/蒸汽放空不足、与高压系统的连接、容积式泵 |
| | 温度 | 冷却器管结垢、冷却水故障、换热器故障、热辐射、高环境温度、火灾、加热器/反应器控制失效、加热介质泄漏入工艺侧 |
| | 液位 | 进入容器物料超过了溢流能力、高静压头、液位控制失效、液位测量失效、控制阀故障关闭、下游流股受阻、出口隔断或堵塞 |

续表

| 典型偏差 | | 可能原因举例 |
|---|---|---|
| 引导词 | 参数 | |
| 偏少（或偏低） | 流量 | 部分堵塞、容器/阀门/流量控制器故障或污染、泄漏、泵效率低、密度/黏度变化 |
| | 压力 | 压力控制失效、释放阀开启但没回座、容器抽出泵造成真空、蒸汽冷凝或气体溶于液体、泵或压缩机入口管线堵塞、倒空时容器排放受阻、泄漏、排放 |
| | 温度 | 结冰、压力降低、加热不足、换热器故障、低环境温度 |
| | 液位 | 相界面的破坏、气体窜漏、泵气蚀、液位控制失效、液位测量失效、控制阀持续开、排放阀持续开、入口流股受阻、出料大于进料 |
| 反向 | 流量 | 参照无流量、外加：下游压力高/上游压力低、虹吸、错误路径、阀故障、事故排放（紧急放空）、泵或容器失效、双向流管道、误操作、在线备用设备 |
| 部分 | 组成 | 换热器内漏、不当的进料、相位改变、原料规格问题 |
| 伴随 | 流量 | 突然压力释放导致两相混合过热导致气液混合、换热器破裂导致被换热介质污染、分离效果差、空气/水进入、残留的水压试验物料、物料穿透隔离层 |
| | 污染物（杂质） | 空气进入、隔离阀泄漏、过滤失效、夹带 |
| 除此以外 | 维修 | 隔离、排放、清洗、吹扫、干燥、隔板、通道、催化剂更换、基础和支撑 |
| | 开车、停车 | 催化剂失活或活化、升温或降温、升压或降压、特殊的停车或开车步骤 |

在分析原因—后果、查找安全应对措施时，可按照"原因主导"原则开展分析，即首先辨识出导致某个偏差的所有原因，针对每个原因分析偏差所导致的后果，并分析已有的安全措施，提出必要的补充建议。譬如分析"压力偏高"时，其原因可能是某个压力控制回路故障、上游供给压力偏高、下游出口堵塞等原因，找出所有可能原因后，列出该偏差所导致的后果以及每对原因—后果组合所对应的特定安全措施，必要时提出针对改组原因—后果组合的补充建议。

与"偏差主导型"分析记录方式相比，这种"原因主导型"方法分析记录的安全措施和原因—后果之间的对应关系更为明确、清晰，有助于 HAZOP 分析结果的利用，方便 HAZOP 分析清单查阅时的理解。所谓"偏差主导型"分析，是围绕偏差，列出导致偏差的所有原因、后果及安全措施；其原因、后果及已有安全措施之间没有相关性和针对性，可能出现某项安全措施也是导致偏差产生的另一个原因。如上面提及的"压力偏高"，导致压力偏高的原因"故障的压力控制回路"在"上游供给压力偏大"原因引发系统压力偏高时，压力控制所发出的压力高报警可以作为一个针对该场景的有效安全措施。

详尽而严谨的"原因主导性"分析记录有利于装置后续开展的其他风险分析和安全审查活动，有助于根据原因—后果特定场景判断已有安全措施的充分性和有效性，在安全仪表系统可靠性分析（如安全完整性定级）时发挥积极作用。

## 二、应用实例分析

开展 HAZOP 分析时，通常需要经过以下三个主要阶段：分析准备、举行分析会和跟踪关闭[4, 5]。以某天然气液化厂为例说明 HAZOP 分析技术应用过程。

1. HAZOP 分析准备

不论分析对象的具体内容，常规 HAZOP 分析开始前的准备工作体现在以下三方面：一是会场准备、二是人员动员、三是资料准备。

HAZOP 分析由于采用小组会议的形式，所以通常需要一个相对固定和封闭的会议场所。会议室应足够容纳所有分析小组成员（通常 4～8 人不等，有时也许更多），有可以粘贴 A1 图幅图纸或投影的空间；会议室内应配备投影仪、白板（或白纸），会议期间应提供有马克笔、彩笔等常规办公用具，为了调节会议期间的紧张工作节奏、舒缓参会人员高强度工作压力，会议期间可提供茶水和会间餐点。

组建 HAZOP 分析小组、确定组成人员、对人员进行方法培训，是人员动员的基本要求。通常，HAZOP 分析小组由小组长（或主席）、秘书（或记录员）以及专业人员构成。分析小组长应熟悉所选用的方法，并能高效而正确地把握分析方向、引导分析团队应用此方法开展分析。为保证分析的客观性，通常小组长不应参与拟分析对象的设计。小组长（或主席）是分析的引导者和推进者，而不是分析的主要力量，分析团队不能依赖有小组长发现所有问题、分析所有问题、提出改进建议。秘书负责配合小组长（或主席）完成分析准备、分析内容、结论记录以及报告的编制和修改。分析团队中的其他组员，是 HAZOP 分析的重要贡献者，是问题或危险源辨识、原因和后果分析、安全措施辨识和评估等活动的主力军；他们应是熟悉所分析装置或设施的设计、开车、操作运行或维护的专家。

完善而齐备的分析资料是 HAZOP 分析高效而富有成果的基本保证。对一个天然气液化场站而言，在 HAZOP 分析会议正式开始前应至少保证完成以下资料并得到了业主方的认可：

（1）工艺流程图（PFD）；

（2）物料和热量平衡；

（3）管道及仪表流程图（P&ID）；

（4）危险化学品清单及其安全技术说明书（Safety Data Sheet，SDS）；

（5）工艺流程说明和工艺技术路线说明；

（6）报警一览表或报警台账；

（7）设备工艺数据表；

（8）控制阀工艺数据表；

（9）安全阀（爆破片）计算书；

（10）自控系统或关键控制回路说明；

（11）因果联锁图（表）；管道数据表（或管线表）；

（12）管道材料工程规定；

（13）设备设计基础资料（包括设计依据、制造标准、设备结构图、安装图及操作维护手册或说明书等）；

（14）设备数据表（包括设计温度、设计压力、制造材质、壁厚、腐蚀余量等设计参数）；

（15）设备布置图；

（16）爆炸危险区域划分图；

（17）安全设施资料（包括安全检测仪器、消防设施等的相关资料和文件）；

（18）分析团队认为需要的其他相关资料（如检维修手册、开停车手册等）。

分析团队应审查基础资料的完备性、时效性、准确性和针对性，所有资料都应是正式文件。只有经过设计签字的、以书面形式呈现的资料才可在 HAZOP 分析时用于说明或佐证。

2. 进行 HAZOP 分析会

举行分析会议是具体分析活动实质性开展的过程，是"分析执行"阶段的核心工作。

HAZOP 分析就是分析团队在一组有意义偏差的系统引导下，有创造性地发现问题的过程，即在分析小组长的带领下，分析小组不停地提出并解答问题，如"这个节点的设计意图是什么？""这个偏差可能出现吗？""导致这个偏差出现的原因是什么？""偏差可能引发什么后果？""是否有足够的安全措施可以避免偏差的出现或者将其所引发的后果影响降至最低？""还有其他的偏差吗？"等。

在开展 HAZOP 分析时，所有分析内容、提出的建议措施都记录在一个工作模板（表5-2）中。该模板通常称为"工作清单（Worksheet）"，它与带节点划分标识的 P&ID 图纸成为常规工艺流程 HAZOP 分析的核心成果，通常作为 HAZOP 分析报告的附录。

表 5-2　HAZOP 工作清单示例

| 节点： | | | | | | | 参考图纸： | |
|---|---|---|---|---|---|---|---|---|
| 设计意图： | | | | | | | | |
| 偏差 | 原因 | 后果 | 安全措施 | 风险等级 | | | 建议 | 责任方 |
| | | | | S | L | RR | | |
| …… | | | | | | | | |

不同公司或项目对 HAZOP 工作清单的具体形式要求不同，但工作清单通常必须包括以下基本内容："节点代号及名称""偏差""原因""后果""安全措施""建议"，必要时，还可以增加风险等级、参考图纸、设计意图、HAZOP 会议场次或时间、相关设备等内容。表 5-3 是一个液化天然气接收站 HAZOP 分析工作清单节选示例[6]。

表 5-3　HAZOP 分析工作清单节选示例

| 序号 | 引导词/偏差 | 可能原因 | 后果 | 安全措施 | 改善建议 |
|---|---|---|---|---|---|
| 1 | 压力偏低 | BOG 压缩机抽气量过大 | 造成 LNG 储罐真空，可能导致储罐损坏 | （1）压力低报警，设定值为 2kPa（表压）；（2）压力低低联锁 BOG 压缩机和低压输送泵停车，设定值为 1.5kPa（表压）；（3）破真空补气阀开启，设定值为 2kPa（表压） | 核对真空安全阀开启压力设定值，-0.5kPa（表压）应该为真空安全阀的全开设定值 |

续表

| 序号 | 引导词/偏差 | 可能原因 | 后果 | 安全措施 | 改善建议 |
|---|---|---|---|---|---|
| 2 | 压力偏高 | 破真空补气阀失效，全开 | 造成 LNG 储罐压力升高，可能导致储罐损坏 | （1）压力高报警，设定值为 25.5kPa（表压）；<br>（2）去火炬的压力控制阀设定值为 25.5kPa（表压）；<br>（3）压力安全阀开启，设定值为 29kPa（表压） | 考虑破真空补气两级减压 |
| 3 | 液位偏高 | 卸船操作时，LNG 储罐溢流 | LNG 进入储罐环隙空间，气化并导致储罐压力升高 | （1）液位高报警；<br>（2）液位高高联锁，关闭 LNG 储罐进料阀 | — |
| 4 | 操作问题 | 低压输送泵底阀故障，LNG 储罐内无备用泵井 | LNG 接收站输送能力下降 | 一期工程配置 9 台低压输送泵，最大输出需要 4 台泵；二期工程配置 12 台低压输送泵，最大输出需要 6 台泵 | — |

每天 HAZOP 分析会议后，分析团队应及时对分析情况及建议进行回顾，确保当天讨论的所有内容已经记录，关键问题、建议措施的语言措辞准确、严谨。分析团队还应在小组长带领下梳理可能遗漏的问题、需要后续分析中予以关注的问题或需要补充收集的资料。

在所有分析任务完成后，分析小组长应组织所有分析团队成员对提出的全部建议措施以及遗留问题进行逐条审阅，以确保所有记录措辞没有歧义、分析团队所有成员都能准确理解建议措施内容、所有建议措施均指定了落实响应责任人，并确保所有遗留问题均已完整、准确记录在案。

HAZOP 分析会议后，分析小组长在记录员的配合下，将项目（设施）概况、分析方法、分析过程、重要发现等内容整理成分析报告。

通常 HAZOP 分析报告包括以下主要内容：

（1）前言或工作概要；

（2）分析任务概述；

（3）分析方法及分析中采用的假设前提介绍；

（4）分析小组构成；

（5）分析资料情况；

（6）分析内容及主要建议；

（7）附录，包括记录清单、重要图表（如 HAZOP 分析中带节点划分的 P&ID 图）、会议签到表等。

和分析记录一样，报告的措辞同样应该严谨、客观，避免使用带有个人观点的词语，不应对工作质量给出主观判断性结论；报告内容应该全面而详尽，尤其是对可能影响分析工作质量的分析时间进度安排、分析团队组成情况、分析所用输入资料情况、分析过程中采用的假设前提等内容进行特别说明，对于分析过程中存在争议或者分析会未能解决的可能对人员、财产、环境等造成一定不利影响的问题，也应在报告中予以阐述、说明。

不论是分析当天的记录清单、还是最终的分析报告，在提交分析委托方、分析团队审查时，有可能遇到相关方提出修改、删除记录清单某些分析内容或建议的情况，HAZOP 分析小组长（或主席）对此必须进行理性、客观地判断：若确实为由于输入资料信息引用错误、分析人员判断失误等原因导致的分析失误，则在修改了相应内容后，应将修改部分发送所有分析团队成员，征求其意见，并获得其认可；若仅是由于某参与分析方事后无理由的删减，则 HAZOP 分析小组长（或主席）应建议重新召集所有分析团队成员，就该问题进行特别讨论，在获得分析团队小组统一认可，且确保所辨识的问题或风险得到了有效控制，剩余风险水平在可接受范围内之后，方可修改分析记录或分析报告。

　　HAZOP 分析记录或报告的任何改动，都必须以辨识出问题或潜在隐患、问题或隐患所带来的风险已处于可控范围为原则。包含分析记录的 HAZOP 分析报告是一份具有法律效力的文件，在将来的事故调查中可能需要对分析报告进行调取研究，分析团队的尽责情况同样会受到调查，因此分析记录、分析报告作为分析团队集中意见的体现，其记录、删减和修改都必须秉承严谨、客观的态度全面而详尽地成稿。记录以及报告是将 HAZOP 分析这一风险控制活动成果体现并存档，最终目的是对风险进行有效而持续的控制。

　　3. HAZOP 建议措施的跟踪关闭

　　HAZOP 分析报告的完成，意味着 HAZOP 分析实质性工作已基本完成。但为了确保分析成果的有效性，确保所辨识的风险处于可控范围，还需对 HAZOP 分析中所发现的问题、所提出的建议措施进行持续地跟踪管理，直至所有建议措施已完全关闭。这是风险闭环管理的基本要求。

　　所谓"建议措施完全关闭"，是指建议措施完全被采纳，已完善了设计、程序或采取了实质性措施，以及建议措施未被采纳或仅是部分采纳的，已经说明了不接受原因、其设计或替代方案已被业主接受和认可，所辨识出的风险在可控范围内。

# 第二节　安全完整性等级定级分析

　　安全仪表系统（Safety Instrumented System，SIS），连同其他风险削减措施一起，将工厂的固有风险降低到当前可接受风险水平，从而保证工厂的生产安全。安全仪表系统分析、设计及操作维修需考虑的内容[7]：是否需要安全仪表系统；如若必须设置 SIS，安全仪表系统应具有怎样的安全仪表功能（Safety Instrumented Function，SIF），对其可靠性或者说安全完整性的要求是怎样的；如何设计安全仪表系统；如何验证达到了此要求。

　　本节着重说明安全完整性等级定级分析及应用实例。

## 一、分析方法及程序

　　安全完整性（Safety Integrity）是指在规定的条件下、规定的时间内，安全仪表系统完成安全仪表功能的概率；安全完整性等级（Safety Integrity Level，SIL）是安全完整性的等级，由 SIL1～SIL4 四个离散等级表示，用于规定安全仪表系统所具有的安全仪表功能的安全完整性。SIL4 具有最高的安全完整性等级，SIL1 具有最低的安全完整性等级[8-10]。

　　SIL 等级表征了安全仪表功能对风险削减的贡献水平，即在考虑了其他风险削减措施的贡献后固有风险与风险可接受水平之间的差值仍待削减的部分。安全完整性定级（SIL Assignment 或 SIL Target Selection）就是针对某个安全仪表功能（SIF）确定其所需要的安全完整性等级（Required SIL）。

对于天然气液化场站和 LNG 接收站而言，安全仪表功能操作模式均为低要求模式。低要求模式下的安全完整性等级划分见表 5-4。不同安全完整性等级的安全仪表功能对风险削减贡献不同，体现在不同 SIL 对应不同的"要求时的平均失效概率"（Average Probability of Failure Demand，$PFD_{avg}$）；按照安全仪表功能所需要的风险削减贡献值，表征为风险削减因子（Risk Reduction Factor，RRF），亦可确定所需要的 SIL。

表 5-4　低要求模式下安全仪表功能的安全完整性等级

| SIL | 要求时的平均失效概率（$PFD_{avg}$） | 风险削减因子（RRF） |
|---|---|---|
| 1 | $\geq 10^{-2}$ 且 $< 10^{-1}$ | $> 10$ 且 $\leq 100$ |
| 2 | $\geq 10^{-3}$ 且 $< 10^{-2}$ | $> 100$ 且 $\leq 1000$ |
| 3 | $\geq 10^{-4}$ 且 $< 10^{-3}$ | $> 1000$ 且 $\leq 10000$ |
| 4 | $\geq 10^{-5}$ 且 $< 10^{-4}$ | $> 10000$ 且 $\leq 100000$ |

安全仪表系统作为一个保护层，应明确其需要实现的所有安全功能或安全仪表功能，并为每一个安全仪表功能指明所要求的安全完整性等级。需要强调的是，无法对安全仪表系统进行安全完整性等级划分，所有 SIL 定级一定是针对某个安全仪表功能（SIF）开展的活动；在进行 SIL 定级时，应假定所分析的安全仪表功能（SIF）失效。

SIL 定级通常以小组会议的形式开展，由一位熟悉《过程工业领域安全仪表系统的功能安全》（IEC 61511）相关标准规范并在 SIL 定级和验证、过程危险源分析（PHA）等方面具有丰富经验的人员担任小组长，引导小组成员开展定级分析。其他小组成员应至少包括熟悉分析对象（如天然气液化场站或液化天然气接收站）工艺流程的工艺、仪表以及安全工程师，建设方或将来负责操作运行维护的运营方工艺和仪表技术人员亦应参与此会议。

SIL 定级分析与过程危险源分析（PHA）所需的输入资料基本相同，譬如工艺流程图（PFD）、管道及仪表流程图（P&ID）、联锁因果表、控制说明、工艺流程说明，除此之外，SIL 定级分析还需过程危险源分析（PHA）报告（如 HAZOP 报告等）。在选用定量或半定量方法，如定量风险分析（QRA）、故障树分析（FTA）、保护层分析（LOPA）、风险图进行 SIL 定级时，还应收集准备安全措施的失效率、故障率等基础数据，必要时还需要提供定量风险分析报告，以便给出具体的风险值。

同前述 HAZOP 分析过程相同，定级分析过程同样需要分析准备、召开分析会以及分析跟踪关闭三个过程。除所需要的分析准备资料略有差异外，其他分析过程要求基本相同，本节不在一一赘述。下面主要介绍标准中提及的几种 SIL 定级方法。

安全完整性定级方法有后果分析法（Consequence-Based Method）、HAZOP 风险矩阵法（HAZOP Risk Matrix Method）、风险图法（Risk Graph Method）、安全层矩阵法（Safety Layer Matrix Method）、保护层分析法（Layer of Protection Analysis，LOPA）等。除保护层分析法（LOPA）具有量化特征、属于半定量评估方法外，其他方法均为定性评估方法。

量化分级评估方法可以给出量化的风险削减指标（如具体的风险削减因子 RRF），而定性分级评估方法则只能将风险削减效果以分段形式体现，如 SIL1 段（风险削减因子

RRF 在（10，100］区间内）。所以定量分级评估方法可以满足更为精确的 SIL 等级要求，而定性分级评估则通常可能获得更大、相对保守的 SIL 等级要求。在实际定级分析中，若通过风险图表法、矩阵法等得到的 SIL3 等级要求的 SIF，可以采用保护层分析法（LOPA）等半定量或定量评估方法重新对该 SIF 进行评估，寻求更精确的 SIL 等级要求，通常有可能将 SIL3 等级降至具有某风险削减因子 RRF 的低等级 SIL。

## 二、应用实例分析

风险图法、安全层矩阵法、保护层分析法是 IEC 61511《过程工业领域安全仪表系统的功能安全》（Functional Safety-Safety Instrument Systems for the Process Industry Sector）第三部分推荐的几种 SIL 定级方法。下面着重介绍风险图表法和保护层分析法在 SIL 定级时的应用。

风险图法通过 4 个参数之间的关系，反映出当 SIS 故障或无 SIS 设置时可能出现的危险状态。这 4 个参数是：后果参数（$C$）、暴露参数（$F$）、避免参数（$P$）和需求参数（$W$）。后果参数体现了对风险后果的评估，后三个参数（暴露参数、避免参数和需求参数）则是对事件发生可能性的评估。

在使用风险图法前，应根据项目的具体情况对风险图法所用的 4 个参数进行校正，对 4 个参数进行合理赋值，使参数选择过程能够得到验证。图 5-2 是一个以人员伤亡为控制指标的风险图示例。

（1）后果参数。后果参数（表 5-5）表征事故的后果，用平均伤亡人数衡量，该伤亡人数由该区域的平均人口密度与致命率的乘积得到，即后果参数 = 人口密度 × 致命率。

致命率：最容易暴露个人的致命概率。对火灾危险而言，致命率为点燃概率等其他与危险本身性质相关的因素。致命率取值参照以下三类划分：

$$≤0.01 \qquad 不可能$$
$$>0.01 \ 且 ≤0.1 \qquad 可能$$
$$>0.1 \qquad 很可能$$

表 5-5　后果参数

| 后果参数 | 分类（需要根据具体项目情况予以校正） |
| --- | --- |
| $C_1$ | 轻伤；<br>财产损失小于 100 万元人民币；<br>环境破坏限制在作业场所范围内或对厂区外的周边区域造成暂时性的影响 |
| $C_2$ | 重伤；<br>损失在 100 万～1000 万元人民币；<br>对厂区外的周边区域造成影响 |
| $C_3$ | 导致永久残疾；<br>损失在 1000 万～5000 万元人民币；<br>对厂区外周边区域环境造成严重破坏 |
| $C_4$ | 造成 1 人及以上死亡；<br>财产损失大于 5000 万元人民币；<br>对环境造成不可恢复的破坏或影响扩散到很大区域 |

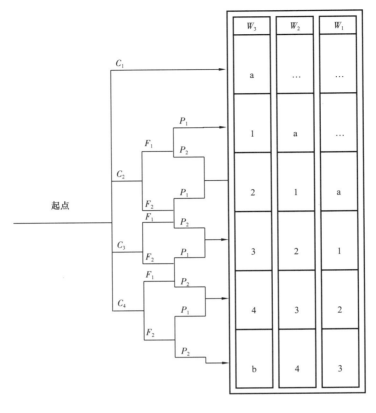

$C$ —后果参数
$F$ —暴露参数
$P$ —避免参数
$W$ —需求参数

···—没有安全要求
a—没有特别的安全要求
1，2，3，4—安全完整性等级
b——一个单独的安全仪表系统不够

图 5-2　风险图示例

（2）暴露参数。暴露参数包括在危险区域暴露的频率和时间（表 5-6）。

表 5-6　暴露参数

| 暴露参数 | 分类（划分值需要根据具体项目情况予以校正） |
| --- | --- |
| $F_1$ | 危险区内极少暴露或经常暴露 |
| $F_2$ | 危险区内频繁暴露或永久性暴露 |

对人员而言暴露参数的计算方法可按一天中每班最容易暴露员工的巡检时间与其一天或一班工作总时间的比率（取大值）考虑，譬如：

$$\leqslant 0.04 \quad 极少$$
$$> 0.04 \quad 频繁$$

如：员工每天巡检在某区域停留时间达 60min，则暴露参数为 60/（24×60）= 0.0416。当员工在检维修或处理异常时，其暴露在危险区域的可能性会增加。对人员而言，仅当响应率是随机的且与暴露参数高于正常值的情况无关时，才选择 $F_1$；而通常只在设备开车或处理异常时才选用 $F_2$。当后果评估对象为财产或环境时，选择 $F_2$。

（3）避免参数。即使在安全仪表系统故障失效时仍可避免危险事件发生的概率（表 5-7）。这涉及是否有与安全仪表独立的安全措施来保证在事故发生前向暴露在危险区域的员工报警，是否设置有安全措施保证员工的紧急撤离，同时也与事故本身的发展特性（发展进程缓慢、迅速还是突然）、员工本身的素质和经验有关。

表 5-7 避免参数

| 避免参数 | 分类（划分值需要根据具体项目情况予以校正） |
|---|---|
| $P_1$ | 在某些条件下可能避免 |
| $P_2$ | 几乎不可能避免 |

只有在满足以下所有前提假设条件时，才可以选择 $P_1$：

① 在安全仪表保护已经故障失效时，还有设施保证向操作人员发出警报；

② 有独立的停车措施从而可避免该危险事件的发生或能够确保所有人员逃离到安全区；

③ 向操作人员发出警报与危险事件发生之间的时间间隔足够人员逃离或采取适当的应对措施，具体时间间隔（如 15min、30min 等）需要根据具体项目情况或业主风险可接受标准或安全规定予以校正。

（4）要求参数。要求参数（表 5-8）是假定无安全仪表功能保护时事故的发生概率，也就是需要该安全仪表功能发挥作用的频率，即要求率。如每两年需要该保护功能一次，则其要求率为 1/2=0.5。

要求率（Demand Rate）划分值需要根据具体项目情况予以校正：

$<1 \times 10^{-3} a^{-1}$　　　　低，预期不会发生，但在特殊情况下有可能发生（国内同行业有过先例）

$1 \times 10^{-2} \sim 1 \times 10^{-3} a^{-1}$　　中，在某个特定装置的生命周期里不太可能发生，但有多个类似装置时，可能在其中的一个装置发生（企业内有过先例）

$>1 \times 10^{-2} a^{-1}$　　　　高，在装置的生命周期内可能发生一次或多次

需要注意的是如果要求率很高，则有可能需要重新考量低要求模式的 SIL 等级划分标准是否适用、是否应选择高要求模式或连续模式评估标准。

在确定该需求参数时，应考虑导致危险事件的所有原因，估计总的事故发生概率；且应考虑外部风险降低措施对降低事故发生概率的作用。

表 5-8 要求参数

| 要求参数 | 分类 |
|---|---|
| $W_1$ | 事故发生概率非常小，要求率低 |
| $W_2$ | 事故发生概率比较低，要求率中等 |
| $W_3$ | 事故发生概率相对较高，要求率高 |

风险图法 4 个参数校正后，采用风险图法确定 SIL 等级的举例参见表 5-9。

表 5-9  SIL 定级——风险图法例表

| 危险场景 | 后果 | 原因 | 现有安全措施 | 要求的 SIL | | | | | 建议 |
|---|---|---|---|---|---|---|---|---|---|
| | | | | $C$ | $F$ | $P$ | $W$ | SIL | |
| 压缩机缓冲罐 V1 液位超过高高限值 | 导致压缩机入口带液、压缩机损坏 | 液位控制回路 LIC1 失效 | 额外 BPCS 报警，并人员干预；操作手册 | $C_2$ | $F_2$ | $P_2$ | $W_2$ | SIL2 | — |
| 上游来的高压气体串入凝液收集罐 V2 | 凝液收集罐超压、损坏，易燃易爆气体泄漏，潜在的火灾爆炸和人员伤害 | 液位控制回路 LIC2 失效 | 高压报警，PRV 压力控制回路；PSV；可燃气体检测报警 | $C_4$ | $F_1$ | $P_2$ | $W_2$ | SIL3 | （1）核算 PSV 尺寸，若满足窜气工况，将有效降低系统的风险，则可能将 SIL 的需求级别降低至 SIL1；（2）建议用 LOPA 进行复核 |

风险图法等作为定性的 SIL 定级评估方法，所得到的 SIL 定级结果偏保守。因此，在有充分的失效概率或数据库支持时，推荐采用保护层分析法（LOPA）等半定量或定量分析方法进行 SIL 定级分析。

保护层分析法（LOPA）基于保护层理念[11]，将安全措施分为 8 个保护层："工艺设计""基本工艺控制系统""关键报警和人员干预""安全仪表系统""主动物理保护系统""被动物理保护系统""工厂级应急预案""社区级应急预案"，每个保护层都起到一定的风险削减作用（图 5-3）。

利用保护层分析法（LOPA）进行 SIL 定级时，需要根据初始事件风险（$R_o$）和风险可接受水平（$R_a$），确定需要所有保护层削减风险的大小（$RRF_{total}$），然后辨识除安全仪表功能外其他风险削减措施的风险削减水平（$RRF_i$，$i=1$，…，$n$，$n$ 为保护层数量），从而达到要求安全仪表功能所应达到的风险削减水平，根据 SIL 等级划分表确定安全仪表功能所要求的 SIL 等级。

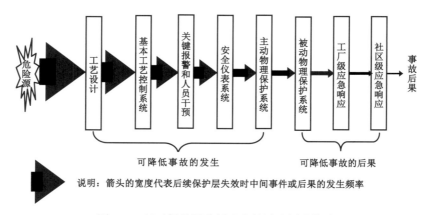

图 5-3  基于保护层分析理念的风险削减策略

LOPA-SIL 定级方法步骤：

（1）筛选事故场景，编制安全仪表功能清单。根据已经完成的 HAZOP 报告确定后果严重、可能需要设置安全仪表功能的事故场景，另外，也可从因果联锁表（如压力高高联锁停压缩机 CK、关闭阀门 V1）中筛选场景，譬如确定场景"压力高高导致超压、设备可能损坏"。将筛选出所有事故场景写入 SIF 清单，并记录与场景控制响应有关的传感器（压力变送器 PT）和最终元件（压缩机 CK1、阀门 V1）。

（2）选择并定义一个事故场景。保护层分析法（LOPA）每次仅分析一个事故场景，即一个原因—后果事故发生链。事故发生过程由一系列事件构成，包括初始事件（Initiating Event，IE）以及能够导致不期望后果发生的独立保护层（Independent Protection Layers，IPLs）。过程危险源分析（PHA）报告和定量风险分析（QRA）报告均可提供用于描述事故场景发生过程的所有信息，以及后果影响程度。

事故场景的定义主要是说明以下基本内容：

① 初始事件（IE）；

② 最坏后果；

③ 条件事件（Enabling Events）；

④ 保护措施的失效。

（3）辨识场景初始事件并确定初始事件频率。LOPA 分析时，每个场景对应一个单一初始事件，当同一个后果可能由多个原因引发时，则需要分栏记录每一个原因—后果事故链，作为多个事故场景分别予以分析。

初始事件，可以从 HAZOP 报告工作清单中的"原因"内寻找，该原因必须是一定能够触发后果影响的导火索。通常，在人员有良好培训记录且装置生产有完备操作手册时，人为失误（或人员误操作）可不作为初始事件。

初始事件发生频率通常用失效率表示。

（4）辨识独立保护层（IPL）并估算每个 IPL 基于要求的失效概率（PFD）。根据独立保护层的 4 个判别依据，辨识每个事故场景的 IPLs。独立保护层的有效性可以用 PFD 进行度量，较小的 PFD 值说明就某个制定的初始事件频率而言，后果发生频率更小。

（5）估算事故场景频率。根据初始事件频率（IEF）、条件事件概率（EEP，如果有）、条件调整因子（Condition Modifier，MF）、各保护层的 PFD，来估算事故场景削减后的频率（F）：

$$F_{\text{scenario}} = IEF \times EEP \times MF \times PFD_{\text{IPL1}} \times PFD_{\text{IPL2}} \times \cdots \times PFD_{\text{IPLn}} \tag{5-1}$$

当有多个初始事件时，则需要分别计算每个初始事件所对应的场景削减后频率，再取其加和值得到削减后总频率（TMF），如式（5-2）：

$$TMF = \sum_i IEF_i \times ECP \times MF \times PDF_i \tag{5-2}$$

（6）评估剩余风险是否达到可接受风险标准。事故场景削减后的频率分析评估后，得到的削减后风险值即为采取了其他风险削减措施后危险事件的剩余风险。

将该剩余风险（TMF）与装置或企业的风险可接受水平（TF）对比，确定是否需要进一步降低风险：如果剩余风险已小于风险可接受标准，则说明现有的保护措施已经足够，不再需要设置额外的安全仪表系统或安全联锁回路；如果剩余风险依旧高于风险可接受水平，则需要考虑提高已有独立保护层的可靠性，或者设置额外的独立保护层（如安全仪表系统或安全联锁回路）以满足安全功能要求。

（7）判断是否需要设置安全仪表功能（SIF）并确定 SIL 等级。如果需要设置新的安全仪表联锁回路，则由此方法可进一步估算出安全仪表功能（SIF）的风险贡献水平（RRF），进而得到安全仪表功能（SIF）所要求的 PFD，有：

$$PFD_{SIF}=TF/TMF \qquad\qquad (5-3)$$

$$RRF_{SIF}=TMF/TF \qquad\qquad (5-4)$$

根据 PFD 或 RRF 值，从表 5-4 中即可确定安全仪表功能（SIF）所要求的 SIL 等级。

在使用 LOPA 分析方法时，需注意有效保护层的辨识和确认。只有同时满足了以下 4 个条件的保护层，才可以作为有效的保护措施起到风险削减作用，这样的保护层通常被称为"独立保护层 IPL"。这 4 个条件是：

针对性（Specific）——该保护层必须是针对所分析的危险事件场景而设置，可预防其发生或降低其后果影响；

独立性（Independent）——该保护层必须与其他保护层和触发事件完全独立；

可靠性（Dependable）——不论是随机故障还是系统故障，该保护层必须能够有效地实现其安全功能；

可验证性（Auditable）——必须是可检验确认的，其风险削减作用能得到持续保证。

在判断独立性时应特别注意共因失效的影响。譬如，如果某个超温危险事件是由于温度控制回路 TIC 失效所导致，则该回路温度传感器所发出的高温报警以及人员随之的响应干预就不能再作为一个独立保护层，为超温风险提供削减作用。同样，若该超温事件是由于进料不当导致，但如果温度传感器高温报警送出后的响应时间不足以保证人员有效干预动作的完成，或者没有确切的文件可以证明人员在接到报警后可熟练地执行适当的操作程序（有效干预动作要求以及保证），那么这个"温度传感器报警＋人员干预"的保护层仍然不能作为有效的保护措施（或独立保护层）贡献其风险削减作用。

表 5-10 给出了保护层分析法 LOPA 确定 SIL 等级的例子。

# 第三节　工艺本质安全审查

"工艺本质安全"是指所选用的工艺可以从根本上消除危险源或削减危险源的数量或能级，进而减少对安全系统或安全规程的需要或依赖，最终达到控制风险、满足当前风险可接受水平的目的。

"工艺本质安全审查"则是根据本质安全设计原则，针对拟分析的工艺过程采用检查表等适当的审查方法，寻求实现工艺本质安全的活动过程。

本节旨在介绍工艺本质安全审查要点及应用实例。

## 一、分析方法及程序

工艺本质安全审查技术基于消除和减少工艺过程自身固有危险源的理念，遵循四个本质安全设计原则，即：最小化、替代、缓和和简化，从工艺过程所处理的危险物料、工艺

表5-10　SIL定级－保护层分析（LOPA）例表

| 事故场景 | 初始事件IE 描述 | 初始事件IE 频率 次/a | 后果 | 后果分类 | 严重度 | 风险控制目标 TEF 次/a | 触发事件EE 描述 | 触发事件EE 概率 | 条件调整因子MF 描述 | MF 概率 | 固有风险 UEF 次/a | IPL描述 | IPLs类型 | PFD | 总PFD | IPL已削减的风险 MEF 次/a | 需要削减的风险 分类 | PFD | RRF | 要求的SIL等级 | LOPA建议 |
|---|---|---|---|---|---|---|---|---|---|---|---|---|---|---|---|---|---|---|---|---|---|
| 分液罐F1液位偏高 | （1）UV1阀故障失效；（2）FIC1控制回路失效，FV1阀故障关闭；（3）LIC1控制回路失效，LV1故障全开 | $3.00\times10^{-1}$ | F1液位偏高导致液相加大进入燃料气总管，进而可能导致解离炉操作异常。或可能导致液相进入火炬总管，火炬头产生火雨，进而导致火炬头的损坏（财产损失损坏LV1所在管线的进料较小的人员伤害和环境影响计6000万元人民币），危险物料泄漏，潜在的 | 安全影响（SAF） | 1 | $1.00\times10^{-3}$ | 无 | 1.00 | 无 | 1.00 | $3.00\times10^{-1}$ | 火炬分液罐高液位报警，报警后人员可手动启动分液泵，并手动切断LV1所在管线的进料 | 报警 | $1.00\times10^{0}$ | $1.00\times10^{0}$ | $3.00\times10^{-2}$ | 人身安全影响（SAF） | $3.33\times10^{-2}$ | 30 | | 因将此安全功能从DCS系统调整至SIS系统中实现；BPCS控制回路应设置额外的传感器 |
| | | | | 环境影响（ENV） | 2 | $1.00\times10^{-4}$ | | | | 1.00 | $3.00\times10^{-1}$ | | | | | $3.00\times10^{-2}$ | 环境影响（ENV） | $3.33\times10^{-3}$ | 300 | | |
| | | | | 财产损失影响（AST） | 3 | $1.00\times10^{-5}$ | | | | 1.00 | $3.00\times10^{-1}$ | | | | | $3.00\times10^{-2}$ | 财产损失影响（AST） | $3.33\times10^{-4}$ | 3000 | SIL3 | |

路线、处理或储存能力、操作参数（温度、压力和流量等）、设备形式等方面，辨识其可能存在危险源，分析消除、削减或控制危险源的途径，依据当前法律法规的安全要求，参照行业的目前普遍做法和合理可行的依托技术，结合小组专家经验，将工艺过程固有风险降至可接受水平。

工艺本质安全分析应用技术采用小组形式，按照本质安全设计基本原则，在分析前形成分析检查表，以提问、启发的方式，识别现有工艺流程或技术方案中可以提升本质安全的关键点，从而达到尽可能降低工艺技术或工艺过程固有风险水平的目的。

分析小组由关键工艺技术开发人员、安全工程师及利益相关方组成，可邀请具有类似工艺、设备开发、设计和操作运行经验的专家参与讨论分析，尽可能辨识影响本质安全的危险源，在项目早期阶段完善、提升工艺技术方案本质安全水平，为后续工程化设计明确安全关注点。

该分析在工艺、材料和设备等技术开发阶段或建设过程中尽可能早的开展，可避免建设后期或运营后由于工艺技术调整或安全隐患整改而导致的重大经济损失以及对建设工期和生产周期产生的不利影响。

工艺本质安全分析应用技术基本工作流程如下：

（1）组建分析小组，明确分析内容；

（2）收集资料，准备本质安全检查表；

（3）开展工艺本质安全分析，分析过程参见图5-4；

（4）报告编制，分析小组沟通及意见征求；

（5）建议措施跟踪关闭。

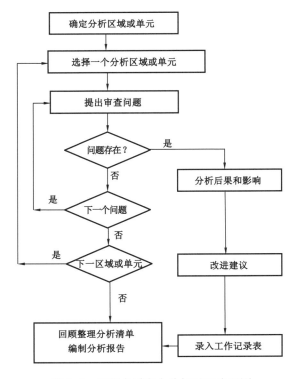

图5-4　工艺本质安全分析过程流程图

## 二、应用实例分析

在进行工艺本质安全分析时，应根据拟分析对象的特点，编制有针对性的检查表，必要时，也可在分析过程中进行补充完善，典型的本质安全检查表如下：

（1）最小化。

——设施中所储存的危险物料种类是否可以最小化？

——工艺过程中的储存设施是否是必需的？

——处理危险物料的所有工艺设施的容积是否已做到最小化？

——工艺设施的布置是否可以保证危险物料的管线长度最小？

——管道尺寸是否可以保证危险物料量最小？

——是否可以选用其他类型的单元或设备以降低物料量？例如用离心式萃取器替代萃取塔、连续反应器替代间歇反应器、闪蒸干燥器替代干燥塔、柱塞流反应器替代连续搅拌反应器、连续在线混合器替代混合釜等。

——是否可以用气相进料取代液相进料（如液氯等），以减少管线中的危险物料量？

——是否可以在装置中从危害性较低的原料生产得到所需的危险反应物，从而尽可能降低储存或运输大量危险物料的需要？

（2）替代。

——是否可以通过替代工艺流程或化学原理完全消除危险的原料、中间产物或副产品？

——是否可以通过改变化学原理或工艺条件完全消除工艺过程中用到的溶剂？

——是否可以选用危险性较低的原料？如用不燃物料替代易燃溶剂、选用挥发性较低的原料、选用毒性较低的原料、选用反应活性较低的原料、选用更稳定的原料。

——是否可以选用危险性较低的最终产品溶剂？

——对于高温时其处理物料变得不稳定或低温冻凝的设备，是否可以设置加热或冷却介质以保证较恒定的最低和最高温度？

（3）缓和。

——原料的输送压力是否可以控制低于接收容器的最高工作压力？

——反应条件（如温度和压力）是否可以通过使用催化剂或用更好的催化剂变得更缓和？

——工艺过程是否可以在更缓和的条件下操作？如果由此导致产率或转化率降低，是否能够通过原料循环予以补偿？

——是否可以通过稀释原料降低其危害性？如选用氨水溶液而不是无水的纯氨、选用盐酸溶液而不是无水氯化氢、选用硫酸溶液而不是发烟硫酸、选用稀释的硝酸而不是浓缩的发烟硝酸和选用湿的而不是干的过氧化苯甲酰。

（4）简化。

——在"最坏可信事件"发生时，设备强度是否足够承受可能产生的最高压力？

——当设备温度达到大气温度或最高可能工艺温度时（即不能假定外部系统仍然正常操作，如控制设备操作温度、以保证设备内物料蒸汽压低于设备设计压力的冷冻系统），是否可确保设备能够完全容纳设备内的物料？

——多个工艺过程是否能够分别在不同工艺设备中完成，而不是在一个多功能设备中完成？

——设备的设计是否可以避免或减少由于操作失误而产生的潜在危险状况（如打开一个组合不当的阀组等）？

以LNG冷能利用——冷能空气分离、轻烃分离工艺本质安全设计审查为例，其工作清单举例见表5-11。

表5-11　本质安全分析例表

研究类别：1.本质安全性——冷能空气分离

| 源引词 | 原因 | 后果 | 既有或拟采用安全措施 | 建议措施 | 响应负责方 |
|---|---|---|---|---|---|
| 1.最小化 | （1）进入空分装置的LNG量过大 | （1）导致空分装置LNG等易燃易爆危险物料处理量大，造成潜在的火灾爆炸隐患，可能产生重大危险源 | 优化E2换热器设计，以提高返回NG温度 | | |
| | | （2）可能导致流程中需设置额外的加热器，使投资增加、泄漏点增加 | | | |
| | （2）液氧、液氮、液氩产品储存于空分装置中 | （1）潜在的人员低温冻伤、窒息等伤害 | | （1）工程设计时应根据外输用户需求设置合理罐容 | 工程设计承包商 |
| | | | | （2）工程设计时应根据工艺控制及报警响应时间要求确定合理的塔底液位高度及停留时间 | 工程设计承包商 |
| | | （2）富氧环境的存在可能导致LNG泄漏时火灾和爆炸事故发生概率增加 | | （3）工程设计应采取防止液氮、液氧、液氩泄漏措施，确定储罐安全排放点及排放高度 | 工程设计承包商 |
| | | | | （4）工程设计应考虑人身防护 | 工程设计承包商 |
| | （3）工艺流程过长、设备较多和连接管路复杂 | 导致装置中物料处理量过大，潜在泄漏点增加 | 所推荐工艺方案经过流程模拟和优化已选用尽可能少的设备、简洁的流程以满足工艺生产要求 | | |

续表

| 源引词 | 原因 | 后果 | 既有或拟采用安全措施 | 建议措施 | 响应负责方 |
|---|---|---|---|---|---|
| 2.替代 | （1）冷媒选用氟利昂、氨或丙烷 | （1）氟利昂为温室效应气体，不利于环境保护 | 拟推荐工艺方案选用乙二醇水溶液，性质较温和、危险性较低，对人员健康和环境危害较小 | | |
| | | （2）氨为高毒物料，潜在的人员中毒 | | | |
| | | （3）丙烷为甲类、易燃易爆危险物料，导致装置火灾危险性较高 | | | |
| | （2）选用LNG与空气或氧气直接换热的流程 | 换热器的泄漏可能导致潜在的火灾爆炸隐患 | 拟推荐工艺方案选用LNG与氮气换热流程 | | |
| 3.缓和 | （1）换热器冷热侧温差过大 | 温差过大导致材料因温差应力而损坏，有效能损失增加 | （1）通过工艺流程模拟和换热器设计，确定换热器冷热侧合理的温差 | | |
| | | | （2）推荐选用允许温差大的换热器 | | |
| | （2）空压机输出压力过高 | 导致分离系统压力偏高、设备设计压力高，对投资及安全有影响 | 通过流程模拟优化及产出收率要求，合理确定空压机输出压力及分离系统操作条件 | | |
| 4.简化 | 氮气压缩级数过多 | 虽然冷量回收效率增加，但氮气压缩机控制变得复杂、冷能利用换热系统设计流程过于复杂 | 在一定冷量回收效率的基础上，合理简化冷能利用换热系统流程 | | |

研究类别：2.本质安全性——轻烃分离

| 源引词 | 原因 | 后果 | 既有或拟采用安全措施 | 建议措施 | 响应负责方 |
|---|---|---|---|---|---|
| 1.最小化 | （1）轻烃产品储存于装置中 | （1）潜在的人员低温冻伤、窒息等伤害 | | （1）工程设计应考虑防泄漏及安全排放设施（如火炬） | |
| | | （2）潜在的C2+泄漏、火灾和爆炸隐患 | | （2）工程设计时应根据工艺控制及报警响应时间要求确定合理的塔底液位高度及停留时间 | 工程设计承包商 |
| | | | | （3）工程设计应考虑人身防护 | 工程设计承包商 |
| | | | | （4）工程设计时应根据外输用户需求设置合理罐容 | 工程设计承包商 |
| | （2）工艺流程过长、设备较多和连接管路复杂 | 导致装置中物料处理量过大，潜在泄漏点增加 | 在相同的产品方案前提下，所推荐工艺方案经过流程模拟和优化已选用尽可能少的设备、简洁的流程以满足工艺生产要求 | | |

续表

| 源引词 | 原因 | 后果 | 既有或拟采用安全措施 | 建议措施 | 响应负责方 |
|---|---|---|---|---|---|
| 2. 替代 | 冷媒选用水 | 可能导致管道和设备结垢、冻堵 | | 建议考虑选用乙二醇作为冷媒，以防止管线和设备冻堵、设备结垢 | 工程设计承包商 |
| 3. 缓和 | （1）换热器冷热侧温差过大 | 温差过大导致材料因温差应力而损坏，有效能损失增加 | （1）通过工艺流程模拟，设置三通、分流压缩机出口流量计，降低换热器冷热侧温差<br><br>（2）推荐选用允许温差大的换热器 | | |
| | （2）脱甲烷塔塔顶贫气压缩机出口压力较高 | 塔顶系统操作压力偏高、能耗较大 | 拟推荐工艺方案通过流程模拟优化调整脱甲烷塔操作压力、分流压缩机出口流量，降低贫气压缩机出口压力 | | |
| | （3）LNG 由供给侧（接收站）高压泵出口供给 | 可能导致轻烃分离系统压力过高，导致分离效果差 | 拟推荐工艺方案建议根据高压泵出口压力设置减压设施或单设 LNG 原料泵 | | |
| 4. 简化 | 脱甲烷塔塔底去脱乙烷塔设置塔底泵 | （1）导致泄漏点增加<br><br>（2）塔底泵的设置可使脱乙烷塔塔底温度上升、避免低温材料的使用；但塔底温度的上升，可能导致塔底再沸器热侧海水温度无法满足换热要求，进而导致对轻烃分离装置高品位换热介质的需求（如蒸汽、热油等） | 拟推荐工艺方案未设置塔底泵，塔底材料要求选用低温碳钢等低温材料 | | |

# 第四节　定量风险分析

定量风险分析是天然气液化站场及液化天然气接收站工程安全设计的重要组成部分，无论从 GB 50183—2004《石油天然气工程设计防火规范》及 GB 51156—2015《液化天然气接收站工程设计规范》等，还是建设成本与风险的角度权衡考虑都需要进行定量风险分析。

## 一、分析方法及程序

定量风险分析最早起源于 20 世纪 40 年代中期，用于核工业的风险分析[12]。石油化工行业于20世纪60年代开始运用该方法进行安全风险管理。近年来，在国内天然气液化及接收站项目的建设中，定量风险分析已作为安全风险控制方法之一，广泛应用于项目的安全管理。

定量风险分析最主要的手段是将风险量化，对影响风险的因素进行分析，从而使项目在经济合理的前提下最大限度地降低风险。

1. 定量风险分析应用

定量风险分析在液化天然气建设项目中主要用于以下几个方面：

（1）平面布置和厂址选择。目前，国内石油化工建设项目主要依据国家法律法规和标准规范的要求进行平面布置和厂址选择，并确定厂界与周边的距离及项目内部装置设施的间距。而在液化天然气建设项目中多通过计算确定火灾、爆炸影响范围及天然气泄漏的扩散范围，继而确定建设项目与周边环境及邻近企业的安全间距。

（2）确定导致风险的主要因素。通过定量风险分析的方法对装置、设施的风险进行计算，从而确定影响项目整体风险的最主要因素，进而在设计过程中针对主要危险有害因素采取相应风险削减措施，以降低项目整体风险。

2. 定量风险分析流程

定量风险分析首先需要进行危害辨识，识别天然气液化及接收站工程中可能发生较大危害事故的单元；在后果分析阶段，使用后果分析模型来确定每一个单元可能发生的事故后果；频率分析需要计算每一个在危害辨识阶段识别出来的单元的事故后果频率；将后果分析和频率分析进行综合确定天然气液化及接收站工程的风险，再通过与风险可接受准则对比，判断计算出的风险是否可以接受，如果风险不可接受，则需要采取降低事故频率或减小事故后果的措施来降低风险并使风险可控。图5-5所示为定量风险分析的主要步骤。定量风险分析的方法可参见AQ/T 3046—2013《化工企业定量风险评价导则》及Q/SY 1646—2013《定量风险分析导则》。

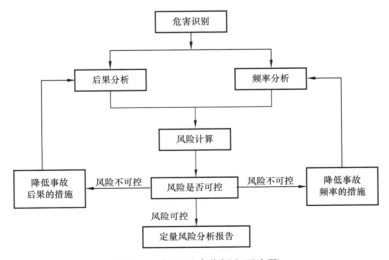

图5-5　定量风险分析主要步骤

3. 定量风险分析的应用趋势

定量风险分析方法中的重要组成部分是后果分析，该分析仅考虑某些事故产生的影响，不考虑事故的发生频率。2009 年以前，美国标准《液化天然气（LNG）生产、储存和装运》（NFPA 59A）针对天然气液化及接收站项目的选址就采用后果分析的方法，考虑一些后果非常严重但发生频率很低的事故，例如大口径的工艺管线发生全破裂时蒸气云的扩散范围。相比纯粹的后果分析，定量风险分析需要考虑所有可能的事故产生的风险，这样就导致一些后果很严重但发生频率很低的事故产生的风险对总的风险贡献不显著。欧洲标准 EN 1473《液化天然气设备与安装》[13] 要求天然气液化及接收站项目需要通过定量风险分析来综合评估项目对人员和社会造成的风险是否可以接受。美国标准《液化天然气（LNG）生产、储存和装运》从 2013 年起也引入了定量风险分析的章节[14]。我国 GB 50183—2004《石油天然气工程设计防火规范》针对集液池泄漏量、扩散隔离区等的规定要求进行后果分析[15]，GB 51156—2015《液化天然气接收站工程设计规范》要求直排大气的储罐安全放空系统的高度和位置应根据天然气扩散后果及喷射火辐射影响范围模拟确定[16]，在 2011 年国家安全生产监督管理总局发布的《危险化学品重大危险源监督管理暂行规定》已经要求涉及一级或者二级重大危险源的危险化学品单位需要采用定量风险方法来确定项目的个人风险和社会风险。目前，我国正在建设或者拟建的天然气液化及接收站项目大多构成一级或二级重大危险源，所以，针对国内天然气液化及接收站项目的选址和总平面布置，定量风险分析已经是不可或缺的控制手段。

## 二、危害辨识

定量风险分析的第一步就是根据项目的工艺流程图、管道及仪表流程图及工艺物料性质来进行危害辨识。

危害辨识需要识别某个天然气液化及接收站项目可能产生事故的泄漏源（管线和设备等）、每个泄漏源可能发生的泄漏场景、每种泄漏场景的持续时间。

1. 泄漏源的确定

通过工艺系统切断阀将天然气液化及接收站划分为若干个潜在泄漏源，并且确定潜在泄漏源的工艺物料、操作参数等信息。

2. 泄漏场景的确定

每个潜在泄漏源可能发生的泄漏场景可以划分为小孔泄漏、中孔泄漏、管线或设备的全破裂[17]。

例如：

小孔泄漏（10mm 孔径破裂）——典型的小孔泄漏孔径，在天然气液化及接收站项目生命周期很有可能发生；

中孔泄漏（50mm 孔径破裂）——严重的泄漏事件，可能在天然气液化及接收站项目生命周期都很难发生，但是在液化天然气行业有记载发生过；

管线或设备的全破裂——灾难性破裂发生的可能性极低。

3. 泄漏持续时间

因为泄漏时间决定了泄漏物料的总量，进而决定了火灾、爆炸等事故的严重性，所以泄漏时间在定量风险分析中是十分重要的参数。

泄漏时间一般由切断阀的响应时间决定，切断阀可以是自动或手动切断。

切断阀的响应时间受泄漏点距离气体探测器远近、风向及风速、操作员的响应时间、阀门关闭时间等条件的影响，通常自动切断时间约为 2min，手动切断时间约为 10min[18]。如果某个泄漏源的泄漏时间存在多种可能性，可以将不同的泄漏时间按比例划分。例如某个泄漏源发生 25mm 孔径破裂的切断阀采用手动切断，响应时间为 10min；采用自动切断，响应时间为 5min；两种切断形式的可能性各占 50%。

## 三、后果分析

针对天然气液化及接收站项目定量风险分析主要关注的事故后果为天然气的火灾和爆炸。如果泄漏的液化天然气未被点燃，天然气蒸气云和液化天然气液池的主要危害为窒息和低温冻伤。由于窒息和低温冻伤的影响范围大多在泄漏源附近，所以这两种危害都被排除在定量风险分析的范围之外[19]。

天然气液化及接收站项目发生泄漏的潜在事故后果图如图 5-6 所示。

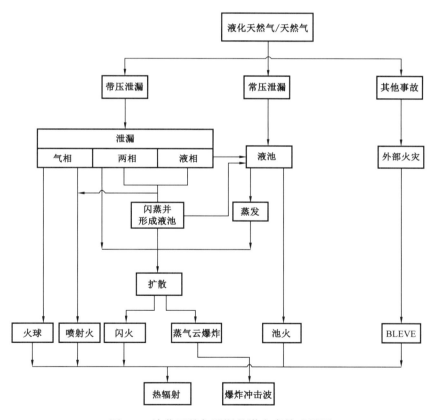

图 5-6　液化天然气泄漏的潜在事故后果图

1. 火灾

液化天然气泄漏被立即点燃时，会在泄漏源处发生喷射火和池火；如未被立即点燃，天然气扩散至空旷区域后被点燃会形成闪火。火灾的主要危害是辐射热，辐射热对天然气液化及接收站项目主要危害详见表 5-12。

表 5-12　拟控制热辐射阈值（参考 EN 1473）

| 辐射热，kW/m² | 控制区域 |
|---|---|
| 32 | 混凝土外表面（LNG 场站内） |
| 15 | 工艺设备或金属外表面（LNG 场站内） |
| 8 | 控制室、维修间、化验室等（LNG 场站内） |
| 5 | 行政办公楼（LNG 场站内） |
| 8 | LNG 场站外人员稀少区（如湿地、农田等） |
| 5 | LNG 场站外工业区 |
| 1.5 | LNG 场站外敏感区（如人员密集的公共场所等） |

1）池火

如果液化天然气泄漏后在地面形成液池，液池形成后将蔓延开并持续蒸发，如果该蒸气云被立即点燃，蒸发的天然气将在液池表面形成池火。池火对人员和设备设施的危害非常大，Havens 等指出大范围的 LNG 池火是天然气液化及接收站项目最严重的事故[17]。

影响池火的主要参数为：燃烧速率、液池直径、火焰形状（包括高度与地面的角度）、火焰表面辐射热。

美国《联邦法规 49 号——危险物质规则》（Title49-Transportation，Code of Federal Regulations，简称 49CFR）规定，液化天然气储罐和工艺设施的拦蓄区（围堰、集液池、收集沟）池火辐射热对厂外的人员和设施不能超过特定的限值。欧洲标准 EN 1473《液化天然气设备与安装》[13]也对厂内设施（储罐、工艺设施、控制室、实验室等）和厂外设施耐受火灾影响的限值提出了规定。我国 GB 50183—2004《石油天然气工程设计防火规范》也规定了围堰和集液池至室外活动场所、建（构）筑物的隔热距离要求。

2）喷射火

在液化天然气带压泄漏并被点燃时，会发生喷射火。如果发生喷射火舔烧并且持续时间足够长，喷射火可以烧毁大多数工艺设施和建构筑物。但是喷射火的危害范围仅限于半径范围 50m 之内，所以喷射火的威胁为天然气液化及接收站内部，而对厂外的公众威胁很小。

关于喷射火模型的研究目前已有较多的文献报道，喷射火焰的几何形状及尺寸的数学模型大体分为三类：单点源模型、多点源模型和固体火焰模型（平截头锥体）。单点源模型是指用火焰中心点的热辐射量来代替整个火焰的热辐射计量；多点源模型是指将整个火焰视作火焰中心线上的几个点热源组成，每个点热源的热辐射通量相等，某一目标处的入射热辐射强度等于喷射火焰的全部点热源对目标的热辐射强度的总和；而固体火焰模型则认为喷射火焰是以面源形式向外界辐射能量。在天然气液化及接收站项目中应用的比较广泛的是平截头锥体模型[19]。

3）闪火

闪火是由于泄漏的液化天然气未被立即点燃，扩散至开阔空间后被点燃后发生的事故。闪火的持续时间比较短，一般在几十秒之内。但是处于闪火波及范围内的人员损伤是致命的，对于处于闪火范围之外的设施，闪火火灾辐射热的影响相对喷射火和池火低。

美国《联邦法规 49 号——危险物质规则》规定泄漏到液化天然气储罐拦蓄区的天然气爆炸下限的一半（1/2LFL）不能扩散至界区以外。我国 GB 50183—2004《石油天然气工程设计防火规范》也有对液化天然气站场内重要设施不能设置在天然气蒸气云扩散隔离区内的要求。

4）沸腾液体膨胀蒸汽爆炸

沸腾液体膨胀蒸气爆炸（Boiling Liquid Expanding Vapor Explosion，BLEVE）是一种危险性很大的物理爆炸。

通常当封闭体系中的过热液体在体系发生突然泄压而迅速气化时，会造成容器内压力骤升而引起爆炸，这种爆炸被称为沸腾液体膨胀蒸汽爆炸。在这一过程中虽然有破片和冲击波产生，但爆炸火球的热辐射是最主要的伤害因素。

英国标准《液化天然气用设备和装置 – 液化天然气的一般性能》（EN 1160）指出，在液化天然气装置中发生沸腾液体膨胀蒸汽爆炸的可能性比较小。

2. 蒸气云爆炸

如果天然气在有封闭性或拥塞性的区域内被点燃，将会产生蒸气云爆炸。蒸气云爆炸的主要危害是爆炸超压值。

目前，可用于蒸气云爆炸（Vapour Cloud Explosion，VCE）超压值模拟的方法有很多，如：

（1）TNO 多能量法（TNO Multi-Energy Method）；

（2）BST 方法（Baker-Strehlow Model）；

（3）基于 CFD（Computational Fluid Dynamics）的方法。

TNO 多能量法是荷兰应用科学研究院（The Netherlands Organisation for Applied Scientific Research）在 20 世纪 80 年代提出的计算蒸气云爆炸的方法。其基本概念为：只有相当程度局部封闭中的可燃蒸气云才产生显著的爆炸效应，其他处于无约束条件下的可燃蒸气云只是缓慢燃烧，对产生爆炸效应没有贡献。基于这一概念，一团气云就不是作为整体，而需要对各部分局部封闭的程度分为若干个爆源来分别模拟。每个爆源作为一个等当量的半球形气云，可以根据给定的无量纲峰值超压与无量纲持续时间随无量纲距离变化曲线计算炸波参数的分布。TNO 多能量法采用曲线强度的不同取值（1～10）表示爆炸场所框架受限程度，即 1 表示受限程度最低，10 表示爆炸受限程度最高。该方法同时考虑了造成爆炸的物质量、物料特性、受限空间大小及其拥塞程度，可用于爆炸荷载的模拟计算[12]。

BST 方法与 TNO 多能量法类似，即可燃物质泄漏形成蒸气云后，只有在完全受限或部分受限的情况下才有可能发生蒸气云爆炸，爆炸波的强度与最大的蒸气云产生的火焰速度成正比。

基于计算流体动力学（Computational Fluid Dynamics，CFD）技术，是理想的解决方法，但建模复杂、计算时间长、成本大。

3. 毒性

在天然气液化装置中，未净化的天然气含有剧毒物质硫化氢，但硫化氢仅在某些酸性气分离设备中含量较高，在其他工艺设施含量较低（一般低于 $100\mu L/L$）。根据 API RP

581—2000《基于风险的检测技术》（Risk-based Inspection Base Resouerce Document），当硫化氢的储存浓度小于"立即威胁生命和健康浓度"（Immediately Dangerous to Life or Health concentration，IDLH）时（根据美国国家职业卫生研究所 NIOSH 网站最新公布数据硫化氢 IDLH 为 100μL/L），无须评估有毒气体泄漏的后果。

## 四、应用实例分析

定量风险分析在天然气液化及接收站工程安全设计中的应用十分广泛，主要应用有火灾辐射热的计算、扩散范围的确定、蒸气云爆炸超压值的计算、个人风险和社会风险的计算等。

1. 火灾辐射热的计算

天然气液化及接收站工程可能发生的主要火灾类型为喷射火和池火。

1）液化天然气储罐罐顶安全阀尾管抬升高度的确定

当液化天然气储罐罐顶安全阀排放时，一旦天然气被点燃，热辐射对储罐顶部、工艺泵平台、地面都会有一定影响。由图 5-7 看出，罐顶安全阀尾管排放口高于安全阀平台 5m 时，4.2kW/m²，14.5kW/m² 和 31.5kW/m² 的热辐射强度（未包含 0.5kW/m² 的太阳辐射热）分别覆盖到了储罐顶部、泵平台、地面，均不能满足 EN 1473《液化天然气设备与安装》的规定。

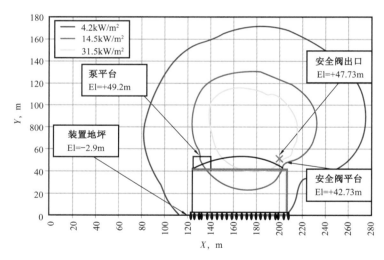

图 5-7　罐顶安全阀尾管排放口高度为 5m 时的辐射热范围

El—安全阀门出口排放高度

当尾管排放口高度抬升高于安全阀平台 18.8m 时，由图 5-8 看出，辐射热的覆盖范围均能满足标准的要求。

2）液化天然气储罐围堰池火辐射热计算

当液化天然气储罐采用常压单包容储罐时，需计算储罐围堰内全部容积的表面发生火灾时的辐射热。图 5-9 为使用某计算液体动力学 CFD 软件计算的储罐围堰发生池火的辐射热范围图。

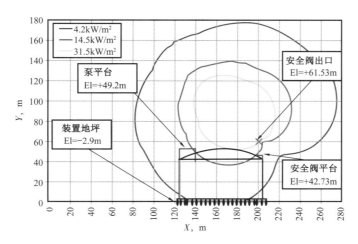

图 5-8　罐顶安全阀尾管排放口高度为 18.8m 时的辐射热范围

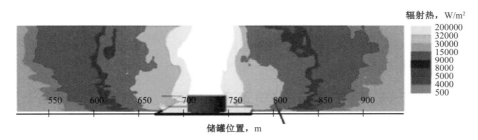

图 5-9　LNG 储罐围堰发生池火的辐射热范围

**2. 扩散范围的确定**

如果液化天然气储罐安全阀排放的天然气未被点燃，使用扩散模型，通过图 5-10 看出：1/2LFL（1/2 爆炸下限）：$2.258 \times 10^4 \mu L/L$；LFL（爆炸下限）：$4.516 \times 10^4 \mu L/L$；UFL（爆炸上限）：$1.698 \times 10^5 \mu L/L$，三种浓度下的天然气蒸气云均未落地。

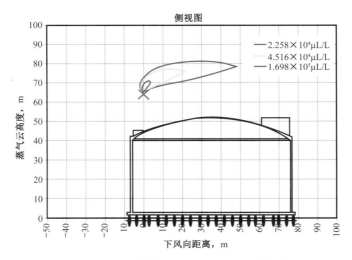

图 5-10　LNG 储罐围堰发生池火的辐射热范围

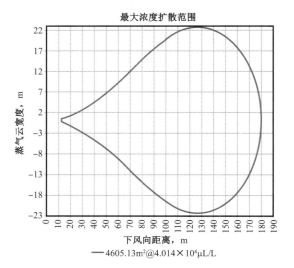

图 5-11 高压泵发生泄漏后可燃蒸气云的扩散范围

**3. 蒸气云爆炸超压值的计算**

本应用实例通过计算扩散至受限区域的天然气发生蒸气云爆炸的爆炸超压值和持续时间来确定主控室的抗爆结构设计。

首先通过分析装置的总图布置，确定了主控室附近可能发生泄漏事故的工艺设备和可能聚集天然气蒸气云的区域，故考虑离主控室较近的高压输出泵发生泄漏，可燃蒸气云扩散到总控室东侧管廊及空压机房和水泵房之间的区域，并发生蒸气云爆炸。通过扩散模拟，确认高压输出泵泄漏 LNG 形成可燃蒸气云后可以扩散到 180m 范围内（可覆盖已确定的天然气受限区域），如图 5-11 所示。

通过软件计算模拟得出受限区域发生蒸气云爆炸爆炸超压和持续时间随距离的变化如图 5-12 和图 5-13 所示。

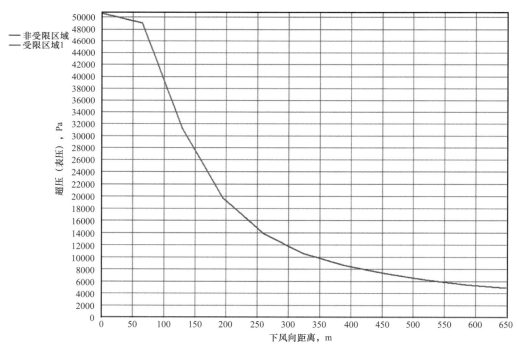

图 5-12 受限区域发生蒸气云爆炸后爆炸超压随距离变化图

**4. 个人风险和社会风险的计算**

本应用实例给出了某液化天然气接收站工程的个人风险等高线和社会风险曲线。

个人风险也称个体风险，是个体在危险区域可能受到某种程度伤害的频发程度，通常表示为个体死亡的发生频率[20]，单位为 $a^{-1}$，如图 5-14 所示。社会风险为群体在危险区域承受某种程度伤害的频发程度，通常表示为大于等于 $N$ 人死亡的事故累计频率（$F$），以累积频率和死亡人数之间关系的曲线图（$F$—$N$ 曲线）来表示[20]，如图 5-15 所示。

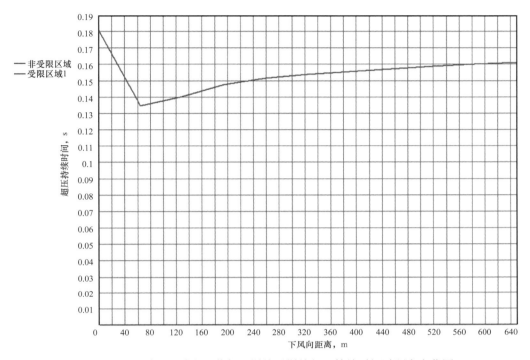

图 5-13　受限区域发生蒸气云爆炸后爆炸超压持续时间随距离变化图

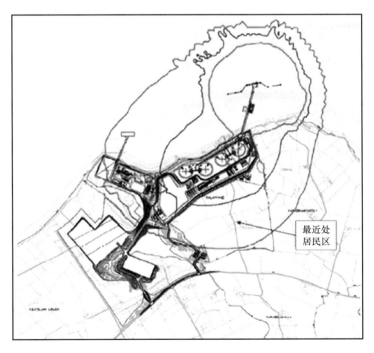

图 5-14　个人风险等高线

红色—$1\times10^{-5}a^{-1}$；蓝色—$1\times10^{-6}a^{-1}$；绿色—$1\times10^{-7}a^{-1}$

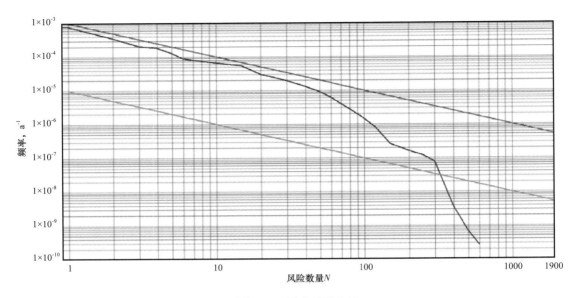

图5-15　社会风险曲线

# 参 考 文 献

[1]Q/SY 1523—2012　危险源早期辨识技术指南［S］.

[2]Evaluating Process Safety in the Chemical Industry. New York：Center for Chemical Process Safety of the American Institute of Chemical Engineers，2000.

[3]Guidelines for Technical Management of Chemical Process Safety.New York：Center for Chemical Process Safety of the American Institute of Chemical Engineers，1989.

[4]Q/SY 1364—2011　危险与可操作性分析技术指南［S］.

[5]AQ/T 3049—2013　危险与可操作性分析（HAZOP分析）应用导则［S］.

[6]宋媛玲，白改玲，周伟，等.HAZOP分析方法在液化天然气接收站的应用［J］.化学工程，2012，40（2）：74-78.

[7]GB/T 50770—2013　石油化工安全仪表系统设计规范［S］.

[8]IEC 61508—2010　Functional Safety of Electrical / Electronics / Programmable Electronic safety related systems−all the 7 Parts，Geneva：International Electrotechnical Commission，2010.

[9]IEC 61511—2004　Functional Safety：Safety Instrumented Systems for the Process Industry Sector−all the 3 parts，Geneva：International Electrotechnical Commission，2010.

[10]ISA S.84.00.01—2004　Functional Safety：Safety Instrumented Systems for the Process Industry Sector−all the 3 parts，Research Triangle Park：The Instrumentation System，and Automation Society，2004.

[11]Layer of Protection Analysis Simplified Process Risk Assessment. New York：Center for Chemical Process Safety of the American Institute of Chemical Engineers，2001.

[12]Guidelines for Chemical Process Quantitative Risk Analysis（2nd Edition）.New York，Center for Chemical Process Safety of the American Institute of Chemical Engineers，2010.

[13]EN 1473—2007　Installation and Equipment for liquefied Natural Gas−Design of Onshore Installations. London：BSI，2007.

[14] NFPA 59A—2016　Standard for the Production，Storage，and Handling of Liquefied Natural Gas（LNG）. Quincy：National Fire Protection Association，2016.

[15] GB 50183—2004　石油天然气工程设计防火规范［S］.

[16] GB 51156—2015　液化天然气接收站工程设计规范［S］.

[17] LNG Risk Based Safety Modeling and Consequence Analysis. Hoboken：AIChE，2010.

[18] Guidelines for Quantitative Risk Assessment.Netherlands，National Institute of Public Health and the Environment（RIVM），2005.

[19] Methods for Calculation of Physical Effects. Netherlands，Committee for the Prevention of Disasters，2005.

[20] Q/SY 1646—2013　定量风险分析导则［S］.

# 第六章　设备及材料国产化

为适应我国能源结构调整需求，2006—2015 年，中国石油建设了一批天然气液化厂和 LNG 接收站，初步完成了国内 LNG 市场的产业布局。在技术国产化应用及推广的同时，中国石油积极组织国内相关高校、研发机构、设计院所及一流设备制造单位，开展 LNG 装置设备及材料国产化研究，并逐步尝试和推广 LNG 产业国产化设备和材料在新建项目中的应用。

在大型天然气液化厂装备国产化方面，依托寰球公司开发的具有自主知识产权的 $260 \times 10^4$t/a 和 $550 \times 10^4$t/a 天然气液化技术，积极联合国内厂商开展了冷剂压缩机、冷剂压缩机驱动机、BOG 压缩机及冷箱等一系列液化关键设备的研发工作并取得了阶段性的成果，为中国石油进军海外 LNG 建设市场初步奠定了基础。

在中型天然气液化厂建设中，以泰安 LNG 项目建设为契机，在国家能源局的大力支持下，由寰球公司牵头，联合中国机械工业联合会和国内相关设备和材料制造单位，历时 2 年多技术攻关，实现了冷剂压缩机及驱动机、低温 BOG 压缩机、冷箱、低温阀门以及高压变频器等关键设备和材料的国产化，实际运行表明所有国产化设备和材料的技术指标均达到国际先进水平。另外，在中国石油国内规模最大的天然气液化厂湖北 LNG 工厂建设中，经过中国石油集团工程设计有限责任公司的精心组织，关键设备和材料也实现了较高的国产化水平。

在大型 LNG 接收站建设中，长期以来 LNG 储罐内罐的 9%Ni 钢板全部依赖国外进口。在中国石油的积极推动下，寰球公司依托江苏 LNG 接收站等项目，深入研究 9%Ni 钢板的相关技术要求及标准，并联合国内知名钢厂，成功实现了 9%Ni 钢的国产化开发及应用，实践表明国产化钢板的各项技术指标均优于国外标准要求，达到甚至超过了国外同类钢板的实物水平。此外，通过逐步摸索和有针对性的联合攻关，在 LNG 接收站建设中逐步实现了开架式气化器、浸没燃烧式气化器、立式长轴海水泵等大型关键设备和低温钢筋、低温泡沫玻璃砖、低温阀门及管道元件以及低温管托等低温材料的国产化应用，全面提升了我国 LNG 接收站建设装备国产化水平。

## 第一节　液化天然气储罐材料

由于液化天然气储罐的特殊性，长期以来我国大型 LNG 储罐内罐用的 9%Ni 钢板、外罐罐壁的低温钢筋和罐底保冷用低温泡沫玻璃砖材料大多依赖国外进口。中国石油在建设大型 LNG 接收站过程中，一直以来力求打破垄断，推动技术创新，努力提升国产化水平。本节阐述了中国石油在 LNG 接收站建设中，在 LNG 储罐用 9%Ni 钢板、低温钢筋和低温泡沫玻璃砖等方面的重要研发成果和工业应用实践。

## 一、9%Ni 钢板

### 1. 研发背景

9%Ni 钢自 20 世纪 40 年代开发以来，作为一种低碳马氏体型低温用钢，由于其强度高、低温韧性好、成本比 Ni—Cr 不锈钢低而逐渐被广泛应用。1956 年 9%Ni 钢被列入 ASTM 标准，1977 年被列入 JIS 标准，1994 年欧盟颁布了 EN 10028-4《低温镍基钢板》。

2007 年，根据中国石油天然气集团公司推进国产 9% Ni 钢在大型 LNG 储罐上应用的战略，经前期充分调研及论证，江苏 LNG 项目三座 LNG 储罐内罐材料拟采用国产 9% Ni 钢。在国产化实施过程中，在中国石油相关部门组织和领导下，寰球公司作为 LNG 储罐的设计、承建方，联合太原钢铁公司对国产 9% Ni 钢进行了大量的研究工作，成功实现了国产化制造，并实现了在国内 $16 \times 10^4 m^3$ LNG 储罐上的首次应用。2009 年，我国颁布 GB 24510《压力容器用 9%Ni 钢板》标准。

### 2. 技术指标

寰球公司作为 LNG 储罐的设计、承建方，在消化、吸收国内外有关 9%Ni 钢标准的基础上，根据 LNG 储罐的建造标准要求和国内钢铁企业的技术和装备能力，编制了《LNG 储罐用 9%Ni 钢技术条件》(以下简称《9%Ni 钢技术条件》)，确立了我国 LNG 储罐用 9%Ni 钢制造、检验、验收的标准。

国内外标准对 9%Ni 钢化学成分的规定见表 6-1。

表 6-1　9%Ni 钢化学成分　　　　　　　　　　　　　　　　单位：%

| 标准 | 牌号 | C | Si | Mn | P | S | Ni | Mo | V |
|---|---|---|---|---|---|---|---|---|---|
| ASTM A553 | A-553type 1 | <0.13 | 0.15～0.4 | <0.90 | <0.035 | <0.035 | 8.5～9.5 | — | — |
| JIS G3127 | SL9N60 | ≤0.12 | ≤0.3 | ≤0.90 | ≤0.025 | ≤0.025 | 8.5～9.5 | — | — |
| EN 10028-4 | X7Ni9 | <0.10 | ≤0.35 | 0.30～0.80 | ≤0.015 | ≤0.005 | 8.50～10.0 | ≤0.1 | ≤0.01 |
| GB 24510 | 9Ni590 | <0.10 | ≤0.35 | 0.30～0.80 | ≤0.010 | ≤0.005 | 8.50～10.0 | ≤0.1 | ≤0.01 |
| 《9%Ni 钢技术条件》 | 06Ni9 | <0.06 | ≤0.35 | 0.30～0.80 | ≤0.005 | ≤0.002 | 8.50～10.0 | ≤0.1 | ≤0.01 |

国产 LNG 储罐用 9%Ni 钢与国外同等材料的机械性能对比见表 6-2。

表 6-2　国产 LNG 储罐用 9%Ni 钢与国外同等材料的机械性能对比

| 标准 | 牌号 | 热处理状态 | 厚度，mm | 拉伸试验（横向） | | |
|---|---|---|---|---|---|---|
| | | | | 屈服强度 $R_{eH}$，MPa | 抗拉强度 $R_m$，MPa | 断后伸长率 $A$，% |
| ASTM A553 | A-553type 1 | QT | — | ≥585 | 690～825 | ≥20 |
| JIS G3127 | SL9N60 | QT | 6～100 | ≥590 | 690～830 | ≥21 |

续表

| 标准 | 牌号 | 热处理状态 | 厚度，mm | 拉伸试验（横向） | | |
|---|---|---|---|---|---|---|
| | | | | 屈服强度 $R_{eH}$，MPa | 抗拉强度 $R_m$，MPa | 断后伸长率 A，% |
| EN 10028–4 | X7Ni9 | QT | ≤30 | ≥585 | 680～820 | ≥18 |
| GB 24510 | 9Ni590 | QT | ≤30 | ≥590 | 680～820 | ≥18 |
| 《9%Ni 钢技术条件》 | 06Ni9 | QT | ≤30 | ≥585 | 690～820 | ≥18 |

国产 LNG 储罐用 9%Ni 钢与国外同等材料的低温韧性对比见表 6–3。

表 6–3　不同牌号 9%Ni 钢低温冲击功值实物抽样检测结果对比

| 标准 | 牌号 | 试样尺寸 mm | 冲击试验（横向） | | | |
|---|---|---|---|---|---|---|
| | | | 试验温度 ℃ | 吸收功的最小值 $A_{kv}$ J | | 侧向膨胀 |
| | | | | 三个试样的平均值（最小） | 只允许一个试样的最低检测值 | 每个试样 |
| ASTM A553 | A–553type 1 | 10×10 | -196 | 27 | 20 | 0.38mm（最小） |
| JIS G3127 | SL9N60 | 10×10 | | 41 | 34 | — |
| EN 10028–4 | X7Ni9 | 10×10 | | 80 | 80 | — |
| GB 24510 | 9Ni590 | 10×10 | | 80 | 56 | — |
| 《9%Ni 钢技术条件》 | 06Ni9 | 10×10 | | 100 | 75 | 0.64mm（最小） |

3. 制造和检验

LNG 储罐用钢材要求高强度、高韧性、高可焊性。9%Ni 钢的化学成分和热处理状态是保证 9%Ni 钢获得良好的机械强度和低温韧性的基础。

硫磷杂质含量是影响 9%Ni 钢材低温性能核心成分，含量高会使钢材发生冷脆、降低可焊性。国内钢厂在标准控制范围内，通过低磷硫超纯净炼钢工艺降低 P 和 S 含量，并调整 C，Si 和 Mo 等元素的添加量，通过发明的"高拉速、低水比、高温出坯"高镍钢连铸工艺、控制逆转变奥氏体组织的热处理工艺等获得了 9%Ni 钢良好机械强度和低温韧性。

除了严格控制 9%Ni 钢板的化学成分、机械性能等内在质量外，国产 9%Ni 钢板还在尺寸偏差以及平整度等方面达到了比标准更高的质量。

针对人们对 9%Ni 钢首次国产化的质量稳定性的担心，寰球公司聘请独立的第三方进行检验，全程监检钢板的实物质量，保证了产品大批量工业化生产的质量。

4. 工业应用

目前，按《9%Ni 钢技术条件》生产的高纯净、性能稳定的 9%Ni 钢，已成功应用于包括江苏 LNG、大连 LNG、唐山 LNG 等近 30 座大型 LNG 储罐项目建设中，其实物的各项质量技术指标均优于国外标准要求，达到甚至超过了国外同类钢板的实物水平。获得中国钢铁工业协会、中国金属学会颁发的冶金科学技术一等奖。

9%Ni钢的国产化应用，替代进口，填补了国内空白，国产9%Ni钢的价格和交货期比进口产品节约50%以上，打破了国外在高端材料制造方面的技术垄断和价格垄断，有效降低了LNG储罐的投资，为国内LNG项目的发展奠定了重要基础。

因此，9%Ni钢的国产化并应用于LNG储罐建造，不仅具有良好的经济效益，更有巨大的社会效益。

## 二、低温钢筋

### 1. 研发背景

据不完全统计，国内在建或计划建设的19个液化天然气接收站项目大约拥有56座罐容达到 $16 \times 10^4 \sim 20 \times 10^4 m^3$ 的大型储罐。可以预见，在未来的若干年内，低温钢筋作为LNG储罐的主要结构材料将被大量使用。在我国，作为混凝土建筑结构主要材料的钢筋是HRB400和HRB500热轧带肋钢筋，其性能不能满足 $-165℃$ 使用环境的要求。目前，国内还没有钢厂正常批量生产低温钢筋供应市场，LNG储罐用低温钢筋完全依赖进口。

国内外的LNG储罐主要使用的是米塔尔钢厂生产的低温钢筋，该产品目前还没有出台单独的产品标准，其技术条件主要是综合BS 4449和EN 14620等几个标准的要求而形成。低温钢筋要求在 $-165℃$ 的环境下具有良好的韧性、强度以及足够的抗脆性开裂和止裂能力，质量和性能要求较高，生产难度较大，因而市场价格较高（约为市场普通钢筋价格的3倍左右）。

由于低温钢筋的市场垄断效应明显，且属国外进口产品，使用该产品不但价格高，还需额外增加货物清关等环节，造成采购费用较高，周期较长，对LNG储罐的建造成本和工期制约明显。因此，国内蓬勃发展的LNG项目急需国内钢铁企业突破技术壁垒，实现低温钢筋国产化，降低低温钢筋的价格，节约建设资金，实现生产单位和建设单位的双赢。

为实现低温钢筋的国产化，寰球公司与南京钢铁股份有限公司、马鞍山钢铁股份有限公司、安徽工业大学和钢铁研究总院等单位进行了联合技术攻关，实现了低温钢筋的国产化。

### 2. 技术指标

根据BS 4449，低温钢筋在常温环境下的力学性能应满足以下要求：

（1）屈服强度特征值 $R_{eL}$=500MPa；

（2）实测屈服强度 $R^o_{eL} \geqslant 500MPa$，$R^o_{eL}/R_{eL} \leqslant 1.3$；

（3）实测抗拉强度 $R^o_m$ 和实测屈服强度 $R^o_{eL}$ 的比值不小于1.08；

（4）断后伸长率 $A \geqslant 15\%$；

（5）最大力下的总延伸率 $A_{gt} \geqslant 5\%$。

根据EN 14620，低温钢筋在低温 $-165℃$ 环境下力学性能应满足以下要求：

（1）无缺口钢筋低温下最小伸长率 $A_{gt,\ -165℃} \geqslant 3\%$。

（2）有缺口钢筋低温下最小伸长率 $A_{gt,\ -165℃} \geqslant 1\%$。

（3）有缺口钢筋 $NSR \geqslant 1$。

对于热轧钢筋

$$NSR= \text{有缺口钢筋 } R^{o}_{m} / \text{无缺口钢筋 } R^{o}_{eL}$$

对于冷轧钢筋

$$NSR= \text{有缺口钢筋 } R^{o}_{m} / \text{无缺口钢筋 } R_{P0.2}$$

注：$R_{P0.2}$ 为 0.2% 规定非线性延伸强度（应变 0.2% 对应的强度）

（4）无缺口钢筋的实测屈服强度 $R^{o}_{eL}$ 不小于 1.15 倍 $R_{eL}$。

（5）将低温钢筋试件绕一根直径不大于表 6-4 规定的直径的弯芯弯曲 90°，再反向弯曲 20° 后，钢筋受弯曲部位表面不得产生裂纹。

表 6-4　不同公称直径钢筋的最大弯芯直径

| 钢筋公称直径 $d$，mm | 最大弯芯直径 |
|---|---|
| ≤16 | $4d$ |
| >16 | $7d$ |

国内外低温钢筋产品的指标对比见表 6-5，国内钢厂的指标数据采用产品研发的鉴定材料，国外钢厂的指标数据取自以往项目的试验报告。

表 6-5　低温钢筋产品指标对比表

| 厂商或标准要求 | 直径 mm | 常温环境 | | | | 低温环境 | | | |
|---|---|---|---|---|---|---|---|---|---|
| | | $R^{o}_{eL}$ MPa | $R^{o}_{m}/R^{o}_{eL}$ | $A$ % | $A_{gt}$ % | 无缺口 $A_{gt}$，% | 有缺口 $A_{gt}$，% | 有缺口 $NSR$ | 无缺口 $R^{o}_{eL}$，MPa |
| | 国外规范要求 | ≥500 | ≥1.08 | ≥14% | ≥5% | ≥3% | ≥1% | ≥1 | ≥575 |
| 米塔尔 | 12 | 593 | 1.15 | 20.00 | 8.53 | 10.67 | 4.87 | 1.17 | 770 |
| | 16 | 570 | 1.19 | 19.42 | 10.62 | 10.32 | 4.49 | 1.14 | 752 |
| | 20 | 561 | 1.16 | 21.17 | 12.12 | 10.32 | 3.76 | 1.10 | 754 |
| | 25 | 551 | 1.22 | 20.00 | 10.03 | 10.05 | 4.67 | 1.14 | 774 |
| 南京钢铁 | 12 | 570 | 1.18 | 24.10 | 9.10 | 7.17 | 4.00 | 1.12 | 683 |
| | 16 | 567 | 1.18 | 23.50 | 8.50 | 7.17 | 5.83 | 1.18 | 673 |
| | 20 | 515 | 1.23 | 24.70 | 9.00 | 7.00 | 5.33 | 1.14 | 651 |
| | 25 | 544 | 1.20 | 20.70 | 8.50 | 8.00 | 5.33 | 1.16 | 667 |
| 马鞍山钢铁 | 12 | 586 | 1.18 | 25.2 | 8.94 | 8.95 | 3.65 | 1.18 | 733 |
| | 16 | 578 | 1.22 | — | 7.20 | 5.40 | 3.40 | 1.12 | 697 |
| | 20 | 550 | 1.23 | — | 6.80 | 6.05 | 3.55 | 1.17 | 610 |
| | 25 | 542 | 1.24 | — | 7.67 | 5.35 | 3.15 | 1.23 | 596 |

3. 制造和检验

低温钢筋的检验项目、取样数量和试验方法应符合表 6-6 的规定。

表 6-6　低温钢筋的检验项目、取样数量和试验方法

| 序号 | 检验项目 | 取样数量 | 取样方法 | 试验方法 |
|---|---|---|---|---|
| 1 | 化学成分 | 1/炉 | GB/T 20066 | GB/T 223<br>GB/T 4336 |
| 2 | 常温拉伸 | 3 | 任取 3 根切取 | GB/T 228.1 |
| 3 | 低温拉伸 | 6 组（3 组有缺口和 3 组无缺口） | | GB/T 13239 |
| 4 | 常温弯曲 | 3 | 任取 3 根切取 | GB/T 232<br>GB 1499.2 |
| 5 | 常温反弯曲 | 3 | 任取 3 根切取 | YB/T 5126 GB 1499.2 |
| 6 | 表面 | 逐根 | | 目视 |
| 7 | 尺寸 | 逐根 | | GB 1499.2 |
| 8 | 重量 | 逐根 | | GB 1499.2 |

注：每批质量不大于 60t。超过 60t 的部分，每增加 40t（或不足 40t 的余数），常温试验增加 1 个拉伸试样和 1 个弯曲试样，低温试验增加 2 组拉伸试样（1 组有缺口、1 组无缺口）。

低温环境下的试验应满足以下要求：

（1）试验温度。

① 低温试验温度（$T_t$）应为 -165℃。

② 低温力学性能试验应在一个低温箱中进行，在试验过程中，试件温度应尽可能一致。

③ 试样自由长度两端附近及中点应设测温点，在试验期间试样任意两个测温点间的温度差及试样上任意测温点的温度和试验设计温度之差均不得超过 ±3℃。

（2）低温钢筋试件。

① 低温钢筋样品应从垂直无弯曲的合格钢筋成品中随机选取。

② 随机选取一根外观及尺寸合格的低温钢筋，从相邻位置截取无缺口试样和带缺口试样各一根，此两根为一组，并编号。该根钢筋剩余部分也对应编号并封存为需要复验时备用。

③ 钢筋试件的长度应不小于 500mm 或 15 倍的钢筋直径，以大者为准，但不大于 1150mm。

（3）缺口尺寸。

① 用于缺口试验的试件应在试验装置夹持端的中间开槽。

② 缺口为 V 形，内夹角 45°，底部圆弧半径为 0.25mm。

③ 对于纵向螺纹钢筋，缺口应穿越螺纹并切入钢基底 1mm；对于横向螺纹钢筋，缺口应位于螺纹冠顶位置。

（4）加荷准则。

① 无缺口、有缺口和套筒连接的低温钢筋试件在试验温度下的拉伸试验依据 EN 10002–1 或者 EN 14620 Part–3 进行。

② 试件的拉伸速率要求：在弹性阶段到 $R_{P0.2}$ 或上屈服强度 $R_{eH}$ 时应力速率应为 6～10MPa/s，在塑性阶段直至断裂为止应变速率应为 0.0003～0.0005/s。

（5）在无缺口钢筋上进行的拉伸试验。

应测定以下特性：

① 下屈服强度 $R_{eL}$（热轧钢筋），0.2% 规定非线性延伸强度 $R_{P0.2}$（冷轧钢筋）。

② 在距离断裂处至少 2 倍钢筋直径以外 100mm 长度上测量的塑性伸长率。

（6）在有缺口钢筋上进行的拉伸试验。

应测定以下特性：

① 抗拉强度 $R_m$。

② 在距离缺口至少 2 倍钢筋直径外 100mm 长度上测量的塑性伸长率。

4. 工业应用

目前，国产化低温钢筋已成功地应用在中国石油江苏 LNG 二期项目 1 座 $20 \times 10^4 m^3$ 全容罐建设中，并同时降低了低温钢筋的采购成本和采购周期，取得了较好的经济效益。

## 三、泡沫玻璃

高性能泡沫玻璃主要应用于储罐内罐底部的绝热。其性能参数除满足导热系数外，还应具备一定的强度，满足 LNG 储罐在操作、液压试验及地震工况下的安全要求。

泡沫玻璃以天然石英砂为主要原料，通过加入添加剂熔炼制得符合要求的玻璃原料，再经添加无机发泡剂和其他添加剂，烧结、发泡和退火处理制得的具有一定强度和均匀闭孔的无机材料。其主要特点为闭孔的泡沫玻璃具有导热系数低、不吸潮、不燃烧且具有一定的抗压强度，是 LNG 储罐罐底绝热的主要材料。

1. 研发背景

工业化应用的泡沫玻璃是由美国匹茨堡康宁公司从 1937 年开始研制并生产，近 80 年来，该公司一直引领和几乎垄断了这一市场。

国内从 1970 年开始生产低端泡沫玻璃产品，主要满足于管道绝热等。为了满足国内大型 LNG 储罐关键材料国产化的需求，实现国内泡沫玻璃在大型 LNG 储罐上的应用，2007 年，浙江振申绝热科技有限公司投资建设技术上世界领先的泡沫玻璃生产线，并通过严格的质量控制和产品检测，开发出了满足工程要求的高性能泡沫玻璃产品并与 LNG 储罐的设计、承建方寰球公司密切合作，成功在中国石油第一个 LNG 储罐项目上得到应用，有效降低了 LNG 储罐的建造成本。

储罐经过长时间的运行考核，其绝热性能和抗压强度等技术指标均达到设计要求。

2. 技术指标

泡沫玻璃的两个主要性能指标是抗压强度和导热系数。通过不同的原料配比和生产工艺参数的调整可以得到不同密度的泡沫玻璃产品，密度越大，抗压强度越高，导热系数越大。常用泡沫玻璃的抗压强度和导热系数见表 6–7。

表 6-7　国产高性能泡沫玻璃技术指标

| 物理性能 | | ZES 800 | 国外相当牌号 HBL800 | ZES 1600 | 国外相当牌号 HBL1600 |
|---|---|---|---|---|---|
| 平均密度，kg/m³ | | 120 | 120 | 160 | 160 |
| 导热系数（10℃时）W/（m·K） | 平均值 | 0.043 | 0.043 | 0.048 | 0.048 |
| | 最高单测值 | 0.044 | 0.046 | 0.050 | 0.051 |
| 抗压强度 MPa | 平均值 | 0.80 | 0.80 | 1.60 | 1.60 |
| | 最低单测值 | 0.55 | 0.55 | 1.1 | 1.1 |

3. 制造和检验

生产泡沫玻璃，首先要有适合发泡并能得到所需产品性能的玻璃原料，玻璃原料通常以石英砂为主要原料，辅料主要为钾长石、钠长石和白云石等，通过加湿处理后，配置好的原料进入以电和天然气为能源的玻璃熔窑，熔炼过程的温度控制在 1400℃左右，熔炼后的混合料经水急冷得到碎玻璃原料，碎玻璃原料干燥后，添加炭黑发泡剂和其他添加剂，经球磨机充分混合和研磨，得到超细粉末原料，再经称重装模进入发泡炉高温发泡，高温下碳与玻璃料中的各类氧化物发生反应产生二氧化碳气体，从而实现发泡，刚发泡完的中间产品，其内部组织还不稳定，强度低、脆性大，所以还需经退火处理，从而稳定内部组织、提高强度和韧性、降低脆性。

4. 工业应用

目前，国内生产的高性能泡沫玻璃已成功应用于包括江苏 LNG、大连 LNG、唐山 LNG 等近 30 个大型 LNG 储罐项目建设中。采用国产高性能泡沫玻璃建造的大型 LNG 储罐经过长时间的运行实践，其绝热性能和抗压强度等技术指标达到设计要求。相比进口产品，国产化高性能泡沫玻璃采购成本大幅下降（相比原国外进口成本节约 20%～30%），供货时间大幅缩短，为国内自主设计建造大型 LNG 储罐提供了关键材料保障。

# 第二节　压缩机组及泵

压缩机是天然气液化装置中的核心转动设备，包括原料气增压机、再生气增压机、BOG 压缩机、冷剂压缩机。按照工作原理，压缩机分为容积式和速度式两大类，天然气液化厂中主要采用离心压缩机（速度式）、往复压缩机和螺杆压缩机（容积式），各种类型的压缩机在天然气液化厂中的应用场合参见表 6-8。天然气液化装置中的冷剂压缩机和低温 BOG 压缩机运行工况复杂，难度较大，需要进行有针对性地开发。

表 6-8　压缩机类型及其应用表

| 压缩机类型 | 使用场合 | 备注 |
|---|---|---|
| 离心式 | 冷剂压缩、BOG 压缩、原料气压缩 | 大型天然气液化工厂使用 |
| 往复式 | 冷剂压缩、BOG 压缩、原料气压缩、再生气增压 | 小型天然气液化工厂使用 |
| 螺杆式 | 冷剂压缩、BOG 压缩 | 小型天然气液化工厂使用 |

大型 LNG 接收站中泵类设备种类繁多，与一般化工流程泵相似，较为特殊的是立式长轴海水泵和 LNG 潜液泵。

## 一、冷剂压缩机

### 1. 研发背景

天然气液化装置的冷剂压缩机一般采用离心式，其特点是流量大、功率大、技术要求高。美国通用电气、德莱赛兰、日本埃里奥特等多家外国公司具备制造用此类压缩机的能力。国内离心压缩机在大流量，高技术和特殊产品等方面还不能满足需要，尤其在技术水平、质量、成套性等方面与国外还有差距，特别是压缩机大型化后相关模型级（基本级）开发、动力学分析、结构设计、加工制造工艺、检验试验等方面需要特别研究。与其他行业的离心压缩机相比较，天然气液化装置的冷剂压缩机具有如下特殊之处：

（1）分子量大，混合冷剂组成变化；

（2）操作范围要求宽（50%～110%）；

（3）单级压比高，叶轮口圈和平衡盘密封两侧差压大，泄漏量大，流场分布不均，造成二次效应，使得转子本身抗干扰性能差，可靠性和稳定性不足。

由于上述特点，使得原有压缩机存在如下主要问题：

（1）性能不准确，模化设计时对性能的修正考虑不全面，造成计算参数和实际运行参数间存在一定的偏差；

（2）压缩机效率低于国外同类机组；

（3）极易发生气体激振，压缩机振动超标。

针对以上问题，中国石油联合沈阳鼓风机集团股份有限公司（以下简称"沈鼓"），开发了高效混合冷剂压缩机，主要通过在气动性能、结构设计、加工工艺方面改进及主要元件特殊稳定性设计等方面，形成了"高效率的线元素三元叶轮""转子稳定性设计""压缩机全方位试验验证"等一系列关键技术，机组制造完成后一次性通过了工厂的实验验证，取得了较好的应用效果。

### 2. 设计技术

#### 1）高效高性能基本级开发

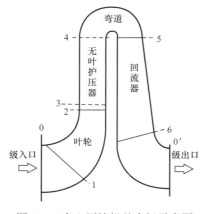

图 6-1　高心压缩机基本级示意图

目前，压缩机设计中应用最多的是模化法，该方法是以相似理论为基础，根据已有高效机器或模型级，采用相似换算的方法设计新机器。模化法设计就需要模型级，较为理想的压缩机单级模型一般由叶轮、扩压器弯道和回流器组成（图 6-1），各部件是决定压缩机性能的关键元件。"高效率的线元素三元叶轮"的开发主要采用模化法，通过试验、流场模拟等方式确定模型级（基本级）的基本参数，并采用特殊的加工手段保证这些参数得以实现。

协作单位沈鼓于 20 世纪 90 年代初开发成功并使用的高效 T 系列和 U 系列模型级，和天然气液化工艺要求及国外机型相比存在一定差距，需全面地升级压缩机整体技术高效高性能基本级开发。该任务属于在原 T 系列和 U 系列基础上的二次开发，图 6-2 给出了基本级开发的一般气动路线。

（1）首先根据设计参数参照过去的模型级进行一维设计和准三维设计，然后进行完全三维的黏性分析，若流场存在问题，将 CFD 分析结果反馈给准三维环节重新设计直到获得理想的 CFD 结果，接下来进行加工实验，若试验结果达到了期望要求，则成功，宣告开发过程结束；若存在问题，则反馈给设计环节重新进行三维设计和分析。

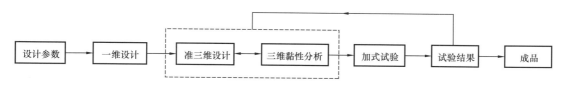

图 6-2　高效基本级气动开发路线

（2）整体加工分析和结果。

不同于普通三维空间扭曲叶片的叶轮，本次开发采用整体铣制的工艺方案，设计过程和加工工艺专家密切沟通，按照设想的流线（线元素），整体铣制而成，形成了"高效线元素三元叶轮"技术。

（3）试验阶段。

试验测点按照 ASME PTC 10—1997《压缩机和排气机性能测试规范》和 JB/T 3165—1999《离心和轴流式鼓风机和压缩机热力性能试验》要求布置，流量测量采用进口孔板，压力测量采用总压探针，温度测量采用热电阻。用热平衡法测试级进出口的性能。测试用仪器仪表均经过动、静态校正试验，仪表精度在许可范围内，试验后进行误差分析与复校试验，试验结果可靠。

（4）研究结果。

与原 T 系列模型级相比，新开发的大流量 TB 系列模型级有以下特点：

① 保持了原模型级的较高的效率指标；

② 能头系数提高了约 5%；

③ 完全覆盖原来模型级流量系数范围，最大流量系数达到了 0.155，将原模型级最大流量系数提高了约 20%；

④ 提高了最大机器马赫数；

⑤ 采用整体铣制方法，有效保证加工精度。

与原 U 系列模型级相比，新开发的中等流量 UB 系列模型级有以下特点：

① 保持了原模型级的效率指标；

② 能头系数有所提高；

③ 完全覆盖原来模型级流量系数范围；

④ 提高了最大机器马赫数；

⑤ 采用整体铣制方法，有效保证加工精度。

2）转子稳定性设计及其可靠性设计

在天然气液化装置中，由于混合冷剂分子量及工艺操作工况多变，平衡盘密封和级间密封（非接触式密封）导致的转子失稳易引起设备停机，直接影响到机组的可靠性。通过研究非接触式密封导致转子失稳的机理，选择了适当的非接触式密封的结构。同时，采用增加转子刚性，合理选用转子的长径比，降低其对外界潜在源"刺激"的敏感程度等方式提高转子的稳定性。转子的可靠性分析主要有：变工况推力分析、强度分析、稳定性分析、扭转振动分析、横向振动分析、不平衡响应分析、叶轮固有频率及疲劳分析、叶轮过盈等，其中，扭转振动分析、叶轮固有频率及疲劳分析等在 API 617 中虽不是必选项，但在新型混合冷剂的研发过程中也进行了全面分析。

（1）长径比的控制。

任何理论分析都是对实际状况的模拟和简化，分析的结果和实际会有一些差别，此时，实际的设计和运行经验就非常重要，冷剂压缩机在国产化实施过程中除上述分析外，采用了一些国外公司的工程经验对转子长径比的控制，通过严格控制转子长径比，提高转子刚性，确保转子的高稳定性。图 6-3 示出了泰安项目中 MR1 压缩机的长径比。

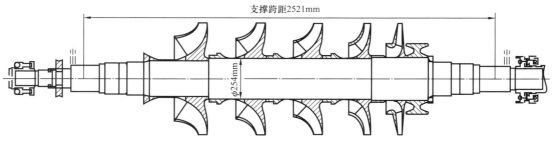

图 6-3　MR1 压缩机长径比

（2）特殊平衡盘密封。

压缩机平衡盘上装有特定的密封，以尽量减少平衡盘两边气体的泄漏，即减少末级出口向压缩机平衡气腔的泄漏。根据混合冷剂压缩机的运行现状分析，平衡盘密封处是最易发生气体激振的部位，因此，本次的平衡盘密封选择带有防激振作用的蜂窝密封，该密封的密封面是类蜂窝的结构，能很好地防止气体激振，并且同比于常规的迷宫密封能有效地减少平衡盘两边的气体泄漏，降低压缩机功耗。

（3）可靠的级间密封。

压缩机叶轮口圈外缘和隔板轴孔处均安装有迷宫密封，采用具有一定可磨性能的工程塑料，相比于普通的铝制密封径向间隙减小 30%～50%，可有效地减低压缩机的内泄漏量；并且密封的齿形存在一定的倾斜角度，避免了气流对转子的直接激励，并在振动过大时有一定的避让空间，避免对主轴及叶轮产生损坏。

3. 制造技术

1）叶轮的整体铣制

整体铣制的线元素三元叶轮也可以减少加工过程中的尺寸误差，保证叶轮的加工精度，提高叶轮通流部分的表面粗糙度，避免低温状态下产生的应力集中问题。

2）转子振动控制

转子装配前，叶轮及平衡盘均进行了单独平衡，平衡工装借鉴国外先进结构，以冷装拉伸小间隙配合，避免了叶轮装拆工装后的热变形及氧化。单件合格后进行装配，为了消除内力矩的影响，采用奇、偶法装配，每装配两个叶轮进行一次转子低速动平衡（以后装配的叶轮为校正面），直到转子装配结束后，对转子整体进行低速动平衡，然后进行高速动平衡，保证了转子的平衡精度。转子部件平衡及整体高速平衡上都进行了特殊的工艺处理，基本消除了转子临界响应区域。试验表明，机组在性能试验转速下的临界区域内振动最大为 20μm。

3）低温材料选择与焊接

MR2 机组低压缸属于水平剖分焊接机壳，材料选择适用于 -70℃的 09MnNiDR 板材或 09MnNiD 锻件，为保证材料的质量，按照压力容器的标准订货，材料机械性能及其他检验项目合格后交货，进厂直接进行后续加工。在机壳的制造过程中，针对重要零部件水平法兰、端板、外壳板、支撑环、内壳板、风筒弯板等进行材料本身的机械性能及低温冲击试验，合格之后方可使用。为确保焊接机壳的焊接质量，针对在焊接机壳中的特殊组部件水平法兰进行单独消应力处理，焊接机壳在焊接后和粗加工后分别整体进炉消应力处理，达到彻底消除焊接应力、预防变形的目的，确保机壳制造质量。

4）机壳配重加工

由于机壳较大，为避免工件偏重使机床工作台旋转不平稳影响工件加工精度，所以机壳在车加工采用在工作台上配重加工。

4. 检验试验技术

为保证国产化研制顺利完成，实现现场零故障，整个机组在出厂前进行全方位的试验验证，严控试验的指标，主要试验项目包括：

（1）机械运转试验，验证压缩机本身的机械运转情况，检验压缩机的动平衡精度；

（2）整机泄漏试验，验证机组的各零部件结合处的气密性，特别是干气密封的泄漏情况；

（3）性能试验，验证压缩机的性能是否达到预期性能的要求，并实测机组的喘振；

（4）全速、全压、全功率试验，验证机组在对转子稳定性最为不利的条件下是否能平稳运转，避免出现气体激振；

（5）压缩机联机试验，验证整个轴系的运转情况，减少现场运转机械故障。

完成上述工厂试验，运抵现场安装后，实现一次开车成功的目标，完成了工业应用。

5. 工业应用

应用前述成果，结合工艺要求，开发出了 $60 \times 10^4$t/a，$260 \times 10^4$t/a 和 $550 \times 10^4$t/a 天然气液化装置的混合冷剂压缩机，其中 $60 \times 10^4$t/a 天然气液化装置混合冷剂压缩机已成功用于山东泰安 $60 \times 10^4$t/a LNG 装备国产化项目。

1）$60 \times 10^4$t/a 天然气液化装置混合冷剂压缩机

山东泰安 $60 \times 10^4$t/a LNG 装备国产化项目是国家能源液化天然气研发中心的依托项目，其中的冷剂压缩机也是国内首台套较大规模的混合冷剂压缩机。研制过程中，国家能源局高度重视，组织专家对压缩机的技术方案、制造图纸、加工方案、检验试验方案等进行了评审论证，并在出厂完成多项试验后，进行了出厂鉴定。样机已于 2014 年 8 月成功应用于山东泰安 LNG 项目，各项技术指标完全符合要求。MR1 压缩机方案：单缸两段，共 6 级叶轮；MR2 压缩机方案：两缸两段，共 11 级叶轮，技术参数见表 6-9。

表 6-9    60×10⁴t/a 天然气液化装置 MR1 压缩机和 MR2 压缩机

| 参数 | MR1 压缩机 | MR2 压缩机 |
|---|---|---|
| 入口流量，$m^3/h$ | 21229/13142 | 44184/9928 |
| 轴功率，kW | 11257 | 15227 |
| 转速，r/min | 7755 | 6975 |
| 型号 | 3BCL526 | MCL705+BCL526 |

2）260×10⁴t/a 天然气液化装置混合冷剂压缩机

该压缩机以中东地区某天然气液化项目为目标，完成了冷剂压缩机技术方案、机加工方案、检验试验方案、制造图纸等，通过了中国机械工业联合会组织行业协会、高等院校、科研院所、使用单位等组成的专家论证，专家组一致认为具备设计、制造能力。MR1压缩机方案：两缸两段，共 9 级叶轮；MR2 压缩机方案：两缸两段，共 10 级叶轮，技术参数见表 6-10。

表 6-10    260×10⁴t/a 天然气液化装置 MR1 压缩机和 MR2 压缩机

| 参数 | MR1 压缩机 | MR2 压缩机 |
|---|---|---|
| 入口流量，$m^3/h$ | 118027/88249 | 184864/51495 |
| 轴功率，kW | 60844 | 61175 |
| 转速，r/min | 3323 | 3420 |
| 型号 | MC1204+BCL1105 | MCL1404+2BCL1206 |

3）550×10⁴t/a 天然气液化装置混合冷剂压缩机

该压缩机以俄罗斯某天然气液化项目为目标，分为单线方案和双线方案（两条275×10⁴t/a 生产线），分别完成了冷剂压缩机技术方案、检验试验方案等，方案通过专家组评审。单线方案中，MR1 压缩机：单缸两段，共 5 级叶轮；MR2 压缩机方案：两缸两段，共 12 级叶轮，技术参数见表 6-11；双线方案中，MR1 压缩机：单缸两段，共 5 级叶轮；MR2 压缩机方案：两缸两段，共 12 级叶轮，技术参数见表 6-12。

表 6-11    550×10⁴t/a 天然气液化装置 MR1 压缩机和 MR2 压缩机（单线）

| 参数 | MR1 压缩机 | MR2 压缩机 |
|---|---|---|
| 入口流量，$m^3/h$ | 229520/117800 | 372937 |
| 轴功率，kW | 62998 | 38726+70167=108893 |
| 转速，r/min | 2476 | 2929 |
| 型号 | 2MCL1605 | DMCL1506+BCL1506 |

表 6-12 550×10⁴t/a 天然气液化装置 MR1 压缩机和 MR2 压缩机（双线）

| 参数 | MR1 压缩机 | MR2 压缩机 |
|---|---|---|
| 入口流量，m³/h | 114760/58900 | 186468 |
| 轴功率，kW | 32109 | 19303+35973=55276 |
| 转速，r/min | 3422 | 4193 |
| 型号 | 2MCL1205 | DMCL1006+BCL1006 |

## 二、低温 BOG 压缩机

### 1. 研发背景

在天然气液化装置中，LNG 通常在 -161℃储存，LNG 储存过程中会从大气中吸收热量（或者节流降压闪蒸等）而产生大量的挥发气（Boil Off Gas，BOG），BOG 压缩机是 BOG 回收利用中的关键设备，其作用是处理 LNG 生产过程中产生的挥发气，维持 LNG 储存系统压力的恒定。

按照流量及排出压力的不同，BOG 压缩机可选用离心或往复压缩机。中小型天然气液化装置不同工况下液化天然气的挥发气（BOG）的产生量变化较大，而离心压缩机对变工况条件适应性差，且价格昂贵。往复式 BOG 压缩机可配有入口卸荷器等多种手段对操作负荷进行调节，且价格相对较低，且可采取多台并联操作，因此中小型天然气液化装置中通常选用往复式压缩机对 BOG 进行处理[1]。

低温 BOG 压缩机入口操作温度极低（-161℃），材料在低温状态下的性能、冷缩、冷脆等变化较大，长期以来国内缺乏适应 -161℃的低温铸造材料，因此，国内已有装置的 BOG 压缩机几乎全部依靠进口。国际上常用的 BOG 压缩机主要有以日本石川岛播磨重工业公司（IHI）为代表的卧式对称平衡型和以瑞士布克哈德公司（BURCKHARDT）为代表的立式迷宫型往复式压缩机。由于 BOG 压缩机在低温下运行，卧式对称平衡型压缩机中活塞环、填料环需采用特种材料，以避免产生冷脆和降低机组可靠性。国内在低温用活塞环、填料环方面的研究基础较薄弱，而立式迷宫压缩机可避免此类情况，结合国内压缩机制造业和基础材料研究的实际情况，选择沈阳远大压缩机有限公司（以下简称"沈阳远大"）作为协作单位，并以立式迷宫压缩机作为低温 BOG 压缩机研制和攻关目标。

迷宫活塞式压缩机采用非接触式密封结构（活塞与气缸间、填料与活塞杆间），在一定的小间隙下极少部分气体通过各个节流点从高压侧流向低压侧，经过连续均布的节流和齿槽旋涡室的重复作用，泄漏气体的压力降低到低压侧压力，达到气密性要求。该机型无活塞环、填料环等易损件，活塞运动过程是一个无磨损的过程，能保证长期可靠运行。

同常温型迷宫压缩机相比较，低温迷宫压缩压缩机研制应注意以下几个方面：

（1）在低温状态下与介质接触的零部件材料的低温性能、冷缩、冷脆等方面的变化和影响；

（2）对材料、密封、变形和防脆断有特殊要求；

（3）常温装配、低温运行，机械加工与装配精度要求特别高，使得低温迷宫压缩机设计、制造难度加大；

（4）需要采取特殊措施将低温的压缩部分和常温的运动部分隔离开来，保证压缩机驱动部分稳定运行。

国内低温材料通常使用不锈钢，但由于不锈钢收缩率大，低温时其零部件收缩变形较大，很难满足低温迷宫压缩机的高精度要求。同时，不锈钢熔点较高，钢水的流动性差、铸件容易产生缩孔、缩松、气孔和裂纹缺陷，成品率较低，所以不宜采用不锈钢作为过流部件。而球墨铸铁的铸造性能优于铸钢，适用于结构复杂、特殊零件的铸造，且其性能更接近于铸钢材料，因此，研制过程中选用低温球墨铸铁材料作为BOG压缩机缸体及活塞的材料，使其在−161℃下仍具有良好的冲击韧性，同时具有良好的收缩率，满足压缩机铸造气缸低温工况下的使用要求。

BOG压缩机所有与工艺介质接触的部件采用耐低温材料，低温气体中的冷量可通过机身传递到运动润滑系统，对常温部件的强度及刚度产生影响。为防止这种传递导致压缩机不能正常工作，节省低温材料的用量，降低制造成本，通常在低温区与常温区之间设隔离区。

2. 设计技术

1）带隔冷的低温气缸结构设计

BOG压缩机工作时，气缸和机身通过螺栓连接在一起，气缸和机身结合面为金属对金属，如采用常规设计，气缸的冷量会通过结合面传导到机身，导致润滑油黏度发生较大变化，甚至凝固，从而影响压缩机正常运行。为避免此类情况，通过试验研究，在机身和气缸间设置了隔冷腔，阻止冷量传导，并用冷媒将冷量引导至压缩机润滑油冷却系统，同时实现了冷能循环利用。

2）活塞超级螺母连接结构设计

螺母连接结构在低温环境下其紧固力矩可能会发生变化而产生松动，研发过程中重点分析和判断低温工况下螺母结构的工作状态，目标为选用优质的耐低温材料与结构，使其适用于低温压缩机。经多次试验研究，采用螺母中附加螺旋丝的超级螺母结构，并用低温钢制造，在活塞与活塞杆紧固完成后，整体进行深冷处理，成功解决了这一问题。

3）低温弹簧支架结构设计

低温压缩机的设备及管道在达到额定温度时，相对于安装状态会发生较大的尺寸变形，如果在设计及安装时未充分考虑，将可能导致机组发生振动，严重时可能导致管道发生断裂甚至引发安全事故。

通过管线系统的模拟分析，机组在低温状态下管线冷缩变形量较大，机组缓冲器采用弹簧支架，避免管线发生冷缩变形时在局部产生应力集中，同时，弹簧提供的纵向力也能够保证缓冲器在机组运行时的稳定性。由于弹簧支架本身的零件均为碳钢材料制造，不耐低温，因此在弹簧支架与低温缓冲器之间设置保冷块，以防止冷量传递至弹簧支架。

3. 制造技术

1）高镍低温球铁材料

比较而言，球墨铸铁铸造性能优于铸钢，更适用于结构复杂、特殊零件的铸造。如瑞士布克哈德公司早已研制出低温球铁材料的铸造气缸，而我国压缩机制造业，对于与低温（低于−41℃）及超低温（低于−100℃）介质直接接触的气缸、活塞等材料科研及生产仍属于空白。

研制过程中，材料的组分控制指标如下：碳 2%～2.6%、硅≤2%、锰≤0.3%、磷和硫微量，硅是促进石墨化元素，可以提高球铁的抗拉强度和屈服强度，但过高的硅含量会造成塑性降低、脆性转变、冲击韧性明显降低，故将硅控制在 2% 以内；锰是扩大奥氏体元素，锰含量增加可延迟奥氏体转变，但锰含量过高会对冲击韧性和脆性转变温度带来不利影响，尤其对厚壁铸件易发生偏析，故将锰含量控制在≤0.3% 以内。磷、硫作为有害元素，要尽量降低，特别是磷在铸铁熔炼中无法去除，要通过原材料中磷含量进行控制。通过低温试验，调整球墨铸铁主要组分配比和引发元素，控制熔炼、球化、孕育等铸造工艺，发现特定镍含量的球墨铸铁在低温下具有优良的金相组织与力学性能，同时发现在低钛、低磷、低硫状态下，镍含量与收缩率及冲击功的临界关系。确定了超低温球墨铸铁的成分与铸造成型工艺，研制出低温蒸发气（BOG）压缩机缸体和活塞专用材料。

2）气缸、活塞深冷稳定性处理工艺

气缸体、活塞体、活塞杆等零件在低温状态下，其材料的残余相变及残余应力可能对零件的形位公差造成一定偏差，并最终对机组的加工质量及装配质量产生严重影响；因此，对工作条件为低温环境的机械零件，均经过深冷稳定性处理并恢复常温后再进行精加工，深冷时零件完全置于超低温环境下，并根据零件结构和体积的不同，设定其深冷处理的时间以及恢复常温的时间。

4. 检验试验技术

为全面验证设计、加工、装配质量、各级缸体的设计余隙、缸体与活塞在低温下的变形及间隙设计是否合理、各级气缸的压比、隔冷结构是否合理，保证整机性能可靠及长期安全运行，在出厂前进行低温氮气负荷运转试验。

利用蒸发器将槽车内输送来的液氮进行气化，气化后的氮气经缓冲罐后进入压缩机，经 BOG 压缩机两级压缩后将氮气的压力提高至规定压力，压缩机高压出口氮气大部分直接放空，少部分通过回路回到蒸发器，以提供液氮蒸发时所需的热量。压缩机的出口压力采用出口放空阀门控制，入口低温氮气的温度采用控制回流氮气量和液氮量来控制，缓冲罐的作用是防止未蒸发的液氮进入压缩机造成压缩机气缸内液击[1]。

低温负荷试车共计进行 72h 以上，通过对各种试车问题的总结及处理，最终成功地使机组的各项参数及指标达到了预期的试验目标，全面验证了机组从材料选用、结构设计、安装调试以及设计参数等方面均不存在缺陷，完全符合了设计工况下的低温迷宫压缩机的制造要求。

5. 工业应用

按照工艺要求，应用前述成果开发出了 $60 \times 10^4$t/a、$260 \times 10^4$t/a 天然气液化装置的低温 BOG 压缩机，其中 $60 \times 10^4$t/a 天然气液化装置的低温 BOG 压缩机已成功用于山东泰安 $60 \times 10^4$t/a LNG 装备国产化项目。

1）$60 \times 10^4$t/a 天然气液化装置低温 BOG 压缩机

该装置的低温 BOG 压缩机是国内首台套低温压缩机，研制过程中，国家能源局高度重视，组织专家对压缩机的技术方案、制造图纸、加工方案、检验试验方案等进行了评审论证，并在出厂完成 72h 低温性能试验后，进行了出厂鉴定，样机已于 2014 年 8 月成功应用于山东泰安 LNG 项目，各项技术指标完全符合要求，技术参数见表 6-13。

表 6-13　$60 \times 10^4$t/a 天然气液化装置低温 BOG 压缩机主要参数

| 设计参数类型 | 设计值 | 单位 |
|---|---|---|
| 型号 | 4K–300MG–55/0.1–17 | — |
| 名称 | 低温 BOG 迷宫压缩机 | — |
| 结构形式 | 四列两级立式迷宫 | — |
| 介质 | BOG | — |
| 标态气量 | 8815 | $m^3$/h |
| 转速 | 425 | rad/min |
| 电动机功率 | 800 | kW |

2）$260 \times 10^4$t/a 天然气液化装置低温 BOG 压缩机

该压缩机以中东地区某天然气液化项目为目标，完成了冷剂压缩机加工方案、检验试验方案、制造图纸。方案通过了中国机械工业联合会组织行业协会、高等院校、科研院所、应用单位等组成的专家论证，专家组一致认为具备设计、制造能力，技术参数见表6-14。

表 6-14　$260 \times 10^4$t/a 天然气液化装置低温 BOG 压缩机主要参数

| 设计参数类型 | 设计值 | 单位 |
|---|---|---|
| 型号 | 6K–375MG–202/7 | — |
| 名称 | 低温 BOG 迷宫压缩机 | — |
| 结构形式 | 六列两级立式迷宫 | — |
| 介质 | BOG | — |
| 标态气量 | 31420 | $m^3$/h |
| 转速 | 375 | rad/min |
| 电动机功率 | 2600 | kW |

## 三、冷剂压缩机驱动机

### 1.研发背景

压缩机运转需要驱动机拖动，常用的驱动机有三种：燃气轮机、汽轮机及电动机。驱动机的选择需要综合考虑建厂地区的公用工程依托条件、气象条件、全厂工艺系统配套、技术经济因素等，根据项目实际情况需要对不同驱动机进行比选。

燃气轮机系统流程简单，联合蒸汽（或导热油）循环后循环效率较高，所以，大型天然气液化装置用大功率离心压缩机的最佳驱动方案为燃气轮机。工业燃气轮机可分为重型、重载型、航改型。重型燃气轮机是从汽轮机技术发展而来，一般为单轴结构，主要用于发电。航改型燃气轮机技术主要基于航空机技术，一般为分轴结构，多用于作为驱动机。重载型燃气轮机是吸收了重型和轻型燃气轮机的优点而开发的机型，均可以用于上述用途。

国外工业型燃气轮机在 LNG 工业中应用得非常多。典型的输出功率范围为 30～130MW，其热效率为 29%～34%，燃气轮机的功率输出随着环境温度的增加而降低。工业型燃气轮机具有单轴和双轴两种类型，与双轴相比，单轴更加简单，维护费用更低，但运行速度范围更小；另外，还需要启动机，该启动机常为一个独立的轮机或电动机。一旦启动之后，启动用的轮机或电动机可作为一个辅助电动机，以增加燃气轮机功率。

汽轮机动力来自蒸汽，运行较为安全可靠，运行速度变化范围较宽，可满足任何要求的功率等级。早期基本负荷型 LNG 装置中绝大部分使用蒸汽驱动，汽轮机的内效率较高，为 65%～85%，但需要复杂的锅炉蒸汽系统和水系统。

电动机可制造成任何功率等级，可实现无级变频调速；迄今 LNG 工业中最大的电动机功率为 $6.5 \times 10^4 kW$。电动机的维护要求较燃气轮机低，且电动机输出功率不受周围环境温度的影响。电动机本身的热效率非常好，输入电力的 98%～99% 被转化成轴功率（总体整体热效率需同时考虑发电机效率）。天然气液化装置中一般为燃气轮机发电，发电过程中存在能量损耗，所以发电机的整体热效率低于燃气轮机。电动机驱动的主要缺点是：启动时要求昂贵且复杂的变频器（Variable Frequency Drive，VFD）驱动或软启动器。VFD 驱动机的速度调节范围较广，表 6-15 对各类驱动机的适用情况进行了比较。

表 6-15　冷剂压缩机驱动机适用情况比较

| | 优势 | 劣势 | 应用场合 |
|---|---|---|---|
| 电动机 | （1）无设计缺口；<br>（2）配套设施少，建设工程量少；<br>（3）定期维护频率低，可减少计划关停时间；<br>（4）设备可靠性高 | （1）需要建大型中心电厂及变配电设施，增加了资金投入与占地面积；<br>（2）开车、停车时，对外部电网影响较大；<br>（3）变速驱动时，需要变频器或无极变速液力耦合器等辅助设施，投资加大；<br>（4）需要特殊的防爆措施。<br>目前国内制造最大电机驱动能力为 $3.0 \times 10^4 kW$，无法满足大型 LNG 装置的使用要求 | （1）适用于功率较小的压缩机驱动；<br>（2）具有方便廉价的供电系统；<br>（3）适宜偏远、水源不宜得的地区；<br>（4）业主特殊要求 |
| 汽轮机 | （1）无设计缺口；<br>（2）工质安全性好，单机效率高（65%～85%）；<br>（3）易与工艺系统匹配，调节性好。<br>国内外技术相对成熟，易选取，且竞争激烈，交货期短 | 用水蒸气作工质，需要锅炉系统、冷凝器、给水处理等大型配套辅助设备，投资及占地面积加大。<br>在缺水及严寒地区，适应性差 | （1）适用于较大功率的压缩机驱动（$15 \times 10^4 kW$）；<br>（2）具有方便廉价的蒸汽供应系统；<br>（3）业主特殊要求 |
| 燃气轮机 | （1）装置小、质量小、投资少；<br>（2）启动快，自动化程度高，便于遥控；<br>（3）设备简单，磨损少；<br>（4）无湿汽带来的水击锈蚀问题 | （1）热效率低；<br>（2）供应商少，设备制造成本高；<br>（3）变工况性能较差，需要改善；<br>（4）运行维护水平要求较高；<br>（5）输出功率受环境影响较大 | 典型输出功率范围：$3 \times 10^4 \sim 13 \times 10^4 kW$ |

大功率燃气轮机由于设计与制造非常复杂（耐高温又具有高强度的材料、大型压气机和涡轮的热动性能、高温叶片的制造和燃烧室壁面的冷却技术等）以及工业拖动应用少等因素，使得我国在大功率工业拖动燃气轮机方面的成熟度不足，与国外存在巨大差距，需要进行大量的基础性研发、工业性试验工作；我国大型电动机厂在大功率电动机方面与国外有较大差距，加之与其配套的大型调速变频器（或液力耦合器）也存在一定困难；而汽轮机作为离心压缩机的驱动机在国内较为成熟，相关国内厂家也具备一定的能力和研发基础，已有的产品与有关项目的要求相近，但不能完全满足冷剂压缩机的功率需求，需要进行针对性的技术开发研究工作。

2. 设计技术

本次研发基于杭州汽轮机股份有限公司（以下简称"杭汽"）的反动式汽轮机技术。反动式汽轮机多制成多级，新蒸汽依次进入各级，蒸汽压力逐级下降、速度增加，直到通过最后一级动叶栅离开汽轮机。由于蒸汽的比容随压力的降低而增加，因此叶片的高度应相应增加，通流面积逐渐增大，以确保蒸汽顺利通过。蒸汽在汽轮机内逐级流动过程中，通常产生较大摩擦损失、动叶损失、撞击损失、泄漏损失和扇形损失等，这些损失的大小直接影响汽轮机的效率，特别是扇形损失。在大功率汽轮机中，扇形损失与叶片高度有关，叶片越高则此项损失越大，此时需采用扭转叶片，把叶片沿高度方向分成若干截面分别进行计算来确定其型线，因此整个叶片呈扭转状以减少效率损失。

为了开发可变转速、适合天然气液化装置用大功率汽轮机的扭叶片，中国石油与杭汽合作在分析目前已有相同型号定转速扭叶片的基础上，针对研发目标（$260 \times 10^4$t/a 液化厂冷剂压缩机驱动机）的汽轮机，首先进行了适应性开发研究，并根据选定的排汽面积 $2.8m^2$ 的扭叶片（K2.8–S），结合汽轮机运行条件和热力计算数据，以西门子转子振动分析程序及国际上先进的转子动力学分析程序为工具，设计了汽轮机转子—轴承—支承系统，使汽轮机获得最好的横向振动性能和扭振性能。主要包括开发适合天然气液化装置用变转速汽轮机的排汽面积 $2.8m^2$ 的扭叶片（K2.8–S）。目前已有相同型号定转速扭叶片在运行的业绩，需要开发变转速的型号；采取合理结构、提高汽轮机通流部分内效率等方法，提高汽轮机单机的热效率，使 LNG 液化装置获得更好的经济效益。

1）汽轮机运行条件

MR1 冷剂压缩机驱动用汽轮机的蒸汽参数：

进汽：（9.0±0.2）MPa（绝压）/500℃±10℃。

MR2 冷剂压缩机驱动用汽轮机蒸汽参数：

进汽：（9.0±0.2）MPa（绝压）/500℃±10℃。

抽汽：0.6bar（表压）/182.6t/h。

汽轮机冷凝压力由汽轮机厂根据蒸汽冷凝方案确定，蒸汽冷凝根据项目所在地的便利条件，采用海水冷却，此时冷凝器采用钛合金管。蒸汽回热系统由汽轮机厂家自行考虑。

上述两机的转速调节范围为 80%～105% 额定转速。

2）低压级导叶持环的改进

对于低压级导叶持环，根据子午面的设计，将导叶的位置焊接固定在导叶持环内，粗加工后将导叶及围带焊接在导叶持环上，最终加工出可以与子午面设计及汽缸匹配的导叶持环成品。

3）叶片结构设计

为了确保有足够的强度储备，在设计时末级采用了枞树型叶根，次末级采用双倒 T 结构形式。

4）气动分析

采用 CFX-Turbosystem 软件包对变转速排汽面积 2.8m$^2$ 叶片组进行全三维通流数值模拟，评估其气动性能。该级组在湿蒸汽环境下工作，工作转速在 3000～4000r/min 范围，动叶沿叶高方向变化比较剧烈，因此该汽轮机的计算和设计需充分考虑以上因素。研发过程中在分析该级组气动性能的基础上，在同等工况和计算条件下，与原 2.8m$^2$ 低压级组进行了比较。

（1）气动分析比较。

在同等的子午面、工况和计算条件下，对现叶片级组与原 2.8m$^2$ 低压级组进行了气动分析，比较结果见表 6-16。结果表明现级组基本维持了原级组的气动性能。

表 6-16　气动性能比较结果

| 项目 | 质量流量 | | 等熵焓降 kJ/kg | 理想总功率 kW | 轮周功率 kW | 轮周效率 | | 内效率 | |
| --- | --- | --- | --- | --- | --- | --- | --- | --- | --- |
| | 数值 kg/s | 相对误差 % | | | | 数值 kg/s | 相对误差 % | 数值 kg/s | 相对误差 % |
| 原级组 | 57.12 | 1.5 | 290.77 | 16608.08 | 13755.04 | 82.82 | 0.57 | 71.60 | 0.73 |
| 现级组 | 56.26 | | 290.77 | 16358.53 | 13472.05 | 82.35 | | 71.08 | |

（2）变工况分析。

为了验证汽轮机在各个工况下，级组的适应性，选取了 9 个变工况特性，进行了分析，结果见表 6-17，可以看出，轮周效率及内效率均在预期的范围内，表明其适应性较好。

表 6-17　级组变工况特性

| 参数 | 工况一 | 工况二 | 工况三 | 工况四 |
| --- | --- | --- | --- | --- |
| 进口总压，bar | 0.80 | 0.80 | 0.80 | 0.75 |
| 进口总温，℃ | 93.51 | 93.51 | 93.51 | 91.79 |
| 进口干度 | 0.94 | 0.94 | 0.94 | 0.93 |
| 出口压力，bar | 0.08 | 0.10 | 0.15 | 0.08 |
| 转速，r/min | 4000.00 | 4000.00 | 4000.00 | 3600.00 |
| 流量，kg/s | 56.19 | 56.26 | 56.32 | 53.04 |
| 轮周功率，kW | 13603.25 | 13472.05 | 11519.32 | 12437.59 |
| 轮周效率 | 0.7605 | 0.8235 | 0.8559 | 0.7605 |
| 内效率 | 0.6540 | 0.7108 | 0.7464 | 0.6535 |

续表

| 参数 | 工况五 | 工况六 | 工况七 | 工况八 | 工况九 |
|---|---|---|---|---|---|
| 进口总压, bar | 0.75 | 0.75 | 0.70 | 0.70 | 0.70 |
| 进口总温, ℃ | 91.79 | 91.79 | 89.96 | 89.96 | 89.96 |
| 进口干度 | 0.93 | 0.93 | 0.93 | 0.93 | 0.93 |
| 出口压力, bar | 0.10 | 0.15 | 0.08 | 0.10 | 0.15 |
| 转速, r/min | 3600.00 | 3600.00 | 3000.00 | 3000.00 | 3000.00 |
| 流量, kg/s | 52.98 | 52.95 | 49.60 | 49.59 | 49.58 |
| 轮周功率, kW | 12239.17 | 10249.66 | 10400.09 | 10837.54 | 8933.94 |
| 轮周效率 | 0.8230 | 0.8456 | 0.7044 | 0.8094 | 0.8256 |
| 内效率 | 0.7105 | 0.7366 | 0.5926 | 0.6970 | 0.7170 |

（3）叶片强度分析。

采用 ANSYS 三维有限元分析研究了叶片应力分布状况，计算采用带中间节点的单元，方法采用循环对称方法和接触算法。在应力集中处，加大了网格密度。2.8m² 叶片在 4100r/min 时的位移与应力状况显示其径向位移为 1.123mm。叶片叶身部分一般应力为 300MPa，最大应力处在背弧根部，为 530MPa 左右。枞树型叶根部分最大应力为 680MPa。轮缘部分的最大应力为 760MPa（在底部圆弧处），而在各齿面圆弧处的最大应力为 710MPa 左右，其他齿面圆弧处的应力在 600MPa 以下。各叶根与轮缘的接触单元的接触压力分布处于正常范围。分析表明，此叶片的整体设计合理。

（4）振动分析。

根据汽轮机运行条件，结合热力计算数据，以西门子转子振动分析程序及国际上先进的转子动力学分析程序为工具，设计汽轮机转子—轴承—支承系统，使汽轮机获得最好的横向振动性能。

综上，研究开发的可变转速、适合天然气液化装置用大功率汽轮机的扭叶片—排汽面积 2.8m² 的扭叶片（K2.8-S），可以满足输出 50000～80000kW 的功率以及 2200～4000r/min 的转速。

5）汽轮机研制方案

根据压缩机性能数据及汽轮机运行条件，首先确定水冷式驱动用工业汽轮机的研发方案如下：

（1）汽轮机根据研发过程中编制的特殊用途汽轮机 / 冷凝系统工程规定、API 612《特殊用途蒸汽轮机》标准及上述两文件的偏差表进行设计。

（2）MR1 冷剂压缩机驱动用汽轮机型号为 HNK71/2.8；MR2 冷剂压缩机驱动用汽轮机型号为 EHNK71/2.8；两者均为单轴驱动，顺汽流看汽轮机顺时针旋转。

（3）汽轮机向下排汽，从下往上进汽；每台汽轮机用 2 只速关阀；调节汽阀为 4 只高压卸载阀；汽轮机进汽中心在前缸中部，蒸汽在汽缸内先往前流动，然后反向流动直至排汽。此种流动方式普遍应用于大型汽轮机高压缸，其优点为可使汽缸温度场均匀，减少蒸汽推力，有利于平稳启动及运行。通流部分采用不调频叶片，以适应汽轮机的变转速运行。

（4）为提高能源利用率，减少装置设备数量，回热系统两台工业汽轮机共用；回热系统中，其加热用蒸汽从纯冷凝汽轮机（即MR1冷剂压缩机用汽轮机）抽出；回热系统加热给水温度210℃。

（5）两台汽轮机各用一台冷凝器；冷凝器采用海水冷却以降低运行成本，材质为钛合金管以耐腐蚀。

（6）根据上述基本方案进行设计，确定两台工业汽轮机的性能数据见表6-18。

表6-18　MR1冷剂压缩机驱动用汽轮机 HNK71/2.8 性能数据表

| 运行点 | 操作条件 | | 进汽参数 | | | 排汽参数 | |
|---|---|---|---|---|---|---|---|
| | 功率，kW | 转速 r/min | 流量 t/h | 压力 MPa（绝压） | 温度 ℃ | 压力 MPa（绝压） | 焓 kJ/kg |
| 压缩机正常值 | 53404 | 3065 | 2658 | 9.0 | 500 | 0.010 | 2340.1 |
| 压缩机额定值 | 60644 | 3323 | 299.0 | 9.0 | 500 | 0.010 | 2307.6 |
| 汽轮机额定值 | 66708 | 3323 | 328.3 | 9.0 | 500 | 0.011 | 2303 |

通流部分设计结构数据如下：

（1）速关阀：$2 \times \phi 250mm$。

（2）调节阀：$4 \times \phi 90mm$。

（3）内缸：两半内缸。

（4）级数：调节级1级；直叶片44级；扭叶片2级。

（5）抽汽口：抽汽供回热系统使用。有5级非调抽汽，抽汽压力及抽汽量根据运行工况而变化。

（6）排汽口：法兰规格 4000mm × 1690mm。

（7）整机内效率：正常工况下为81.9%。

（8）转子材料：28CrMoNiV。

（9）汽缸材料：ZG17Cr1Mo1V。

MR2冷剂压缩机驱动用汽轮机 EHNK71/2.8 性能数据见表6-19。

表6-19　MR2冷剂压缩机驱动用汽轮机 EHNK71/2.8 性能数据表

| 运行点 | 操作条件 | | 进汽参数 | | | 抽汽参数 | | | 排汽参数 | |
|---|---|---|---|---|---|---|---|---|---|---|
| | 功率 kW | 转速 r/min | 流量 t/h | 压力 MPa（绝压） | 温度 ℃ | 流量 t/h | 压力 MPa（绝压） | 温度 ℃ | 压力 MPa（绝压） | 焓 kJ/kg |
| 压缩机正常值 | 61174 | 3420 | 299.1 | 9.0 | 500 | 182.6 | 0.7 | 190.5 | 0.010 | 2352 |
| 压缩机额定值 | 67638 | 3635 | 317.8 | 9.0 | 500 | 182.6 | 0.7 | 188.1 | 0.011 | 2336 |

续表

| 运行点 | 操作条件 | | 进汽参数 | | | 抽汽参数 | | | 排汽参数 | |
|---|---|---|---|---|---|---|---|---|---|---|
| | 功率<br>kW | 转速<br>r/min | 流量<br>t/h | 压力<br>MPa<br>（绝压） | 温度<br>℃ | 流量<br>t/h | 压力<br>MPa<br>（绝压） | 温度<br>℃ | 压力<br>MPa<br>（绝压） | 焓<br>kJ/kg |
| 汽轮机<br>额定值 | 74402 | 3635 | 337.5 | 9.0 | 500 | 182.6 | 0.7 | 185.8 | 0.0121 | 2326 |

通流部分设计结构数据如下：

（1）调节阀：$4 \times \phi 90mm$。

（2）内缸：两半内缸。

（3）级数：调节级 1 级；直叶片 29 级；扭叶片 3 级。

（4）抽汽口：一个可调抽汽，供给工业用汽。抽汽压力可以调节以稳定，抽汽量根据运行工况而变化。

（5）排汽口：法兰规格 4000mm × 1690mm。

（6）整机内效率：正常工况下为 83.1%。

（7）转子材料：28CrMoNiV。

（8）汽缸材料：ZG17Cr1Mo1V。

3. 制造技术

1）高温耐磨阀杆表面喷涂技术

阀杆工作环境温度高，要求其密封面在工作时具有一定的硬度，方能保证其耐磨性能，延长零件的使用寿命，在制造工艺中，常采用整体烧结和堆焊高温合金的做法。但是，对内孔尤其是深孔只能用司太立合金整体加工，工效低、成本高。为此研发了高温耐磨阀杆耐磨喷涂和融敷等先进的表面强化加工技术。

2）变截面 L 型汽封齿弯形装置

在汽轮机高压段，每级叶片前后压差比较大，对汽封片一方面需要其有一定的刚性，另一方面又需要一定的弹性，因此汽封齿的型式一般采用变截面汽封片结构。由于结构特殊，汽封齿的弯制比较困难，且弯后回弹大，对弯曲半径有最小极限要求。以前均采用两个薄片汽封代替，效果不太理想，开发了一种变截面 L 型汽封齿弯形装置。

4. 检验试验技术

除 API 612 规定的常规试验项目外，在试验方案中还附加了一些试验：

（1）验证调速系统转速和给定信号值关系；

（2）危急遮断器动作试验；

（3）整机试验。

5. 工业应用

$260 \times 10^4 t/a$ 冷剂压缩机驱动机加工方案、检验试验方案、制造图纸通过了行业协会、高等院校、科研院所、应用单位等组成的专家论证，专家组一致认为具备设计、制造能力，此外，$2.8m^2$ 扭叶还用于其他项目得以验证，详见表 6–20。

表 6-20　2.8m² 扭叶片应用的项目

| 型号 | 功率<br>kW | 蒸汽压力<br>MPa（绝压） | 蒸汽温度<br>℃ | 排出压力<br>MPa（绝压） | 用户 | 交付时间 |
|---|---|---|---|---|---|---|
| HNK63/2.8 | 60000 | 9.8 | 535 | 0.01 | INDA IMFA | 2011.1.26 |
| HNK63/2.8 | 63000 | 10.5 | 535 | 0.018 | INDA KAV. PLATE | 2011.2.25 |
| HNK63/2.8 | 70000 | 10.29 | 535 | 0.0176 | BMM Ispat INDI | 2011.5.9 |

## 四、海水泵

### 1. 研发背景

立式长轴海水泵是目前国内 LNG 接收站的主要设备之一。它为开架式海水气化器泵送海水作为热源，是用于 LNG 接收站的大型设备。近年来，LNG 接收站发展迅速，已建、在建和拟建的 LNG 接收站数量超过 30 个，作为 LNG 接收站开架式海水气化器配套使用的关键设备，广泛地应用于 LNG 接收站，市场潜力巨大。在唐山 LNG 接收站建成之前，LNG 接收站海水泵基本都是国外产品，设备采购费用高，订货周期长，维护不便。为响应国家产业振兴政策，中国石油京唐液化天然气有限公司（以下简称"京唐公司"）于 2011 年 11 月以全新的管理模式组织了 LNG 接收站关键设备海水泵的国产化开发工作。

### 2. 设计技术

针对立式长轴海水泵的主要技术难点问题，在技术攻关过程分别形成了以下设计技术。

（1）现代设计技术：CFD 三维流场分析、强度和应力有限元分析。

在水力设计中，在各种经验系数的选取上，参阅了多种相同或相近比转数的水力模型，对多种水力方案进行了计算机仿真流场分析，从中选取最佳方案；为保证产品的高可靠性，对主要的零部件均进行有限元分析，包括强度和应力分析。

（2）创新结构设计：新结构的应用。

在结构设计中对可抽出式结构进行了创新，可抽部件的内接管加装了止动装置，可防止其窜动；套筒联轴器由原来的无密封改为了密封型结构，保护泵轴与联轴器的配合面，提高轴与轴之间的连接可靠性；筒体内导流片由原来的格栅式改为龟背式流道；内接管由原来的无排气型改为排气型，提高了润滑的可靠性；内接管由原来的多台阶形状改为了包覆式的无台阶圆柱形，降低了泵内损失。

（3）海水泵自润滑一体装置。

海水泵自润滑一体装置利用泵组自身水源实现海水过滤、循环润滑和冷却，不需外接水源，节约了淡水资源，降低了泵组能耗，实现了绿色低碳环保理念，实现了自动控制要求。

（4）壳振和轴振自动测量远程监控系统。

首次采用了壳振和轴振自动测量远程监测系统。其中，轴振检测在国内海水泵制造中为首次采用。

（5）阴极保护系统。

金属在海水中的腐蚀为电化学腐蚀，阴极保护是防止金属腐蚀的最有效途径，本项目海水泵除了过流部件全部采用双相不锈钢外，还配置了外加电流阴极保护系统。阴极保护系统包括直流电源、辅助阳极、极电流屏蔽层、极电缆、极回流电缆、极密封接头阳极支架、参比电极等。循环水泵内壁、轴及叶轮部分采用外加电流阴极保护，循环水泵外壁接触海水部分采用铁合金牺牲阳极保护防腐。

（6）高压变频技术的应用。

采用新型高压变频启动技术，泵机组及系统在开停机和测试与运行过程中，平稳正常，对电网无冲击作用，提高了运行的适用性。同时，海水泵在运行过程中，可根据海水潮汐情况及接收站工艺需求，适当调节海水泵转速，控制海水泵出口流量及扬程，保证海水泵在不同工况下能运行在高效区，节能效果明显，现场实际应用举例见表6-21。

表6-21　高压变频技术的应用

| 序号 | 数量，台 | 设备 | 流量，m³/h | 频率，Hz | 功率，kW/h |
|---|---|---|---|---|---|
| 1 | 1 | 工频泵 | 7500 | 50 | 900 |
| 2 | 1 | 变频泵 | 7500 | 48 | 780 |

通过对海水泵运行的效率、噪声等参数的对比发现，某进口海水泵测试效率85.6%，噪声87dB，类似工况下，国产海水泵测试效率87%，噪声87dB。国产海水泵性能基本与进口产品一致。

3. 制造技术

在海水过流部件材料的选择上，采用了目前国际上流行的海水泵用材——双相不锈钢，该材质在抗电化学腐蚀方面已超过316L，成为耐海水腐蚀的最佳材料。

国产海水泵研发过程中取得三项专利，见表6-22。

表6-22　立式长轴海水泵专利列表

| 序号 | 类型 | 专利名称 | 编号 |
|---|---|---|---|
| 1 | 国家实用新型 | 立式长轴海水泵 | ZL 2013 2 0103669.4 |
| 2 | 国家实用新型 | 一种可拆卸吊装装置及立式泵 | ZL 2013 2 0103760.6 |
| 3 | 国家实用新型 | 固定龟背式导流片结构及立式长轴可抽泵 | ZL 2012 2 0153141.3 |

4. 工业应用

国产立式长轴海水泵的研发顺利通过了由国家能源局和中国机械工业联合会组织的专家评审。评审专家组一致认为，研制的LNG接收站立式长轴海水泵填补了国内空白，主要技术指标达到了国际同类产品先进水平。国产单台海水泵比进口同类产品节约投资30%。同时提供了产品备件供应的便利性、技术支持的及时性，更好地保障了接收站等产品用户企业的安全平稳运行，相对进口产品优势明显（图6-4）。

图 6-4 海水泵

经过 3 年的研发试制和最终的现场工业性能试验，国产立式长轴海水泵在唐山 LNG 接收站成功应用，目前该设备已逐步在 LNG 行业和电厂推广应用。

1）江苏某 LNG 接收站

江苏某 LNG 建厂位置处海水内泥沙含量较大，原进口泵采用无内接管结构，赛龙导轴承磨损严重，水泵检修频率高，且进口泵备件价格高，交货期长，故新上工艺海水泵采用国产化产品。选用立式长轴海水泵（流量：9180 m³/h，扬程：41m），自 2014 年使用以来，运行稳定，振动值及泵轴承温度值均略低于进口泵。

2）广东湛江某钢铁集团基地项目自备电厂 2×350MW 机组工程

该项目属于新建工程，直接选用国产立式长轴海水泵（流量：26460 m³/h，扬程：19.5m），用于火电厂冷却塔的循环取水，目前运行状况良好。

此外，立式长轴海水泵可广泛应用于海洋石油平台、海水淡化工程及沿海的钢厂、电厂，用以泵送海水对 LNG 进行加温气化、消防与生活取水、工业循环冷却用水等。

## 五、LNG 潜液泵

### 1. 研发背景

在天然气液化装置中，LNG 装车泵普遍采用罐内安装的潜液式离心泵，其特点是运行稳定、可靠性高、效率高、无须密封系统、故障率低。LNG 潜液泵运行温度极低（-161℃），有效汽蚀裕量很小，泵与电动机整体安装在密封的金属容器内，不需要轴封，不存在动密封的泄漏问题，隔绝与氧化剂的接触，避免了产生爆炸性环境或爆炸性气体环境；电动机潜入在 LNG 中，工作环境温度极低，可避免接近引燃温度、电路产生电火花、静电释放等，消除引燃条件。该泵的主要技术关键体现在三个方面，即低温电动机、低温泵体与易燃易爆介质的安全性。

LNG 潜液泵的设计温度为 -196℃，国内工业常用电动机最低温度在 -40℃，处于深冷环境中的电动机定子、转子的磁性能和电缆的绝缘是十分关键的问题；低温下电阻和磁力性能的变化，电动机的电力特性也会发生改变，使转矩有较大的降低；为了保证动力电缆的密封，防止 LNG 沿着电缆泄漏到接线盒，动力电缆要采取特殊的密封装置或氮气密封保护系统（带有密封失效报警）。此外，LNG 潜液泵启动前需灌注低温液体至一定的液位高度，泵整体浸入低温 LNG 中，热应力作用可能会导致泵抱死、裂纹等现象而损坏泵，为防止此类现象，泵体结构要特殊设计；为了防止饱和的 LNG 低温液体的"闪蒸"和"汽蚀"，需要特殊设计的螺旋诱导轮来减小 LNG 在吸入口处的阻力；LNG 潜液泵只能使用 LNG 润滑，泵运行中产生的轴向力和径向力影响 LNG 润滑液膜的状态，极易造成严重的磨损，所以，轴承需要特殊考虑；另外，根据标准要求，制造商需要低温试验装置进行 LNG 输送测试和安全性测试。

国外 LNG 潜液泵技术起步较早，先后有美国荏原、查特和日本日机装等公司的大量产品投入实际工程应用，目前主要发展高压、大型、高效的低温潜液泵，国内相关技术基本空白，已建成的 LNG 终端基本采用进口泵。

在国家能源局的主持下，寰球公司和大连深蓝泵业有限公司（以下简称"深蓝"）签署了联合研发协议，开发了一些产品，并形成了一些自有技术。

2. 设计技术

1）水力模型

罐内潜液泵采轴向导叶结构，降低径向尺寸，采用三元理论设计，保证产品具有优良的水力性能。

2）轴向力平衡结构

低温轴承由泵送介质润滑，考虑到介质润滑性差，轴承不允许承受大的轴向力，要求平衡机构能够连续自动调节平衡轴向力，研制的平衡机构实现自动调节轴向力完全平衡；可以有效地控制泄漏量，并大大降低了平衡盘摩擦的概率。

3）低温材料

研制耐低温、低温下性能稳定、不产生火花且具有良好的热稳定性和机械加工稳定性的材料。

4）低温电动机

进行了低温矽钢片材料的研发、低温电磁线材料的研发、低温绝缘漆材料的研发、主绝缘、相间绝缘材料的研发、发热量计算方法的研究等。

3. 制造技术

由于所有零件均是在常温下加工、安装，在低温下使用，在机械加工及组装工艺中，开发了如下制造技术：

（1）保证不同材料、不同结构零件应力的释放，保证零件在低温下运行时不发生变形；

（2）采用先进的加工工艺技术，来保证零件的加工精度；

（3）常温下连接件在低温下预紧力；

（4）常温下轴承安装间隙，保证在低温下的运行游隙。

4. 检验试验技术

低温泵作为各类装置中的关键设备，按照标准要求，须经过实际介质测试，确保性能参数及运行可靠性。为了研制大型 LNG 低温潜液泵，大连深蓝建设了国内首个大型低温泵试验台，最大流量可至 3000m³/h，压力可达 12.5MPa。

5. 工业应用

目前，罐内 LNG 潜液泵已在中国海油浙江宁波天然气有限公司应用，流量 430m³/h，扬程 256m，功率 250kW，此外，开发的水力模型及技术储备可满足表 6-23 的应用范围。

表 6-23　LNG 潜液泵可达到的性能参数

| 设计参数类型 | 设计值 | 单位 |
| --- | --- | --- |
| 流量范围 | 约 2000 | m³/h |
| 扬程范围 | 约 800 | m |
| 设计温度 | -196/-60 | ℃ |
| 使用温度 | 使用温度：-161/-104/-42 | ℃ |
| 设计压力 | 8815 | kPa |

# 第三节　换热设备

天然气液化厂中的主换热器可采用板翅式换热器，板翅式换热器是紧凑式换热器的一种形式，具有体积小、重量轻、效率高等突出优点。美国早在 20 世纪 40 年代末期开始生产板翅式换热器并用于空气分离设备中，我国也在 60 年代就开始生产用于航空油冷却的板翅式换热器。随着钢铁工业和石油化工业的发展，为扩大板翅式换热器的应用范围创造了良好的条件，板翅式换热器的应用是热交换设备本身的一次较大的技术改革，这种换热器其特征为铝制，具有高性能、小型和轻型等优点，它使装置具有投资费用低、动力消耗少、分离效率高、操作简单、维护方便，被广泛用于低温工程、航空业、内燃机车散热器、原子能和国防工业。

作为接收站的关键设备之一，LNG 气化器是一种专门用于将液化天然气气化的热交换器。开架式气化器利用海水作为热源，通过开放的薄层管排下落来气化换热管内的超临界液化 LNG。开架式气化器在日本、韩国和欧洲被广泛应用，充足的海水资源、较低的运行成本已经成为接收站的主流型式，但同时也应考虑到它对海洋环境的影响，一般来说，使用开架式气化器的首选海水年平均温度应该在 5.5℃ 以上。目前，世界上大部分 LNG 接收站都建在沿海或离海较近的区域，不但便于大型船舶停靠，而且有充足的海水成为开架式气化器最常用的热源。与淡水资源相比，其低成本、资源充足更具有优越性。

## 一、板翅式换热器

1. 研发背景

国民经济的持续发展，需要进口更多的海外能源来满足需求，而 21 世纪重要的清洁能源是天然气，液化天然气（简称 LNG）是从海外进口天然气资源的重要方式。受到国际环境的影响，中国油气企业要从海外获得稳定的 LNG 产品或独立开发国内外天然气资源，就必须掌握中国自主开发的技术，形成自主生产制造设备的能力。

板翅式换热器是一种紧凑的多股流换热器，是 LNG 装置冷箱的核心组成部分，在板翅式换热器中实现原料天然气与冷剂之间的热量交换。

为了适应 LNG 项目的特点，板翅式换热器必须解决超低温、高压条件下需要解决的多股流与两相流传热、耐高压翅片结构及成型等关键技术。而大型化 LNG 装置对板翅式换热器提出了更高的要求，需要更高的压力等级、更大截面的换热器、更多组的换热器并联，因此传热翅片的选择优化、两相流分配优化、生产加工工艺优化等都是大型 LNG 装置板翅式换热器技术的关键所在。

该设备在设计和生产上存在难度，长期依赖进口。在国家能源战略的推动下，寰球公司在独立开发天然气液化工艺技术的基础上，与四川空分设备（集团）有限责任公司（简称四川空分）合作开发 LNG 装置冷箱。

2010 年 11 月，寰球公司与四川空分签订相关战略协议，以中国石油华气安塞液化天然气项目（$50 \times 10^4$t/a）为冷箱应用的工程试验平台，深入开展天然气液化装置关键设备冷箱国产化研究。2011 年 9 月，在国家能源局、中国石油天然气集团公司、中国机械联合会的组织和见证下，寰球公司与四川空分签订了中国石油泰安 LNG 项目（$60 \times 10^4$t/a）国产化冷箱联合研发协议，开展 $60 \times 10^4$t/a 天然气液化国产化冷箱产品的研制开发。

1）冷箱结构

作为一组高效低温板翅式换热设备，冷箱是以板翅式换热器为主体（图 6-5 和图 6-6），集成了气液分离器、阀门等设备，通过管道连接、仪表测量监控、钢结构支撑及填充保温材料所组成的箱体。

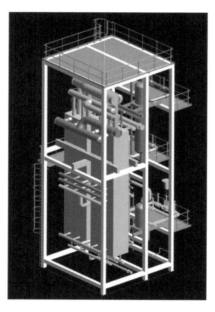 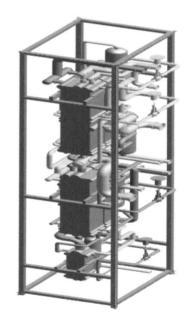

图 6-5　$50 \times 10^4$t/a LNG 装置冷箱结构　　　　图 6-6　$60 \times 10^4$t/a LNG 装置冷箱结构

2）板翅式换热器结构

板翅式换热器是一种在间壁两侧都设有翅片的换热设备，它的基本结构是由平隔板、波形翅片和侧封条等三部分所组成，由一定数量的换热单元叠装后钎焊而成的板翅式结构，称之为板束体。典型板翅式换热器的结构如图 6-7 和图 6-8 所示。

板翅式换热器特点是结构紧凑、传热效率高，可以进行多股流热交换，不同流体间在单元板束体内进行换热，换热可采用顺流、逆流或错流方式。工程实践中常将多个板束体换热器进行串联、并联方式来布置，以满足换热工艺的要求。

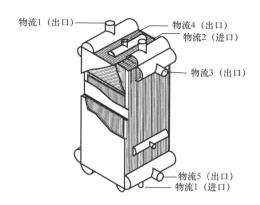

图 6-7　多股流热交换器

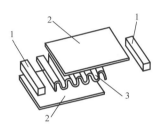

图 6-8　板束体基本结构示意图

1—封条；2—隔板（或侧板）；3—翅片（或导流片）

2. 设计技术

1）两相流分配方法选择

常用的板翅式换热器两相流均布有以下三种方法：

（1）提高气液两相流在板翅式换热器内部的流速。通过改变流通截面积的方法，使气液在换热器的流道均匀混合。

（2）将气液两相分离后分别进入板翅式换热器，在板翅式换热器内部入口处（包括封头体内）混合。在混合处气体夹带液体均匀进入流道内。

（3）在板翅式换热器的入口提高流速，使气体夹带液体均匀进入换热器的各个流道内。

2）常用分配结构

常用的分配结构有以下 5 种：

（1）注液封条结构（图 6-9）。将气、液分离，气、液两相分别进入各自的封头，气、液在换热器内部混合。此结构在国内运用最成熟、最广泛。

（2）折流式入口结构（图 6-10）。改变逆流换热为逆流与错流混合换热结构，目的是提高气、液两相入口的流速，提高均匀性。

（3）横向翅片结构（图 6-11）。翅片的正常流道方向与流体的流动方向垂直，利用打孔翅片或错开翅片的旁通流道，提高气、液两相的流动速度，达到分配的目的。

（4）封头内孔板结构（图 6-12）。在封头内部设置一孔网板，气、液两相同时进入封头，利用孔网板改变流通截面积，提高流动速度，提高分配均匀性。

（5）液体喷管结构（图 6-13）。先将气、液分离，然后液相通过喷管把液体均匀喷射入各通道（层）中。这种结构液体可横向或竖向进入封头体。

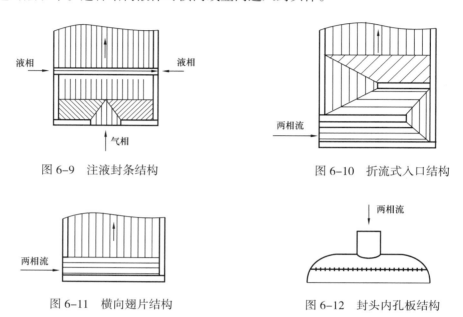

图 6-9　注液封条结构　　　　　　　　图 6-10　折流式入口结构

图 6-11　横向翅片结构　　　　　　　　图 6-12　封头内孔板结构

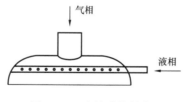

图 6-13　液体喷管结构

针对大型 LNG 项目，结合 LNG 冷箱中两相流流体的特性，经过各种分配结构的特点进行对比，同时考虑到大型 LNG 项目的重要性、可靠性要求，一般采用最成熟的注液封条混合结构。

采用注液封条混合结构后，两相流冷剂首先进入气液分离器，分离成的气相、液相分别进入板翅式换热器的内部，并在其注液封条中混合。气液均配结构的原理图和注液封条结构图分别如图 6-14 和图 6-15 所示。

3）多台板翅式换热器并联的配管

多台板翅式换热器并联配管连接形式主要有 Z 形、∏ 形、U 形三种。在冷箱并联配管设计中，一般选择 ∏ 形布置形式。常规的 ∏ 形布置如图 6-16 所示，当冷箱中四台板翅式换热器并联时，该布置有利于两相流均配。板翅式换热器内部采用注液混合结构，气、液两相流体先经气液分离器分离成气相、液相进入板翅式换热器，然后在其内部混合。

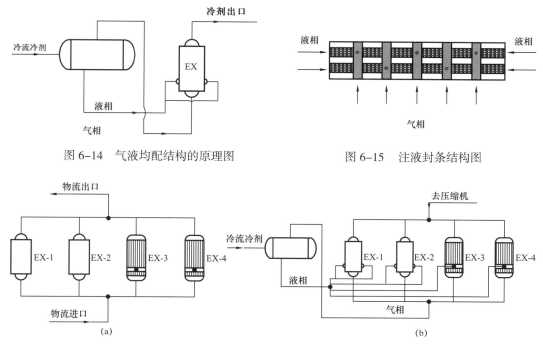

图 6-14 气液均配结构的原理图　　　　　图 6-15 注液封条结构图

图 6-16 冷箱内换热单元配管Ⅱ形布置示意图

4）传热翅片的选择及优化

板翅式换热器作为一种高效低温换热器，传热翅片是换热器实现换热的重要单元部件。目前国内外在大型铝制低温板翅式换热器上主要采用锯齿型、平直型、多孔型、波纹型等翅片，各种类型的翅片根据其本身特性，分别用于不同的工作场合。针对大型 LNG 工艺介质的特点，对翅片形式和几何尺寸进行了初选和优化工作。通过对低温板翅式换热器内高压物流的流动与传热状况进行分析研究，结合高压翅片的传热与阻力性能预测分析情况，确定了三种翅片类型，分别是锯齿型（JC）、多孔型（DK）、波纹型（BW）。并对三种形式 20 多个规格尺寸的翅片，从传热与阻力性能、翅片的成型工艺两个方面考虑进行了初步选择及优化工作。

在中国石油华气安塞液化天然气项目中研究开发了一种板翅式换热器的流道结构，采用多种翅片组合式流道替代原有的单一种类的翅片流道，从而提升换热效率。同时，组合式流道结构通过不同类型的翅片流道结构组合使用，打破了特定种类的翅片只能进行特定种类的流体换热的约束，并通过锯齿型翅片与多孔型或者波纹型翅片的组合使用，实现了流体换热的两次物态变化，从而使得通常用于气体单相换热的锯齿型翅片可以用于液体单向换热过程，以及多用于液体单相换热的多孔型翅片用于气体换热过程，从而优化了换热器结构，将两次物态变化通过一个换热器实现，缩短了换热流程，提升了流体通过性。"一种板翅式换热器的流道结构"被国家知识产权局授予了实用新型专利。

3. 制造技术

1）高压传热翅片研究开发

完成了针对大型 LNG 项目用高精密 8.0MPa 高压翅片试制工作，经过翅片爆破试验研究，翅片完全能够满足大型 LNG 项目大截面大宽度 8.0MPa 等级高压板翅式换热器的工程应用要求。

2）真空钎焊工艺优化

大型 LNG 装置板翅式换热器钎焊具备一些显著的特点：

（1）换热器体积大、长度长，单台钎焊换热器单元质量可达到 15t，热容量非常高；

（2）工艺结构复杂；

（3）体表面积巨大而产生较大的放气量，真空度及炉内气氛难以控制；

（4）大截面，升温速度慢，表面和中心温差大，容易产生较大的热应力，与常规换热器钎焊工艺差异较大；

（5）钎焊温度对最终产品起到至关作用。

所以，针对大型 LNG 冷箱换热器高压及大截面等特点，通过在装配工艺上的改进，以及对钎焊工艺改进和优化，增加了钎焊的可靠性。

3）清洗技术改进

板翅式换热器的芯体（板束体）的主要由翅片、导流片、隔板、封条组成，在真空环境下一次性焊接而成。设计压力可达到或超过 8.0MPa，试件的爆破压力高达 40MPa 以上。在板翅式换热器铝合金钎焊中，要获得好的钎焊质量就必须彻底清洗并去除零件表面的油污、污渍等。中国石油泰安 LNG 项目板翅式换热器在国产化制造过程中采用了碳氢清洗等更先进的清洗手段，确保了钎焊质量。

4. 检验试验技术

对于大型 LNG 项目大截面大宽度 8.0MPa 等级高压板翅式换热器，由于芯体结构复杂，钎焊缝的检查受到结构限制，不可能进行无损检测和其他检查，也无法做强度核算，所以根据 ASME 规范规定，其最大许用工作压力通过试样的爆破压力来确定。

通过对优选的 3 种类型及规格的高压传热翅片分三阶段 32 批次进行了 200 个试件（图 6-17 和图 6-18）的爆破试验，试验结果验证了传热翅片的承压能力，表明翅片完全能够满足大型 LNG 项目大截面大宽度 8.0MPa 等级高压板翅式换热器的工程应用要求。

图 6-17　单个爆破试件照片

图 6-18　成批爆破试件照片

5. 工业应用

中国石油已经建设了华气安塞液化天然气项目、泰安 LNG 项目，其中的国产化冷箱已经正常投用。而着眼于海外更大规模的 LNG 装置，中国石油还进行了天然气液化关键技术研究，目前已完成了对 $260 \times 10^4$t/a LNG 装置冷箱的国产化研究。

2012 年 9 月，中国石油华气安塞液化天然气项目冷箱投入运行（图 6-19）。2014 年 8 月，中国石油泰安 LNG 项目冷箱投入运行（图 6-20）。投运后冷箱运行情况良好：（1）适用产量范围广，可实现 50%～110% 产量调节；（2）从换热情况看，板翅式换热器各个流体间的换热温差小，换热情况良好；（3）从流体分配情况看，板翅式换热器各个并联换热区温度偏差小，并联换热器间物流分配均匀性好，从工程意义上讲，不存在偏流。

中国石油华气安塞液化天然气项目、泰安 LNG 项目是国内首先利用自主技术和国产设备的规模最大的 LNG 板翅式换热器冷箱。国家能源局、中国石油天然气集团公司、中国机械联合会多次组织召开工作会议和专家论证会。经国家能源局组织的出厂评定，产品总体技术、制造质量处于国内领先，产品性能达到国际先进水平。包含本产品的"我国大型液化天然气关键技术开发及应用"项目获得 2014 年度中国石油天然气集团公司科技进步特等奖。

LNG 装置板翅式换热器的成功开发为中国石油跻身于天然气利用技术先进行列奠定基础，为提高中国 LNG 领域核心竞争力，保障国家能源安全和拓展海外资源市场做好技术准备。

海内外天然气液化迅速发展，对设备需求强劲，国产化后降低了设备投资和建设周期，具有较强的市场竞争力和应用前景，可推广应用于新兴的非常规天然气，如页岩气、煤层气等装置，可解决一些敏感国家和地区建设项目受到限制的问题。板翅式换热器的相关技术还可以用于其他相关行业，如天然气预处理、乙烯装置、液氮洗装置、空分装置等，应用前景极其广阔。

图 6-19　华气安塞液化天然气项目冷箱现场照片　　　　图 6-20　泰安 LNG 项目冷箱现场照片

## 二、开架式气化器

### 1. 研发背景

开架式气化器（Open Rack Vaporizer，简称 ORV）由英格兰马尔斯顿·艾克歇尔瑟（Marston Excelsior）公司最早开发，用途为采用海水作为热媒气化 LNG，第一台开架式气化器于 1959 年应用在英格兰坎维岛（Canvey Island）LNG 接收站上。日本于 1966 年在根岸（Negishi）LNG 接收站安装了第一台开架式气化器，随后东京燃气公司与住友公司合作开发了高性能的开架式气化器。目前，世界上开架式气化器的主要供应商为日本神户制钢和住友公司。

ORV 主要包括以下三部分：管束板（主要包括 LNG 汇管、底部的 LNG 总管、过渡接头、换热管束、顶部 NG 总管及 NG 汇管）、海水分布系统（主要包括海水汇管、海水分配管线、海水分配阀及水槽等）、钢结构（包括顶部框架、内部维修平台及防溅板等），典型 ORV 结构图如图 6-21 所示。

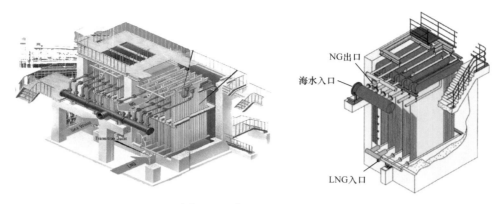

图 6-21　典型 ORV 结构图

低温 LNG 从 ORV 底部的总管进入，海水通过 ORV 顶部的海水分布槽均匀分布在管束板周围并垂直流下，与管束板内的 LNG 进行换热，气化后的天然气通过 ORV 顶部的天然气总管流出。

气化器的基本单元是传热管，若干个传热管组成板状排列，两端与集气管或集液管焊接形成一个管板，再由若干个管板组成管束板组成气化器。LNG 从下部总管进入，在管束板内由下向上垂直流动，海水将热量传递给液化天然气，使其加热并气化；气化器顶部有海水分布装置，海水从管束板外部自上而下喷淋，从上部进入后经分布器分配，成薄膜状均匀沿管束下降，使管内液态 LNG 受热气化。ORV 工作原理图如图 6-22 所示。

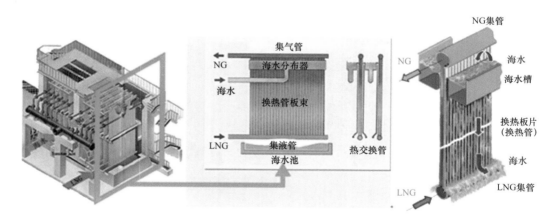

图 6-22　ORV 工作原理图

开架式气化器的主要特点是采用双层结构的传热管，有效地改善了传统 ORV 在运行时在板型管束下部，尤其是集液管外表面结冰的状况。开架式海水气化器设计采用扰流子强化措施，将传热管分为气化区和加热区，采用管内扰流子改变流道形状，增加了流体在流动过程中的扰动，使在狭小管内空间内的液态 LNG 的完全气化得以实现。所有与 LNG 接触的组件都是铝合金材料，可承受低温，所有与海水接触的平板表面镀以铝—锌合金，防止锈蚀。由于 ORV 没有移动部件，使用仪表元件也很少，设备的开关可以远程控制，气化器悬挂在支架上，维护保养也很容易，同时，调整气化器的运行负荷也很简单，只要改变流向喷淋系统的海水量和流经管道的 LNG 量即可。

目前，常见的海水气化器有开架式气化器、超级开架式气化器（简称 Super ORV）、高性能开架式气化器（简称 HiPerV）。ORV 和 Super ORV 主要区别在于 Super ORV 采用了底部双层换热管结构，LNG 从底部的分配器先进入内管，然后进入内外管之间的环状间隙，如图 6-23 所示。间隙内的 LNG 直接被海水加热并立即气化，然而在内管中流动的 LNG 通过夹套中已经气化的 LNG 蒸气来进行加热，气化过程逐步进行。间隙虽然不大，但能提高换热管的外表面温度，因而能抑制换热管的外表面结冰状况，保持较高的有效换热面积，从而提高了海水和 LNG 之间的传热效率。相对于传统 ORV，Super ORV 对传热管进行了强化设计，其传热管分成气化区和加热区；同时，采用放置管内肋片来增加换热面积和改变流道形状的设计，增加了流体在流动过程中的扰动，达到了增强换热的目的，世界上第一台 Super ORV 诞生在日本，该设备基本技术参数见表 6-10。

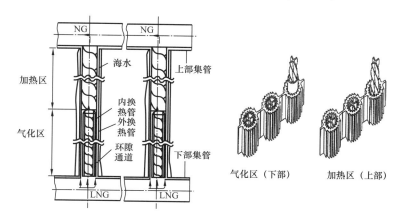

图 6-23　Super ORV 底部双层换热管结构图

表 6-24　日本第一台 Super ORV 基本技术参数

| 项目 | 参数 |
| --- | --- |
| LNG 蒸发能力，$10^3$kg/h | 150 |
| 设计压力，MPa | 4.61 |
| 设计海水温度，℃ | 10 |
| 天然气出口最低温度，℃ | 2 |
| 最大海水流量，$10^3$kg/h | 4500 |
| 板型管束数 | 9 |
| 传热管长度，m | 8 |

HiPerV 是一种高性能开架式气化器，是东京燃气公司采用新的最优化设计方法开发的低成本高效能的开架式气化器，其特点是：（1）借助数值分析的最优化设计方法，HiPerV 比传统 ORV 有更大的换热管直径，而且有更合适的换热管内外表面的形状，这些管子的最大特点是在其外表面的翅片间不易形成冰层，因此气化性能会显著提高。（2）更便于操作和维护。气化器主要由铝合金组成，连接管是不锈钢。为了避免启动时 LNG 从

弯头连接处的泄漏，开发了一个异型接头，它是一个管道连接件，它的作用在于极大地提高了操作与维护性。（3）开架式气化器的换热媒介是海水，因此换热管束很容易被腐蚀。传统上利用铝—锌合金涂层，但仍需要定期维护、修补破损的涂层。为此东京燃气公司在管子挤压加工时于管外覆盖抗腐蚀材料铝—锌合金，它起到了牺牲阳极的作用，因此降低了维护成本。

目前，国内对 LNG 气化器的研究不多，2014 年之前建成的 LNG 接收站项目 ORV 全部选用进口。作为 LNG 接收站关键设备，ORV 的设计和制造技术仅掌握在少数外国公司手中，设备采购费用昂贵，供货周期多达 15 个月，严重制约了我国 LNG 接收站项目的建设。随着国内液化天然气进口量的迅猛增长，国内工程公司、设备制造厂和高校纷纷开始了自主研发和制造工作，2014 年寰球公司与中国船舶重工集团公司第七二五研究所合作开展了 ORV 的国产化研究，计划用三年的时间，掌握 ORV 关键技术和设备制造技术，并将研发的设备实现工业化应用，突破国外技术垄断，以实现大型 LNG 接收站开架式气化器的国产化研制和应用，从而缩短工程建设周期，降低项目建设投资，实现国家重大装备的自主化生产，为保障国家能源安全、推进节能减排和我国能源战略的实施提供强有力的保障。

2. 设计技术

关键技术研究主要有以下几个方面：几何模型及计算网络、传热管传热计算模型、传热过程分析、流体力学方程、湍流模型、结冰模型、超临界气化及 LNG 物性参数、边界类型和数值方法。

由于换热管几何结构复杂，采用分块法对换热管进行划分网格，各块间的耦合在 FLUENT 求解器内实现。换热管结构图、换热管网格和海水流道网格如图 6-24 至图 6-27 所示。

图 6-24　底部结构图

图 6-25　顶部结构图

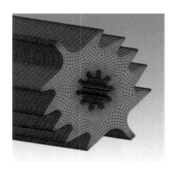

图 6-26　换热管网格

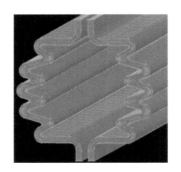

图 6-27　海水流道网格

ORV 设计难点在于换热管结构复杂，存在流动、超临界气化、液—固和气—固间的对流传热、海水结冰和蒸发等复杂的物理过程。传热计算模型研究使用计算流体力学软件（CFD），在流体力学方程组数值解的基础上，准确模拟复杂几何边界内流动、换热和相变等物理现象以及这些现象之间的相互影响，建立了与实际 ORV 设备相同的三维几何模型，并采用分块法划分网格，各块间的耦合在 FLUENT 求解器内实现，总网格量约 6000 万。计算模型研究中建立了 LNG 临界状态气化和海水结冰数学模型，利用 FLUENT 软件求解数学模型，最终得到换热管局部表面的换热系数和温度分布曲线，进而推导出换热管的总传热系数和流体沿管长方向的温度分布曲线，海水和外部翅管上的温度分布曲线可用于预测换热管外表面结冰的位置，为设备安全运行提供操作依据。该模型及相关模拟分析为该类开架式气化器的设计、选型和运行管理提供了参考。

ORV 换热管传热分析见表 6-25。

表 6-25　ORV 换热管传热分析

| 位置 | 介质 | 物理现象 | 传热 | 模型 |
|---|---|---|---|---|
| 外管 | 空气 / 海水 | 相界面 | 对流传热 | 自由表面流动传热（显热、潜热） |
| | | 海水蒸发 | 相变传热 | |
| | 海水 / 冰 | 海水结冰 | 相变传热 | 结冰模型 动网格流动 传热（显热、潜热） |
| | 冰层 | 导热 | 导热（冰面形状、厚度） | 壁面热阻 冰面粗糙度（对降膜影响） |
| 管壁 | 金属 | 导热 | 导热 | 管内外传热耦合 |
| 管内 | LNG/NG | LNG 蒸发 | 相变传热 | 多相流 壁面沸腾 气液传质传热 |
| | | 冷热流体混合 | 流体内部传热 | |

在 ORV 管内外两侧的流场均为湍流流场，需要计算湍流脉动对物理量（速度、温度、组分浓度）输运过程的影响。湍流模拟主要分为直接数值模拟（DNS）、大涡模拟（LES）和求解雷诺平均 Navier-Stocks（RANS）方程。其中 DNS 和 LES 计算量较大，很少用于工业实际问题的计算。在工业实际问题的计算中常用的方法是求解 RANS 方程，该方法的基本思想是将湍流流场的物理量表示为平均量和脉动量之和的形式，采用平均量来估算湍流脉动对物理量输运过程的影响。

RANS 方程与 Navier-Stocks 方程形式类似，包括连续性方程、动量方程和能量方程，它们在直角坐标系中可以写作如下形式：

连续性方程

$$\frac{\partial \overline{\rho}}{\partial t} + \frac{\partial}{\partial x_i}\left(\overline{\rho}\tilde{U}_i\right) = 0 \qquad (6-1)$$

动量输运方程

$$\frac{\partial}{\partial t}\left(\overline{\rho}\tilde{U}_i\right) + \frac{\partial}{\partial x_j}\left(\overline{\rho}\tilde{U}_i\tilde{U}_j\right) = -\frac{\partial \overline{p}}{\partial x_i} + \mu\frac{\partial^2 \overline{U}_i}{\partial x_j^2} + \frac{\mu}{3}\frac{\partial^2 \overline{U}_j}{\partial x_i \partial x_j} - \frac{\partial}{\partial x_j}\left(\overline{\rho u_i' u_j'}\right) \qquad (6-2)$$

能量输运方程

$$\frac{\partial}{\partial t}\left(\overline{\rho}\tilde{H}\right) + \frac{\partial}{\partial x_j}\left(\overline{\rho}\tilde{H}\tilde{U}_j\right) = k\frac{\partial^2 \overline{T}}{\partial x_j^2} + \frac{\partial}{\partial x_j}\left(M_{ji}\overline{U}_i\right) + \frac{\partial \overline{m''_{ji}u''_i}}{\partial x_j} -$$

$$\frac{\partial}{\partial x_j}\left(\overline{\rho}\,\overline{H''u''_j}\right) + \frac{\partial \overline{p}}{\partial t} + S_h \qquad (6-3)$$

式中：$(\bullet)$ 表示物理量的时间平均量；$(\tilde{\sim})$ 表示物理量的密度加权平均；下标 $i$，$j$ 表示张量方向；$t$ 表示时间；$\rho$ 表示密度；$U$ 表示速度的平均量；$p$ 表示压力；$T$ 表示温度；$u'$ 表示时间平均的速度脉动量；$u''$ 表示密度加权平均的速度脉动量；$\mu$ 表示分子黏性系数；$S_h$ 表示能量方程的源项，如化学反应、辐射传热引起的能量变化；$M_{ji}$ 和 $m'_{ji}$ 分别表示平均运动和脉动运动的黏性应力张量，表达式为：

$$M_{ji} = 2\mu S_{ij} - \frac{2}{3}\mu\frac{\partial \overline{U}_k}{\partial x_k}\delta_{ij}$$

$$m'_{ji} = 2\mu s'_{ij} - \frac{2}{3}\mu\frac{\partial u'_k}{\partial x_k}\delta_{ij}$$

其中 $S_{ij} = \frac{1}{2}\left(\frac{\partial \overline{U}_i}{\partial x_j} + \frac{\partial \overline{U}_j}{\partial x_i}\right)$ 和 $s'_{ij} = \frac{1}{2}\left(\frac{\partial u'_i}{\partial x_j} + \frac{\partial u'_j}{\partial x_i}\right)$ 分别表示平均运动和脉动运动的应变变化率张量。

雷诺平均的 Navier—Stocks 方程中含有脉动量的关联项（如动量方程中的雷诺应力项）是不封闭的方程组，需要附加湍流模式使其封闭。研究采用基于 Boussinesq 涡黏假设的标准 $k$—$\varepsilon$ 湍流模式来封闭 RANS 方程。标准 $k$—$\varepsilon$ 模式在求解 RANS 方程时附带求解湍动能 $k$ 和湍动能耗散率 $\varepsilon$ 的输运方程，对它们的扩散项、生成项以及湍动能耗散率 $\varepsilon$ 的输运方程的耗散项模式化之后，可以表示为如下形式：

湍动能方程

$$\frac{\partial}{\partial t}\left(\overline{\rho}k\right) + \frac{\partial}{\partial x_j}\left(\overline{\rho}k\tilde{U}_j\right) = \frac{\partial}{\partial x_j}\left[\left(\mu + \frac{\mu_t}{\sigma_k}\right)\frac{\partial k}{\partial x_j}\right] +$$

$$2\mu_t S_{ij}S_{ij} - \rho\varepsilon - 2\rho\varepsilon\frac{k}{a^2} + S_k \qquad (6-4)$$

湍动能耗散率 $\varepsilon$ 的输运方程

$$\frac{\partial}{\partial t}\left(\overline{\rho}\varepsilon\right) + \frac{\partial}{\partial x_j}\left(\overline{\rho}\varepsilon\tilde{U}_j\right) = \frac{\partial}{\partial x_j}\left[\left(\mu + \frac{\mu_t}{\sigma_\varepsilon}\right)\frac{\partial \varepsilon}{\partial x_j}\right] +$$

$$2C_{1\varepsilon}\mu_t\frac{\varepsilon}{k}S_{ij}S_{ij} - C_{2\varepsilon}\rho\frac{\varepsilon^2}{\kappa} + S_\varepsilon \qquad (6-5)$$

其中 $\mu_t=\rho C_\mu k^2/\varepsilon$，表示涡黏系数；$S_k$ 和 $S_\varepsilon$ 分别表示输运方程的源项；模型常数 $\sigma_k$，$\sigma_\varepsilon$，$C_{1\varepsilon}$，$C_{2\varepsilon}$ 和 $C_\mu$ 取值为 $\sigma_k=1.0$，$\sigma_\varepsilon=1.3$，$C_{1\varepsilon}=1.44$，$C_{2\varepsilon}=1.92$，$C_\mu=0.09$。

当冬季海水温度较低时（约 5.5℃），ORV 管上会有冰层出现。冰层会增加海水侧的热阻，需要重点考虑，海水结冰采用热焓法计算。当有冰层附着于管壁上时，冰层不随流体流动，在动量方程和湍流方程中需要定义源项来描述冰层对流体运动的影响。

根据 ORV 的操作条件，无论是贫液 LNG 还是富液 LNG，其操作曲线位于液相和超临界区域，没有经过气—液两相区，所以 ORV 管内的气化现象为临界状态气化，可根据不同温度下 LNG 的物性参数变化来模拟其气化过程（图 6-28 和图 6-29）。

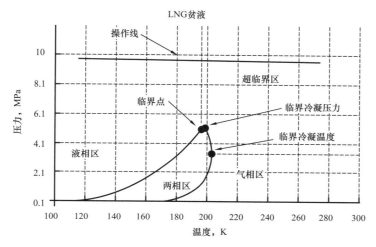

图 6-28　贫液 LNG 物性参数

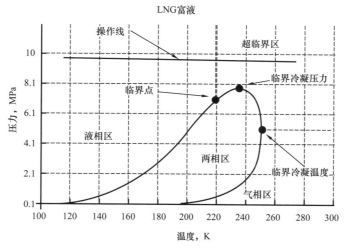

图 6-29　富液 LNG 物性参数

对于 ORV 管内的 LNG，流体密度随温度变化，适用于可压缩流体方程；可压缩流体的质量方程、能量方程和动量方程采用非耦合求解器求解；进口边界类型采用 Velocity Inlet（质量流率进口）类型；出口边界类型采用 Pressure Outlet（压力出口）类型。ORV 管内壁面采用无滑移壁面条件。

ORV 外侧海水为不可压缩流体，密度计算适用于不可压缩流体方程；为了将管内外的流体分开，进口边界类型采用 Velocity Inlet（质量流率进口）类型；出口边界类型采用 Pressure Outlet（压力出口）类型。ORV 管外壁面采用无滑移壁面条件，海水与空气界面采用滑移壁面条件来消除阻力，热边界条件为绝热。模型中其他壁面的热边界为耦合边界，由 FLUENT 软件自动迭代耦合计算。ORV 的操作条件见表 6-26。

表 6-26　ORV 操作条件

| 流体 | 海水 | | 贫液 LNG | | 富液 LNG | |
|---|---|---|---|---|---|---|
| | 进口 | 出口 | 进口 | 出口 | 进口 | 出口 |
| 流量，t/h | 9180 | 9180 | 192 | 192 | 202 | 202 |
| 温度，℃ | 16.5 | ＞12.5 | −158 | 5 | −155 | 5 |
| 压力，Pa | 0.05 | 0 | 9.75 | 9.55 | 9.75 | 9.55 |

图 6-30 为计算结果，显示出换热管子在不同高度截面处流体及管壁上温度分布云图，由图可见随着换热管高度的上升，截面上低温区域逐渐减小；同时，由于内筒的阻隔，内筒两侧的流体存在明显的温差，由于换热管内扭曲片的热传导作用，其温度明显高于周围流体温度，可以促进传热；随着高度的上升，扭曲片的热传导作用越来越弱。

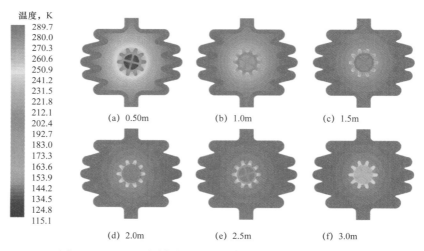

图 6-30　ORV 不同高度截面上流体及管壁上温度分布云图

在不同高度上截取流体微元，可以得到不同高度上流体的温度分布及海水的温度在高度方向上的变化；在不同高度上截取 ORV 管外表面上的面微元，可以积分得到不同高度上的热通量分布；根据流体温度和热通量沿高度方向的分布，可以得到 ORV 换热管的对流传热系数沿高度方向的分布。

采用上述的计算模型，还分别模拟了以贫液和富液 LNG 的进口温度和流量为设计值，海水温度分别为 16.5℃和 5℃时的 ORV 换热性能，以满足现场由于海水温度变化的运行需求。

3. 制造技术

气化器用关键制造技术主要包含：气化器用低温耐蚀材料技术、复杂结构耐压型材成型技术、过渡接头制备技术、焊接技术、腐蚀防护、表面处理技术及集成建造技术。

1）低温耐蚀材料技术

气化器工艺需要制造设计压力大于15MPa的挤压铝合金管，现行中国特种设备安全技术规范允许的最大设计压力为16MPa，且铝合金管的材质对挤压工艺有较大影响，国外多采用5系的镁铝合金管，而国内的制造工艺对5系的铝合金管挤压工艺还不成熟，暂可生产6系铝合金管，6系合金与5系合金的性能有差异，而且热处理工艺及性能和焊接工艺及性能都不同，故需要调整6系的化学成分，因此需要研发既能满足加工工艺要求又满足设备性能要求的铝管。

研发对比了不同铝合金管材料在常温下的拉伸性能，符合ASME要求的铝合金、国外气化器铝合金和中国船舶重工集团公司第七二五研究所（以下简称七二五所）铝合金常温测试项目的对比见表6-27。

表6-27 铝合金管材料常温拉伸测试结果对比

| 项目 | $R_m$，MPa | $R_{p0.2}$，MPa | $A$，% |
|---|---|---|---|
| ASME要求 | ≥150 | ≥110 | ≥8 |
| 国外气化器铝合金 | 217 | 189 | 9.8 |
| 七二五所铝合金 | 264 | 237 | 12.3 |

研发对比了不同铝合金管材料低温拉伸性能，符合ASME要求国外气化器铝合金和七二五所铝合金常低温测试项目的对比见表6-28。

表6-28 铝合金管材料低温拉伸测试结果对比

| 项目 | | $R_m$，MPa | $R_{p0.2}$，MPa | $A$，% |
|---|---|---|---|---|
| ASME要求 | -28℃ | 180 | 150 | 12 |
| | -80℃ | 200 | 150 | 13 |
| | -196℃ | 250 | 160 | 14 |
| 七二五所铝合金 | -28℃ | 268 | 236 | 15 |
| | -80℃ | 278 | 243 | 15 |
| | -196℃ | 347 | 269 | 22.0 |

根据常温和低温拉伸测试结果对比，七二五所国产铝合金材料力学和低温性能优于国外气化器铝合金材料，满足气化器要求。

2）复杂结构耐压型材成型技术

换热管采用精密成型技术，批量化生产。国产化成品换热管外形图如图6-31所示。

图 6-31　国产化换热管外形图

3）表面处理技术

气化器的表面处理技术也是非常重要的一环，七二五所依托海洋腐蚀与防护国防科技重点实验室平台，开展不同材料涂层对比研究，最终确定了气化器的表面涂层成分。通过对多种形式涂层喷涂工艺的研究，制订了合理的喷涂工艺，所制备的涂层经加速腐蚀试验、海水冲刷腐蚀试验等验证，耐腐蚀性能优良，满足气化器使用要求。如图 6-32 至图 6-35 所示。

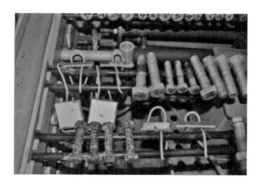

图 6-32　不同涂层加速腐蚀试验

图 6-33　不同涂层冲刷腐蚀试验

图 6-34　样机海水冲刷腐蚀试验

图 6-35　表面处理后的板片

4）过渡接头制备技术

为实现 LNG 进口不锈钢管与气化器铝合金管段的可靠连接，对气化器过渡接头技术开展了多种材料、多层复合接头成型技术、检测评价等技术研究（图 6-36 至图 6-39）。目前，中国石油和七二五所已成为世界上继高能金属公司（High Energy Metal，INC）外的第二家 LNG 用多层复合过渡接头制造商。

图 6-36　过渡接头爆炸复合现场

图 6-37　过渡接头与接管焊接

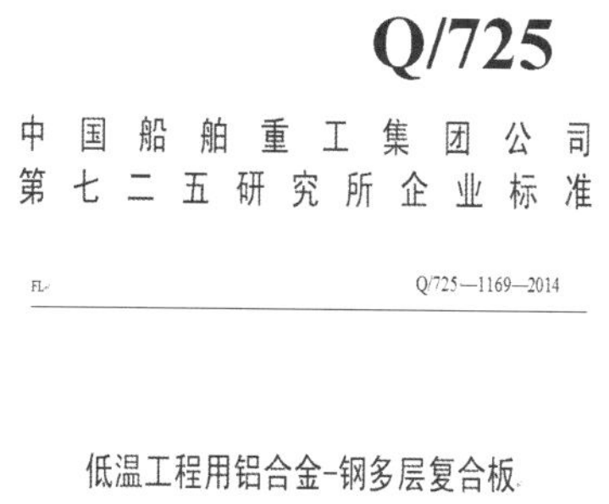

**Q/725**

中 国 船 舶 重 工 集 团 公 司
第 七 二 五 研 究 所 企 业 标 准

FL                    Q/725—1169—2014

低温工程用铝合金-钢多层复合板

图 6-38　企业标准

图 6-39　过渡接头

5）集成建造技术

气化器的集成技术体现在设计制造工程中的专用装配、焊接及工装上，实现了大型复杂结构高精度装配、焊接，产品上千条焊缝全部满足技术要求，换热模块装配焊接如图 6-40 所示。

图 6-40　换热模块装配焊接

首次将钛合金海水管路系统和钛合金挡板应用于气化器，解决了玻璃钢海水管系、挡风板腐蚀老化和漏水问题；同时，首次将舰船用铜合金海水蝶阀应用于气化器海水管路，解决了钢质阀门的腐蚀问题。如图 6-41 至图 6-44 所示。

图 6-41　新型挡风板（钛合金）

图 6-42　海水管路（钛合金）

图 6-43　铜合金蝶阀（海军铜）

图 6-44　高精度海水分布系统

ORV 国产化开发中形成的发明专利见表 6-29。

表 6-29　ORV 国产化开发中形成的发明专利

| 序号 | 专利名称 | 申请号 / 专利号 | 备注 |
|---|---|---|---|
| 1 | 一种用于 LNG 气化器的单片换热翅片设计方法 | ZL201310205931.0 | 发明专利 |
| 2 | 一种开架式气化器换热管用内管 | 201410019690.5 | 发明专利 |
| 3 | 一种 LNG 开架式气化器用扰流子 | 201420019681.6 | 发明专利 |
| 4 | 一种多层金属复合板及其制作方法 | 201310620812.1 | 发明专利 |
| 5 | 一种开架式气化器用铝合金翅片管挤压模具 | 201310621109.2 | 发明专利 |
| 6 | 一种开架式气化器用的海水分布器 | 201310286328.x | 发明专利 |
| 7 | 一种 LNG 开架式气化器涂层用 Zn 合金材料 | 201310286328.x | 发明专利 |
| 8 | 一种 LNG 气化器表面防腐涂层的制备方法 | 2014102863473.2 | 发明专利 |
| 9 | 一种用于 LNG 气化器防腐涂层厚度的无损对比检测方法 | 201410427002.9 | 发明专利 |
| 10 | 一种 LNG 气化器装置中多层复合过渡接头的焊接试验方法 | 201410347017.4 | 发明专利 |
| 11 | 一种天然气压力容器进行气、水压试验的双介质试验装置 | 201510360379.1 | 发明专利 |
| 12 | 一种开架式气化器中为海水分布器配置的缓冲导流装置 | 201510269206.9 | 发明专利 |

4.检验试验技术

七二五所为保证气化器制造质量，制订了严格的检测测试计划、质量计划、检验大纲等，以确保气化器产品质量满足耐海水、耐 $-158\sim+1℃$ 低温环境的使用要求；产品技术指标满足 16.5MPa 的耐气压强度试验和密封试验要求、设计图纸中的尺寸要求、气化器的图纸和技术要求、制造、检验和验收技术条件及相关标准提出的质量要求。

换热管是气化器的关键组成部分，通过对换热管进行如下性能测试，性能达标，即满足工艺要求。

（1）截面尺寸、平直度、表面粗糙度满足要求。

（2）显微组织观察、压扁、扩孔试验合格。

（3）压力试验合格：气压 16.5MPa（设计压力 1.1 倍）；水压 18.75MPa（设计压力 1.25 倍）。

（4）极限爆破压力达到 96.2MPa。

5.工业应用

由寰球公司联合中船重工第七二五研究所联合研制的大型开架式气化器经过 3 年的刻苦攻关，已经成功运用在中国石油天然气集团公司江苏 LNG 接收站上，经性能标定及现场考核，各项数据达到设计指标，气化峰值达到 220t/h，整个运行过程中，设备状态稳定，无泄漏、无变形、无振动，设备性能全面达到国外同类产品产品先进水平，其中抗振动、低温极限运行等性能明显优于国外产品（图 6-45）。

图 6-45　江苏 LNG 接收站国产化 ORV 实景图

该成果首次成功实现工业化应用，对我国推进清洁能源的应用提供了有力的技术支撑；打破了国外公司对 LNG 用大型开架式气化器的技术垄断，对开展重大装备国产化具有示范意义；该成果拥有自主知识产权，总体性能达到国际先进水平，其中气化器换热效率、防腐与防护技术和抗振动技术达到国际领先水平。

### 三、浸没燃烧式气化器

1. 研发背景

LNG 气化器是接收站工艺流程中最关键的设备之一，浸没燃烧式气化器（Submerged Combustion Vaporator，简称 SCV）作为主要调峰设备，在 LNG 接收站中起到举足轻重的作用。浸没燃烧式气化器 SCV 是一种水浴式气化器，共分为 5 个系统，即助燃空气系统、燃烧炉系统、燃料气系统、冷却水循环系统、自动控制系统。装置主要由本体、助燃风机、燃烧器、混凝土罐、冷却水泵、碱液罐、风道、烟囱、甲板、工艺管路、控制元件及其他附属设备组成。蛇形的换热盘管置于混凝土水浴池中，换热盘管四面被"围堰"包围，鼓风机将吸入的空气分两路送入燃烧室，空气与燃料气在燃烧器内按比例混合后完全燃烧，燃烧后的高温烟气从烟气分布支管上的排气孔喷射到位于换热盘管下部的水中，在围堰内的水浴中形成大量的小气泡，烟气与水直接接触换热，换热盘管内 LNG 通过与围堰内的气液两相进行换热而升温、气化。换热后的废气从围堰上部经烟囱排放大气，而燃烧产生的水则从围堰经溢流口排出。SCV 系统示意图和原理图如图 6-46 和图 6-47 所示。

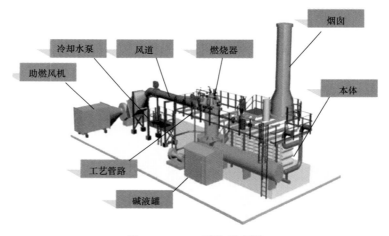

图 6-46　SCV 系统示意图

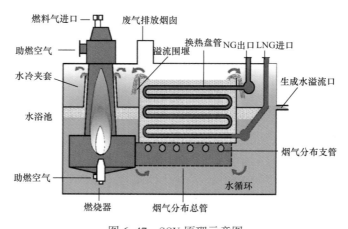

图 6-47　SCV 原理示意图

浸没燃烧式气化器（SCV）具有初期投资少、启动迅速、运行可靠、运行不受天气等其他外界因素影响的优点，在 LNG 接收站的日常调峰特别是冬季应急调峰中具有不可替代的地位，是 LNG 接收站冬季应急调峰的主力军，目前已建成的 LNG 接收站具有明显的应急和季节调峰特性，以江苏 LNG 接收站为例，每年 11 月到次年 3 月为冬季应急调峰保供时期达到设计负荷，但由于冬季海水温度低，所以利用海水换热的气化器无法满负荷运行，而 SCV 不受海水和大气温度的影响，可快速点火启动，并且能在 10%～100% 的符合范围内快速调节，适合于应急调峰和冬季保供使用。

目前，国内 LNG 接收站在用设备全部来自进口，主要设备制造商有德国林德公司（Selas–Linde GmbH）和日本住友精密机械（Sumitomo Precision Products Co.，Ltd）公司，两家公司进口 SCV 采购周期长、价格高、维修成本高。

目前，国内对于 SCV 这种高效率的调峰气化设备的研究很少，且多数处于理论阶段，还没有相关的成熟数据和方法可供 SCV 国产化借鉴。为提高 LNG 接收站建设项目的国产化水平，促进中国石油相关装备制造水平提升，经过调研，江苏 LNG 项目接收站联合中国船舶重工集团第七一一研究所、西安交通大学和中国石油渤海装备辽河热采机械公司进行了 200t/h SCV 研制和开发工作，旨在实现装置、服务、配套零部件的国产化，降低生产运行成本。SCV 国产化研发过程中国船舶重工集团第七一一研究所负责燃烧器开发设计的模拟计算和试验，西安交通大学负责 SCV 的传热计算，中国石油渤海装备辽河热采机械公司负责设备的安装制造。

2015 年，国产 SCV 取得中国石油天然气集团有限公司科技鉴定，产品通过盘锦市特种设备监督检验所检验，取得实用新型专利 2 项。

2. 设计技术

SCV 国产化研发完成了基本理论研究，掌握了关键技术参数；完成了 200t/h 浸没燃烧式气化器装置制造 1 套；完成了现场工业性试验，达到工业应用程度；根据数值模拟结论及现场应用情况，完善设计，掌握了不同处理能力的系列化 SCV 设计方法。

1）燃烧器技术

SCV 燃烧器为双螺旋风道结构，由主燃风道、助燃风道、燃气喷嘴等组成。该燃烧器分为上下部涡室两个主要部分（图 6-48）。点火时由上涡室气体引燃器进行一次和二次点火，由二次火焰点燃助燃烧嘴，主燃烧火焰位于下部涡室，主燃料气向上燃烧至位于上下部涡室间的中央部位。

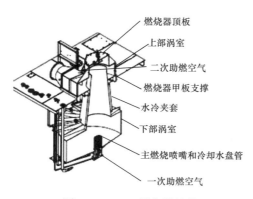

图 6-48　SCV 燃烧器结构

而助燃空气从两处进入燃料器，少部分空气被输送至下涡室燃烧喷嘴周围参与一次燃烧，大部分空气通过切向螺旋风道进入上涡室参与二次燃烧。二次助燃空气产生漩涡运动，从而使气体与从燃烧器底部升起的二次风相混合，混合气体将沿燃烧器轴反向再循环。二次风的向下漩涡运动轨迹决定了 SCV 火焰燃烧的形状和稳定性，同时，对炉壁起到冷却作用，对一次燃烧也起到了降温作用。

2）多相湍流传热技术

采用数值模拟方法研究 SCV 的传热过程，建立计算模型，再通过室内模拟试验验证模型的可靠性，为 SCV 换热计算提供理论和实验依据，通过对 LNG 跨临界区流体物性、水浴内流场及温度场、湍流模型和多相流模型建立、燃烧传热特性、LNG 气化过程研究形成 SCV 传热技术。

3）浸没燃烧和大负荷稳燃技术

SCV 的运行负荷范围为 10%～100%，调节范围较大，研制的双螺旋涡壳式燃烧器采用比例式预混燃烧方式，能根据燃烧负荷的变化调整一次风和二次风的比例，保证了燃烧器的燃烧火焰稳定性和高效性，负荷调节操作的灵活性，研制的一次引燃、二次引燃技术保证燃烧器的着火率，研究的不同负荷下燃烧器的调整方案，可以确保水浴内的相对稳定的气液比与传热效率，使烟气中 CO 含量低于 80μL/L。

4）低 $NO_x$ 控制技术

SCV 燃烧器是一种富氧高温燃烧装置，其燃烧负荷高，在这种条件下，$NO_x$ 将大量产生，通过研究不同负荷下 $NO_x$ 的生成速率，通过在高温烟气区设置烟气温度在线监测，更精确地调整燃烧，实现高效燃烧。通过燃烧器火嘴盘管冷却水流量的在线监测与联锁报警，保证了小空间高强度燃烧器在满负荷运行时有效冷却，能有效降低燃烧器燃烧时 $NO_x$ 的生成量，提高设备的安全性，使烟气排放口 $NO_x$ 生成量始终低于 50μL/L。

5）换热管束防结冰技术

SCV 换热器在 LNG 进口端温度低达 –161℃，没有有效的强化传热手段将造成此处管段的局部低温，特别是低负荷下，易造成管段局部堵塞，从而诱发整体堵塞，影响安全运行。国产 SCV 研制的一次风和二次风比例调节技术保证 SCV 在不同负荷运行时提供足够的烟气量，确保水浴中相对固定的"水—气"比例，从而维持稳定的紊态换热流场；另外，在结构设计上，设计合理的烟气分布器和喷嘴结构，及其与换热管束的位置布置，有利于高温烟气的均匀分布，并在水浴内形成多级环流技术，局部强化换热；水浴内采用的"挡堰"排列技术，保证管束上方换热紊流的稳定性。

3. 制造技术

1）小管密排管束制造技术

SCV 换热管束采用多管程并行蛇形弯管结构，错列密排布置。管壁薄、弯曲半径小，精度要求高，采用特殊的冷弯成型工艺，控制管端偏移量、椭圆度、轮廓度及壁厚减薄量。

SCV 共有 76 根换热管，采用多管程并行，错列密排布置。换热管与溢流堰间采用钢带组成的网状吊架进行固定。吊架在提供管束支撑的同时，组装后要求管束能够沿轴线自由伸缩，最小装配间隙达到 0.75mm。通过设计特殊装配工装，编制合理的管束组装工艺，成功完成组装工作。换热管束部分整体制造精度达到了国外产品水平。

2）双牌号材料的创新应用

创新采用双牌号不锈钢材料，其化学成分采用较低强度材料的化学成分，并对 S/P 等关键成分进行控制，机械性能采用高强度材料的机械性能，同时增加对低温冲击、高温拉伸、尺寸偏差、加工方法、出厂检验要求和热处理状态提出了特殊要求。同比与国外技术，国内双牌号相材料的应用，解决了主要受压元件依存国外进口的问题，为实现国产化打下了基础。

4. 现场试验技术

SCV 性能测试内容包括点火测试、负荷测试、72 小时连续运行测试，各部分测试的内容如下：

（1）点火测试：要求从控制室 DCS 上远程启动 SCV 点火程序，在程序控制下多次完成燃烧器主燃气的点火，且主燃火能够持续稳定燃烧。目的是检验燃料气系统设置、燃烧器设计及引燃控制程序，并通过调整使燃烧器获得较高的点火成功率。

（2）负荷测试：要求 SCV 在 10%～100% 共 10 个不同负荷下连续运行，各运行阶段及负荷调整过程中，各系统工作正常，NG 出口温度无较大波动，始终趋近设定值。目的是检查各系统联动工作性能，对设备的软、硬件进行全面检查、测试，并根据运行数据对设备进行实时调整，使装置的工艺参数、设备参数、烟气组分等指标满足设计要求。

（3）72h 连续运行测试：要求 SCV 进行 72h 带负荷不间断运行。目的是监测设备运行情况，记录运行数据，对设备长时间运行的稳定性及各项指标进行考察。同时，对运行数据进行整理和分析，对 SCV 的性能进行评价。

5. 工业应用

国产 SCV 于 2014 年 9 月完成制造及第三方监检，同年 10 月在江苏 LNG 接收站完成现场安装。2015 年底完成现场调试、性能测试工作，已参与江苏 LNG 接收站 2015 年和 2016 年保供度冬设备运行，在 −13℃ 的极寒天气下能一次点火成功并正常运行，SCV 各设备运行状况良好，换热效率、燃烧效率、燃烧控制精确度和环保等各项指标均达到设计要求，满足现场运行要求。控制系统安全等级高，高度集成，实现一键点火启动、负荷变化、熄火停运的全程自动化，具有全面的监测、控制、联锁保护功能，达到国外同类产品水平。目前，正在设计建设的多家 LNG 接收站公司正在咨询国产化 SCV 采购示意，市场应用前景广阔，将带来更大的经济效益和社会效益。

# 第四节　低温阀门和管道元件

2006 年至 2015 年间，国家能源局在寰球公司设立了国家能源液化天然气技术研发中心，在能源局领导下的国产化过程中，实现了小口径球阀样机的研发；并继而在 2015 年进行了中国石油板块核准立项"高压大口径超低温上装式球阀"的研制开发。在此过程中，其他超低温管道元件也陆续实现了国产化。本节从典型的低温阀门、保冷材料、低温垫片和低温管道支架等几个方面阐述了 LNG 低温领域涉及的材料特点、核心要求、国产化重点和实践。

## 一、低温阀门国产化

1. 研发背景

低温阀门在 LNG 接收站中有着广泛的应用，主要用来控制管道介质的截断或连通，其密封性能直接关系到 LNG 管道系统的运行安全。对于常规的大型 LNG 接收站，阀门的合同总额在 2 亿～3 亿元。目前，LNG 接收站关键部位低温阀门多为国外进口，近年来，在国家能源局、中国机械联合会等有关主管部门的支持下，寰球公司联合国内阀门厂家圣博莱阀门有限公司、苏州纽威阀门有限公司、大连大高阀门股份有限公司在低温阀门的研发上有了长足的发展，国产化低温阀门也逐渐应用在国内接收站建设中。

LNG 接收站低温阀门主要应用在 LNG 卸船系统、LNG 储存系统、LNG 外输系统及 BOG 处理系统。低温阀门产品主要参数见表 6-30。

表 6-30　低温阀门产品主要参数表

| | 低温阀门种类 | 闸阀、截止阀、止回阀、球阀、蝶阀 |
|---|---|---|
| 1 | 规格 | DN15mm～DN1200mm（NPS1/2in～NPS48in） |
| 2 | 压力等级 | Cl.150～Cl.1500 |
| 3 | 端部连接形式 | 法兰式、对焊式 |
| 4 | 阀门材质 | CF3M/CF3/CF8M/CF8（F316L/F304L/F316/F304） |
| 5 | 设计温度，℃ | -46，-101，-196 |
| 6 | 工艺介质 | 液化天然气、天然气 |
| 7 | 驱动方式 | 手动、伞齿轮传动、电动、气动 |

通常 LNG 低温阀门的结构要求如下：

（1）推荐使用一体式阀门，不建议使用分体式阀门；为便于维护，阀门建议采用顶装结构，以便于可以在线打开阀盖，并维修内部构件。

（2）需要有专门的泄压结构，以卸掉球腔内的超压，避免高气化倍率的 LNG 气化后导致的压力瞬间增加，造成阀门损坏。

（3）阀门泄压方向一般为上游高压侧；阀体和阀盖上需要清楚标示阀门的泄压侧。

（4）考虑到阀门的流阻效应，NPS1$\frac{1}{2}$ 及以下口径阀门推荐通径球阀，NPS2 及以上口径阀门推荐缩颈球阀，对于缩颈球阀，内球要求只能缩小一个级别。

（5）低温阀门需要采用加长阀盖（除止回阀）设计，以提供足够的 LNG 气化空间，保证填料在接近环境温度下工作。

2. 设计技术

（1）低温阀门结构研究。

开展设计工况下，阀门的静力学分析，获得阀体结构的应力分布云图（图 6-49 至图 6-52），在此基础上根据 ASME 相关标准，对低温阀门承压件进行结构完整性评定，保证阀门的安全性。完整性评定过程中的模拟设计案例见表 6-31 至表 6-33。

表 6-31　模型材料属性表

| 屈服强度 MPa | 杨氏模量 MPa | 泊松比 | 体积弹性模量 MPa | 剪切模量 MPa | 热膨胀系数（-196℃） ℃⁻¹ |
|---|---|---|---|---|---|
| 205 | $1.93 \times 10^{+5}$ | 0.31 | $1.693 \times 10^{+5}$ | 73664 | $1.1 \times 10^{-5}$ |

表 6-32　网格信息表

| 单元尺寸，mm | 单元类型 | 节点数量 | 单元数量 | 单元质量 | 纵横比 | 正交质量 |
|---|---|---|---|---|---|---|
| 5 | Tet10 | 784950 | 524309 | 0.823 | 1.98 | 0.85 |

表 6-33　边界条件表

| 温度载荷，℃ | 压力载荷，MPa | 约束 | |
|---|---|---|---|
| -196 | 5.5 | 取 1/2 模型（对称边界） | 固定端法兰螺栓孔 |

图 6-49　阀体在压力作用下的变形分布云图

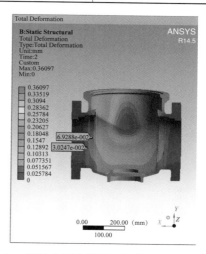

图 6-50　阀体在压力作用下的等效应力分布云图

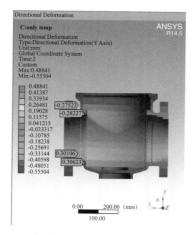

图 6-51　阀体在低温（-196℃）时的变形分
布云图（Y轴方向）

图 6-52　球体在低温（-196℃）时的变形
分布云图（整体）

（2）低温阀门可靠性研究。

采用失效模型影响分析和故障树分析，对低温阀门可靠性进行研究，并根据失效模式及对应原因，分析薄弱环节并提出改进措施（表6-34）。

表6-34　失效分析表

| 故障零部件 | 零部件失效模式 |
| --- | --- |
| 阀门密封副 | 密封副受力变形，密封副低温下的收缩不均匀 |
| 阀杆 | 阀杆强度、刚度（挠度）分析 |
| 法兰连接处 | 法兰连接处外部泄漏 |
| 填料处 | 填料函外部泄漏 |
| 执行机构故障 | 执行机构无法正确执行对阀门的控制 |

（3）低温阀门填料函处传热研究。

开展阀门填料函处在低温工况下的传热分析，并获得阀门阀盖的温度分布云图（图6-53）；优化阀盖结构，保证阀门填料函处温度达到设计要求。

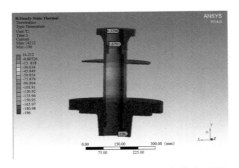

图6-53　阀盖 -196℃时的温度分布云图

（4）密封结构研究。

低温球阀关键密封零部件蓄能圈采用金属"O"形圈，是一种外表面包覆 PCTFE 唇边的复合结构（图6-54），此种结构的密封效果良好，但需要结合自身阀门特点进行二次设计。

图6-54　唇式密封圈

3. 制造技术

从阀门材料来说，在低温材料方面，国内低温阀阀门材料一般还需做两次深冷处理。也有厂商通过研究材料中的成分控制，来解决材料在低温下的相态转变问题。

从阀门铸件来说，高端阀门对钢水的化学成分含量、均匀度要求严格，不允许有夹渣、气孔存在。多采用精炼工艺，使用较多的 AOD 炉（氩氧脱碳精炼）进行冶炼，其原理是用氧气、惰性气体的混合气代替纯氧吹炼钢水，改变脱碳过程热力学特性，通过降低 CO 分压，使铬过分氧化。侵入式喷吹可去除非金属夹杂物和有害的溶解气体如氧、氮、氢。AOD 工艺是生产超低碳不锈钢及纯净高质量合金钢的先进技术，由此生产的铸钢件具有优良力学和工艺性能（较高的机械性能、改善冲击韧性）等，主要适用于高端阀门对钢水的要求。另外，目前过多采用树脂砂造型工艺，不如酯硬改性水玻璃砂造型工艺，而水玻璃砂工艺基本上是无机物黏接剂，发气量少，砂型退让性好，铸件不易产生气孔及裂纹，是目前高端阀门铸钢件造型工艺的首选。

从阀门机加工来说，阀门的密封件配合表面的机加工精度，表面粗糙度都有很高的要求。

从阀门装配来说，对焊式阀门要求能够实现在线维修，对于对焊式阀门的在线拆卸组装、启闭都有严格的要求。

4. 检验试验技术

制造企业需要建有先进的试验设备和超低温阀门深冷试验装置，以便对新产品和新技术的先进性能进行验证，根据试验数据同时验证设计的正确性。低温试验设备如图 6-55 所示。

图 6-55 低温实验设备

5. 工业应用

国产化低温阀门在泰安 LNG 项目、安塞 LNG 项目和中石油大型 LNG 接收站增压工程等项目中具有一定的应用。

## 二、隔热保冷国产化

1. 研发背景

LNG 介质管线大多在深冷工况（-161℃）下工作，如何有效地保护冷量不被散失，直接关系到工艺设备负荷和工厂运行的经济性。因而，对于 LNG 项目，隔热系统具有十分重要的意义。结合 LNG 项目低温管道和阀门的特殊保冷要求，寰球公司联合浙江振申绝热科技股份有限公司，研制并优化了保冷结构，进一步地降低了生产过程中的冷损失和操作运行成本。

2. 设计技术

1）系统要求

系统要求是对绝热系统总体的规定：

（1）低温管道绝热系统须要由绝热层、防潮层及外保护层组成。

（2）绝热系统结构需要具有足够的机械强度，不因受自重或偶然外力作用而破坏。

（3）绝热系统的防火性能需要满足其绝热管道的防火等级要求。防火等级高的管道需要选择泡沫玻璃类无机不燃材料作为绝热层材料。

（4）阀门、法兰的螺栓在绝热施工前需要进行冷紧处理，这就要求此部分绝热施工在低温下进行。

2）绝热层要求

绝热层是绝热系统的核心层，系统主要依靠绝热层的绝热特性实现节能的效果。针对大型液化天然气项目的特点，有如下规定：

（1）操作温度冷热交替的管道，其绝热层的材料需要在高温区及低温区内均可安全使用。

（2）绝热层需要采用压敏型增强玻璃纤维带和不锈钢带捆扎固定，不能使用钩钉结构。

（3）捆扎用不锈钢带宽度范围 12～20mm，压敏型增强玻璃纤维带宽度不能小于25mm。

（4）绝热层厚度大于 80mm 时，硬质绝热制品须要分两层或多层施工。

（5）绝热层的伸缩缝需要采用低温玻璃棉填充严密，其外需要采用丁基橡胶密封。

（6）吊耳、仪表管座等管道附件需要进行绝热。其绝热层厚度不小于相连管道绝热层厚度的 1/2，且不小于 40mm，绝热层长度不小于绝热层厚度的 4 倍或绝热至覆盖垫块。

（7）固定件和支承件的材质与管道本体材质不匹配时，需要设置硬质绝热隔垫。

（8）绝热层支承件需要选冷桥断面小的结构形式。管卡式支承环处的绝热层需要包裹住螺栓孔端头。

3）防潮层要求

防潮层是绝热系统的防潮保障。在大型液化天然气项目中，防潮层尤为重要，它阻断了水气进入绝热层，具体要求需要在设计文件中体现：

（1）由于 LNG 系统中水气具有向绝热层内部渗透的倾向，绝热层外表面需要设置防潮层，以防止水气进入绝热层，引起导热系数激增，绝热失效。

（2）对于绝热层结构的分层、分界处需要设置二次防潮层，以防止水气进入绝热层内部。

（3）防潮层需要考虑环境变化和管线振动的情况，在恶劣工况下须要保持完整性和密封性。

4）保护层要求

保护层是绝热系统的最外层，对系统起到保护作用，针对项目特点，有如下规定：

（1）绝热系统外表面暴露在大气中，须要设置保护层，保护内部防潮层和绝热层。

（2）保护层须要严密、防水；须要抗大气腐蚀和光照老化；须要有足够的机械强度，并且使用寿命需要长于设计运行周期。保护层同样须要考虑环境变化和振动的情况，在恶劣工况下需要保持不渗水、不开裂、不散缝、不坠落。

（3）腐蚀性环境下的绝热系统需要采用耐腐蚀材料作保护层。有防火要求的管道需要

选用防火金属薄板作保护层。

（4）金属保护层接缝需要咬接或采用钢带捆扎结构，不宜使用螺钉或铆钉连接。

结合以上技术要求，寰球公司与浙江振申绝热科技股份有限公司共同开发了的新型阀门保冷结构（图6-56），既保证了保冷效果，又不失保冷结构的防火性，而且施工方便。此结构申请了专利"中华人民共和国 ZL 2013 2 0020980.2. 深冷阀门保冷结构"[2]。

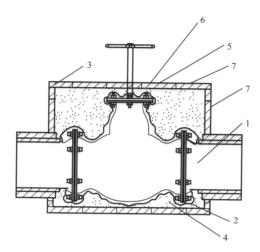

图 6-56　新型阀门保冷结构

1—阀门本体；2—带铝箔玻璃棉；3—泡沫玻璃做的阀门盒；4—PU 填充料；5—钢带；6—防潮层；7—金属外保护层

3. 制造技术

1）泡沫玻璃制造

我国泡沫玻璃生产自20世纪70年代形成，由于起步较晚，对于高端的泡沫玻璃产品，我国生产线尚不成熟。

寰球公司与浙江振申绝热科技股份有限公司对泡沫玻璃整体生产工艺进行了改进与创新，新生产工艺不采用废旧玻璃作为泡沫玻璃生产原料，以自行生产玻璃作为泡沫玻璃生产原料，从源头上控制泡沫玻璃的技术参数，新生产线的总控室如图6-57所示、LNG车间如图6-58所示、石英砂投料如图6-59所示、玻璃熔窑车间如图6-60所示、玻璃拉管如图6-61所示、玻璃片研磨如图6-62所示、封闭式线切割设备如图6-63所示。

泡沫玻璃以石英砂玻璃粉为原料，石英砂（图6-60）是一种坚硬、耐磨、化学性能稳定的硅酸盐矿物，其主要矿物成分是 $SiO_2$，颜色为乳白色或无色半透明状、硬度7、性脆无解理、贝壳状断口、油脂光泽、相对密度为2.65，其化学、热学和机械性能具有明显的异向性，不溶于酸，微溶于 KOH 溶液。原材料在发泡过程中杂质离子含量直接影响产品的闭孔率、吸水性和抗压强度，浙江振申绝热科技股份有限公司按照国外先进的生产流程和技术要求，对生产流水线中的有关设备进行重新设计和配置。新工艺需要石英砂玻璃粉，为此新设计了天然气燃料玻璃熔炉（图6-62），制备泡沫玻璃的原料，原料玻璃片的研磨采用高细球磨。泡沫玻璃采用封闭式线切割设备进行切割，提高外观质量，提高泡沫玻璃成品的利用率；同时，以气相脉冲除尘装置收集车间和切割中产生的粉尘，并吸尘回用，解决了粉尘污染的难题。

图 6-57　总控室

图 6-58　LNG 车间

图 6-59　石英砂投料

图 6-60　玻璃熔窑车间

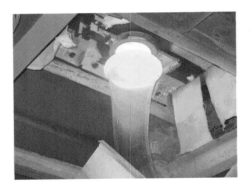

图 6-61　玻璃拉管（最终产品原料自产）

图 6-62　玻璃片研磨

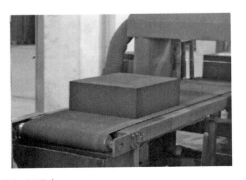

图 6-63　封闭式线切割设备

2）聚异氰脲酸脂泡沫塑料（PIR）制造

聚异氰脲酸脂泡沫塑料（PIR）要求原材料（不含 CFC 和 HCFC）符合环保要求，原材料质量须稳定可靠。聚异氰脲酸脂泡沫塑料制备在国产化反应器（图 6-64）中完成，制备采用微电脑控制物料温度、流量及原料配比，并应在配料后进行取样检测乳白时间、拉丝时间、不粘手时间及气孔状况等指标，确保配比准确。物料经自控高压发泡机（图 6-65）高压混合后发泡，避免发泡过程中混入空气及其他杂质（图 6-66），确保成品的各项性能。发泡好的材料经过高温烘箱进行二次熟化（图 6-67），确保成品的各项物理性能稳定。熟化脱模的产品，每批进行随机抽样检查，确保外形尺寸、密度、导热系数、抗压强度、氧指数、吸水率等关键技术指标。切割设备由微电脑控制，切割丝沿着操作员在专用软件界面下绘制所需切割的路径作二维、三维运动（图 6-68 和图 6-69），准确无误地切割出用户所需的各种管壳和弧形板，切割精度控制在 ±1mm。

图 6-64　反应器

图 6-65　高压发泡机

图 6-66　PIR 发泡

图 6-67　隧道式烘箱

图 6-68　数控线裁切机

图 6-69　PIR 数控切割

　　在先进的生产工艺的基础上，需要完善的检验检测手段，以确保聚异氰脲酸脂泡沫塑料的各项关键性能满足 ASTM 标准以及 CINI 标准要求。

　　在国产化材料的深度研发合作中，加强保冷材料的整体性加工，如将弯头、三通、封头等异形件（图 6-70）从现场切割施工安装变为工厂精密生产，现场拼装，提升了保冷系统的质量性能，减少了现场的施工时间。

图 6-70　工厂生产整体异形件

4. 检验试验技术

材料国产化工程中，通过以下检测项目来保证材料的质量和性能要求：闭孔率、防火性能、导热系数、密度、机械性能——抗拉、抗压等。

5. 工业应用

在中国石油 LNG 项目的建设过程中，通过业主和工程总承包方寰球公司连同浙江振华绝热工程有限公司共同努力，第一次成功实现了 LNG 接收站保冷系统的全面国产化（中国石油 LNG 保冷系统施工实景图如图 6-71 所示），实际运行表明保冷效果良好，满足设计要求，本次国产化实践为未来该技术和材料的国产化推广应用奠定了坚实的基础。

图 6-71　中国石油 LNG 保冷系统施工实景图

## 三、低温垫片国产化

1. 研发背景

低温垫片是低温管线系统密封的核心管道元件，对于系统的密封起着重要作用。低温垫片的国产化主要在两个方面：垫片的国产化及低温测试装置的国产化。

2. 设计技术

寰球公司联合浙江国泰萧星密封材料股份有限公司对低温垫片进行了国产化研发，研发工作重点在垫片石墨纯度和有害杂质控制方面，从材料方面解决了低温垫片的开发难题。在此基础上，首次研制开发了垫片低温密封性能试验平台，该试验平台能够对液化天然气用低温垫片的深冷密封性能和逸散性进行测试，典型国产化垫片的测试数据见表 6-35。

表 6-35　常用各类垫片低温试验测试数据

| 垫片类型 | 材质 | 产品尺寸 mm | 介质压力 MPa | 螺栓扭矩 N·m | 预紧后厚度 mm | 温度 ℃ | | 泄漏率 Pa·m³/s | |
| --- | --- | --- | --- | --- | --- | --- | --- | --- | --- |
| | | | | | | | | 氦气 | 浸水 |
| 内外环缠绕垫片 | 304/304+石墨/304 | 115×127×143×170×3.2 | 6.5 | 150 | 3.04 | 常温 | 26 | $1.0×10^{-6}$ | |
| | | | 6.5 | 170 | 2.9 | 深冷 | -196 | $2.1×10^{-7}$ | |
| | | | 10.5 | | | 回温 | 26 | $1.9×10^{-6}$ | 无气泡 |
| 外环齿形垫片 | 304/304+石墨 | 110×138×174×4 | 6.5 | 170 | 3.6 | 常温 | 27 | $7.8×10^{-7}$ | |
| | | | 6.5 | 170 | 3.7 | 深冷 | -196 | $5.5×10^{-7}$ | |
| | | | 11 | | | 回温 | 26 | $5.8×10^{-7}$ | 无气泡 |
| 外环波齿垫片 | 304/304+石墨 | 109.5×149.5×176×4 | 6.5 | 170 | 3.5 | 常温 | 26 | $7.7×10^{-7}$ | |
| | | | 6.5 | 170 | 3.5 | 深冷 | -196 | $1.3×10^{-6}$ | |
| | | | 10.5 | | | 回温 | 26 | $2.2×10^{-7}$ | 无气泡 |

续表

| 垫片类型 | 材质 | 产品尺寸 mm | 介质压力 MPa | 螺栓扭矩 N·m | 预紧后厚度 mm | 温度 ℃ | | 泄漏率 Pa·m³/s | |
|---|---|---|---|---|---|---|---|---|---|
| | | | | | | | | 氦气 | 浸水 |
| 活性抗压垫片 | 304+ 石墨 | 115×174.5×3 | 5 | 150 | 2.6 | 常温 | 26 | $2.2×10^{-7}$ | |
| | | | 5 | 150 | 2.7 | 深冷 | −196 | $6.2×10^{-7}$ | |
| | | | 5 | | | 高温 | 27 | $1.7×10^{-7}$ | 无气泡 |
| 低蠕变填充改性 PTFE 垫片 | CPS 6050 | 51×91×3 | 5 | 150 | 变值很小 | 常温 | 26 | $6.5×10^{-7}$ | |
| | | | 5 | 150 | 变值很小 | 深冷 | −196 | $4.2×10^{-6}$ | |
| | | | 5 | | | 回温 | 26 | $5.8×10^{-7}$ | 无气泡 |

3. 制造技术

垫片的制造生产需要对垫片的几何尺寸、材料性能和生产工艺进行控制。

4. 检验试验技术

低温密封性能试验平台主要由低温系统、试验介质加压系统、测漏系统、机架及试验法兰组成，如图 6-72 至图 6-73 所示。

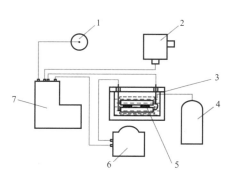

图 6-72　试验平台

图 6-73　低温试验台实物图

1—氦气瓶；2—增压泵；3—液氮槽；4—杜瓦瓶；
5—装有垫片的工装；6—氦质谱仪；7—数据采集及控制系统

5. 工业应用

国产化低温垫片在中国石油和中国石化的大型 LNG 接收站项目中得到了广泛的应用。

## 四、低温管道支架

1. 研发背景

近年来，随着国家清洁能源产业的调整，大中型 LNG 项目迅速在我国沿海地区发展起来。整个 LNG 项目中，大多数管道都在深冷高压工况下长期运行，且管道规格繁多，低温管道支架规格多，型式多样，产品数量往往数以千计，因此，采用合理而安全的低温管道支架尤为重要，直接关系到工艺管道、相连设备的安全运行。中国寰球工程有限公司在多个LNG项目中，不断摸索低温管道支架的特性，逐步改进了低温管道支架的产品结构、安装方式，制订了一套适用于LNG项目的标准管架图册。标准化的低温管道支架不仅改善了支架的性能，进一步降低了冷损失，而且也大大提高了设计和采购的规范性，极大地减少了现场施工和管理的成本，目前在多个LNG项目得到了很好地应用，取得了良好的经济效益。

管道支吊架是用以承受管道荷载，限制管道位移，控制和抑制管道振动，并最终将荷载传递至承载结构或地面基础上的各类支、托、吊、拉组件组合的支撑结构及控制装置。

管道支吊架是由一个或几个零部件构成的组件，按其作用不同通常分为以下几类：

（1）刚性承重管架。用来承受管道的重力及其他垂直向下载荷的支架。

（2）导向型管架。控制管系径向位移，使管道只能沿轴向移动的支架，并阻止因弯矩或扭矩引起的旋转。

（3）限位型管架。限制管道的线位移，约束管道的轴向位移。

（4）固定型管架。限制管道线位移及角位移。

（5）弹性支吊架。用来承受管道的重力及其他垂直向下载荷，并允许一定的竖向位移的支架（如弹簧）。

（6）减震型支架。用来控制或减小除重力和热膨胀作用以外的任何力（如物料冲击、机械振动、风力及地震等外部荷载）的作用所产生的管道振动的支架。

液化天然气接收站工程多为临海岸布置，管道通常从码头穿越栈桥、到达装置区，并连接一系列设备后达到外输系统，在漫长的管道输送过程中，管道支吊架起着重要的支撑和稳定的作用，以保证管道安全稳固地运行，因此管道支吊架在设计和型式选用时，通常需遵循以下原则：

（1）支吊架型式应按照支撑点所受力形式、大小和方向，满足管道的承重、限制或防振的基本要求。

（2）支吊架的选用应优先选用标准系列的支吊架。

（3）支吊架的结构件应具有足够的强度和适宜的刚度，并应尽量简单。除选用的标准支吊架零部件外，支吊架结构和连接应进行强度和（或）刚度核算。

（4）支吊架的位置、数量、型式应能满足管系动、静应力分析的要求，包括管系自身的强度、稳定性、位移条件和动载荷作用下的力学要求。

（5）支吊架型式应能适应管道热位移方向大小的要求。

（6）支吊架型式应能适应管道材质和热处理的要求。

（7）支吊架型式应能适应生根条件的要求。

（8）支吊架型式应便于管道的安装、拆卸和检修，不妨碍操作及通行。

对于低温管道，选用管道支架时除满足上述基本原则外，还应有防止冷桥产生的措施，因此，宜选用专用的保冷型支架以避免冷桥的产生。

同常温管道支架相比，低温管道支架结构具有特别的技术要求。在LNG装置中，输送介质的管道通常在深冷、高压的工艺状态下运行，管道支吊架应能耐受这些深冷的苛刻条件不受损害；同时，还要有足够的强度，以支撑整个管道系统承受各类荷载条件的作用。倘若低温管道支架型式设计不合理或者各材料性能不满足设计要求，管架在荷载的作用下极易被破坏，管道系统的安全将存在一定隐患。因此，为了满足这些设计要求，低温管道支架的设计有其特殊的结构特点。

通常，低温管道支架的结构包括以下主要部分，如图 6-74 和图 6-75 所示。

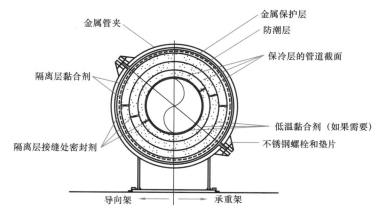

图 6-74　低温管道支架结构典型图

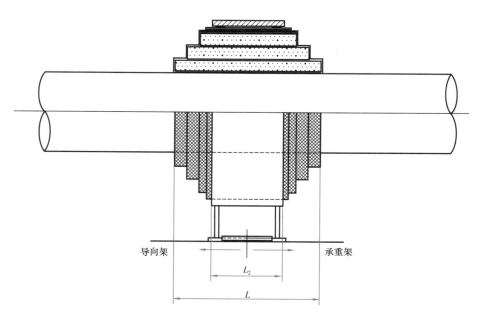

图 6-75　低温管道管夹式管托示意图

（1）高密度隔冷层。隔冷层是单层或多层结构，每层都要由两个密闭的半管状部分组成。每层的厚度与管线保冷层相同并交错排列。

（2）防潮层。防潮层使用涂两层弹性树脂材料，材料包含 30% 比重的氯磺化聚乙烯并且在预期环境温度下保持弹性。防潮层需要与保冷材料相兼容，且能防紫外线。

（3）金属保护层。装配的管架应有 0.6mm 厚金属薄覆层予以保护的防潮层，其金属覆层的上半部分与下半部分应交叉重叠。

（4）橡胶保护层。橡胶板用来保护金属保护层，在管夹螺栓预紧的作用下，使管壳与内部保冷层接触紧密，同时避免对内部金属层、防潮层的破坏。

（5）金属管夹管托。用以支撑于结构面以起到承重作用。

（6）低温黏合剂。可以保证在低温工作环境下，隔冷层与管子、隔冷层与隔冷层之间依然紧密贴合，避免产生过大间隙蒸汽进入形成冰露。

（7）隔冷层间密封剂。用来阻止隔冷层边缘处蒸汽进入形成冰露。

2. 设计技术

低温管道的管架应能承受所有情况下的荷载，包括泡沫与管道之间不同收缩量导致的温差应力，沿保冷厚度方向产生的温度梯度变化导致的温差应力、管夹力，管道在管架上的机械荷载。因此，低温管道管架各组件部分应根据操作条件进行设计计算，以保证满足保冷层与管道间的不同膨胀和收缩量，并能承受一定的外部荷载。

从目前的各个 LNG 装置可以看出，保冷管架的型式多采用管夹式管托，产品的设计难点主要在于：

（1）如何保证在工作状态下，管架不会和管道之间出现松动。这一点，不同厂商有不同的设计思路：大多数厂家是通过各层之间采用不同性能的黏合剂来提高产品的强度；而力赛佳管道支架技术有限公司是通过核算垫片的强度及管夹螺栓的机械预紧力来保证各层之间的夹紧力，隔冷层与管壁之间、隔冷层与层之间无需黏合剂，便于现场安装，但螺栓预紧力的计算、垫片的合理设计及现场的正确安装都是保证产品质量的关键。

（2）限位型管架的设计。目前，管托型限位管架的型式主要是两种：一种是挡环挡在隔冷层中间；另一种是挡环挡在隔冷层端部。两种的受力没有本质区别，只是挡在隔冷层端部的更易于产品的安装，受力条件更好，更有利于以后的现场组装。但不管选用何种形式，都应对挡环的强度进行详细设计和计算。

（3）隔冷层材质的选用。目前常用的两种隔冷材料的性能见表6-36。

表6-36　隔冷材料性能

| 性能特点 | 描述 |
| --- | --- |
| 常用的隔冷材料 | （1）HDPUF（高密度聚氨酯）；<br>（2）HDPIR（高密度聚异氰脲酸酯） |
| 冷缩率 | HDPUF（高密度聚氨酯）的冷缩率约为钢材的 7 倍；HDPIR（高密度聚异氰脲酸酯）的冷缩率约为钢材的 4 倍 |
| 性能差异 | HDPIR 的承压性比 HDPUF 的好，阻火性能好，材料的冷缩率小，导热系数类似 |
| 粘合剂和防潮层的材质 | 均可采用 FOSTER 系列 |
| 隔冷材料的密度 | 通常有 160 kg/m$^3$，224 kg/m$^3$，320 kg/m$^3$ 和 400 kg/m$^3$ 四个系列，根据不同荷载条件选用合适密度的隔冷材质。 |

因此，厂商在低温管道管架设计时，除了保证满足用户所需的外形尺寸和形式要求，更要针对用户提供的不同的使用条件（如温度、壁厚、材质、荷载等）进行详细计算，提供各部件的计算书和试验数据来验证隔冷块、钢组件和结构设计符合设计荷载和支撑条件。通常，低温管道管架的设计计算包括以下几个方面：

（1）隔冷层 / 隔冷木块的强度计算；

（2）金属管夹及管托的强度计算；

（3）限位型支架限位挡环 / 限位筋板的强度计算；

（4）低温粘合剂的选用核算；

（5）螺栓预紧力的计算（若有）；

（6）导向挡块 / 限位挡块的强度计算（若有）。

3. 制造技术

隔冷材料的制造是低温管道支架的关键。目前，各厂商的隔冷材料均通过自控高压发泡机高压混合后发泡，整个过程采用微电脑控制其温度、流量与原料的配比，以保证良好的成品性能。发泡好的材料还需经过高温烘箱二次熟化，以保证物性的稳定性。

4. 检验试验技术

发泡好的隔冷层需抽样检测其密度、导热系数、抗压强度、氧指数、吸水率等关键技术指标。因此，对于整个产品生产过程，除了常规的外观检验、外形检测、标记和色标检测，还应包括高密度聚异氰脲酸脂（或聚氨酯）泡沫特性试验、抗压强度测试（图6-76）、热传导测试（图6-77）、成品承重性能测试（图6-78）及深冷性能测试。

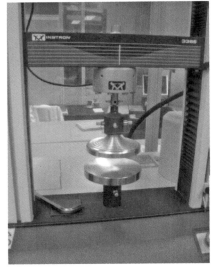

图 6-76　抗压强度测试

图 6-77　热传导测试

图 6-78 成品承载性能测试

5. 工业应用

低温管道的保冷管架是各类装置低温管道必要的管架形式，因此在各类 LNG 接收站项目中得到了广泛的应用。

# 参 考 文 献

［1］刘佳，白改玲.中小型天然气液化工厂 BOG 压缩机技术和经济分析［J］.压缩机技术，2017（2）：60-63.

［2］中国寰球工程公司.深冷阀门保冷结构：中华人民共和国 ZL 2013 2 0020980.2.［P］.2013-07-31.

［3］中国寰球工程公司.用于垫片低温测试的工装法兰：中华人民共和国 ZL 2016 2 0502547.6.［P］.2016-12-07.

# 第七章 施工技术

LNG 储罐是液化天然气储运过程中的重要设施，其建造技术复杂，施工要求严格，目前我国掌握 LNG 储罐建造技术的公司数量屈指可数。中国石油在消化国外低温储罐的自动焊接技术、罐顶气顶升技术和半自动超声波 9%Ni 钢探伤技术基础上，潜心研究、大胆创新，对现有储罐混凝土施工、组装焊接、绝热结构等方面的施工工艺进行了优化和改进。由于工程项目管道介质的特殊性，天然气液化厂及 LNG 接收站管道安装技术对管道焊接质量、管内清洁度、干燥度、管道气密试验等施工要求较高。各类机械在安装过程中需要克服一系列的技术难题，主要体现在大型超重设备的吊装、大型设备的解体安装精度控制、大型压缩机组找平、找正及对中技术等问题上。中国石油在"十二五"期间以江苏 LNG、大连 LNG 和唐山 LNG 接收站等工程项目建设为契机，不断总结经验，在 LNG 储罐的建造技术、管道安装技术、机械设备安装技术上取了长足进步并获得丰硕成果。

## 第一节　液化天然气储罐的建造技术

液化天然气（简称 LNG）储罐是液化天然气储运过程中的重要设施，其建造技术复杂，施工要求严格，目前我国掌握 LNG 储罐建造技术的公司数量屈指可数。中国石油以江苏、大连和唐山三座 LNG 接收站的建设为契机，在消化国外低温储罐的自动焊接技术、罐顶气顶升技术和半自动超声波 9%Ni 钢探伤技术基础上，潜心研究、大胆创新，对现有储罐混凝土施工、组装焊接、绝热结构等方面的施工工艺进行了优化和改进。本节阐述了中国石油在 LNG 储罐建造工艺上已取得的经验和技术成果。

LNG 储罐施工的主要特点有：储罐的结构复杂，施工难度大；外罐拱顶工作量大，工期较长，是储罐施工过程中较为关键的控制点；储罐采用的材料种类多且比较特殊，焊接量大、采用的焊接方法多、使用的焊接设备多，相关的焊接工艺评定项目多；储罐的内罐焊接要求高，内罐边缘板对接缝、壁板环缝和立缝均要求 100% 射线探伤；罐内施工区域空间较小，且施工用大型设备较多；土建、安装相互交叉作业较多，土建施工阶段，安装就已经穿插进行，从而形成了不同工种交叉作业，工序交叉施工多，设备运输和吊装受限制，施工组织难度较大；储罐基础施工、预应力混凝土墙施工、罐的预制、罐的安装、储罐水压和气压试验、保冷工作、氮气置换等施工质量要求特别高，要制订切实可行的技术方案和质量控制措施；施工区域一般远离市区，依托条件差，施工管理难度大。

在 LNG 储罐施工工艺中，首先要实现预制工厂化，提高外罐拱顶梁、轨道梁、内罐壁板及罐体钢结构等的工厂预制质量；同时，加大现场的预制深度，尽量减少罐内的安装作业，如罐顶板分块在现场预制和内罐部分壁板在罐外双壁板组装，从而提高工程施工质量，减少罐内作业，减少作业安全风险，缩短施工工期；罐壁环焊缝焊接采用单面焊及背面封底免清根技术，或双面焊双面成型技术，提高焊接效率和质量，减少焊工的劳动强度；罐顶采用气顶升技术进行安装，减少高空作业，减少大型吊装设备的投入。

LNG 储罐的施工技术主要包括：储罐桩基及地基处理施工技术、基础承台施工技术、预应力混凝土外罐壁施工技术、穹顶混凝土施工气支撑施工技术、罐顶预制安装施工技术、内罐壁板施工技术、储罐试验技术、储罐环隙空间绝热施工技术以及储罐的干燥和置换技术等。

## 一、储罐桩基及地基处理施工技术

桩基及地基处理的施工技术主要有旋挖钻孔灌注桩、冲击成孔灌注桩、挤扩灌注桩和振动沉管挤密碎石桩等施工技术。

1. 旋挖钻孔灌注桩施工技术

旋挖钻孔灌注桩施工技术：是在一个可闭合开启的钻头底部及侧边，镶焊切削刀具，在伸缩钻杆旋转驱动下切削挖掘土层，同时使切削挖掘下来的土渣进入钻头内，钻头装满后提出孔外卸土，如此循环形成桩孔，桩孔经质量检查合格后，进行桩的施工。

施工工艺流程图如图 7-1 所示。

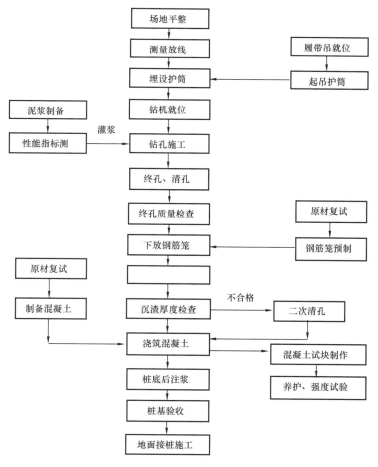

图 7-1　旋挖钻孔灌注桩施工工艺流程

2. 冲击成孔灌注桩施工技术

（1）冲击成孔的原理：利用冲击钻机或卷扬机带动一定重量的冲击钻头，在一定的高度内使钻头提升，然后突放使钻头自由降落，利用冲击动能冲挤土层或破碎岩层形成桩孔，再用掏渣筒或其他方法将钻渣岩屑排出。每次冲击后，冲击钻头在钢丝绳转向装置带动下转动一定的角度，从而使桩孔得到规则的圆形断面。

（2）适用范围：冲击钻成孔适用于填土层、黏土层、粉土层、淤泥层、砂土层和碎石土层；也适用于砾卵石层、岩溶发育岩层和裂隙发育的地层施工，而后者常常是回转钻进和其他钻进方法施工困难的地层。桩孔直径通常为 600～1500mm，最大直径 2500mm，钻孔深度一般为 50m 左右，特殊情况下可超过 100m。

（3）冲击钻机分类：

① 冲击钻机可分为钻杆冲击式和钢丝绳冲击式两种，钢丝绳冲击式钻机应用广泛。

② 钢丝绳冲击式钻机又可分为两类：一类是专门用于钻进的钢丝绳冲击钻机，一般均组装在汽车或拖车上，钻机安装、就位和转移均较方便；另一类是由带有离合器的双筒或单筒卷扬机组成的简易冲击钻机。施工中多采用压风机清孔。

③ 国内还生产正循环、反循环和冲击钻进三用钻机。

钢绳冲击钻是利用钢绳将冲击钻头提升到一定高度后，让钻头自由下落，使钻头的势能转化为动能冲击破碎岩土体。钻头每冲击一次后，被钢绳带动扭转一定的角度，反复地冲击至设计深度，便凿出一个圆柱形桩孔。

（4）冲击钻成孔灌注桩施工工艺流程图如图 7-2 所示。

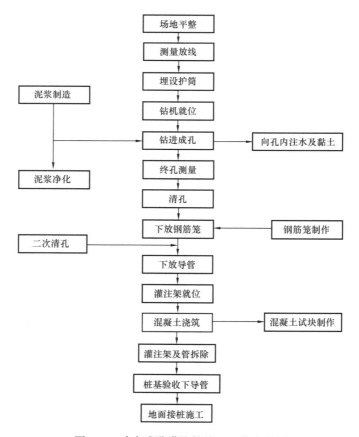

图 7-2　冲击成孔灌注桩施工工艺流程图

3. 挤扩灌注桩施工技术

挤扩灌注桩施工技术：是在钻孔或冲孔后，向孔中放入专用挤扩或旋扩的设备，挤压出扩大的分岔（分支）或锥形盘状的腔体，放入钢筋笼并灌注混凝土后，形成由桩的扩径体(承力分岔和分肢承力盘)与筒体组成的桩，是在等截面钻孔灌注桩基础上发展起来的一种新桩型的施工技术。

挤扩灌注桩施工工艺流程图如图 7-3 所示。

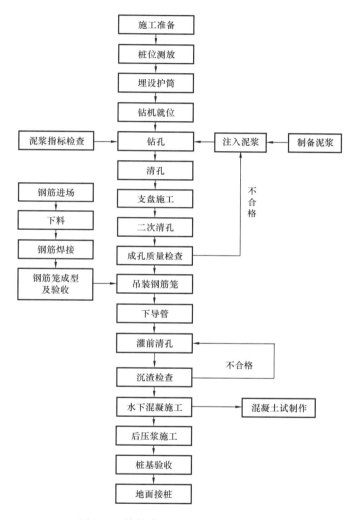

图 7-3　挤扩灌注桩施工工工艺流程图

4. 振动沉管挤密碎石桩施工技术

振动沉管挤密碎石桩是一项可以使地基的承载力增加，增强软弱黏性土整体稳定性的地基处理技术。

（1）振动沉管挤密碎石桩的施工原理：碎石挤密桩是通过成桩过程中对周围砂土、粉土层的挤密、振密作用和靠碎石的压入获得的加固效果，使砂土、粉土层的密实度增加；同时，设置的碎石挤密桩增强体，本身又是一个良好的排水通道，它的存在不仅有利于砂土、粉土层中超孔隙水压力的消散，还有效地增强土体的抗液化能力，而且在荷载的作用下，碎石挤密桩增强体又与砂土、粉土层共同承担荷载作用，即形成碎石挤密桩复合土层。碎石挤密桩加固砂土、粉土地基的主要目的是提高地基土承载力，减少变形和增强抗液化性。加固原理如下：

①挤密作用。在成桩过程中桩管对周围砂土、粉土层产生很大的横向挤压力，桩管体积的土挤向桩管周围的土层，使桩管周围的土层孔隙减小、密实度增大。

②排水降压作用。碎石挤密桩加固砂土时，桩孔内充填反滤性好的粗颗粒料（碎石、砾石和卵石），在地基中形成渗透性能良好的人工竖向排水降压通道，有效地消散和防止超孔隙水压力的增高，防止砂土、粉土产生液化，加快地基的排水固结。

③预振效应。碎石挤密桩在成孔及成桩时，振动锤的强烈振动使填入料和地基土在挤密的同时获得强烈的预振效果，提高砂土、粉土的抗液化能力。

（2）振动沉管挤密碎石桩的特点是：作业规范化、程序化、标准化，施工简单，工艺流程清晰，操作者和管理者易于掌握。

（3）振动沉管挤密碎石桩施工工艺流程图如图 7-4 所示。

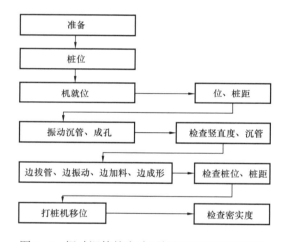

图 7-4　振动沉管挤密碎石桩施工工工工艺流程图

（4）适用范围：适用于处理砂土、粉土地基。

## 二、基础承台施工技术

1. 储罐承台隔震橡胶垫安装施工技术

1）概述

在某些地区的液化天然气接收站工程施工中，依据抗震结构分析，需要在 LNG 储罐基础承台下搭建多个隔震橡胶垫。由于 LNG 储罐储存的是低温高危化学品，因此对施工质量要求较高，在施工中要对隔震橡胶垫支座螺栓的整体对接以及水平中线的偏差进行严格控制，避免隔震橡胶垫支座出现不平稳现象。

2）隔震橡胶垫的结构

隔震橡胶垫一般由橡胶片和薄钢板交互叠置，经高温加热并硫化制作而成。支座内部橡胶除了天然橡胶外，还添加了补强剂、填充剂和防老化剂等，为了提高橡胶支座的阻尼比，增加地震耗能能力，有效控制在地震作用下结构的位移响应，在天然隔震橡胶垫的中心增加铅芯而形成铅芯隔震橡胶垫。为使隔震橡胶垫与上下结构可靠连接，隔震垫设有预埋件和上下连接板。如图 7-5 所示。

图 7-5　隔震橡胶垫结构图

3）隔震橡胶垫的工作性能

隔震橡胶垫具有良好的工作性能，由于橡胶层和叠层钢板的紧密粘结，当橡胶垫承受垂直荷载时，由于橡胶层的横向变形受到约束，使得橡胶垫具有很大的竖向刚度和竖向承载能力；同时，由于橡胶和铅芯的材料特性使得隔震垫具有明显的弹塑性特性，在风荷载及较小的地震作用下具有足够的水平抗力，能够保证结构的安全性，在中强地震作用下具有较小的水平刚度，延长结构的自振周期避免产生共振，从而降低上部结构的地震反应，并且在震中或震后具有瞬时自动复位能力，使得上部结构能够恢复初始状态以满足正常使用要求。

4）施工工艺流程图

隔震橡胶垫施工工艺流程如图 7-6 所示。

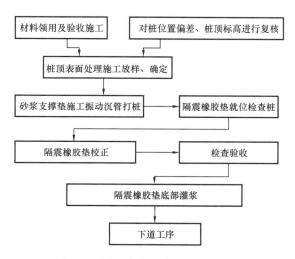

图 7-6　隔震橡胶垫施工工艺流程图

5）隔震橡胶垫安装要点

（1）隔震橡胶垫安装条件：桩基交接时，应对地上桩顶混凝土平面质量、预留孔位置、预留孔清洁度进行验收。橡胶垫安装前，应对桩顶平整度、标高及预留孔位置等进行确认。

（2）砂浆支撑垫施工：在桩顶制作砂浆支撑垫，并用水准仪进行初找平，保证支撑垫标高一致。

（3）隔震橡胶垫就位、校正：隔震橡胶垫就位时应确保隔震橡胶垫的中心线与桩顶控制中心线重合，准确就位后，用水准仪对标高进行复测，根据复测结果，用薄垫片进行最终找平。

（4）隔震橡胶垫底部灌浆：隔震橡胶垫底部灌浆前应进行验收，达到厂家技术要求后，灌浆材料严格按照设计图纸和工艺要求进行配置；灌浆过程应确保灌浆的密实，确保底部空气完全排出，灌浆完成后及时覆盖塑料薄膜和土工布进行养护。

（5）隔震橡胶垫与模板的密封处理：隔震橡胶垫安装完毕后采用塑料薄膜将橡胶垫进行包裹；隔震橡胶垫垫板与模板的接缝用双面胶和硅胶进行密封，防止渗水；在混凝土浇筑过程中，安排专人检查拼缝是否渗浆，若发现渗漏应及时进行处理。

（6）隔震橡胶垫的安装运输：前期在塔吊没有到位以前，在承台中心区域可以采用叉车安装，承台外侧可以采用汽车吊进行安装就位。

2. 储罐基础承台大体积混凝土施工技术

1）基础承台的工程特点

工程基础底板面积广，混凝土量大，要分多次浇筑成型；板面面积大，平整度控制难度大，浇筑时时间掌握困难，混凝土施工质量控制操作要求高。

2）大体积混凝土施工技术措施

（1）砼浇筑前及时对模板内部进行清理工作。

（2）降低混凝土入模温度。包括：浇筑大体积混凝土时，应选择较适宜的气温，尽量避开炎热天气浇筑。夏季可采用在混凝土拌和水中加入冰块，以降低混凝土拌和物的入模温度。

（3）加强测温和温度监测与管理，实行信息化控制，随时控制混凝土内的温度变化，内外温差控制在 25℃内，基面温差和基底面温差控制在 20℃以内，及时调整保温及养护措施，使混凝土的温度梯度和湿度不至过大。包括：在混凝土浇筑之后，做好混凝土的保温保湿养护，以使混凝土缓缓降温，充分发挥其徐变特性，减低温度应力。夏季应坚决避免曝晒，注意保湿；冬季应采取措施保温覆盖，以免发生急剧的温度梯度变化；采取长时间的养护，确定合理的拆模时间，以延缓降温速度，延长降温时间，充分发挥混凝土的"应力松弛效应"。

（4）混凝土浇筑测温点布置

① 由于底板混凝土为大体积混凝土，为防止出现裂缝，需对混凝土内外温度进行掌握，以做好混凝土保温措施，采用测温仪进行温度的监测，在混凝土浇筑前预埋测温点，对混凝土温度进行掌握，每个测温点放置 5 个传感器，分别测混凝土底部、中心、上部、表面温度及大气温度；每处施工阶段设置两处测温点，如图 7-7 所示。

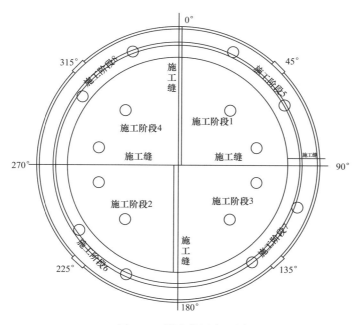

图 7-7 测温装置布置图

② 设专人分别负责砼测温和养护工作。停止测温的前提：当混凝土内部温度与大气温度的差值恒小于25℃，且大气温度不低于+5℃。降温梯度：2℃/d；当超过降温梯度时，应加强养护保温工作；升温及降温阶段，严禁随意揭开养护材料。

（5）采取合理的浇筑方式：采用斜面分层浇筑法并配合采用二次振捣法，增加混凝土的密实度，提高抗裂能力，同时也可防止出现冷缝。热天浇筑混凝土时应减少浇筑厚度，利用浇筑层面散热。

（6）合理安排施工顺序，控制混凝土在浇筑过程中均匀上升，避免混凝土拌和物堆积过大高差。

3. 基础承台表面平整度控制技术

基础承台混凝土浇筑前，首先确保基础外侧模板上口齐平，其次基础平面上每5m×5m布置标高控制筋，标高控制筋固定在上、下底板钢筋上。根据厂区高程控制点，用水准仪将标高引到标高控制筋上，并用红漆标识。基础底板混凝土分区域浇灌过程中，用2m长铝质刮尺刮平混凝土，然后打毛，并用铁板多次紧面。混凝土养护结束，复测基础面层标高，局部超标范围内用磨石子机磨平。

## 三、预应力混凝土外罐壁施工技术

预应力混凝土（Prestressed Concrete，PC）外罐壁简称PC墙。

1. 储罐PC墙采用DOKA模板施工技术

1）DOKA模板的结构

储罐PC墙筒体施工采用DOKA模板[1]进行，DOKA模板由DOKATOP15大墙模板体系（模板面板包括面板、钢围檩、围檩夹和木工字梁）、150F爬升模板体系（支撑系统包括悬臂支架、剪刀撑、连接件、爬升锥）和工作平台及其他辅助材料（调节件、加长钩头螺栓、锚筋和螺栓等部件）组成，标准模板由内环模板、外环模板、扶壁柱模板、转角模板分片拼装，各模板分片拼装，组成内外两个环形封闭系统。一般高度 4m 左右，该系统一般有三个工作平台，中平台为悬挂点所在位置平台，上平台为主要操作平台，下平台为下挂平台。

正常使用中，DOKA 模板支撑系统通过爬升锥安装在已浇筑好的混凝土筒壁外侧，上面层板系统用来浇筑新的筒壁层；同时，在新的筒壁层对应位置预埋定位锥，待筒壁混凝土强度达到要求时，定位锥改为爬行锥，然后提升模板，将支撑系统悬挂在新的爬行锥上，依此类推，逐层施工。如图 7-8 和图 7-9 所示。

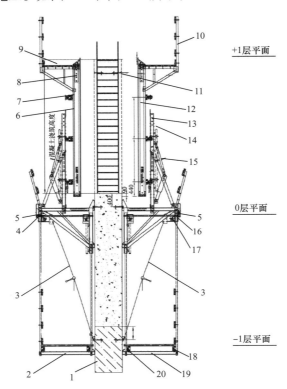

图 7-8　PC 墙施工 DOKA 模板系统安装结构示意图

1—PC 墙；2—悬挂平台；3—抗风拉杆；4—内侧爬升平台；5—150F 系统爬升挂架；6—内侧模板；

7—DOKA 模板 H20 木工字梁；8—提升吊环；9—作业平台；10—作业平台栏杆；11—模板锚固系统；12—外侧模板；

13—竖向专用钢围檩；14—围檩与杆件连接器；15—剪刀撑杆；16—外侧爬升平台；17—特殊槽钢；

18—悬挂平台长吊杆；19—悬挂平台水平杆；20—悬挂平台短吊杆

2）DOKA 模板定位与提升

罐体基础施工完成后，准备采用 DOKA 模板进行储罐 PC 墙筒壁混凝土施工。第一层预埋定位锥时，要求中心偏差控制在 ±3mm 之内，并保持在同一水平线上，偏差过大将影响整个模板系统的稳定。

混凝土强度达到要求后，将定位锥改为爬升锥，然后进行 DOKA 模板安装，安装好的模板重量全部由爬行锥和锚杆承担。

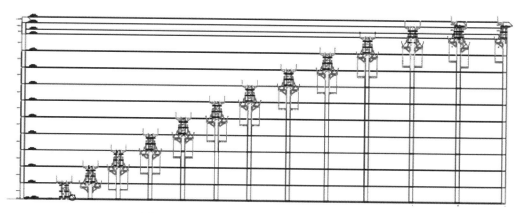

图 7-9  DOKA 模板系统提升施工立面示意图

DOKA 模板系统采用塔吊提升安装。提升过程为：

（1）使用塔吊悬挂好模板，松开爬行锥处的螺栓和各模板之间的连接件。

（2）调节轴杆，使模板后倾，施工人员将已施工完的上层筒壁上的定位锥改为爬行锥。

（3）松开定位销，提升模板单元。

3）DOKA 模板的技术性能指标

（1）模板承受最大侧压力：30kN/m²。

（2）单个爬升锥允许最大抗拉力：115.5kN。

（3）单个爬升锥允许最大竖向力：34.6kN。

（4）模板板面可整体后退 680mm。

（5）平台系统的受力情况：上平台承受最大荷载为 1.50kN/m²；主平台承受最大荷载为 3.0kN/m²；下平台承受最大荷载为 0.75kN/m²。

4）DOKA 模板系统的优点

模板系统适应于通用平台架悬挂平台各种结构，包括竖直面、斜面、圆弧面结构等，其变化仅需通过调整剪刀支撑就可轻松实现，具有无可比拟的优势。模板系统中，H20 木工字梁截面尺寸及钢围楞布置间距合理，且模板可整体组装到爬升系统上。除此之外，系统还具有以下优点：

（1）自身承载能力强。系统中的支撑系统及悬挂锥体具有较高的承载能力，浇筑混凝土时产生的侧压力、模板自重以及各操作平台上的施工荷载可通过自身的支撑系统和高强悬挂锥体承重。

（2）模板的水平方向可灵活调节。设计简单合理的剪刀撑支撑体系可以使模板面板整体后退 680mm，为模板清理、钢筋绑扎及模板支设工作提供了充足的空间。

（3）模板各组成部件基本是标准构件。整个模板系统仅由几个简单的构件组成，且为标准构件，组装和拆卸都比较简捷方便，整个过程基本都是程序化施工，操作方法易于掌握，操作人员经短期培训就可熟练使用。

（4）组装及拆模速度快、省时。整个模板系统悬挂在特制的高强度锥体上，混凝土浇筑完毕后，无须将模板吊离，只需对剪刀支撑进行调节，就可轻松实现模板的拆模、调整及重新安装就位工作，可最大限度地节省施工时间，加快施工进度。

（5）安全可靠。整个系统自上而下形成一个近乎封闭的系统，因而操作人员在施工时，更为安全。

（6）模板具有足够的刚度和可靠的施工质量，能保证筒体具有高质量、美观的清水墙效果。

2. 储罐预应力施加技术

储罐预应力施加技术采用的是后张法预应力张拉技术。

1）施工工艺流程

后张法预应力张拉施工工艺流程如图 7-10 所示。

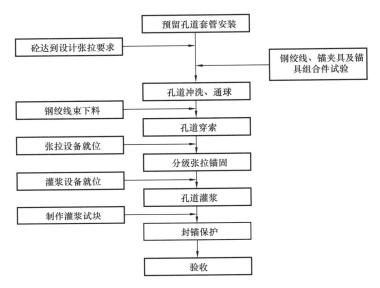

图 7-10　后张法预应力张拉施工工艺流程图

2）主要施工方法

（1）预应力钢绞线孔道的留设。

① 后张法预应力钢绞线孔道必须在混凝土浇灌前设置。

② 竖向、环向孔道均采用镀锌波纹管。采用承插方式连接，即管端用扩孔机进行扩张，接口处再用塑料带封紧。如图 7-11 所示。

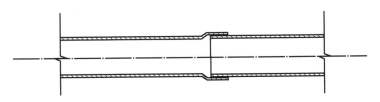

图 7-11　镀锌波纹管连接示意图

③ 竖向埋管本身具有一定刚度，在施工固定时只要在两头和当中用钢筋扎成井字形，固定在主钢筋上。环向埋管埋设圆钢焊成梯格，按弧度变化，沿筒体 500mm 一道布置，梯格与筒体主筋绑扎。预埋管在结构施工中，两端孔洞和排气孔应严格封堵，防止异物和混凝土浆进入。预埋管固定示意如图 7-12 所示。

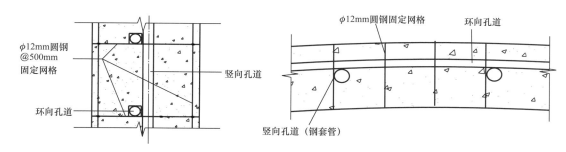

(a) 环向孔道（波纹管）固定示意　　　　　　(b) 竖向孔道（钢套管）固定示意

图 7-12　预埋管固定示意图

（2）孔道冲洗、通球：穿束前应对孔道进行冲洗、通孔，穿入特制孔道畅通器对孔道进行检查、通畅。

（3）钢绞线落料。

① 根据预应力施工图，确定每一区段预应力钢绞线长度。编制预应力施工技术参数备料清单，经专人审核后，方可进行现场断料；

② 预应力钢绞线断料必须经过监理和总包单位按规定进行抽样复试检验合格后进行；

③ 断料必须在平整、干净的场地上进行，防止钢绞线在断料过程中受到其他物质的侵蚀；

④ 钢绞线断料长度 = 孔道曲线 / 直线长度 + 工作长度。

（4）钢绞线穿束。

① 在罐壁上部砼达到 100% 设计强度后，即可开始穿索。

② 穿束前应搭设好穿束和张拉用工作平台，工作平台必须满足施工荷载 300kgf/m² 的要求。穿束完成后应做好钢绞线工作长度和端部的封闭保护，以防止水或其他杂质进入预应力孔道。

③ 竖向孔道采用人工穿束，穿束前在顶部张拉端部安装张拉用工作锚环，然后通过顶部（扶壁柱）上的工作平台将钢绞线逐根穿入锚环及孔道内，在留出张拉工作长度后安装工作夹片，锁定每根钢绞线。如此进行，待每个孔道钢绞线穿入锚环且全部工作夹片安装完成，则该孔道钢绞线穿束即告完成，可开始安装底部固定端锚具。

④ 环向孔道采用机械穿束。

⑤ 波纹管通孔：在穿预应力钢绞线之前，清除锚座内灰尘、水和杂质。

⑥ 底板承台预应力穿束。

设计要求先对底板承台环向预应力施工，所以先在承台扶壁柱出搭设一脚手架。将穿束机吊到搭设的脚手架平台上，将穿束机口对准锚座口。操作平台上应有足够的操作空间。

将钢绞线端头从解线盘抽出，穿入穿束机内，进入孔道前在钢绞线端头安装好穿束帽。开动穿束机将钢绞线穿入，直到穿满整个导管。

穿束另外一边的工人通过对讲机与穿束处工人保持联系，待另外一边穿出达到规定长度后停止穿束。

重复以上步骤直至所有的钢绞线全部穿完。

（5）高度小于 20m 的水平钢绞线穿束。

① 放线架置于水平地面上，距离扶壁柱需保持一定距离（自下而上逐层加大），推线机用塔吊吊至穿孔边的操作平台上，使推线机口对准锚具入口。在放线架出口至推线机入口和推线机至锚具入口需加设导向管，保证钢绞线不会侧向弯曲。

② 将钢绞线卷放入钢筋放线架中定位并安放牢靠。

③ 对于单根钢绞线，应该人工将其从放线架中拉到导向管中，然后再将其放到穿束机中（和锚具相邻，并保证固定牢固）进行穿束。

④ 重复以上步骤，直到一根波纹管中的钢绞线全部穿束完成。用聚乙烯薄膜和通孔胶带保护钢绞线的外露部分免受腐蚀，并捆扎。

⑤ 将穿束机移到下个锚具位置，重复以上操作。

（6）高度大于 20m 的水平钢绞线穿束。

① 放好推线机。

② 用塔吊或汽车吊将钢绞线卷和放线架放到环梁顶部，然后通过导向管拉到锚具处的推线机位置。

③ 重复（4）中⑥的步骤。

（7）竖向钢绞线穿束。

穿束操作如下：

使用钢绞线线材标签上的信息，填写钢筋束识别表。

将钢绞线穿入穿束机滚轮之间，然后将钢绞线缓慢地推入调偏装置。

当钢绞线从调偏装置中伸出时，再将其缓慢地推入第一个锚定块的锚孔中。

继续穿束，直至钢绞线从对面伸出，并进入位于低处的箱体底部。

倒转推线机，以便收紧松弛的钢绞线。

将夹片装在位于上部锚定块锚孔中的钢绞线上。将钢绞线穿过圆形片及楔块孔道，并安装夹片，使环形片和楔块牢牢夹固于钢绞线上。随后，将楔块推入锚定块的锥孔中，应特别注意位于低处箱体底部上的钢绞线不应承载。

对于配有 CC500F 千斤顶的钢筋束，其在喇叭构件中上端部的伸出长度应为 675mm，钢绞线底端部允许留出 250mm 长度。

如有必要，拆除调偏装置，并使用钢绞线圆盘切割机切割钢绞线。

重新安装调偏装置，然后继续按照上述步骤，对其他钢绞线进行穿束。为防止钢绞线在垂直孔道内发生交错现象，应顺着锚定块锚孔的排列依次进行钢绞线的穿束。

在张拉阶段开始前，安装位于低处的锚定块及楔块。

残留在钢绞线上的砼浮浆会阻碍楔块的正确锚固，并会造成污染，因此应使用钢丝刷小心清除砼浮浆。在清理过的区域上应用水溶性油；穿束后，如未及时进行张拉，则应在锚定块及楔块周围安装临时保护装置，如塑料盖等。

钢筋束的钢绞线全部穿束完成并已用夹片锚定后，可拆除位于低处的箱体。

（8）预应力筋张拉。

① 钢绞线张拉要求整体对称张拉，根据施工周期及张拉工艺要求，配备 2 套穿心式

千斤顶（YCW-400）及电动高压油泵（ZB-500）同时张拉。先完成竖向预应力钢绞线张拉，然后张拉环向预应力钢绞线。对弯距较大、应力较集中处应先进行张拉。钢绞线张拉如图7-13所示。

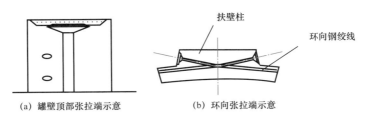

（a）罐壁顶部张拉端示意　　　　（b）环向张拉端示意

图7-13　钢绞线张拉示意图

② 张拉应力程序。

竖向张拉应力控制：$0 \to 18\%\sigma_{con} \to 36\%\sigma_{con} \to 55\%\sigma_{con} \to 73.4\%\sigma_{con} \to 91.7\%\sigma_{con} \to 95.4\%\sigma_{con} \to 100\%\sigma_{con}$（持荷2min）→锚固→卸载（$\sigma_{con}$为张拉控制应力）。

环向张拉应力控制：$0 \to 17.2\%\sigma_{con} \to 34.5\%\sigma_{con} \to 51.7\%\sigma_{con} \to 69\%\sigma_{con} \to 86.2\%\sigma_{con} \to 94.8\%\sigma_{con} \to 100\%\sigma_{con}$（持荷2min）→锚固→卸载（$\sigma_{con}$为张拉控制应力）。

③ 张拉时必须做到孔道、锚环与千斤顶三对中，张拉过程应均匀。张拉完毕后，应检查端部和其他部位是否有裂缝，张拉采用以张拉力为主，伸长值校验的方法。

（9）孔道灌浆工艺。

① 后张法预应力孔道灌浆是保护预应力钢筋不受锈蚀，使预应力钢筋与结构连成一体的关键，环向曲线孔道灌浆施工技术要求较高，一般通过工艺性能试验，确定灌浆工艺。

② 孔道灌浆前应对张拉端锚具间隙进行封锚处理，用高强度等级砂浆封堵锚具夹片间的缝隙，待砂浆强度达到10MPa后方可进行灌浆。灌浆前应对孔道进行冲洗、通球、湿润，如有积水应吹干。

③ 灌浆浆体应在专用的搅拌机内拌制，采用组合式压浆泵，压浆应缓慢、均匀地进行。对比较集中和邻近的孔道应先行连续完成压浆。灌浆压力环向一般为0.4~0.7MPa，最大不应超过1MPa。压浆应连续进行，待出浆口空气排完、满管出浆时封堵出浆口，保持压力（0.7MPa）2min后封堵进浆口。竖向灌浆压力为0.7~1.8MPa，最大不应超过2MPa。

④ 竖向孔道灌浆由底部压浆孔压入，由顶端的排气孔排气和排浆。竖向孔道灌浆应采用二次补浆，浆体先由下部压入管内，上部出浆口特设高1500mm的浆体溢出空间，使上部泡沫及不实浆体充分排出。机械灌浆后在上口用人工补浆，补浆前清理上部端口不密实浆体，反复灌入若干次，确保灌浆质量。竖向灌浆如图7-14所示。

⑤ 环向孔道灌浆由一端灌浆孔压入，另一端排气孔排气和排浆。

（10）封锚保护。预应力钢绞线在灌浆完成24h后即可切割工作长度内多余的钢绞线，切割采用手提式切割机进行，露出锚具外的钢绞线长度不宜小于25mm。最后用细石砼封闭，从而达到全封闭的目的。

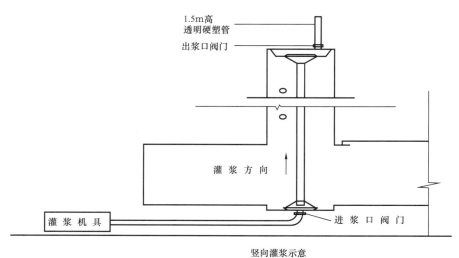

竖向灌浆示意

图 7-14　竖向灌浆示意图

## 四、穹顶混凝土施工气支撑施工技术

### 1. 气支撑施工技术简介

LNG 储罐穹顶施工，在钢筋绑扎、混凝土浇筑施工及养护阶段，为了抵消增加重量对钢制拱顶的压力，增强罐顶的抗压能力，就需要封闭大、小临时门洞及罐体开口，采用大风量、高压鼓风机向罐内鼓风，使罐内形成稳定气压（气压值要根据各阶段增加具体的重量进行计算），确保罐顶的稳定性，直至罐顶混凝土浇筑完成并达到混凝土设计强度的 90% 后，方可释放压力，压力泄放速度要按设计给定的值严格控制。

### 2. 气支撑流程图

LNG 储罐穹顶混凝土浇筑气支撑流程图如图 7-15 所示。

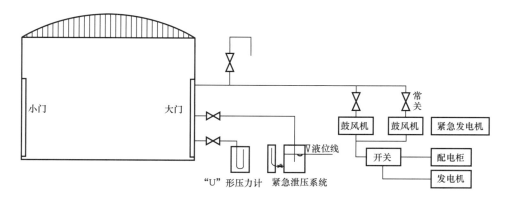

图 7-15　LNG 储罐穹顶混凝土浇筑气支撑流程图

### 3. 气支撑操作工艺流程

LNG 储罐穹顶混凝土浇筑气支撑操作工艺流程如图 7-16 所示。

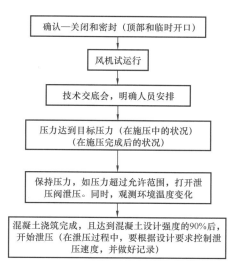

图 7-16　LNG 储罐穹顶混凝土浇筑气支撑操作工艺流程图

## 五、罐顶预制与安装施工技术

1. 罐顶板分块现场预制技术

现场分块预制的罐顶板块包括罐顶板块钢结构框架和顶板，罐顶板块钢结构框架和相对应顶板组焊成一整块，然后吊到罐内进行安装，可减少大型吊车和塔吊的使用时间、罐内的焊接作业及高空作业，保证了安全。如图 7-17 和 7-18 所示。

图 7-17　罐顶板块预制照片

图 7-18　罐顶板块组装后的照片

2. 罐顶板分块工厂化预制技术

某些 LNG 项目建在极寒地区，能进行现场焊接的时间很少，因此，设计对顶板进行模块化分块设计，在保证方便运输和现场吊装的情况下，采用顶板分块与对应承压环分块组合在一起进行工厂化预制，然后采用船运到现场进行安装，这样就能大大缩短现场的安装与焊接时间。罐顶板分块工厂化预制如图 7-19 所示。

图 7-19　罐顶板分块工厂化预制图

3. 气顶升罐顶安装技术

罐顶气顶升安装技术为外罐顶采用地面上进行预制，在罐底板上进行组装，组装完成后采用气顶升技术，使罐顶与 PC 墙或外罐壁上的承压环连接固定。

LNG 储罐罐顶气顶升原理是钢制拱顶、吊顶、吊杆、罐顶接管及单轨吊车梁等在罐底上组装、焊接、检验完毕后，在拱顶最外周安装密封装置，以使拱顶与 PC 墙（或外罐壁板）及混凝土承台（或外罐底板）形成密闭空间，采用鼓风设备向储罐内相对密闭空间强制送入大风量低压力的空气，当密闭空间的压力上升到一定程度，即在空气总浮升力大于拱顶及附件总重量和密封装置与 PC 墙（或外罐壁板）之间的摩擦阻力后，储罐拱顶和吊顶等一起沿着 PC 墙（或外罐壁板）浮升至储罐顶部的承压环，在拱顶升至承压环部位后，作业人员利用卡具使拱顶与承压环贴紧而与承压环焊接固定好后，气顶升作业完成。

图 7-20 为一种 LNG 储罐罐顶气顶升原理示意图[2]。

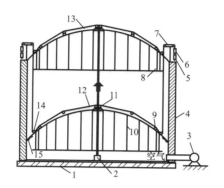

图 7-20　LNG 储罐罐顶气顶升原理示意图

1—罐基础；2—钢丝绳固定架；3—鼓风机；4—PC 墙（或外罐壁）；5—螺旋调节器；6—拉力计；

7—T 形架；8—吊顶；9—滚轮；10—吊杆；11—中心滑轮组；12—平衡钢丝绳；13—罐钢制拱顶；

14—转向滑轮组合；15—密封装置

4. 工厂化预制的罐顶板块安装技术

1）顶板块安装用组装桅杆安装

罐顶板分块工厂化预制好后运抵现场，并安装上预紧钢丝绳；在储罐承台中心安装组装用桅杆和桅杆的拖拉钢丝绳，然后在桅杆的顶部安装罐顶的中心承压环。如图 7-21 所示。

2）顶板块吊装就位安装

根据设计图纸进行罐顶板块的吊装就位安装。

当初步工作已经完成和混凝土已达到足够强度时，可开始罐顶板块的安装。

为了减轻对桅杆的作用力，首先安装的 4 块 A 型顶板块要进行预拉紧。

采用履带吊车，在 4 个对称的轴线方向开始吊装安装顶板块。如图 7-22 所示。

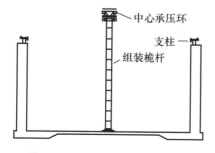

图 7-21　罐顶板块安装用组装桅杆就位示意图

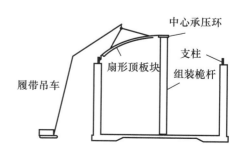

图 7-22　罐顶板块吊装就位安装示意图

## 六、内罐施工技术

1. 9%Ni 钢板立缝气体保护自动焊焊接技术

中国石油已开发国产 06Ni9 钢壁板立缝焊接混合气体保护自动焊焊接技术。

图 7-23　9%Ni 钢板立缝气体保护自动焊装置图

1）国产 9%Ni 钢板立缝气体保护自动立焊装置如图 7-23 所示。

2）9%Ni 钢板立缝气体保护自动焊技术

针对 9%Ni 钢立缝的焊接，为了提高焊接效率、减少设备投入、提高焊接质量、降低成本等，中国石油天然气第六建设有限公司开发了立缝气体保护自动焊技术，该技术的焊接材料选用 E NiCrMo-3 T1-4 药芯焊丝，焊接电源选用 PipePro 450 RFC 直流数控逆变方波脉冲焊接电源，使用 Ar 气和 $CO_2$ 混合气体作为保护气体，而焊缝背面不用采用气体保护。

2. 9%Ni 钢板环缝采用埋弧自动焊封底免清根焊接技术

内罐壁板环焊缝采用埋弧自动焊，在环焊缝外侧进行第一道焊接时，内侧同时采用焊剂封底，以保护焊道内表面的成形质量，保证环焊缝内侧焊接前基本不用进行清根就可以开始焊接。

9%Ni 钢板环缝焊接采用埋弧自动焊封底免清根焊接技术，减少了焊缝背面清根，保证了焊接质量，提高了焊接效率。

3. 壁板内表面挂设临时施工平台的壁板安装技术

1）壁板和罐壁加强圈的安装

第一圈壁板垂直就位于边缘板顶部，并用临时件固定。在壁板立缝组对完后开始焊接。

第二圈壁板在第一圈壁板立缝焊接完后进行安装，并采用临时件（连接孔板和 U 形卡、背杠）进行固定。如图 7-24 所示。

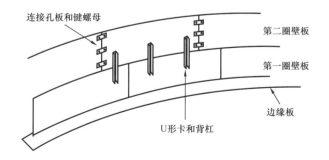

图 7-24　罐壁板安装卡具设置示意图

在第二圈壁板立缝焊接完成后，进行第一圈环缝的组对和焊接。其他圈壁板的安装、组对采用类似的方法进行。在第三圈壁板就位完成后，开始角焊缝（边缘板与第一圈壁板连接处）的焊接。

当安装和焊接按进度进行时，无损检测也要紧跟完成，以免施工活动不能连续进行。

中间加强圈和顶部加强圈的安装与对应壁板安装同步进行。

2）壁板安装用施工平台和人员通道

根据工作步骤，在罐壁内侧设置施工平台给工作人员使用。

施工平台采用角型孔板和圆尖与壁板连接；扇形平台板连接在一起采用孔板和圆尖，如图 7-25 所示。

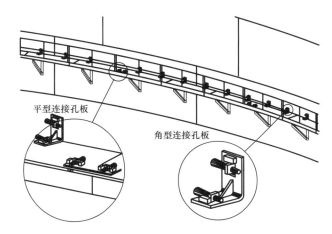

图 7-25 施工平台与罐壁板连接示意图

两层平台之间的人员通道采用直梯连接，如图 7-26 所示。

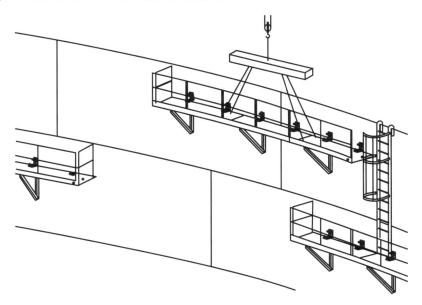

图 7-26 上下层施工平台连接直梯示意图

一圈壁板安装、焊接和检查合格后，平台从下层壁板吊装到此圈壁板上，以便进行下一圈壁板安装。

4. 罐壁双块壁板预制安装技术[3]

1）双块壁板预制与安装技术的原理

组合的两圈壁板的上下两块壁板两端对齐布置，而相邻两块组合壁板之间的环缝错开300mm 以上，在安装第 1#、2# 和 3# 圈壁板的同时，能够在罐外进行 4# 与 5#、6# 与 7#、8# 与 9# 圈双块壁板的预组装、焊接、打磨、检验，然后运到罐内进行双块壁板安装。

2）部分壁板双块壁板安装技术

双块壁板预制安装如图 7-27 所示。

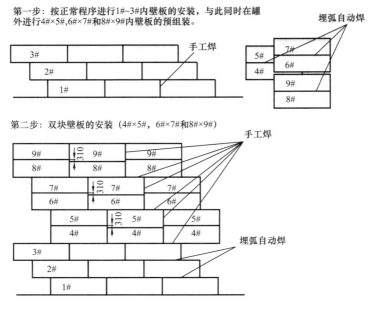

图 7-27　双块壁板预制安装示意图

## 七、储罐试验

LNG 储罐试验主要包括内罐水压试验、外罐压力和真空试验、泵井管试验。一般情况下，水压试验后立即进行气压试验；而泵井管试验按照压力容器标准进行，通常在内罐清理前进行，也可以在罐外试验，但需要大型吊装设备来完成试验后的施工。所有试验前必须编制专项施工方案和安全措施方案，经批准后执行。

1. 储罐水压及气压试验主要工作流程

LNG 储罐水压及气压试验主要工作流程如图 7-28 所示。

2. 储罐水压试验及气压试验的基本要求

LNG 储罐的静水压和气压试验包括储罐临时管线及设备安装、储罐充水、过程检查、气压试验、肥皂膜泄漏检测、排水、清扫等工作。

试验前，施工单位应编制专项方案，经批准后实施。

试验要在吊顶和环隙空间的保冷施工前进行。

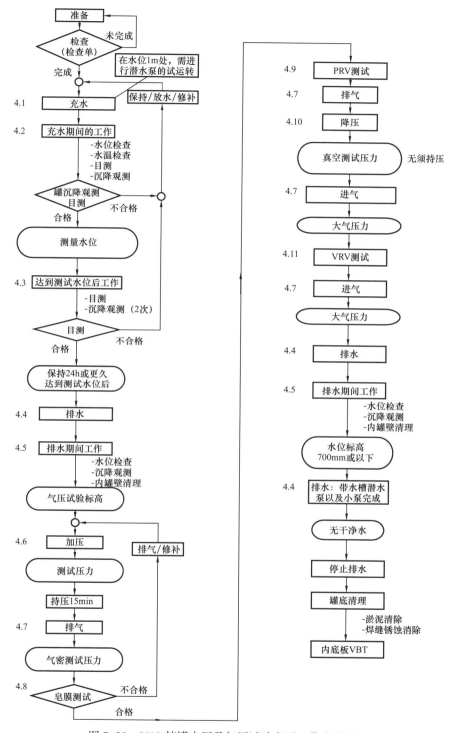

图 7-28　LNG 储罐水压及气压试验主要工作流程图

充水试验前，内罐的机械部分及与电气、仪表等专业相关的工作应全部完成，并经过检测、验收合格，水压试验后，内罐不允许再有焊接等动火施工。

通常试验用水采用淡水；但由于 LNG 储罐充水量非常巨大，临近海边的项目也可采用海水进行试验，必须预先编制方案，用海水试验还需制定防腐蚀措施，采取阴极保护系统及加入适当缓蚀剂等方法[4, 5]，所有措施需经批准后执行。

3. 罐内泵井管的试验

根据设计图纸要求，编制泵井管试验方案，经批准后实施。

试验用的压力表要进行校验，并在有效期内，备用至少一块压力表。

试验用水采用淡水，应有水质检测证明文件。

征得设计人员书面同意后，在做好安全措施前提下，也可以采用气压试验。

试验前，应完成泵井管的安装、焊接及检验工作，并检验合格。

所有的升压过程应缓慢进行，并严格按照升压曲线图进行升压，如图 7-29 所示。

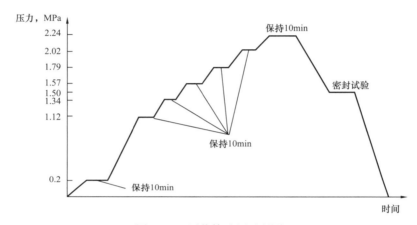

图 7-29　泵井管试压过程图

泵井管试验可以串联一起进行整体试验，也可以单根依次试验，具体试验方法视现场实际情况而定。

4. 应用实例

下面以中国石油某 LNG 接收站工程 160000m³ LNG 全容罐为例，对主要试验内容和试验过程中技术要点进行说明：

（1）全容罐相关设计参数，见表 7-1。

表 7-1　160000m³ LNG 全容罐相关设计参数

| 设计基础信息 | 内罐 | 外罐 |
|---|---|---|
| 类型 | 全容罐 | |
| 规范 | BS EN 14620 —2006 | BS EN 14620 —2006 |
| 罐直径，mm | 80000（内径） | 82000（内径） |
| 容积（温度为 -161℃），m³ | 总容积 171315/ 工作容积 160239 | |
| 物料种类 | 液化天然气（LNG） | 蒸发气（BOG） |
| 物料密度，kg/m³ | 设计 480/ 产品 435～463 | |

续表

| 设计基础信息 | 内罐 | 外罐 |
|---|---|---|
| 操作温度，℃ | −158.7～−161.9 | 常温 |
| 设计温度，℃ | −170 | 常温 |
| 操作压力，kPa（表压） | 7～25 | |
| 设计压力，kPa（表压） | −0.5～29 | |
| 基础形式 | 高桩承台 | |
| 腐蚀裕度 | 0 | — |
| 焊缝系数 | 1.0 | — |
| 无损检测 | BS EN14620—2006<br>API 620—2009<br>NB/T 47013—2015 | BS EN14620—2006<br>API 620—2009<br>NB/T 47013—2015 |
| 绝热 | 珍珠岩，泡沫玻璃，玻璃纤维毯 | |

（2）内罐水压试验参数见表7-20。

表 7-2　内罐水压试验参数

| 参数 | 数值 |
|---|---|
| 充水高度，m | 20.860 |
| 充水体积，$10^4m^3$ | 11 |
| 最高液位保持时间，h | 48 |
| 水源 | 海水（加阴极保护＋缓蚀剂）[4、5] |

（3）外罐气压试验参数见表7-30。

表 7-3　外罐气压试验参数

| 参数 | 数值 |
|---|---|
| 气压试验压力，kPa（表压） | 36.3（设计压力的 1.25 倍[4、5]，3703mmH$_2$O） |
| 真空试验压力，kPa | −0.5（50mmH$_2$O） |
| 气压试验保压时间，h | 1 |

（4）内罐的充水（排水）速度不超过 0.9m/h，并有足够的排气面积，充水（排水）过程中不允许罐内超压（负压）。在水位达到试验水位时，通知现场值班人员停泵，进行储罐沉降观测。充水的流速和总量将通过水位的测量来计算。在充水期间，做好储罐的沉降观测。通过观测到的储罐均匀和不均匀沉降值来控制充水速度。如果沉降量超过设计给出的限定范围，必须停止充水。

（5）内罐水压试验过程及检验要求。

①试验过程中要求检查所有焊接接头处是否有泄漏，同时要检查混凝土环梁。

② 充水液位分别到达 5.215m，10.43m，15.645m 和 20.860m 停止进水，进行沉降观测，在环形空间内均匀布置的 24 个测量点对内罐的沉降进行仔细监测，并做好记录。

③ 沉降偏差要求：内罐任意两个测量点的最大允许沉降差为 25mm；内罐相对承台的最大允许沉降差为 10mm。外罐的沉降和承台倾斜应满足结构设计规定。

④ 达到试验液位后保压 48h，并在达到试验液位 12h 后，检查内罐全部焊接接头泄漏情况和记录内、外罐沉降。

⑤ 罐周围方向的不均匀沉降在充水试验过程中进行测量。

⑥ 沉降测量值超过预定值时，应停止试验，并告知设计人员，由设计人员确定是否继续充水。

（6）静水压试验的原则。

① 内罐采用海水充满至最高试验液位 20.860m，从环形空间内对内罐壁板的焊缝进行泄漏检查及不同阶段的沉降观测。

② 通过进行完整高度上的静水压试验，能够检验储罐及基础的设计和建造合格，储罐内罐具有严密性，能够储存指定的产品，同时，钢材制造过程中产生的峰值应力在环境温度下得到降低。

③ 静水压试验完成之后，不允许在内罐壁板和内罐底板上直接焊接。

（7）静水压试验程序。

① 保证内罐焊接完成，同时所有的检测工作完成并检测合格，并经总包、监理确认。

② 清理内罐底板、内罐壁板加强圈和内罐爬梯钢结构上垃圾、灰尘及杂物。

③ 沿着热角保护壁板和内罐罐底圆周标志 24 个沉降观测点。

④ 将所有泵井管的底部加盲板封闭，并在充水前注入高度为 5m 的清洁淡水，以抵消水压试验产生的浮力，淡水注入前要进行水质检验（氯离子含量小于 25mg/L）。

⑤ 在充水和排水时，应保证储罐的罐顶接管口与外界直接相通，防止储罐内产生正压或负压，在充水与排水阶段保持人孔敞开，充水与排水要基于图 7-30 的流程进行。

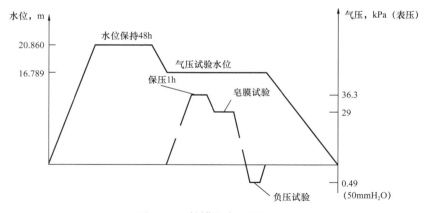

图 7-30　储罐充水试验流程图

⑥ 在充水过程，利用环形空间内的 2 个吊篮对内罐壁板焊缝进行目视外观检查，还要检查环形空间罐底的泄漏。

⑦ 充水阶段每隔 3h 进行一次水位测量，20～20.860m 液位之间每 1h 测量一次水位，

测量人员应做好记录。

⑧ 在到达试验总体液位之后的 12h 间隔内，进行三次沉降观测。

⑨ 在内罐壁板检查之后，水位降低到与设计相等的液位 16.789m，在此过程中，储罐要始终与大气自由相通，打开人孔并防止罐内产生真空。

⑩ 在静水压试验结束，且内罐底板清理工作完成后，下列焊缝要进行 100% 真空试漏：

a. 内罐底板之间的搭接焊缝；

b. 内罐底板与内罐边缘板的搭接焊缝；

c. 内罐边缘板与边缘板之间的对接焊缝。

（8）储罐保压阶段，水压试验要在 20.860m 的试验水位保持 48h，目测检查内罐壁板及内罐底板的焊缝是否有泄漏。

（9）外罐气压试验。

① 气压试验的原则。

a. 气压试验包括正压试验以及负压试验；

b. 安全阀（PSV）与真空阀（VSV）在安装前应由第三方鉴定单位检验。

② 气压试验压力：$29kPa \times 1.25 = 36.3kPa$。

③ 升压速度不超过 10kPa/h，每隔 15min 记录一次压力。

④ 安装两块校验好的压力表。此外，安装适当尺寸的压力计和罐顶接管连接，用来测量气密压力。试验之前，为防止罐连接的仪表等设备受到损坏，应将其拆除或者不安装。

⑤ 在气密试验之前，水位要降至设计液位（即 16.789m）之下。在此过程中，储罐应自由地与大气相通，以防止罐内发生真空状况。

⑥ 气压升至试验压力时，保压时间 1h[6]；同时，实时观测环境温度对试验压力的影响，严禁超压。

⑦ 降到设计压力 29kPa(表压)，用肥皂水检查罐顶所有接管的气密情况，在设计压力下至少保压 1h。

⑧ 负压试验压力：$50mmH_2O$。

⑨ 气压试验过程中应采取措施确保安全。

⑩ 试验完后，要让储罐与大气相通。

⑪ 打开均衡管线的阀门，使内罐和热角保护的压力保持一致。

（10）安全阀和真空阀的试验。

① 安全阀和真空阀的试验可分两种方式进行：第一种方式是和 LNG 储罐同时进行测试；第二种方式是单独经授权单位标定或认定供货商的标定，不与 LNG 储罐同时进行测试。

② 采用第一种方式的方案须经供货商提供安全阀和真空阀设定程序后确定。

③ 采用第二种方式的方案时，LNG 储罐的试验需配备临时的安全阀和真空阀。须授权标定单位的指定由业主或监理确定。

（11）储罐排水阶段。

① 通过临时进水管线及罐底的潜水泵进行排水。

② 在排水阶段，作业人员坐橡皮艇利用水枪及清扫工具对内罐壁板进行清洗。

③ 在排水阶段同样要求对内罐的沉降进行测量，测量方法参考进水阶段。

④ 当罐内水位降到 16.789m 时停止排水，进行气压试验。

⑤ 当水压试验完成后，将离心泵组及相关设施拆除。

（12）LNG 全容罐水压试验见证点，见表 7-4。

表 7-4　LNG 储罐水压试验见证点一览表

| 试验项目 | 见证参与方 | | | |
| --- | --- | --- | --- | --- |
| | 业主 | 监理/监督站 | 总承包商 | 施工单位 |
| 静水压试验 | ● | ● | ● | IPR |
| 气密试验 | ● | ● | ● | IPR |
| 肥皂水试验 | ● | ● | ● | IPR |
| 负压试验 | ● | ● | ● | IPR |

注：●—试验必须全部见证；IPR—完成和准备记录。

## 八、储罐环隙空间绝热施工技术

1. LNG 储罐环隙空间绝热结构

环隙空间绝热结构为：内罐壁外侧挂设弹性毯＋环隙空间填充膨胀珍珠岩。内罐壁外侧包裹弹性毯，以减小珍岩粉末对内壁的水平压力影响。

弹性毯系统要安全地固定在内罐外壁上，该系统要悬挂在内罐顶或其他适当的内罐壁附件上。为了防止填充过程中以及后来的沉积作用、珍珠岩对最外层的摩擦而失效，弹性毯最外表面应采用高拉伸应力面层。

在吊顶板边缘要设置一个挡板形成一个珍珠岩储存空间。该空间补偿由于内罐罐壁收缩和珍珠岩沉降引起的损失。

2. 罐壁板弹性挂毯施工技术

罐壁板弹性挂毯的施工顺序为：保温钉黏接→挂钩、弹性毯夹持板安装→三层弹性毯安装→玻璃纤维布安装→斜拉钢索固定。

罐壁保温钉黏接。对照保温钉布置图在罐壁上进行标注，用线坠在罐壁上测定纵向垂直线用于定位，保温钉用黏结剂进行黏接固定，并养护 72h 后方可挂设弹性毯，安装时黏结剂应随用随拌。

弹性毯夹持板、挂钩及弹性毯安装。按测定的纵向垂直线位置，安装挂钩、弹性毯夹持板，用 M20×200 全螺纹螺栓将三层弹性毯和一层玻璃纤维布按要求夹持在一起，夹持板之间的玻璃纤维布应双面使用聚氨酯密封胶与夹持板黏接。

钢索安装。在玻璃纤维布外表安装钢索，罐上部钢索固定在弹性夹持板的环首螺母上并斜拉 60° 固定在罐底部环形梁混凝土的保温预埋件上。安装时不宜增加拉力，应自然拉紧后进行固定。

罐壁弹性挂毯施工完成后的典型图如图 7-31 所示。

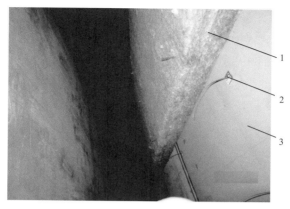

图 7-31　内罐壁挂毯施工实景图

1—弹性毯；2—保冷粘钉；3—内罐壁板

**3. 珍珠岩填充**

珍珠岩填充主要采用现场膨胀、气力管道输送方式装填和内部振动的施工工艺完成。已膨胀的珍珠岩在充装前，要完成罐环隙空间中所有构件的安装及可充装珍珠岩的准备工作。

1）现场膨胀及填充流程

珍珠岩原料通过叉车从仓储地点运送至送料口。变速送料器会一直记录原料进入斗室升降机的量，由此进入膨胀炉。膨胀炉从底部加热从而产生一个向上的热气流。珍珠岩膨胀后和热气同时进入旋风分离装置，经分离后材料将通过收集器的底部排入珍珠岩输送系统。对于松散度、水汽含量、粒度等指标的定期测试所需要的珍珠岩样本将从样本槽内抽取。膨胀过程中产生的热气将通过气体过滤器的安全性过滤后被从收集器顶部排放出去。

锅式鼓风机（压缩空气推动式输送器）被用来作为输送珍珠岩进入罐内的主要动力，珍珠岩通过连接在罐顶接管上的软管和垂直刚性的管道进入储罐。尺寸及规格相互匹配的输送管与注入嘴相连接以便珍珠岩注入后的均匀分布。

现场膨胀及填充工艺流程如图 7-32 所示。

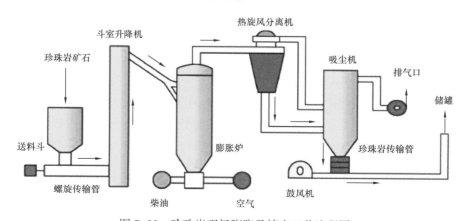

图 7-32　珍珠岩现场膨胀及填充工艺流程图

2）现场膨胀珍珠岩填充过程

（1）膨胀后的珍珠岩从现场膨胀设备出来后通过填充管、软管进入 PC 墙衬壁板和弹性毡之间的区域。珍珠岩进罐填充工艺流程如图 7-33 所示。

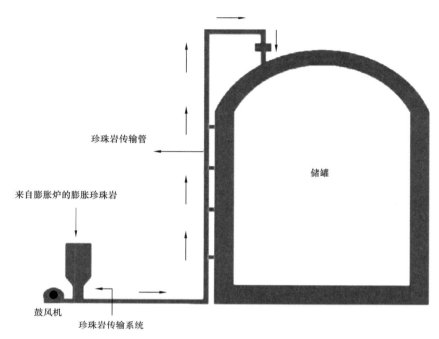

图 7-33　珍珠岩进罐填充工艺流程图

在重力作用下，膨胀珍珠岩会落入填充区域并自然形成珍珠岩圆柱堆。定时检测珍珠岩的填充高度，每当一次填充达到 3 m 的厚度时，更换填充嘴连接并对另一个灌注点进行填充。

（2）填充嘴与送料管会用快速凸轮锁紧器来进行连接，以防止外界水的渗入。

（3）在储罐顶部的 Y 型连接器会连接同时进行灌注的两个管嘴，目的是在填充期间无须中断膨胀炉的操作就可进行填充嘴的关闭及更换填充点。

（4）珍珠岩第一次填充最低高度是从罐底以上 5m，在此高度 4m 以上时开始实施第一次珍珠岩振实操作。

（5）最初的填充从底部算起达到 5m 的高度时不进行振动操作，此后的第一个 4m 的填充高度达到后进行第一次的振实操作，此后每达一个 4m 的高度时便会进行一次振实操作，如此往复直到珍珠岩的填充水平高度达到距离内罐顶部 2m 时操作结束。

（6）48 个填充管的填充顺序会按照 1，3，5…奇数顺序先进行填充，然后是 2，4，6…的偶数顺序再进行填充，以保证被填充的膨胀珍珠岩的均匀分布。填充接管平面布置顺序如图 7-34 所示。

3）振实操作

（1）膨胀珍珠岩振实设备布置如图 7-35 所示。

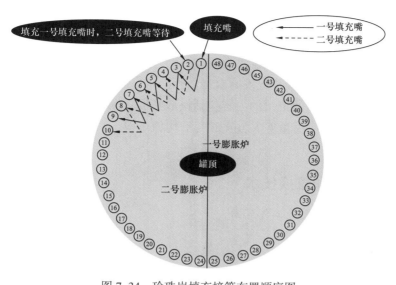

图 7-34　珍珠岩填充接管布置顺序图

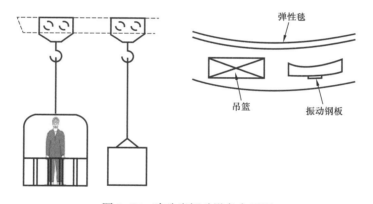

图 7-35　珍珠岩振动设备布置图

（2）振动装置。振动装置是由一个振动电动机固定在一块 $\delta = 6mm \times 1800mm \times 1800mm$ 规格的钢板上所组成。钢板的四角被磨圆并加上橡胶护套。钢板用角钢进行加固并被加工成 4 个部分，以便通过操作口进入罐内。振动电动机被固定在钢板中心位置。振动钢板会用吊耳垂直悬挂。每一套钢板、振动电动机及角钢的总质量约为 300kg。

（3）单轨电动葫芦。振动装置悬挂于可行走在储罐轨道梁的电动葫芦上。电动葫芦的上下移动通过一个下垂的开关以及一个无线遥控器来操作。单轨电葫芦会带着吊篮及操作人员一起在储罐内移动。

（4）吊篮。吊篮会确保操作人员在环形空间内的安全操作。

（5）振实操作。振动板会深入到膨胀珍珠岩堆内，珍珠岩没过振动板顶部 250mm。除了吊篮内的工作人员外，还有一个操作人员会在罐顶部用导向绳确保振动板在内壁移动时不左右摇摆以刮损弹性毯。同时，确保振动板下降接触到膨胀珍珠岩后，不会因为珍珠岩床对振动板的支撑点不正而导致振动板在珍珠岩堆两侧下滑情况的发生。当完成振动后即切断电动机电源。另一套设备会在对称位置工作。

4）填充高度的测量方法

在每次进行振实操作前后，应采用钢卷尺进行填充高度测量。测量点位于罐顶与接管嘴中心，基准点是接管嘴法兰顶部边缘。

5）施工过程需要进行测量及记录的内容

施工过程需要进行测量及记录的内容包括松散密度、振实密度、粒度分布、日填充量（日填充量 = 日原料实际使用量 / 日松散密度平均值）等，确保各数据在监控范围之内，便于质量控制。

## 九、储罐的干燥和置换技术

1. LNG 储罐的干燥和置换工作范围

（1）LNG 储罐本体。

（2）内罐泵井管。

（3）与罐相连的管道和仪表。

2. 通用方法说明

（1）LNG 引入储罐前，用氮气置换储罐内的氧气，并进行干燥。用 LNG 冷却储罐前，需干燥至 −20℃ 的露点，氧体积含量应降低至 4% 以下。

（2）在用氮气置换空气后，用天然气置换氮气，使 LNG 冷却储罐期间排入火炬燃烧的混合气体减至最少。

（3）在干燥初期，将采取连续进气置换的方式；当氧含量与露点初次检验合格后，采用变压的方式进行 3～4 次置换，以彻底消除死角残留的水分。变压是用于干燥和氮气吹扫操作的一种技术，通过引入氮气将系统压力升高至预定水平，最好高速引入氮气，以促进混合。然后对系统进行加压 / 混合，重复此过程直至达到规定的露点和氧含量。

（4）干燥和吹扫操作结束时，由施工单位组织相关单位共同检查露点和氧含量。

（5）在始终有人员进行监控和记录的情况下，24h 内运行制氮装置。

3. 干燥和置换工作流程

LNG 储罐的干燥和置换工作流程如图 7-36 所示。

4. 储罐干燥和置换的区域说明

储罐内将吹扫的区域分为下列 5 部分：

（1）第一部分——A 区（拱顶空间和内罐）。

（2）第二部分——B 区（环形空间）。

（3）第三部分——C 区（罐底置换区域）。

（4）第四部分——D 区（保冷 / 热角保护角落和二次罐底）。

（5）第五部分——罐体连接管线。

5. 标准和控制范围

干燥和置换目标控制点见表 7-5。

图 7-36 储罐干燥和置换工作流程图

表7-5　氮气吹扫目标控制点

| | 区域 | 氧含量，%（体积分数） | 露点，℃ |
|---|---|---|---|
| A | 圆顶空间和内罐 | ＜4 | ＜-20 |
| B | 环形空间 | ＜4 | ＜-10 |
| C | 罐底保冷 | ＜4 | 注 |
| D | 保冷／热角保护和罐底次层保冷 | ＜4 | 无要求 |
| - | 连接管线 | ＜2 | ＜-20 |

注：干燥执行 EN 14620《工作温度0～-165℃的冷冻液化气体储存用现制立式圆筒平底钢罐的设计与制造》；对于罐底保冷层的露点不做要求。

# 第二节　管道安装技术

天然气液化厂及 LNG 接收站项目设计所采用的低温管道施工要求高，管道坡口及开孔大多需要采用机械来进行，管道焊接质量控制要求严，管内清洁度和干燥程度要求极为苛刻；另外，高压管道试压会带来诸多危险因素。为了确保管道施工质量和管道运行安全，有必要对管道施工技术进行优化和相应采用先进的施工设备。

本节主要根据项目设计所采用的低温管道的特性、设计要求及施工特点，介绍低温工艺管道的主要施工技术。

## 一、低温管道安装技术

目前，国内包括中国石油、中国石化、中国海洋石油等公司投资建设的 LNG 接收站，由于 LNG 的低温特性，输送介质的工艺管道均采用具有低温特性的奥氏体合金钢（不锈钢）和低温碳钢。低温管道在正式投入运营前，需要进行预冷，管道焊缝、管件会随主管线进行收缩，活动管架也要进行位移。所以在低温管道的安装中，对管道的清洁度、管道安装精度、管道焊缝质量、严密性试验的技术要求严格。寰球公司及中国石油天然气第六建设有限公司在江苏、大连、唐山、泰安等 LNG 接收站中运用到的技术主要包括阀门方向辨别技术、定位开孔技术、管道清洁度控制技术、厚壁管焊接技术、低温碳钢热处理技术、大口径管道气压试验技术、高压管道水压试验技术、低温管道干燥技术及低温管道绝热施工技术。

1. 阀门方向辨别技术

LNG 接收站工程的低温管道系统中，运用到的低温阀门包括球阀、止回阀、截止阀、蝶阀，阀门压力等级介于 Class150～Class1500。目前，大型接收站使用的低温阀门都是国外进口，阀门的阀体上会注明阀门的方向，但是为了避免厂家的标识错误给施工现场带来的返工风险，阀门安装前，应对其流程方向进行辨别，阀门的安装位置及方位应符合 P&ID 图、管道轴侧图、管线数据表的要求。

止回阀、截止阀和蝶阀的流向标识相对球阀来说较简单。阀门入库后，由专业工程师根据厂家提供的厂商文件进行逐个检查，检查阀体外表面的流向标识是否与阀体内部结构及工作原理相符。如果相符，则在阀体上标注合格，可以发放出库；如果不符，则将检查情况告知厂家，由厂家确认无误后才能发放给作业人员进行安装。

对于球阀来说，根据工艺的工作原理及要求，所有球阀具有自动泄压功能，确保液化气体热膨胀导致气化时，气体聚集在球腔中"产生"的升压能及时泄放到物料流向的上游或下游。阀体在出厂前应有标识标明泄压方向，有"vent"字样打在阀体外表面。阀门泄放方式分两种：2in 缩径及以下尺寸阀门泄放方式为带泄放孔（单向密封）；2in 通径及以上尺寸阀门泄放方式为自泄压，即阀内压力超过一定值后，阀门一侧打开，释放压力。按照阀门结构，液体可能存在阀腔内或阀体与球之间的缝隙，即使安装在竖管的阀门也可能存液。所以球阀的安装方向辨别，在管道系统安装中成为一项尤为重要的工序，阀门方向的正确是决定整体系统能否按照设计要求运营的关键。如果安装错误，有可能存在较大的安全风险。球阀在入库后，专业工程师应核查阀体流向箭头、泄放侧、阀体内部阀球的泄放小孔是否三者一致，只有三者一致时，阀门的方向才正确，才能发放给作业人员进行安装。在安装阀门时，应按照单线图或 P&ID 图上指明的泄压方向安装，比如指明泄压方向朝向下游，安装时滴盘上红点应该在下游一端。对于已经辨识合格的球阀，阀体外滴盘上红点标记方向代表阀内泄放孔方向。

采用阀门方向辨别技术对唐山 LNG 接收站的 2600 多台阀门进行安装前辨识，并在安装前对作业人员进行技术交底，管道系统中没有一台阀门出现错误，保证了管道系统的安全投产及运营。

2. 定位开孔技术

低温管道系统包括主干管线及支线，两者之间采用管台或变径三通进行连接。在安装管台前，需要在主管线上根据轴侧图上进行开孔，开孔作业一般在管道预制阶段完成，所以需要对开孔的位置进行准确定位，且为了避免材料的浪费，需要对开孔的大小、位置进行定位，杜绝管道上孔的误开、错开和漏开等现象发生。开孔前必须对所有参加管道开孔施工的人员进行技术交底，包括管线号、管道材质、管道开孔的位置、管道开孔的焊接坡口形式、支管插入形式、焊接材料，焊接工艺指导书、焊口周围的处理、要求达到的质量标准。

传统的开孔方式是管工根据经验用角磨机进行打磨开孔，所切割的切屑容易掉落到管线中，切屑在运营阶段容易堵塞阀门及仪表原件，造成严重的后果。在唐山 LNG 接收站工程中，采用定位开孔技术进行管道开孔，即采用带轨道的开孔机进行开孔，采用此种开孔方法大大提高了开孔的效率，也保证了开孔质量。

按施工图纸要求，需要进行开孔的管道上，标记好开孔位置，经技术员及专业工程师确认，无误后方能进行开孔。管道开孔时，按规范要求加工坡口及打磨、清理焊道周围的油污、铁锈和氧化铁等杂物，质量检查员应进行确认。

定位开孔检查的主要内容：管道开孔的位置是否正确；焊接坡口的形式是否符合要求；焊口组对间隙是否符合规范要求；焊口附近杂物清理情况、支管插入主管的长度是否符合要求；焊条的型号、层间温度的检查；焊缝的焊接质量等方面的检查。

3. 管道清洁度控制技术

低温管道焊接前需由施工人员、质检员到现场通过目测检查，并采用压缩空气吹扫确定管内无杂质、清洁度达标后才能对口焊接。小口径（直径不超过 100mm）管道各分区封闭前，阀门安装前必须进行全面的检查清理，采用空压机吹扫的方式，反复几次，清理干净为止。大口径管道分段（每段不宜超过 30m）采用人工清理，清理前需有完备的安全技术方案，清理期间需配备齐全安全设备，并有安全人员监护。

1）空气爆破吹扫技术

空气吹扫设备包括空压机、储气罐、临时供气阀以及临时供气管道等。所用气体一般为清洁、干燥、除油的压缩空气。空气吹扫的方法和步骤为：将临时空气供气管道与要吹扫的管道连接；向吹扫的管道提供压缩空气并升压至 0.3～0.5MPa[7]；快速打开吹扫管道的末端阀门将压缩空气排出。重复上述清洁步骤，直到管道内部检查不到灰尘及外部杂质。

爆破吹扫设备包括空压机、储气罐、临时供气阀、临时供气管以及爆破板等。所用气体一般为清洁、干燥、除油的压缩空气。爆破吹扫的方法和步骤为：通过临时供气管向吹扫管道供气，升压直至爆破垫板爆破，压缩空气从爆破处吹出。重复上述爆破吹扫步骤，直到管道内部检查不到灰尘及外部杂质。此外，为了更容易粘住异物并方便判断吹扫效果，应使用如木板类的低硬度材料做靶板，木板不宜太软以防止破裂，并在靶板后安装加强钢板。重复吹扫直到确认没有异物粘在靶板上。

爆破吹扫的注意事项：爆破垫板破裂时噪声很大，为了安全并防止系统设备损坏，建议使用铁丝网将管道出口隔离开，同时，发出通告让附近人员远离管道出口。如果爆破垫板采用的是 1.5mm 厚的橡胶板，其爆破所需要的压力为 0.1～0.2MPa。而爆破吹扫所需气源压力为 0.3～0.5MPa，故需要 2～3 张垫板来达到爆破吹扫效果，爆破垫板没有在设定的压力下爆破，则应停止升压并确认垫板的破裂条件，避免爆破压力过高而带来的其他安全风险[7]。

2）管道清洁度检查标准

用压缩空气吹扫后判断系统内部清洁程度的主要方法为目视检查。判断标准为确认管道内无异物，如有需要可在所有法兰接口处用内窥镜检查。每段管段宜吹扫 10 次及以上。每次排气时放置一块白布，然后确认该白布颜色有无变化且布上有无杂质[8]。

采用爆破吹扫后判断系统内部清洁程度的主要方法为靶板检查。判断标准为连续三次靶板上所有区域无直径超过 0.5mm 以上的硬质颗粒和凹陷。

4. 厚壁管焊接技术

1）厚壁管焊接工艺

LNG 接收站的低温厚壁管主要是压力等级较高，通常设计压力为 13～15MPa，对焊接质量的要求很高。包含的材质为低温碳钢（A333、A671）和不锈钢（304/304L），不锈钢（304/304L）厚壁管的焊接技术采用"V"形坡口，用手工钨极氩弧焊单面焊双面成型的方式打底，$CO_2$ 药芯焊丝填充盖面。不锈钢（304/304L）厚壁管焊接工艺要求见表 7-6。

表 7-6　不锈钢（304/304L）厚壁管焊接工艺要求

| 焊层 | 焊接方法 | 焊材 | | 焊接参数 | | |
| --- | --- | --- | --- | --- | --- | --- |
| | | 牌号 | 规格，mm | 电流，A | 电压，V | 焊速，mm/min |
| 打底焊 | 手工氩弧焊 | JQ.TG50 | 2.0 | 110～130 | 15～17 | 60～80 |

续表

| 焊层 | 焊接方法 | 焊材 | | 焊接参数 | | |
|------|---------|------|------|---------|------|------|
| | | 牌号 | 规格，mm | 电流，A | 电压，V | 焊速，mm/min |
| 1～2 | CO₂药芯 | DW–110E | 1.2 | 170～200 | 23～25 | 140～190 |
| 3～15 | CO₂药芯 | DW–110E | 1.2 | 170～200 | 23～25 | 130～180 |

2）不锈钢（304/304L）厚壁管焊接的技术要求[9]

（1）打底前将焊道进行预热，有利于氩弧焊焊接，可降低焊缝残余应力，减少根部淬硬倾向，预热温度为 100℃左右，预热宽度从对口中心开始，每侧不小于焊件厚度的 3 倍且不小于 100mm。由于管壁较厚，拘束度大，为防止焊缝根部产生裂纹，打底焊厚度应不小于 3 mm。打底焊结束并检查焊缝无缺陷后，应立即进行填充，填充盖面均采用 $CO_2$ 药芯焊丝进行焊接。

（2）第一层和第二层填充焊时，采用传统的焊接方式，焊至整圈焊缝的 1/3 处应停止焊接，进行清渣和焊缝接头打磨，然后再焊完余下 2/3 的焊缝，由于第一层和第二层焊缝处于坡口根部，焊缝相对狭窄，焊接电流应控制在保证铁水拉得开、熔池清晰、熔合良好的前提下，提高焊接速度，减少焊层厚度，使焊缝中的氢易溢出，保证焊缝质量。填充焊的第三层开始，可以采用连续焊，即一个熟练的焊工搭配一个小工，焊工在焊接的同时，小工在对面及时地进行清渣处理。中间不停顿，没有焊接接头，不用打磨修补。

（3）由于管壁厚，坡口较宽，连续施焊时线能量容易超出评定值，接头金属组织将变得粗大。为了控制线能量，层间温度必须控制在 200～300℃，为了防止层间温度过高，在填充焊焊至焊道高度的 2/3 处时，应停止焊接，焊工也正好得以休息，但应时刻注意焊缝层间的温度，当焊缝层间温度降至 200℃时，开始重新施焊，直至填充焊结束；休息片刻后进行盖面焊。

（4）在焊接过程中，喷嘴的位置与角度非常重要，在变位机平稳转动的同时，喷嘴应始终成 45°角左右保持在上坡位置（11：00～12：00），喷嘴与焊缝之间的距离保持在 10mm 左右，这样熔滴生成后始终托附在熔池之中，使焊缝根部冶金反应充分，气体易溢出，消除气孔，且药渣也始终跑在熔池的前面，不易产生未熔合夹渣，焊缝质量得以保证。由于管道短、焊缝少，且是滚动焊接，因此，管道除了在长度上缩短外，不产生任何角变形，这对管系来说十分重要。因为没有了角变形，焊后残余应力相应减少，也就无须进行热处理，只需用石棉布将焊缝包裹严实，保温缓冷即可。

5. 低温碳钢钢管焊后热处理技术

焊接接头热处理：根据 GB 50235—2010《工业金属管道工程施工规范》的相关要求，壁厚大于 19mm 的低温管道需要进行焊前预热及焊后热处理[7]。预热采用电阻加热的方法，焊缝组对完成后，加热带均匀分布焊缝两侧（不小于母材壁厚的 3 倍，并大于 100mm，加热区以外 100mm 内应予以保温[9]），并固定牢固，使用保温棉进行保温，焊前预热到 125℃，预热保持时间为 15min 以上开始焊接，焊接过程中控制层间温度不低于预热温度，焊接完成后自然缓冷，检测合格后方可进行焊后热处理。热处理同样采用电阻加热的方法，加热带覆盖焊缝表面并延伸焊缝两侧（两侧各不小于焊缝宽度 3 倍，且不小于

25mm，加热区以外 100mm 范围内予以保温<sup>[9]</sup>），固定好保温棉后进行加热。具体参数如下：升、降温速度及恒温温度：在 400℃ 以下自由升降温，400℃ 以上的升、降温速度及恒温温度按表 7-7 和图 7-37 执行。

表 7-7 低温碳钢钢管焊后热处理工艺参数

| 管道材质 | 对接焊缝壁厚 δ mm | 热处理温度 ℃ | 恒温时间 min/mm | 最短恒温时间 h | 升温速度 ℃/h | 最大加热速度 ℃/h | 降温速度 ℃/h | 最大冷却速度 ℃/h |
|---|---|---|---|---|---|---|---|---|
| A333 GR.6 A671CC60 | ＞19 | 600～640 | 2.4 | 1 | 5125/δ | 205 | 6500/δ | 260 |

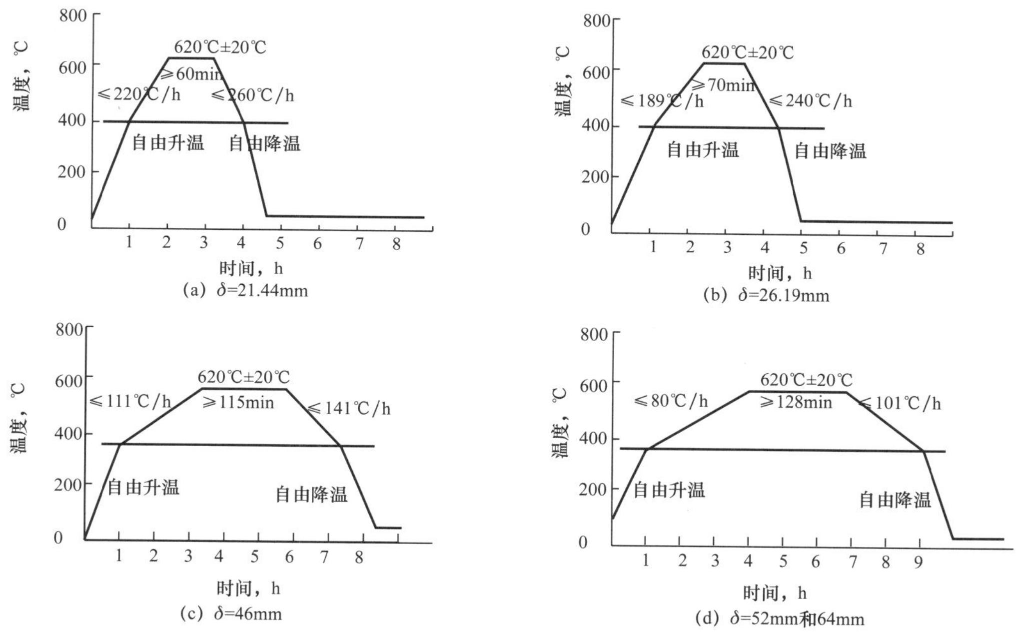

图 7-37 低温碳钢钢管焊后热处理曲线图

热处理过程中，恒温期间最高与最低温差不应超过 65℃，且不超出热处理的温度范围。测温宜采用检定合格的热电偶，并用自动记录仪记录热处理曲线，测温点在加热区内，且不少于 2 点。

热处理注意事项：进行水平管道的焊口热处理时，焊口两侧各 500～1000mm 处应垫以支撑；进行垂直管道的焊口热处理时，先在焊口下面 500～1000mm 处上好管卡，然后用链式起重器挂起，以免在长时间的高温作用下，管道负荷使焊口处的管道变形。热处理接线方式如图 7-38 所示。

6. 大口径管道气压试验技术

通常为了提高卸船的速度，大型 LNG 接收站的卸船管线及挥发气（Boil Off Gas，BOG）返回管线都是大口径的管线，例如寰球公司在执行江苏和大连 LNG 项目时采用的 40in 的卸船管线和 30in 的 BOG 返回管线，在唐山 LNG 项目中采用了 42in 的卸船管线和 30in 的 BOG 返回管线。由于 LNG 船停靠对海水的深度要求很高，所以一般离海岸较远，这两处大口径管线的长度随之铺设很长距离。如果采用液压试压，将对栈桥产生较大负荷，且所用的试验用水量巨大，吹扫、干燥难度也加大。综合考虑下，大口径的管线适合采用气压试验。

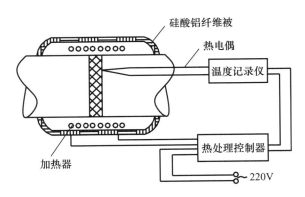

图 7-38　热处理接线方式图

1）气压试验方法

在石油化工建设中，常有一些大口径管道安装后无法进行液压强度试验。施工中，考虑到钢结构、设备、设备基础和管道的设计承载能力一般采取以下方法。

方法 1：地面预制组对试压，安装后对固定口 100% 探伤。

方法 2：管道安装后与相关设备联合进行气压强度试验。

对非关键部位设计要求较低的情况采用方法 1 即可，但考虑到化工装置的复杂性和设计要求以及操作的变化波动，方法 2 更能保证施工质量的检验，所以大多情况下都会选择方法 2。

2）气压试验要点

（1）气压试验应采用洁净、干燥的压缩空气作为试压介质，需提前准备压风车。

（2）在管道存在缺陷而在试压中出现泄漏或破裂时，由于管道内试压介质的减压速度小于管道的开裂扩展速度，在管道止裂韧性不能满足止裂要求时，会造成管道的大段破裂和严重的次生灾害。因此，在管道的设计和制管标准上均有针对管材止裂韧性的要求。采用空气作为试压介质应十分谨慎。

（3）GB 5025—2015《输气管道工程设计规范》规定在以下条件同时满足时，站场内的工艺管道可采用空气作为试验介质[10]：

① 现场最大试验压力产生的环向应力：三级地区小于 50% $\sigma_s$；四级地区小于 50% $\sigma_s$（$\sigma_s$ 为钢管标准规定的最小屈服强度，MPa）。

② 最大操作压力不超过现场最大试验压力的 80%。

③ 所试验的是新的管子，并且焊缝系数为 1.0。

（4）管道系统气压试验前，应由建设 / 监理单位、施工单位和有关部门联合检查确认下列条件[7]：

① 管道系统全部按设计文件安装完毕，安装质量符合有关规定。

② 管道支架与吊架的型式、材质、安装位置正确，数量齐全，紧固程度、焊接质量合格。

③ 焊接及无损检测工作已全部完成。

④ 焊缝及其他应检查的部位不应隐蔽。

⑤ 试压用的临时加固措施安全可靠；临时盲板加置正确、标志明显、记录完整；管道上的调节阀、流量计、孔板、八字盲板等试压时需要拆除的物件要做好保护，以便试压后的回装。

⑥ 试压用的检测仪表的量程、精度等级、检定期符合要求。

⑦ 有经批准的试压方案，并经技术交底。

⑧ 要开"管道系统试压重要工序作业票"。

（5）气压试验前，相邻系统排放阀应打开，试验过程中应特别注意防止高压管道系统的气流入低压管道系统引起超压。

（6）管道系统上安全阀加盲板，防止超压起跳，安全阀位置作为试压气源和压力观察点的安全阀拆除由专人保管。

（7）试压用临时气源管应采用流体无缝钢管，管道壁厚等级应不低于所试压管路的设计压力等级。气源总管和各支管上装设截止阀、安全阀、泄放阀、压力表。每个试压系统必须安装不少于1台试压用安全阀，安全阀整定压力为系统试验压力的1.05倍，安全阀应用临时管接至安全位置。

3）气压试验技术要点[7]

管道气压试验前，必须用空气进行预试验，试验压力为0.2MPa。

管道的试验压力为设计压力的1.15倍。做气压试验的管道试压进气点在现场指定，一般从管线的放空点、排凝点进气。

试验用的压力表需经检验，精度不得低于1.6级，表的量程为最大被测压力的1.5～2倍。试验系统所装的压力表不少于2块，压力表应尽量在系统的最高点装一块，并以最高点的压力为准。

试验时应逐步缓慢地增加压力，当系统压力升至试验压力的50%时，如没发现泄漏或异状，继续按试验压力的10%逐级升压，每级稳压3min，直至试验压力。稳压10min后，再将系统压力降至设计压力，停压时间根据查漏工作需要而定；涂刷肥皂水，对整个管道系统进行巡回检查，无泄漏为合格。

试验过程中如果有泄漏，不得带压修理。缺陷消除后应重新试压。确认压力试验合格后应及时办理签字手续，做好管道系统试压记录。

管道系统试压合格后，应缓慢降压，排气口要选在安全区域，并在四周设置警戒区。管道系统试压完毕，应及时拆除所用的临时盲板，核对记录。

气压试验升压曲线示意图如图7-39所示。

7. 高压管道水压试验技术

LNG接收站项目的低温高压管线包括高压泵出口管线、气化器入口管线以及气化器的出口管线和外输总管。通常其设计压力都大于10MPa。通过对管道进行液压试验，检验管道系统的安装及焊接质量，以及管道系统的整体性质量。根据现场实际情况及以往

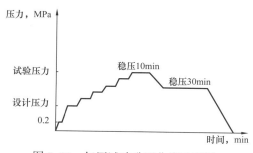

图7-39 气压试验升压曲线示意图

项目的施工经验，高压部分试压包分界点如用阀门切断，可能会存在阀门内漏，所以不采用阀门进行切断，阀门断点位置增加法兰盲板，采用盲板进行切断。此外，高压管道进行水压试验后，部分阀门的阀腔内可能会遗留试压水，所以高压管道水压试验后的排水也是试验中重要的处理环节，寰球公司及中国石油天然气第六建设有限公司在唐山 LNG 项目中，采用了增设临时低点排水支线，通过低点排水将管道中的残余水排除，还将阀门的排水堵头拧开排水，通过一系列的技术处理，大大提高了排水的能力，尽可能排尽试验用水。

高压管道水压试验的技术要点[7]：

液压试验时，管道的试验压力为 1.5 倍的设计压力。采用液压试验的管道，试验介质为洁净水，水中氯离子含量不得超过 25mg/L，试验用水必须进行检测并符合标准要求。

水压试验时，打开所有高点放空阀，关闭排放阀，从低点开始注水。在沿线要预先采取措施，防止高点放空口处排水影响周边电气仪表设备和带电的施工设备。沿线自低至高排尽管内空气后，放空阀溢水后依次关闭，直至全部关闭。升压应缓慢升级，达到试验压力后停压 10min，然后降至设计压力，稳压至少 30min，全面检查无压降、无泄漏和目测无变形为合格，然后降压排水或泄放引至下一个试压包。

压力试验合格后及时办理签字手续，做好管道系统试压记录。管道系统试压合格后，应缓慢降压，排水口朝向排水沟、附近沙地、空中无人作业处，避免伤人和损坏设备（尤其是电气仪表设备、带电的施工设备等）。管道系统试压完毕，应及时拆除所用的临时盲板，核对记录。

为了保证阀腔的干燥，在进行吹扫干燥的同时，对参与水压试验的阀门进行加热，加热的温度控制在 110～120℃。

水压试验流程如图 7-40 所示。

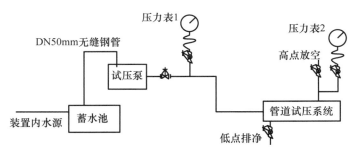

图 7-40　水压试验流程图

水压试验升压曲线示意图如图 7-41 所示。

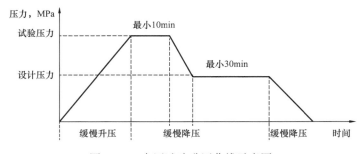

图 7-41　水压试验升压曲线示意图

8. 低温管道干燥技术

LNG 接收站的低温管道对管道的干燥要求极高,如果管道里或者阀门里存水,在正常的低温状态下运营,不仅会引起管道内侧腐蚀,而且更会造成管道内部结冰,造成管道堵塞。尤其是采用水压试验的高压低温管道,由于水压试验后,会残留一些试验用水在管内,需要采用干燥技术在管道冷却前进行干燥。目前国内常用的干燥方法有:干燥剂法、流动气体蒸发法(包括干燥空气、氮气等)、真空法。在唐山 LNG 接收站项目中采用了真空干燥和氮气干燥相结合的技术,在干燥结束的同时便完成了氮气置换。唐山 LNG 项目之前,寰球公司在江苏 LNG 和大连 LNG 项目只采用了氮气置换干燥技术。经过多个项目的经验积累,管道系统干燥第一步采用真空干燥技术蒸发掉管道中的大部分水,然后用氮气吹扫来进行干燥,不但可以提高干燥的效率和质量,而且还可以节约大量的氮气,达到降本增效。

1)管道真空干燥技术

真空干燥原理:水的沸点随压力的降低而降低,在压力很低的情况下,水可以在很低的温度下沸腾汽化。真空干燥法就是利用这一原理,在控制条件下不断地用真空泵从管道往外抽气,降低管道中的压力直至达到管壁温度下水的饱和蒸汽压,此时残留在管道内壁上的水沸腾而迅速汽化,汽化后的水蒸气随后被真空泵抽出。不同温度下水的饱和蒸汽压、蒸汽量如图 7-42 所示。

真空干燥过程:真空干燥过程可分为三个阶段,如图 7-43 所示。

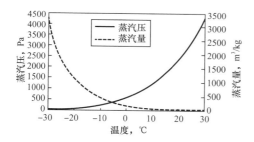

图 7-42 不同温度下水的饱和蒸汽压、蒸汽量图　　图 7-43 真空干燥工艺图

第一阶段:初始抽气与降压阶段。将 LNG 及 NG 管道根据系统划分成单个干燥包,连接好真空设施后开始真空干燥。这一阶段除去大部分残留在管道中的水蒸气和空气,降低管内压力。在此期间,管内压力迅速降至管内温度下水的饱和蒸汽压。如果管道存在较大的漏点,此时可以发现并修补[8]。

第二阶段:蒸发阶段。该阶段是干燥的主要过程,耗时很长。在此过程中,随着管内压力达到饱和蒸汽压,残留在管道内壁上的水分开始大量蒸发。由于真空泵仍在继续工作,使管内压力不断降低,同时水分不断蒸发以弥补压力损失。若管道残留水分不多,管道与周围热交换畅通,那么管内温度基本不变,管内压力可基本保持在饱和蒸汽压水平。这一过程将持续到所有水分蒸发完为止。

第三阶段:干燥/真空扫线阶段。为了除去这些水蒸气,真空泵继续工作,压力开始再次降低,直至真空泵所能达到的最低压力。显然,管道的密闭性能很高时才能完成此过程。由于几乎所有的空气已被抽出,而且管道内壁所有的液态水都已蒸发,所以管道中的压力可看作是水的蒸汽压，由此可直接计算出露点。一旦达到预定的值，就可认为管道已干燥，真空干燥作业便可结束。

真空干燥法的优点：空气可以任意排放，无毒无味，不燃不爆，无安全隐患；受管径、管道长度的影响相对较小；干燥成本低；易与管道建设和水压试验相衔接。

2）管道氮气置换技术

低温管道包括LNG卸船与码头循环系统、低压LNG输送系统、挥发气返回和BOG处理系统、高压LNG输送系统、低压/高压排净系统、天然气输出系统、火炬系统、燃气系统在内的主管及支管线在冷却前都应进行氮气吹扫干燥，并根据系统的不同达到相应的露点要求。

（1）氮气置换实施技术要点。

由于氮气供应压力可能超过容器或管道设计压力，为排除意外超压风险，管线中的氮气压力必须限制为约0.35MPa（表压）。随着整个低温系统管线和设备氮气充压到50kPa（表压）压力，检查整个系统的低点排水情况并彻底排干。上述操作期间，应按要求补充氮气以保持预期系统压力[8]。

尽可能排空管道，必要时拆除临时阀门、设备或打开法兰。在后续干燥操作期间，将吹出和蒸发收集到的全部水。系统加压、干燥和置换期间应小心，以防止氮气流动使低温泵转动。由于正常时泵内流体提供所需的内部润滑，泵中没有液体时应避免泵转动。为防止系统加压或吹气时泵转动，应关闭吸入或排出隔断阀。

除主要低温管道外，多数歧管、支管、交叉管线、旁通管和安全阀也必须彻底干燥和吹扫，必须制订程序以确保小口径或次要的低温管道也按设计要求完成干燥及置换。应逐条管线标记整套P&ID，以便检查工作进度。完成吹扫和干燥操作后，整个接收站的低温管道和设备应维持在氮气的正压之下［50～100kPa（表压）］，以防止空气或水分渗入。

干燥和置换期间，各种仪表管线（如PI、TI、LI、FI等）应用氮气清扫，以消除管线内部可能存在的水分。按照P&ID中的阀门位置指示完成阀门操作，可简化置换和干燥操作并减少所耗时间。在干燥和置换合格前，锁开/锁闭阀门不能上锁，在最大程度上减少重复锁的安装和拆除工作。干燥期间应操作所有阀门，以除去阀座下或球阀孔中聚集的水蒸气。当系统置换和干燥完成时，将系统保持在较低氮气压力下，以防止水分进入其他系统。

在每条管线的低点和仪表分接点的末端处将气体排入大气。若干燥完毕的管线静置较长时期，在引入物料前，应再进行露点检查。

（2）氮气置换验收标准。

干燥标准为所有位置的露点不高于−40℃[8]。所有露点的记录将保存于预试车检查表。

置换标准为所有位置的氧含量小于2.0%（体积）。氧含量记录保存于预试车检查表。

9. 低温管道绝热施工技术

由于低温管道输送低温介质LNG/NG，低温管道在施工安装、试验完成后及投产前，需要在管道外表面铺设包裹上绝热材料，防止管道的冷量挥发过快，维持低温管道在相对稳定的温度下运营，减少低温管道因温度变化幅度大而产生的管道应力变化，确保管道安全平稳运营。根据低温管道运营所需的温度不同，一般可分为IC型、IW型和PP型人身防护（即防结霜、防结露和人身保护）三种。

1）IC 型管道保冷

（1）施工顺序。聚异氰脲酸酯泡沫（PIR）材料安装→二次隔潮层安装→耐磨层涂刷→泡沫玻璃安装→一次隔潮层安装→外保护镀铝铁皮制作安装。

（2）保冷施工方法及技术要求。IC 管道内层和中层用 PIR 材料安装时，纵向和环向的接缝用油灰刀将密封胶均匀涂抹，缝隙为不大于 2mm，内层和中间层压缝安装。每层 PIR 材料外表用不锈钢带打包固定，不锈钢带的最大中心间距为 400mm[10]。在最外一层 PIR 材料的外表面上做二次隔潮层，用 PAP 铝箔加黏结剂进行包裹，所有的纵向和环向均需搭接，搭接处用宽度 50mm 的 PAP 胶带密缝。

二次隔潮层施工完毕后，进行外层泡沫玻璃材料的施工，安装时在泡沫玻璃材料的内表面涂刷一层耐磨层，涂刷后泡沫玻璃材料表面的开裂气孔应基本填平、涂刷面均匀。泡沫玻璃材料安装时，所有的纵向和环向的接缝用油灰刀将密封胶均匀涂抹，缝隙为不大于 2mm，并与第二层 PIR 材料错缝施工。泡沫玻璃材料外表用不锈钢带打包固定，不锈钢带的最大中心间距为 400mm。

2）IW 型管道保冷

保冷材料为一层泡沫玻璃安装。所有泡沫玻璃材料用预制成两个半壳或弧块状，包裹在管道外面，环向和纵向的接缝都需用密封胶进行填充。耐磨层施工完成之后进行一次隔潮层施工。最后是外保护层镀铝铁皮制作安装。

3）PP 型人身防护

为确保低温条件下的操作安全，操作温度在 0℃以下但不考虑冷量损失的低温管线应进行人身防护。PP 型的保冷范围限制于操作平台上的 2m 以下，以及通道、梯子平台和工作区 0.6m 以内的范围。地面上的部分，也可用金属丝网包围需要保冷人身防护的管线，并尽量设置围栏和指示牌。按管道直径大小制作合适的不锈钢抱箍，抱箍间距在 500～1000mm，用螺栓固定在管子上。以抱箍为支撑绑扎不锈钢丝网，对于口径不大于 4in 的管线，管子表面与不锈钢丝网距离为 50mm；对于口径大于 4in 的管线，管子表面与不锈钢丝网距离为 75mm。

4）弯头和 T 形接头保冷安装

保冷层采用和相连的直管道所使用的材料相同。弯头的保冷用直管壳的材料在现场进行拼接安装并拼接成虾米腰形进行铺设，并摆到铺设位置进行试装，直至吻合为止，所有接缝（环向、纵向）均用 TN–1 型黏结剂进行黏结，干固后使其形成一个牢固的整体。弯头和 T 形接头 PIR 材料外表按直管相同做好二次隔潮层施工。

5）阀门、法兰及法兰连接的阀门保冷安装

阀门、法兰的保冷厚度和类型与相邻的或同等口径的管道相同。阀门施工时，阀体不规则部位用 25mm 厚的衬铝膜的玻璃纤维棉进行包裹，并用加强带扎紧。阀体外用泡沫玻璃板及管壳黏结制成外模，块间接缝用密封胶黏结，外表用不锈钢带打包箍紧，并在顶部开孔，用聚氨酯 A、B 料进行现场浇注，形成一个整体，保证其保冷效果。

6）一次隔潮层

在最外层泡沫玻璃材料的外表面设置一次隔潮层（玛蹄脂），该隔潮层由两层玛蹄脂组成，中间隔放一层玻璃布，施工时宜第一遍玛蹄脂涂抹后，随即安装玻璃布，待稍干后进行第二遍玛蹄脂涂抹。弹性树脂每层厚度最小0.6mm，并用玻璃布加强。2层涂料=1.2mm（最小）；3层涂料=1.8mm（最小）。施工时应边涂玛蹄脂边缠玻璃布，玻璃布在环向和纵向接缝的搭接宽度至少50mm[12]。

玻璃布应拉紧铺平，不得有褶皱现象。涂抹玛蹄脂后，要求表面不得有露布、气泡、翘口、开裂等现象。阀门、法兰、弯头、T形接头一次隔潮层的施工与直管道相同。

7）外保护层镀铝铁皮制作安装

一次隔潮层干固后在其外表安装外保护层镀铝铁皮。镀铝铁皮外用19mm×0.5mm不锈钢带打包，间距最大225mm，并用不锈钢扣固定。镀铝铁皮安装时，应紧贴防潮层，其纵向交叠50mm，环向交叠75mm。水平管道的环向接缝应沿管道坡向搭向低处，纵向接缝布置在水平中心线下方15°～45°处[12]。外保护层镀铝铁皮遇接管、支架等开口应尽量开得合适，达到紧密配合。外保护层镀铝铁皮不得有松脱、翻边、豁口、翘缝和明显的凹坑，环向接缝应与管轴线垂直，纵向接缝应与管道轴线保持平行。外保护层镀铝铁皮的环向和纵向交叠接头处用金属密封剂进行加固。

镀铝铁皮的厚度为：保冷直径$D \leqslant 750$mm时，厚度为0.6mm；保冷直径$D > 750$mm时，厚度为0.8mm；可移动的保冷外壳，厚度为1.2mm。

## 二、低温工艺管道气密试验技术

天然气液化场站及液化天然气接收站项目的工艺管道中的大部分介质为低温、易燃、易爆的液化天然气或天然气、混合冷剂等。为防止在运营过程中产生泄漏，管道系统在进行强度试验后，还将进行严格的气密性试验以检验系统的稳定性能，保证整个工艺系统平稳运行。本节将以中国石油唐山LNG接收站项目为例，介绍工艺管道系统组成、气密试验技术、气密试验方法及注意事项。

唐山LNG接收站项目工艺管道系统中的卸船管线系统、码头保冷循环系统、BOG总管系统、泄放总管系统、低压输送和低压排净系统、BOG压缩机出口至再冷凝器系统、高压输送系统、高压泵返回总管系统、高压泵放空总管系统、高压排净系统、天然气外输系统、燃料气系统、低压排罐系统、码头排净罐系统等，在投料之前应进行系统的气密性检查。气密试验分包见表7-8。

表7-8 气密试验分包表

| 序号 | 系统名称 | 设计压力，MPa（表压） |
|------|----------|----------------------|
| 1 | 卸船管线 | 1.79 |
| 2 | 码头保冷循环管线 | 1.79 |
| 3 | BOG总管 | 0.35 |
| 4 | 泄放总管 | 0.35 |
| 5 | 低压输送和低压排净系统 | 1.79 |
| 6 | BOG压缩机出口至再冷凝器 | 1.79 |
| 7 | 高压输送系统 | 13.9 |
| 8 | 高压泵返回总管 | 13.9 |

续表

| 序号 | 系统名称 | 设计压力，MPa（表压） |
|---|---|---|
| 9 | 高压泵放空总管 | 1.79 |
| 10 | 高压排净系统 | 13.9 |
| 11 | 天然气外输系统（不包括计量站） | 13.9 |
| 12 | 燃料气系统 | 1.05 |
| 13 | 低压排净罐 | 1.1 |
| 14 | 码头排净罐 | 1.1 |

1. 气密试验基本要求

（1）气密试验时，必须用两个以上的压力表进行指示，压力表量程应为试验压力的 1.5～2.0 倍。

（2）为保护非升压监视用压力表，在升压之前，应关闭仪表导压管的阀门。

（3）系统中的孔板流量计及文丘里流量计，在试验时应将两根引压管线的阀门全开均压。

（4）气密系统如有止回阀时，应从止回阀上游侧加压。

（5）为隔开系统而插入盲板的法兰应在试运转最初阶段用工作介质进行试漏。开车时派专人检查。

（6）泄压时应尽可能由低点或死角处的排净口进行排放，避免积液。

（7）为防止高压系统向低压系统窜压，应打开低压系统排放阀，以便泄放窜压。

（8）结合气密试验，应把不能做气密的范围控制在最小限度，对于部分无法随系统进行气密试验的少数管道和设备，如随公用工程系统进行气密试验或在试运转最初阶段用工作介质进行试漏。

（9）气密试验需要按设备、管线的压力等级划分为适当的系统。

（10）系统与系统之间的管线用阀门隔开，必要时可用盲板隔开。

（11）气密试验采用液氮气化后的氮气作为试验介质。

（12）气密试验应符合设计文件的规定。

（13）经气压试验合格，且在试验后未经拆卸过的管道可不进行气密试验。

2. 气密试验准备

（1）确认被试验的系统全部安装完毕，经过压力试验及吹扫冲洗合格后，规定装好正式垫片。

（2）确保气密所需的氮气的供应。

（3）准备好试漏所需的工具：气密专用工具（喷水壶等）、肥皂、毛刷、小桶、记号笔、试验记录等。

（4）准备好必要的垫片、阀门盘根及拆卸工具以备更换之用。

（5）按要求确保试验系统的阀门关闭，注意仪表阀门不能用于隔离系统。

（6）选择好充气管线和进气控制阀门。

（7）安全阀应参与系统气密试验。试验步骤为：首先将系统压力升压到气密试验压力的 0.9 倍，对安全阀接口法兰进行气密试验，合格后将安全阀前阀门关闭，再将系统压力升至试验压力进行剩余管道系统的气密试验。

（8）仪表、调节阀、紧急切断阀、限流孔板、流量计等安装就位。

（9）试验人员熟悉工艺流程和气密试验方案。

3. 气密试验步骤及方法

1）试验步骤

（1）根据说明安装盲板，盲板应安插在阀门法兰后侧，安插时应在盲板两侧安装垫片，以防损坏法兰密封面。

（2）对照流程图关闭系统间的所有阀门及排净口，打开气密包内的所有阀门。

（3）关闭系统所有采样阀门。

（4）气密试验应对仪表加压、流量计加压到导压管。

（5）拆换超量程的压力表或关闭根部阀门。

（6）利用进气口将氮气引至系统内，直至 0.8MPa 后稳压检查，在无泄漏后继续加压。

（7）系统升压分级且缓慢进行，以试验压力 10% 的梯度升压，每级稳压 3min，当压力升高至试验压力的 50% 时，稳压进行全面检查，未发现管道异状和泄漏后，继续以 10% 的梯度升压，每级稳压 3min，直至试验压力。稳压进行全面检查。

2）检查方法

（1）用蘸有肥皂水的毛刷涂抹或用喷枪喷射被试的法兰、阀门（包括法兰、阀体及压盖堵头等）、压力表、焊口、液面计及泵外壳连接处，不应有气泡出现，如某处出现肥皂水泡，说明该处泄漏，应紧固或气密试验后拆卸修理。

（2）对以下内容进行检查：

① 各法兰、阀门连接处（包括阀门盘根、各种液面计和压力表接头、导淋和放空阀等）。

② 所有拆除过的配管管线阀门、法兰、仪表部件。

③ 没有做强度试验的管道部分。

④ 所有补修的管道部分。

⑤ 检查安插盲板处的泄漏情况。

（3）对泄漏点的处理。

① 对泄漏点的地方做好记号，同时记录，然后检修，再进行试验，直到消除泄漏点。

② 对泄漏点的处理应在泄压后进行。

（4）气密试验合格标准

当达到试验压力时，停压 10min 后，用涂刷发泡剂的方法，巡回检查所有需要检查的密封点，无泄漏应为合格。

4. 气密试验注意事项

（1）向系统充压要缓慢，当到试验压力的 50% 时，停止升压 10～20min，进行检漏，如无泄压及异常情况，再升到试验压力[13]。

（2）各系统气密范围应做到各管线区甩头盲板及隔离阀门处。

（3）充压时应有专人监视压力表。

（4）对系统内安装盲板的地方应做记录，待气密试验完毕后，拆除盲板。

（5）气密试验后，拆卸盲板时要用新垫片，保证法兰不会泄漏。

（6）如需要登高进行泄漏检查时，安全帽、安全带及防护用品应备齐，并应遵守施工现场的其他安全规定。

（7）升压时应缓慢进行，气密压力不得超过规定限值。

（8）试验过程中应注意安全，要设置警示区域，并按要求设置警示标志，无关人员应远离现场，谨防事故发生。

# 第三节　机械设备安装技术

自 2008 年以来，中国石油先后开工建设了江苏、大连、唐山 LNG 接收站项目和安塞、泰安天然气液化厂。在这些项目中投用了一大批先进的机械设备。例如 LNG 接收站中的卸船臂、海水泵、开架式气化器（ORV）、浸没燃烧式气化器（SCV）、高压泵、BOG 压缩机等；天然气液化站厂中的板翅式换热器（冷箱）和混合冷剂压缩机等。本节主要针对液化天然气接收站及天然气液化厂中主要工艺设备的安装过程做出说明。

## 一、卸船臂安装

卸船臂是卸船系统中的主要机械设备，LNG 船到达卸船码头后，利用船上的卸料泵将 LNG 从船舱排出。通过三台卸料臂进行卸船，并通过卸船管线和码头保冷循环管线将 LNG 输送到岸上的 LNG 储罐；同时，为了维持 LNG 船舱的压力，所需的气体通过一台 NG 回气臂从岸上的 BOG 总管返回。

由于通往码头的栈桥狭窄，大吨位的拖车及吊车均无法通行，所以卸船臂设备只能分成散件到货，货后采用驳船倒运到码头，再用船吊、驳船进行卸船，属于解体式安装。卸船臂主要由三大部分组成：基础钢柱、摇臂及配重，每台卸船臂设备的吊装工作分 4 个步骤：第一步，把基础钢柱从水平状态吊立起来并放到基础上就位；第二步，把摇臂主体吊装到立柱的顶部，并与立柱连接固定；第三步，吊装主配重并安装到摇臂主体上；第四步，吊装副配重吊起安装到摇臂主体上。

由于上述原因，卸船臂安装过程存在以下特点：设备倒运难度大，须采用船吊与驳船进行倒运，设备吊装用的吊车也须用驳船倒运到码头；设备为散件到货，组装精度要求高；设备安装、组对高度高，再加上码头风大，高空作业存在较大安全风险；设备重量重，最大单重部件达到 22.6t，且码头场地狭小，吊装难度大。

卸船臂安装的程序如下：施工准备→基础验收→设备开箱检查→设备倒运卸船臂立柱安装→立柱调整固定→脚手架搭设→摇臂吊装→摇臂配重安装→其他零部件安装→电气液压系统安装→设备调试。

根据设备的重量及处形尺寸，倒运过程中需租用 2 台 100t 汽车吊，3 台 30t 平板拖车，1 艘 1000t 运输船和 1 艘 400t 浮吊。立柱净重为 12490kg，倒运到码头后用 100t 汽车吊安装。倒运过程中应保证设备各开口封闭。安装前应仔细检查地脚螺栓尺寸，使其与立柱底板螺栓孔相对应。根据现场情况应制作 4 个地脚螺栓的样板，用于比对螺栓孔孔距。在吊装前安装好垫铁，一台卸料臂垫 16 组，每组垫铁平垫、斜垫各 2 块。

安装摇臂时要保持水平状态，所以安装前应设置一个龙门支架作为摇臂支撑，以保证摇臂的重力平衡。摇臂吊装就位后拧紧法兰座上的螺栓，拧紧方法为对称拧紧。摇臂安装就位之后安装配重，先安装主配重，后安装副配重。

卸船臂安装过程中要以设备安装手册和设备安装施工验收规范为主，结合工程实际情况和国内同类工程施工经验，在熟悉规范、标准和技术要求的基础上，编制科学、实用的施工方案。细化各类检验试验准备工作，满足工程实际需要，保证质量，提高工效。

## 二、BOG 压缩机安装

BOG 压缩机是 LNG 接收站中蒸发气处理系统的主要设备，储罐产生的大量蒸发气（BOG）经过压缩机加压到再冷凝器，蒸发气体在再冷凝器中与 0.6～0.8MPa 的液化天然气混合并进行换热、冷凝后回收。江苏 LNG 项目接收站工程共有三台 BOG 压缩机，设备位号分别为 C-1301A，C-1301B，C-1301C；压缩机为全封闭结构，采用气密性设计，无任何工艺气体泄漏至外部环境。

由于压缩机运行过程中有较大振动，如何减振就成为压缩机安装过程中需要控制的关键。应从设备基础、地脚螺栓、垫铁安装、一二次灌浆及设备装配精度控制等方面着手使压缩机的安装精度满足设计要求。

### 1. BOG 压缩机安装流程

BOG 压缩机安装的工艺流程为：施工准备→基础检查验收→设备开箱检查→主机安装就位→主机初找平找正→主机一次灌浆→主机精找平找正→主机二次灌浆→电动机安装就位→电动机初找平找正→检查轴端距、机组轴精对中→拆检、调整轴承各部间隙→电动机二次灌浆→水平度、同心度精调→系统管道安装→终查同心度→机组单机试运→竣工验收。

### 2. BOG 压缩机主机安装要点

压缩机主机包含曲轴箱、汽缸、平衡轮等主要部件，通过联轴器与电动机主轴连接。根据厂商相关技术文件，压缩机主机安装采用无垫铁施工方式，例用千斤顶螺栓进行安装调整，在主机吊装就位之前，先在基础上装好千斤顶螺栓，主机曲轴箱直接就位在千斤顶螺栓上面。使用千斤顶螺栓需要注意以下几点要求：需在千斤顶螺栓的螺纹上涂好黄油，以避免使用时卡住；针对每一个基础螺栓，使用千斤顶螺栓调节到额定高度，调整范围在 12～22mm；确保千斤顶螺栓与基础螺栓之间有足够的距离，以便于安装灌浆模具和拆除千斤顶螺栓。千斤顶螺栓如图 7-44 所示。

压缩机曲轴箱吊装就位之后，必须使用精度高的水平仪在纵向、交叉线、对角线上的方向对曲轴箱进行找平。水平仪的精度要求（刻度线）达到至少能显示 0.2mm/m 的偏差。将水平仪放到机器的顶部进行测量，压缩机在水平面上的不平度不得超过 0.1mm/m。主机安装就位之后要保证每一颗千斤顶螺栓受力均匀，可通过检查对比螺栓上扳手的基本阻力和用锤轻轻敲击后的阻力来确认。使用单独的扳手拧动千斤顶螺栓，在纵向、横向和对角方向上为

图 7-44　千斤顶螺栓图

曲轴箱找平。曲轴箱找平找正之后进行灌浆，注意不得将千斤顶螺栓浇筑在内，灌浆料采用环氧树脂灌浆料，灌浆料硬化后将千斤顶螺栓取出。

压缩机曲轴箱安装就位示意图如图 7-45 所示。

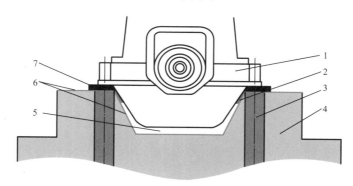

图 7-45　压缩机曲轴箱安装就位示意图

1—曲柄机构；2—泡沫橡胶；3—地脚螺栓的灌浆穴；4—地基；5—不得灌浆；6—保护涂层；7—环氧灌浆材料

压缩机主机安装过程中应注意所有与工艺气体接触的部件，必须保持清洁（没有油渍和黄油），须使用溶剂进行清洗。

压缩机主轴与电动机主轴的同轴度以压缩机主轴为基准，可调节电动机垫铁来实现，其同轴度不应大于 $\phi0.05\text{mm}$，符合规定后用螺栓将联轴器连接紧固。机身水平找正时，垫铁组与机身底座应接触良好，使之均匀受力。地脚螺栓应按对称位置均匀拧紧，在紧固过程中机身的水平度不应发生变化，否则应松开地脚螺栓重新调整各垫铁组，直至达到要求。采用"三表找正法"对中，地脚螺栓应对称均匀拧紧。联轴器的径向位移、轴向倾斜、端面间隙等均应符合相关规定。精对中找正检查合格后，将电机的垫铁组点焊固定，进行二次灌浆。

## 三、高压泵安装

高压泵是 LNG 接收站高压外输系统的主要设备，LNG 经过高压泵加压到气化器换热变成气态高压天然气直接进入外输管网。

高压泵主要由泵壳、泵芯及泵盖组成，安装流程为：施工准备→设备开箱检查→基础检查验收→泵壳保冷层安装→泵壳安装就位→泵壳初找平找正→地脚螺栓灌浆→泵壳精找平找正→二次灌浆→泵盖安装→工艺管线安装→拆除泵盖→泵芯竖立与泵盖组装→泵芯组件安装→机组单机试运→竣工验收。

泵壳在安装前将泵壳置为卧式状态安装仪表铠装热电偶，再进行泵壳保冷层的施工。泵壳吊装过程中为了避免损坏保冷材料及泵壳附件，采用两台吊车进行，一台主吊、另外一台辅吊，提升过程应缓慢进行，高压泵泵壳吊装如图 7-46 所示。将泵壳缓慢放入泵井中，泵壳的 4 个支腿落在基础保冷垫块上。用临时垫铁组调整泵壳到设计标高，将设备与基础的中心线对齐。泵壳的机加工面调整水平之后进行地脚螺栓的灌浆，待强度达到之后进行螺栓的紧固。在泵壳的机加工面上进行精找平找正，其纵向安装水平偏差不得大于 0.1/1000，横向安装水平偏差不得大于 0.2/1000，三方共检后进行垫铁组的点焊，与土建交接进行二次灌浆。

图7-46　高压泵泵壳吊装

泵盖安装不得采用正式垫片，应采用临时石棉垫片将泵盖吊装与泵壳连接，上好螺栓，由于泵盖在配管完成之后还需要拆除，因此螺栓不必拧得太紧。待工艺管线、电气、仪表等与泵盖的各个设备口连接完成之后方达到安装泵芯的条件。用2台吊车（一台主吊一台辅吊）将泵芯竖立，并在泵芯四周搭设脚手架平台，便于安装泵芯与泵盖的连接螺栓。泵盖拆除之后应注意对泵壳的隔离，避免杂物进入泵壳内部，在将泵芯、泵盖组合件吊入泵壳前应对泵壳内部清洁度进行检查，确认合格之后才能安装。此时应安装正式垫片，并将泵盖与泵壳之间的连接螺栓紧固到规定力矩。

### 四、浸没燃烧式气化器安装

浸没燃烧式气化器（以下简称SCV）是LNG接收站中蒸发气处理系统中主要的换热设备。SCV主要由燃烧器、换热管束、烟囱、冷水泵机组、鼓风机系统等部件组成。

1. 施工流程

SCV安装的施工流程如下：施工准备→设备开箱检查→基础检查验收→基础角钢准备→燃烧器安装→烟囱安装→SCV基础内部部件安装→基础平台板安装→燃烧器附件安装→冷水泵及附件安装→鼓风机及附件安装→冷水泵及鼓风机单机试运→竣工验收。

现场施工过程中可视现场情况调整相关部件的安装顺序。

2. 施工准备

施工前在SCV基础外围搭建13m×9m×3.5m的双排脚手架及操作平台、拉设安全绳等安全保护措施，在基础内部搭建12m×5m×3.5m的双排脚手架及操作平台或两个3.5m高的临时可移动脚手架，以便基础角钢安装及确保施工过程中的安全。

将支撑平台的角钢焊接在基础内的预埋板上，注意低端的支撑角钢应该保持 50mm 坡度以保证基础内壁的坡度一致，之后安装支撑角钢的衬垫。

3. 燃烧器的安装

安装之前在燃烧器四周搭建 5m×4m×3.2m 的双排脚手架及操作平台用来组装燃烧器。

安装前应检查所有部件和连接处是否受损；检查冷却套管管件，确保其正确安装；检查燃料气和水的喷嘴、三个"O"形密封圈是否安装正确。

将垫板安装在底部螺旋管上，然后将横梁安装好，再将燃烧器平台和燃烧器顶部螺旋管吊起坐在燃烧器底部螺旋管上。

将所有的螺栓和垫圈安装到相应的法兰上，用螺栓将燃烧器顶部平台固定在燃烧器平台的下面，将地脚螺栓对应安装在燃烧器柱脚的地方；燃烧器吊到基础内的指定位置，调整燃烧器柱脚，使之坐落在基础内的标记位置上。

4. 管束、堰、分配器的安装

管束、堰、分配器装配在基础外部完成后，再整体吊装到基础内。将分配器、底部堰装置、管束、顶部堰装置等连同包装箱倒运至基础旁边的平地上，并拆除包装箱，此过程与开箱检查同时进行。

先将起重横梁安装在堰装置上，然后将管束和堰吊到分配器上并用螺栓连接，再安装操纵杆，将起重横梁和分配器连接在一起，最后检查安装好的堰与分配器柱脚并检查柱脚的平衡，确认所有的支撑已经安装。

对组装好的管束、堰和分配器进行吊装，组合件总重约 20t，作业半径为 6m，采用 120t 汽车吊进行吊装。

定位基础内堰和管束装置，校准和燃烧器出口的连接螺栓，用螺栓把燃烧器和分配器连接在一起，最后安装 8in 溢流孔管件，确保密封垫正确安装。

5. 烟囱和连接管道的安装

主烟囱高 28m，需要用到 100t 汽车吊来进行安装，主烟囱与排气烟囱通过排气通道和弹性接头连接起来，使用配备的垫圈连接主烟囱与排气烟囱之间的排气通道和弹性接头。

主烟囱分三段进行吊装，先将起重机吊钩安在主烟囱下段的吊耳处，并且将其从地面吊装到预理地脚螺栓孔上。检查调整的主烟囱下段，再将排气烟囱排气通道的另一端与主烟囱连接，并搭建 7m×4m×12m 的双排脚手架及操作平台，用来连接主烟囱中部及排气烟囱与主烟囱间的连接通道。

再进行主烟囱中段的吊装，使其直立并将其安装到主烟囱下段上，并用螺栓固定。

主烟囱上段吊装前应在地面上将主烟囱的上段的 4 个气流调节器及圆锥形出口部分安装调整好，最后将主烟囱的上段吊起，使其直立并将其安装到主烟囱中段上，并用螺栓固定。

检查主烟囱的垂直度，最后拧紧地脚螺栓和止动螺母，安装质量应符合表 7-9 的要求。

表 7-9    主烟囱安装质量的允许偏差

| 项目 | 检查项目 | | 允许偏差，mm |
|------|---------|---|------------|
| 1 | 支座纵、横中心线位置 | $D_0 \leqslant 2000$ | 5 |
| | | $D_0 > 2000$ | 10 |
| 2 | 标高 | | ±5 |
| 3 | 垂直度 | $H \leqslant 30000$ | $H/1000$ |
| | | $H > 30000$ | $H/1000$ 且 $\leqslant 50$ |
| 4 | 方位 | $D_0 \leqslant 2000$ | 10 |
| | | $D_0 > 2000$ | 15 |

## 五、海水开架式气化器安装

开架式气化器（以下简称 ORV）是 LNG 接收站中蒸发气处理系统的主要换热设备。LNG 经过高压泵加压至 ORV，LNG 从 ORV 下部总管进入，然后沿着呈幕状结构的 LNG 换热管束上升，与海水换热气化后成常温气体送出；海水从 ORV 顶部海水管进入，经分布器分配后成薄膜状均匀沿 LNG 管束下降，使管束内 LNG 受热气化。

ORV 主要由铝合金制造，由于铝合金比钢轻和柔软，所以安装过程中对设备的任何部位（平板、海水槽、法兰衬套表面和螺栓螺纹）均需要十分注意，切勿将钢丝绳直接用于铝合金表面，应使用指定的吊环和用毛毡子等厚布对表面进行充分的保护之后再用钢丝绳捆扎；另外，还需要将螺栓、螺母和工具等放入小包装袋内保存，以防止螺栓、螺母和工具等掉落而使设备受到损伤。

1. 安装程序

ORV 主要由换热管束、维修甲板、海水槽、海水歧管、海水槽分配板、挡风屏等部件组成。施工程序为：施工准备→设备开箱检查→基础检查验收→ORV 设备运输→脚手架搭设→拆除临时支架→ORV 换热管束吊装→安装维修甲板→检查安装精度→安装海水槽支架的托架→安装海水槽支架→安装海水槽组件→安装海水歧管→设置海水槽分配板和缓冲板→安装顶部平台→安装挡风屏→清洁配管→配管连接作业。

2. 垫铁安装

用座浆法安装垫铁，使垫铁标高达到图纸要求，垫铁上表面的标高和水平度应在 –2～0mm 的范围，垫铁的设置如图 7-47 和图 7-48 所示。

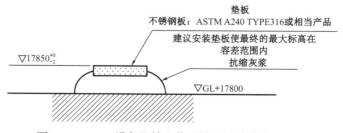

图 7-47    ORV 设备垫铁坐浆法设置图（单位：mm）

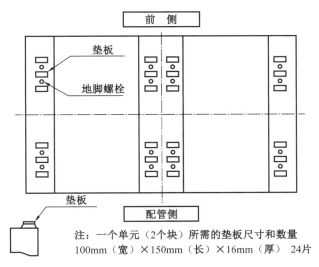

图 7-48　ORV 设备垫铁设置平面图

座浆料采用无收缩水泥，相关要求应符合 GB 50231—2009《机械设备安装工程施工及验收通用规范》内附录 B 要求[14]。

3.设备吊装

ORV 设备在运输过程中，为了防止换热管束受到外力的损伤，设备出厂前已将管束固定在一个钢结构框架内，如图 7-49 所示。

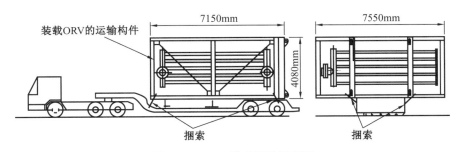

图 7-49　ORV 设备运输示意图

在设备安装前，需要先将装有 ORV 装置的钢框架从存放（横卧）状态转变到安装状态（竖置）。使用两台吊车进行钢框架竖立吊装工作，如图 7-50 所示。

ORV 装置竖立作业结束后，在 ORV 装置三周搭设 7.7m×1.8m×3.2m 的双排脚手架及操作平台，并在高 1.5m 处增加一个操作平台，以便将管束的临时固定件拆除。

在开始起吊 ORV 换热管束前，应确认管束和临时钢结构框架之间没有障碍物，进行起吊作业时必须特别注意，以免发生因碰到构件框架等偶然事故导致的损坏，为使设备保持稳定状态，对 ORV 的 LNG 歧管应使用 4 根拖拉绳，如图 7-51 所示。

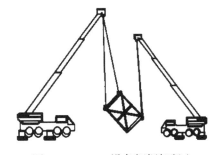

图 7-50　ORV 设备钢框架竖立

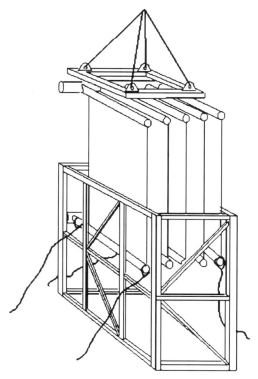

图 7-51　ORV 歧管吊装示意图

进行安装作业时，必须注意避免与基础相接触，将平板悬挂构件的孔引至地脚螺栓的位置后，检查平板悬挂构件与基础的中心线是否对齐，对齐后放下 ORV 装置从而结束起吊作业，为了避免强风等影响，应使用绳索将 ORV 装置的底部进行固定。

4. 设备安装精度检查

1）LNG 歧管的线性测量检查

如图 7-52 所示，通过测量 $a$ 和 $b$ 的尺寸检查 LNG 歧管的线性，$a$ 与 $b$ 的差值应不大于 10mm。

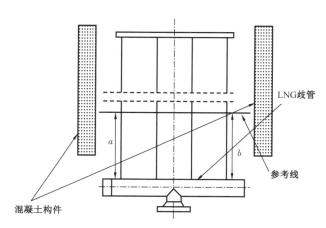

图 7-52　LNG 歧管线性测量示意图

2）LNG 歧管的水平度检查

如图 7-53 所示，通过测量 $a$ 和 $b$ 的尺寸检查 LNG 歧管的水平度，$a$ 与 $b$ 的差值应不大于 5mm，标高应在 ±10mm 的范围内。

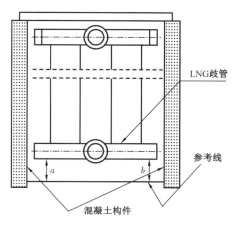

图 7-53　LNG 歧管水平度测量示意图

3）LNG 集管的水平度检查

如图 7-54 所示，通过测量 $a$ 和 $b$ 的尺寸检查 LNG 集管的水平度，$a$ 与 $b$ 的差值应不大于 5mm。

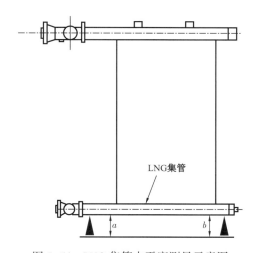

图 7-54　LNG 集管水平度测量示意图

## 六、冷剂压缩机安装

冷剂压缩机是天然气液化系统中的主要工艺设备，在寰球公司自主开发的循环混合冷剂制冷工艺中，MR1 混合冷剂在板翅式换热器提供冷量后进入 MR1 压缩机压缩，再经冷却、冷凝、过冷后进入 LNG 板翅式换热器顶部，完成冷剂循环。MR2 混合冷剂以气态形式进入 LNG 板翅式换热器，为天然气提供深冷所需的冷量后，从换热器顶部出来进入 MR2 压缩机，经两段压缩后，再进入 LNG 板翅式换热器，完成冷剂循环。

两台冷剂压缩机均采用离心式压缩机，由电动机驱动，冷却方式采用水冷。MR1 冷剂压缩机为两段单缸离心式压缩机。MR2 冷剂压缩机为两段（两缸）离心式压缩机，段间设置冷却器，以保证进入二段压缩机入口温度不高于 43℃。

本节以泰安天然气液化项目为例，介绍冷剂压缩机的安装过程及注意事项。

冷剂压缩机的安装存在以下特点：设备重量大、体积大，零部件多且安装精度要求高，安装过程需要有经验的起重工、钳工互相配合；由于施工场地狭小，需对部分设备和零配件进行多次二次搬运；机组结构复杂，精度要求高，安装过程的找正、找平及对中工作难度较大；安装过程中须做好设备的防水防尘工作。

1. 冷剂压缩机安装程序

冷剂压缩机的安装程序为：施工准备→基础检查验收→设备开箱→主机就位→主机初找平找正→压缩机主机一次灌浆→主机精找平找正→压缩机主机二次灌浆→电动机就位→电动机初找平找正→检查轴端距、机组轴精对中→机组二次灌浆→水平度、同心度精调→系统管线配置→配管及同心度监测→终查同心度→机组单机试运。

2. 压缩机开箱检查及基础要求

由于压缩机设备零配件多，开箱检查工作应考虑现场实际条件，选在合适的地点进行，避免多次倒运。露天开箱检查时需做好防雨防尘措施。

开箱应使用专用工具，并仔细认真，确保设备及零部件不受损伤。对主机及零部件的防水防潮层，检查完毕后应及时恢复，安装时再进行拆除。机械的传动和滑动部件在防锈涂料未清洗前，不得进行传动和滑动。

对于压缩机的基础检查要将土建施工图纸与设备安装图纸相结合，会同土建工程师、安装工程师、施工班组人员共同参与。对基础的表面质量、基础尺寸、坐标位置、标高、地脚螺栓孔的坐标、深度及孔壁铅锤度进行复测。冷剂压缩机机组的地脚螺栓均采用预埋套筒式，如图 7-55 所示。

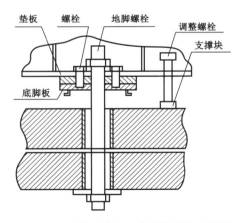

图 7-55　冷剂压缩机地脚螺栓安装示意图

3. 冷剂压缩机安装

制造厂提供的机器底座带有调整螺栓（图 7-56），以便在进行二次灌浆前，对机器进行初步调整。注意检查机器底座平板与底脚板之间是否备有垫片。将机器置放于基础之上时，建议采用下列方法：

首先参照安装和基础图，将支撑块置于基础上，再将调整螺栓，顶到支撑块上。用调整螺栓将底脚板与底座平板固定在一起，并检查两个面的接触情况。慢慢地将底座（连同机器一起）安放在基础上，用调整螺栓和地脚螺栓固定。用调整螺栓调平，使底座与基础间的距离达到基础图中给定的尺寸。

使用精密的水平仪在纵、横两个方向仔细找平底座，找平过程中均匀地调节调整螺栓，使其均匀地承受各自的负荷。

灰浆凝固后检查机器的水平及初步找平：在机器的支腿及支撑板之间插入塞尺（0.1mm 厚、20mm 长）。如果塞尺不入，说明机器平稳；否则，就要通过调节底座上的调整螺栓，最后调整地脚螺栓进行必要的校正。

按图 7-56 所示，采用带三块千分表的仪器，对机器进行初步找正，一块在径向位置的千分表测量轴的径向偏差，两块在轴向位置的千分表测量轴的轴向偏差。

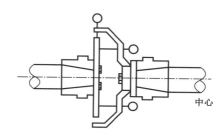

图 7-56　冷剂压缩机机器进行初步找正示意图

检查半联轴器间的确切距离。在完成最终找正之前，不能将压缩机进出气口与主气管路连接。

机器灌浆按下述步骤进行：围绕每一底脚板及其地脚螺栓做一个临时模板。这些模板要固定得相当坚固，应防止灰浆逸出。模板内壁与底脚板边缘之间至少留出 100mm 的距离。把灰浆灌进模板内，在套管内填充干砂。为了避免形成气泡，要搅动灰浆。当确认灰浆已达到了要求的强度时（灌浆后时间视当地的大气条件而定，通常 2～3 天后，但不超过 8～10 天）对称地松开调整螺栓。

冷态找正是每台机器与底座安装过程定位的程序。经过冷态找正后，避免机组在运行过程中因热梯度、压力梯度轴位移引起的热膨胀而超过支撑轴承的间隙范围，从而保证了机器的自动对中。

如果设备温度与上述温度相差很大，则要考虑随着支座处温度与环境温度差之间比值的变化关系来计算实际位移值[15]。

例如：新的支座位移值 $\Delta L_1$，等于原来的位移值 $\Delta L$ 乘以温差比 $\Delta T_1/\Delta T$。其中，$\Delta T$ 为估计的支座温度减去估计的环境温度；$\Delta T_1$ 为测得的支座温度减去测得的环境温度。

由于计算所得的值不够精确，所以建议在设备初次运转停车时（即在机器各部件处于正常操作温度的情况下）马上对联轴器找正做"热态检查"。

4. 管路的连接和销钉定位

机器找正后，把机器支腿垫板固定在支座上。根据底座图上所示的间隙，调节机器支腿和支座。机器的联轴器找正后，把出口和入口的主管线连接到压缩机上，把紧管线法兰的螺栓时，用千分表检查机组是否受力移动，如果移动就会引起联轴器找正值的偏差。

千分表应架在基础的方便部位上，或是与机器不相连的结构上，把千分表触头顶在机壳上。机组找正后，根据有关设计要求连接压缩机气体管路，压缩机各进排气口法兰允许的力和力矩必须符合压缩机制造厂的规定值。

机组初次运行之后，当设备达到正常运行条件、各部位温度都达到稳定时要进行热态对中检查，为使轴的热态对中偏差尽可能接近零，必要时应对找正值加以修正[15]。

## 七、板翅式换热器（冷箱）安装

板翅式换热器是天然气液化站中的主要换热设备。经净化合格后的天然气进入 LNG 板翅式换热器，在 LNG 板翅式换热器中向下流动，冷却至 $-43℃$ 时，进入洗涤塔，脱除天然气中的苯、重烃，达到苯含量不大于 $5μg/g$，重烃不大于 $100μg/g$，脱除苯和重烃的轻组分返回 LNG 板翅式换热器后，在 LNG 板翅式换热器的底部以 $-156.5℃$ 的液体流出，进入 LNG 储罐作为 LNG 产品。

板翅式换热器（以下简称冷箱）主要由板束体、接管和封头组成，换热器换热和承压主要由通道内各种翅片完成。冷箱内所有部件、管道及管道支架均撬装好后整体运抵现场，在现场安装好平台、梯子和栏杆后，整体吊装就位。现以四川空分设备集团有限公司制造的泰安天然气液化站厂中的冷箱为例，该设备长 4.9m× 宽 3.9m× 高 29.5m，总重约136t，由于设备外形尺寸大，重量较重，在满足工况条件下吊装，存在一定难度。本节主要针对冷箱的吊装过程做出说明。

1. 冷箱技术要求

（1）天然气液化冷箱内所有部件、管道及管道支架均撬装好后运抵现场。

（2）设置在人孔盖上的珠光砂排放口运输过程应反装、冷箱中部呼气阀待冷箱现场就位后安装。

（3）冷箱支脚底板及筋板在冷箱就位时组焊。

（4）冷箱上各穿出结构内侧在安装好后应涂抹一层低温胶，以便于密封。

（5）冷箱附近应设置可燃气体检测器。

（6）冷箱内设备及管道运输支架待冷箱就位后拆除。

（7）铭牌、说明牌与各自支架采用点焊连接固定。

（8）冷箱制成后，各通道应用氮气置换，运输、保存过程中冷箱内各通道应氮气密封，密封气压 2.0kPa。

2. 吊装流程

冷箱吊装流程为：主吊车按要求安装就位溜尾车按要求安装就位→主吊车站位确定溜尾吊车站位确定→主吊车就位挂溜尾索具→核实工作半径→挂吊装索具→试吊→正式吊装→拆除溜尾吊钩及索具→设备就位。

3. 吊装工况选择

泰安天然气液化项目中的冷箱 (10E-2001A/B) 单台整体质量为 136t，吊装主吊车采用一台德国利勃海尔 400t 履带吊，型号为 LR1400；辅助溜尾吊车选用一台 150t 履带吊，型号为神钢 7150。冷箱吊装吊车选用工况及具体参数见表 7-10。

表 7-10　主吊车选用工况具体参数表

| 设备尺寸，m | 质量，t | 吊装总重，t | 吊车型号 | 臂长，m | 作业半径，m | 额定载荷，tf | 负荷率，% |
|---|---|---|---|---|---|---|---|
| 4.9 × 3.9 × 29.5 | 136 | 147.5 | LR1400 | 63 | 18 | 225 | 65.6 |

注：吊装总重 = 设备质量 + 吊索具质量。吊索具质量 = 主吊钩 9t+ 钢丝绳 1.8t+ 平衡梁 0.7t ≈ 11.5t。

冷箱整体吊装需要一台吊车辅助溜尾，需计算溜尾载荷，选择溜尾吊车类型。经计算，该冷箱设备最大溜尾载荷为 85.6tf。溜尾吊车工况见表 7-11。

表 7-11　溜尾吊车选用工况具体参数表

| 设备尺寸，m | 溜尾质量，t | 溜尾总重，t | 吊车型号 | 臂长，m | 作业半径，m | 额定载荷，tf | 负荷率，% |
|---|---|---|---|---|---|---|---|
| 4.9 × 3.9 × 29.5 | 85.6 | 90 | 神钢 7150 | 21.34 | 8 | 98.8 | 91 |

注：吊装总重 = 设备质量 + 吊索具质量。吊索具质量 = 吊钩 3.2t+ 钢丝绳 0.9t+ 平衡梁 0.3t ≈ 4.4t。

4.吊装技术要求

（1）进行路面地基整理，对于吊车行走路线，路面一定要压实。

（2）吊耳应选择合适厚度的钢板，安装时应选择合理位置安装。

（3）吊车事先调整好方位，方便起吊。

（4）在吊装前，应对设备及基础进行验收，设备安装调整用垫铁安装好，合格后方能进行吊装。

（5）吊装前应进行联合检查，没有问题后试吊，当设备离开地面 200～300mm 时停止起吊，观察吊耳、主吊绳及溜尾吊绳承受情况，确认无误后开始吊装。

（6）当设备直立时，溜尾吊车松开，主吊车在行经路线上平稳行驶，直至将设备无误的吊装到正确位置。天然气冷箱吊装立面图如图 7-57 和图 7-58 所示。

5.冷箱吊装注意事项

（1）吊装前须进行路面地基处理，对于吊车行走路线，路面一定要压实，并进行地基承载力核算，满足要求方可吊装。

（2）吊装前，对机具和设备认真维护、检查，确保其工况良好。钢丝绳、跑绳等在吊装前应仔细检查，确认合格后方可使用。

（3）吊装时应设置警戒线，用醒目标志划出吊装作业区，无关人员严禁入内。

（4）吊装施工人员有明确分工，集中精力，听从指挥。未经允许，任何人不得擅离岗位。吊装过程中，现场施工人员坚决服从吊装总指挥的安排。

（5）吊装时，现场施工人员不得在工件下面、受力索具附近或其他有危险的地方停留。

（6）在风速大于 10.8m/s 的大风或大雾、大雪、雷雨等恶劣天气严禁作业。

（7）钢丝绳、跑绳等索具严禁和电焊把线等带电物体接触，必须交叉时应采取妥善的保护措施，如保证电焊把线与钢丝绳足够间距，否则，中间应有胶皮等绝缘物体隔离。

（8）吊装过程中，设备底部应系上拖拉绳，控制设备的摆动，以免吊车和其他物体相碰。

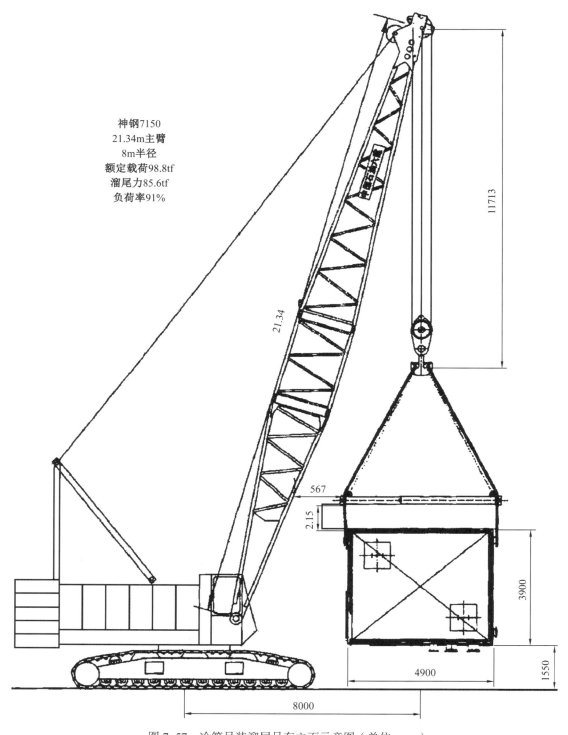

神钢7150
21.34m主臂
8m半径
额定载荷98.8tf
溜尾力85.6tf
负荷率91%

图 7-57　冷箱吊装溜尾吊车立面示意图（单位：mm）

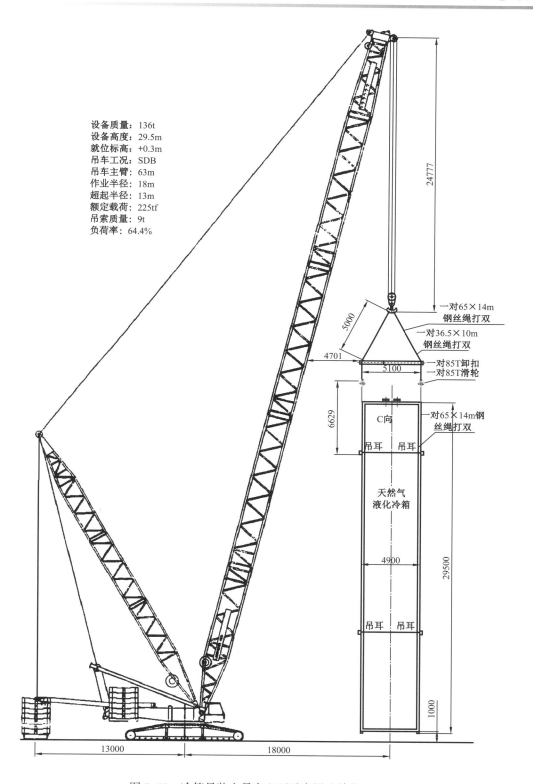

设备质量：136t
设备高度：29.5m
就位标高：+0.3m
吊车工况：SDB
吊车主臂：63m
作业半径：18m
超起半径：13m
额定载荷：225tf
吊索质量：9t
负荷率：64.4%

一对65×14m
钢丝绳打双

一对36.5×10m
钢丝绳打双

一对85T卸扣
一对85T滑轮

C向

吊耳　吊耳

天然气
液化冷箱

一对65×14m钢
丝绳打双

吊耳　吊耳

24777
5000
4701
5100
6629
4900
29500
1000

13000
18000

图 7-58　冷箱吊装主吊车立面示意图（单位：mm）

# 参 考 文 献

［1］吴浩，卢云祥.上海 LNG 储罐外罐的建造方案研究［J］.中国水运,2008,8（1）:138-139.

［2］张成伟，洪宁，吕国锋.16×10⁴m³LNG 储罐罐顶气顶升工艺研究［J］.石油工程建设,2010（2）:32- 36，8.

［3］向苍义，周龙生，梁昌锦.大型 LNG 储罐内罐双块壁板预制安装技术［J］.石油工程建设,2013 （3）:69-70.

［4］EN 14620　Design and Manufacture of site Built, Vertical, Cylindrical, Flat-bottomed Steel Tanks for the Storage of Refrigerated, Liquefied Gases with Operating Temperatures between 0℃ and −165℃［S］.

［5］GB/T 26978　现场组装立式圆筒平底钢质液化天然气储罐的设计与建造［S］.

［6］袁中立,闫伦江.LNG 低温储罐的设计及建造技术［J］.石油工程建设,2007,33（5）:19-22.

［7］GB 50235—2010　工业金属管道工程施工规范［S］.

［8］GB 50540—2009　石油天然气站内工艺管道工程施工规范［S］.

［9］GB 50236—2011　现场设备、工业管道焊接工程施工规范［S］.

［10］GB 50251—2015　输气管道工程设计规范［S］.

［11］GB 50126—2008　工业设备及管道绝热工程施工规范［S］.

［12］GB 50185—2010　工业设备及管道绝热工程施工质量验收规范［S］.

［13］岳进才.压力管道技术［M］.北京：中国石化出版社，2005：364-367.

［14］GB 50231—2009　机械设备安装工程施工及验收通用规范［S］.

［15］刘军岐.离心式压缩机机组安装技术［J］.安装,2011（7）:23-26.

# 第八章　天然气液化厂及LNG接收站操作运行技术与安全运行管理

天然气液化工厂及LNG接收站主要工艺介质具有易泄漏、易气化（LNG等）、LNG气化后体积膨胀巨大（1：600）、易燃、易爆的特性；工艺设备具有工艺介质储存量大、工艺操作温度低（-161℃及以下）、运行压力高［包括设计压力为15MPa（表压）的LNG泵和气化器、设计压力为8MPa（表压）的压力容器、塔器等高压设备］的特性；天然气液化工厂及LNG接收站均设有LNG装卸设施，与外界运输船只、车辆接触，装卸频率高，受外界因素影响较大。这些特性决定天然气液化工厂及LNG接收站操作运行过程中风险概率高、风险后果严重。因此，天然气液化工厂及LNG接收站项目投入运营后的安全生产工作至关重要。同时，随着天然气液化工厂及LNG接收站陆续投入使用，LNG市场竞争愈加激烈。除去装置规模、装置工艺技术的影响，装置的操作运行水平对产品的能耗、物耗指标影响较大，直接影响到产品成本和产品的市场竞争力。

中国石油在"十二五"期间，通过所建设22座天然气液化工厂及3座LNG接收站的运行和管理实践，形成了适合天然气液化工厂及LNG接收站规范安全运行的操作和管理程序，总结了安全运行、优化操作经验及教训，培养出一大批经验丰富的技术和管理人员，这些运行管理的程序和经验不仅可以满足中国石油的需求，也可为国内外同行业、同类型装置实现"安、稳、长、满、优"运行提供借鉴与参考。

## 第一节　天然气液化厂操作运行技术

随着国内LNG市场的发展，近年来，国内在天然气液化厂的投资也逐年增加。"十二五"期间，中国石油共投产陕西安塞、山东泰安、湖北黄冈等多个天然气液化工厂，以增加周边地区的天然气覆盖面积，满足当地的市场发展需求[1]。根据制冷工艺不同，液化天然气的液化流程以制冷方式可分为三种：级联式液化流程、混合制冷剂液化流程、带膨胀机的液化流程[2]。其中陕西安塞天然气液化厂生产能力为$200 \times 10^4 m^3/d$，采用了寰球公司自有的双循环混合冷剂制冷技术进行建设。

本节以陕西安塞天然气液化工厂为例，阐述了安塞天然气液化工厂LNG生产线主要单元的操作运行技术。大型双循环混合制冷技术工艺在安塞工厂属于首次工业化应用，自2012年8月19日安塞LNG工厂投产以来，经过几年的运行摸索总结，基本形成一套成熟的操作运行体系，各项工艺指标得到修正明确，各项操作均形成操作卡和操作规程，工厂高负荷运行时综合能耗低于设计综合能耗，对比后期投产的不同液化工艺各大型液化工厂，工厂综合能耗值要优于大多大型工厂，在保证生产负荷及重要设备长周期运行前提下，双循环制冷工艺在所有制冷工艺中具有较强的竞争力。操作运行实践表明，双循环混

---

合制冷工艺较级联式和膨胀制冷工艺具有工艺操作简单、设备少、易维护和综合能耗适当等特点，在实际操作中如何控制重烃脱除温度、如何合理匹配两种混合冷剂负荷、如何匹配冷剂压缩机负荷、如何建立气液相平衡及不同负荷冷剂组分调整及在冷箱预冷过程中如何应对冷剂气液转换后对压缩机冲击等是该工艺操作难点，工厂需根据自身工艺及原料气情况合理调整，积极探索，形成适合自身装置的一套操作体系和规程。

天然气是以各种碳氢化合物为主的气体混合物，主要成分是气态烃类，除甲烷外，还含有一定量的 $C_2$，$C_3$，$C_4$，$C_5$ 及更重烃类；同时，天然气中还含有一定量的水、$CO_2$ 和 $H_2S$，为了能达到液化 LNG 对杂质含量的要求，陕西安塞天然气液化工厂将来自净化三厂的原料气经过滤、脱酸气、脱水、脱汞等预处理装置后进入冷箱进行液化。液化冷剂系统分为预冷制冷回路和低温制冷回路。混合制冷剂由预冷混合工质制冷剂（1# 混合工质制冷剂，简称 1# 冷剂）和低温制冷剂（2# 混合工质制冷剂，简称 2# 冷剂）液化系统组成，两个系统分别为独立的循环制冷系统，称为双循环混合制冷剂系统。1# 冷剂进入预冷混合工质压缩机入口分离罐，经压缩后，在冷箱中节流为低温制冷剂和进入冷箱中的原料气提供冷源。2# 冷剂送入低温工质压缩机入口分离罐，经压缩送入冷箱中节流，为冷却不同温区的原料天然气及制冷剂提供冷源。混合制冷剂在冷箱中复温，返流制冷剂返回各自系统的压缩机入口分离罐，形成各自的闭式循环混合制冷剂系统。安塞天然气液化厂工艺流程简图如图 8-1 所示。

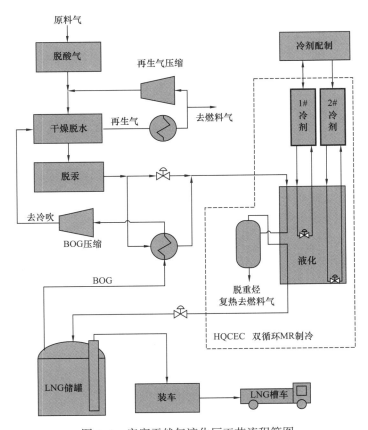

图 8-1　安塞天然气液化厂工艺流程简图

## 一、原料气脱酸单元操作运行技术

### 1. 工艺流程

从长庆采气一厂第三净化厂（以下简称净化三厂）来的原料天然气以压力 4.8～5.2MPa（表压）、温度 45～50℃的条件进入原料气预处理装置，压力控制在 5.0MPa（表压），原料气首先通过重力分离罐以去除原料气中的大颗粒杂质和外输管线沉积的液体，再经流量计量装置计量后，进入原料气过滤分离器，进一步除去原料气中的微小液滴和其他颗粒杂质，使其满足胺液脱酸气的要求，减少胺吸收塔发泡的可能性。天然气离开过滤分离器后，直接进入脱酸气单元。气体从吸收塔下部进入，自下而上通过吸收塔，胺溶液和天然气在吸收塔内充分接触，天然气中的二氧化碳和硫化氢被吸收而进入液相，未被吸收的其他组分从吸收塔顶部引出，经净化气分离器分离后，净化气送至干燥系统。

离开吸收塔塔底的富胺液（含 $CO_2$ 的胺液），经过液位控制阀后，进入压力为 0.8MPa（表压）的胺液闪蒸塔，在 65℃下闪蒸出大部分溶解在溶液中的烃类和少量的 $CO_2$ 气体，闪蒸气经压力控制后 0.7MPa（表压）排进入燃料气缓冲罐作燃料使用。闪蒸后的胺液流经贫液 / 富液换热器后再进入再生塔上部进行再生。再生后的贫液（脱除 $CO_2$ 的胺液）依次经过贫液 / 富液换热器、贫液冷却器冷却，再由贫胺液泵输送回至吸收塔顶部，完成胺液系统的循环。

### 2. 操作核心和任务

脱酸是原料气预处理过程中重要的环节，主要完成原料气脱酸、胺液再生及酸气达标排放等工艺任务，该单元操作核心是通过控制胺液浓度、胺液循环量、胺液旁滤、再生塔压力及温度以确保原料气中通过合理控制使原料气中 $CO_2$ 含量降至 50μL/L，$H_2S$ 含量不大于 3μL/L，再生塔富胺液得到充分再生[3]。另外，通过控制酸气分离罐液位，保证胺液浓度处于最佳吸收，达到脱酸单元水平衡，同时严格控制酸气分离罐液位防止饱和水进入脱硫塔导致脱硫剂浸水失效，影响环保指标，通过各项指标参数合理调节，保证脱酸单元稳定运行。

### 3. 主要控制点及操作优化

1）贫胺液入吸收塔流量调节阀

（1）控制范围：根据负荷情况调整胺液循环量（设计值 78.7m³/h）。

（2）控制方式。根据原料气量匹配胺液循环量，胺液循环量不足会造成酸气吸收不充分，循环量过大会造成富胺液再生不完全；同时，胺循环量过大会造成贫胺液循环泵负荷过大。在系统运行稳定时，胺液流量控制阀采用自动控制，当负荷发生变化及原料气组分、温度、压力等发生变化时，会造成三塔液位波动，此时，需将该阀门调节至手动，根据三塔液位情况及负荷情况进行调整。

（3）正常调整。正常工况下的影响因素主要有以下几个方面：① 原料气流量波动，调整方法为根据原料气波动情况适当增减循环量；② 三塔有发泡现象，调整方法为将循环量调整为手动调节，同时补充消泡剂；③ 三塔液位出现波动，调整方法为适当增减循环量。

（4）异常处理。异常情况及处理方法主要体现在以下几个方面：① 三塔液位出现较大波动且三塔无明显发泡现象，异常情况的原因可能为调节阀故障出现故障、孔板流量计失灵、净化三厂气量波动较大等，处理方法分别为立即关闭调节阀前后阀，打开旁路阀；同时，联系仪表维修，将控制方式打至手动进行调节，对孔板流量计进行检修，通知净化三厂进行及时调整。② 贫液循环泵出口压力升高，循环量下降，异常情况的原因为调节阀故障，处理方法为执行机构故障，电磁阀失电、现场气源中断，阀门关闭、反馈信号措施，与阀门实际开度不符。

2）吸收塔液位调节

（1）控制范围：液位 2000～2700mm，中控室显示控制在 60%～70%。

（2）控制方式。通过对贫液流量阀、吸收塔液位控制阀、闪蒸塔液位控制阀的合理调节，使吸收塔液位在要求范围内。吸收塔液位依据吸收塔液位调节阀及贫液流量控制阀进行调整，当系统运行平稳时，该阀门采用自动控制；当系统发生波动时，需将该阀门打至手动，与吸收塔液位控制阀、闪蒸塔液位控制阀配合调整，最终使系统恢复平稳，在操作时根据工况要求确定调整幅度，当发泡严重时，液位会迅速下降，必须保证三塔液位不低于 30%，防止形成空塔。

（3）正常调整。吸收塔液位调节在正常工况下仅仅会发生微小变化，液位出现极小波动，若自动调节过慢，可将液控阀和流量控制阀打手动进行微调，待液位趋于平稳后打至自动控制。另外，回流液泵回流启停或工艺补水也会对吸收塔液位产生一定的影响。

（4）异常处理。吸收塔液位调节也可能产生以下几种异常：① 吸收塔压差升高，液位突然升高或降低，原因为吸收塔出现发泡现象，此时要启动消泡剂泵，根据发泡情况调整消泡剂的注入量；同时，将该阀门打至手动，及时调整；② 液位急剧降低或上升，原因为液位控制阀出现故障，处理方法为通知外操人员迅速达到现场，与中控配合调整该液控阀旁路，关闭液控阀前后阀门，排净后及时处理。

3）吸收塔压差

（1）控制范围：压差不大于 0.05MPa（表压）。

（2）控制方式。塔压差可以反映出吸收塔内部填料的工作情况；同时，压差高直观反映吸收塔发泡现象，通过加消泡剂和适当增大过滤量进行控制，若因填料问题则须停工检修。

（3）正常调整。吸收塔压差在正常工况下可能随着吸收塔液位或系统负荷有微波动，此时可以通过控制吸收塔液位在正常范围内，针对负荷变化微调系统。

（4）异常处理。吸收塔压差在运行时可能出现以下几种异常情况：① 差压至急剧上升，原因可能为填料工作异常或者吸收塔胺液发泡，处理方法分别为停工检修或者加消泡剂增大过滤量；② 差压数值无变化，原因为差压变送器引压管堵塞或失灵，此时需要检查维修差压变送器，直至正常。

4）原料气中 $CO_2$ 含量高时三塔液位控制

（1）控制范围：三塔液位控制，吸收塔 60%～70%，闪蒸塔 40%～50%，再生塔 60%～70%。

（2）控制方式。

通过胺液循环量及再生塔再沸器蒸汽负荷调整使三塔液位控制在要求的范围内；入厂 $CO_2$ 含量升高会导致三塔液位波动，甚至出现轻微发泡现象；同时，再生塔的压力也会较大幅度上升，导致再生塔塔顶温度降低，塔顶温度升高，此时需根据 $CO_2$ 量合理增大胺液循环量,同时增加再沸器蒸汽量,将再生塔温度和压力控制在正常指标内,液位波动时将三塔液位打至手动进行调整,若酸气排放阀全开,再生塔压力仍无法下降时,需打开此阀的旁路阀进行泄压,必须保证再生塔的各项参数,保证再生效果,同时必须关注脱酸后 $CO_2$ 的含量,不合格时不得进入冷箱。

(3)正常调整。当入厂原料气 $CO_2$ 含量有轻微超标时,需要适当调整胺循环量,同时控制好再生塔各项参数。

(4)异常处理。当入厂原料气 $CO_2$ 含量严重超标(接近 3.3%)时,会引起三塔液位出现波动,再生塔塔底温度降低,压力升高,塔顶温度升高,酸气排放量增大,此时应将三塔液位打至手动进行调整,增加胺液循环量,适当增大再沸器蒸汽流量,保证再生塔再生温度,并在必要时开酸气压控阀旁路阀进行泄压。

5)胺液闪蒸塔液位控制

(1)控制范围:液位 2000～2700mm,正常值为 40%～50%(中控室)。

(2)控制方式。通过液位调节阀对胺液闪蒸塔中的液位进行控制,当需微调时可将此阀门打至手动进行微调,闪蒸塔液位波动与闪蒸塔压力有关。

(3)正常调整。正常工况下闪蒸塔液位有微量波动,若波动偏大,则中控人员通过手动调节调整至正常液位。

(4)异常处理。胺液闪蒸塔在运行时可能会出现液位急剧升高或降低的现象,原因可能为:① 液位调节阀出现故障,处理方法为立即关闭调节阀前后阀,使用旁路阀进行压力调节,同时联系仪表维修;② 闪蒸塔压力低或高,处理方法为通知外操人员通过闪蒸塔压控阀进行调整,压力高时通过安全阀副线进行微量调整;③ 液位变送器引压管堵塞或变送器故障,处理方法为将液位打至手动,检查维修液位变送器,中控及外操人员根据就位液位计进行调整。

6)再生塔塔顶温度控制

(1)控制范围:温度 90～100℃。

(2)控制方式。通过控制再沸器蒸汽流量控制阀的蒸汽量对再生塔塔顶及塔底温度进行控制。再生塔温度不宜过高和过低,过高胺液在再沸器表面会形成轻微降解,同时会增加锅炉热负荷和能耗,过低会造成富胺液再生效果不好进而导致吸收塔脱酸效果。

(3)正常调整。再生塔塔顶温度轻微波动原因主要有两个方面:① 蒸汽压力波动,此时要通知锅炉岗位操作人员稳定蒸汽压力;② 入厂原料气量和酸气含量有波动,此时要适当增减蒸汽量进行调整。

(4)异常处理。再生塔运行时塔顶温度可能会出现突然升高或降低的异常现象,原因主要有以下几个方面:① 蒸汽量波动,处理方法为检查蒸汽流量控制阀工作情况;② 入厂原料气量波动,处理方法为根据入厂原料气变化对匹配蒸汽流量进行调整并通知上游进行相应调整;③ 塔顶温度变送器故障,处理方法为通知外操人员与就地温度计对照,并联系仪表检查处理。

7)胺液闪蒸塔压力控制

(1)控制范围:压力 0.6～0.7MPa(表压)。

(2)控制方式。通过闪蒸塔补气与闪蒸塔排气组成串级控制,当压力低时通过过滤计量单元补压,当压力低时通过闪蒸塔至燃料气缓冲罐压控阀进行泄压,闪蒸塔压力直接影响三塔液位，所以闪蒸塔压力必须保持较为平稳。

（3）正常调整。正常工况下，胺液闪蒸塔压力受到入厂气量波动的影响，当压力偏高时，通知岗位操作人员通过安全阀旁路进行缓慢泄压；压力低时，通过补压阀进行充压。

（4）异常处理。胺液闪蒸塔运行时可能会出现闪蒸压力急剧升高或降低的异常现象，可能原因有：① 闪蒸塔压力串级控制出现异常，处理方法为通知仪表岗位人员处理，岗位人员通过旁路调整闪蒸塔压力；② 补气与泄压阀出现故障，处理方法为通知岗位人员通过阀门旁路调节闪蒸塔压力，同时设备仪表确定故障原因，确定检修方案检修。

8）贫液冷却器温度控制

（1）控制范围：温度不大于 40℃。

（2）控制方式。通过控制冷却水的流量来对贫胺液入吸收塔温度进行控制，进而使吸收塔的吸收效果达到最佳，循环水入口设置两套过滤器，当过滤器堵塞时可在线切换。

（3）正常调整。贫液冷却器温度在正常工况下随着贫胺液出再生塔温度、胺液循环量以及循环水温度波动，当出现波动时，通过调整循环水流量控制贫液入吸收塔温度（需考虑循环水流速），不同季节通过循环水风机进行调整。

（4）异常处理。贫液冷却器温度调节在运行时可能会出现温度值急剧升高的现象，可能原因主要有：① 温度控制阀出现故障，处理方法为立即对温控制阀进行检查处理；② 贫液冷却器流道堵塞，处理方法为隔离板式换热器，须停工检修；③ 贫液水冷器过滤器堵塞，处理方法为在线切换并及时处理堵塞过滤器。

9）再生塔差压变送器控制

（1）控制范围：压差不大于 0.05MPa（表压）。

（2）控制方式。当再生塔压差高时，一般可通过加消泡剂对该差压进行控制，发泡一般与入厂气量及组分有关；同时，胺液中的杂质也是影响塔发泡的重要因素。

（3）正常调整。再生塔差压随着入厂气量有微量波动，要做好三塔参数调整，必要时应开启消泡剂泵进行消泡。

（4）异常处理。再生塔差压在运行时可能会出现差压值急剧上升的异常情况，主要原因可能为：① 入厂气量及组分有较大变化，处理方法为联系上游处理并及时调整三塔参数；② 胺液中杂质含量高，处理方法为加大过滤量；③ 填料层出现异常，处理方法为停车检修。另外，再生塔差压在运行时也可能出现差压数值无变化，原因为差压变送器引压管堵塞或变动器失灵，需检查维修差压变送器。

10）酸气经酸气冷却器后温度调节阀的控制。

（1）控制范围：温度不大于 40℃。

（2）控制方式。通过控制循环水的流量和温度对酸气出再生塔的温度进行控制，当酸气温度过高时，会造成酸气中蒸汽冷凝量不足，在酸气分离罐中分离不彻底，一方面造成工艺频繁补水；另一方面，大量水进入脱硫塔会导致脱硫剂吸附能力下降，影响环保指标。

（3）正常调整。酸气经酸气冷却器后，温度随着再生塔温度或循环水温度有波动，此时需调整再生塔塔顶温度；同时，调整该阀门的开度或通知循环水站调整循环水温度。

（4）异常处理。酸气经酸气冷却器后，可能会出现温度值急剧升高的异常现象，主要原因可能为：① 温控阀出现故障，处理方法为立即关闭调节阀前后阀，打开旁路阀进行调节，并通知仪表维修人员进行检修；② 贫液冷却器流道堵塞，处理方法为隔离板式换热器，停工检修；③ 冷却器循环水过滤器有堵塞，水量减少，处理方法为切换过滤器，通知检修清洗。

4. 操作注意事项

（1）原料气的温度对吸收塔吸收有重要的影响，通常保持在 30～50℃，原料气温度过高或者过低都会影响吸收塔的吸收效果，增加能耗。吸收塔吸收适合在低温高压的环境中进行，若原料气温度过高，不利于吸收反应的进行，造成吸收效果下降。而正常生产时，贫液温度一般较原料气温度高 5℃左右，若原料气温度过低，相应地要降低贫液温度，增加了换热器负荷，此种情况可通过加设原料气换热器解决，通过脱酸气之后的净化器和原料气换热来提升原料气的温度。

（2）压力温度对吸收塔吸收有重要影响，必须严格控制吸收塔压力和温度，而对于无增压系统而言，需通过与供气单位沟通增加供气量或适当减少加工量以实现压力保证；而对于吸收塔温度，若温度低时将会对吸收效果产生极大影响，可通过对贫液温度提升来实现吸收塔温度。

（3）吸收塔压力远高于闪蒸塔压力，若吸收塔空塔后易造成极大后果，操作时除密切关注远传液位外，定期与就地液位计核对，以确保远传数据的准确性；同理，再生塔空塔后会直接造成循环泵损坏，必须定期校对液位的准确性。

（4）再生塔压力、塔顶温度及塔底温度直接影响富胺液的再生效果，通过蒸汽量的大小和塔顶压力的情况来控制再生塔顶部和底部的温度，若长时间运行指标偏离正常操作指标，会导致净化气中微量超标，最终导致冷箱堵塞。

（5）胺液循环量的大小决定胺液吸收能力，但循环量过大会造成电和蒸汽消耗增大。

（6）定期检测溶液浓度，控制在 40%～50%（质量分数），胺液浓度过高或过低均会影响胺液的吸收和解析。

（7）消泡剂可有效控制发泡，但过量加入会造成大量消泡剂在溶液中乳化反而造成发泡，消泡剂加入量需适量。

（8）胺液旁滤可有效降低胺液发泡的可能，需保证旁滤系统连续运行；同时，对旁滤系统材料定期更换，保证旁滤的有效运行。

## 二、脱水脱汞单元操作技术

1. 工艺流程

来自脱碳单元的天然气进入脱水装置前，首先要通过净化气分离罐，用以过滤分离从上游工艺中携带来的液滴成分，而脱除的液体通过液位控制器自动排至胺闪蒸塔。经过分离后的天然气再经聚结式过滤器，精过滤后天然气从上而下通过由干燥器及一组程控阀门组成的变温吸附系统进行水分脱除。处理后的干原料气从干燥床出来后，经过粉尘过滤器再进入汞脱除罐，最后再通过粉尘过滤器过滤后进入液化单元。

同时，来自 BOG 压缩机的 BOG 气体先对加热过的干燥器进行冷吹降温，经过程控阀进入再生气加热炉，升温后对已经吸附过的干燥器进行加热，脱除干燥器中吸附的水分，然后这部分再生气经过空冷器、水冷器后，在再生气分离罐分离出其中的水分，进入再生气缓冲罐，经再生气压缩机压缩增压后进入原料气过滤分离器或者聚结式过滤器，成为原料气的一部分。

干燥器的再生过程主要包括降压、加热、冷吹、充压各个有序的步骤，由 25 台程控阀进行自动控制。

2. 操作核心和任务

确保干燥塔三塔切换正常，再生气加热炉及再生气空冷器、水冷器正常运行，经过本装置后将原料气的水分降到 1μL/L 以下，汞含量降到 0.01μg/m³，为冷箱提供合格的原料气[4]。

3. 主要控制点及操作优化

1）分子筛泄压后塔内的控制

（1）控制范围：泄压完成后压力与低压系统压力不大于 10kPa（表压）。

（2）控制方式。当泄压程控阀打开后，通过泄压阀对待干燥塔进行泄压，泄压速度不宜过快，尽量实现泄压净化气全部回收，同时，保证时序完成前塔内压力与阀前压力压差不大于 10kPa（表压）。

（3）异常处理。在运行的过程中可能会出现开阀后压力无变化或者泄压后压力持续下降的异常现象，主要原因为泄压阀故障，处理方法为对泄压阀进行检查处理。

2）分子筛充压的控制

（1）控制范围：充压完成后压力与低压系统压力≤10kPa（表压）。

（2）控制方式。当充压程控阀打开后，通过充压阀对待干燥塔进行充压，充压速度不宜过快，过快会造成系统压力波动，冷箱负荷发生变化，易造成系统紊乱；过慢会使分子筛时序联锁暂停。

（3）异常处理。分子筛充压时可能出现开阀后压力无变化的异常现象，原因为充压阀故障，处理方法为开泄压阀旁路泄压，对充压阀进行检查处理。

3）分子筛冷吹流量控制

（1）控制范围：6600～7200m³/h。

（2）控制方式。通过对冷箱 LNG 温度、冷箱负荷进行调整，使 BOG 量达到冷吹气量要求，不足时通过脱汞后的净化气进行补充。

4）再生气加热炉温度控制

（1）控制范围：温度 260℃±10℃。

（2）控制方式。由于再生气加热炉入口再生气温度为变化温度，再生气加热炉需采用流量和温度两种控制方式，入口温度高于 162℃时采用流量控制，防止加热炉超温停炉；低于 162℃时采用温度控制，使再生气温度快速提升。

（3）异常处理。再生气加热炉运行时可能会出现加热炉温度上升速度慢的异常现象，可能原因有：① 燃料气流程有堵塞现象，处理方法为检查燃料气流程，及时排液；② 燃烧器风门卡涩，处理方法为对燃烧器风门进行检查处理。

4. 操作注意事项

（1）再生气加热炉入口温度随着分子筛塔时序的进行变化很大，所以必须加强加热炉温度和流量的管控。当分子筛刚切换完成时，加热炉入口温度会慢慢上升，所以必须通过调节加热炉入口冷气阀开度和燃料气流量来合理控制加热炉入口和出口温度，保证加热气流量和温度的合适。

（2）分子筛塔吸附过程是处于高压环境，但再生过程处于低压环境，所以吸附过程完毕之后需要对分子筛塔进行泄压。

## 三、液化单元操作技术

### 1. 工艺流程

经预处理合格后的天然气进入冷箱换热器，原料气在冷箱中向下流动，冷却至 −60℃时，进入重烃分离罐，脱过重烃的轻组分返回冷箱后，仍然向下流动，在冷剂换热器底部以 −157℃的液化天然气流出，经节流至 0.45MPa（表压），进入 LNG 储罐作为 LNG 产品，液相重烃经过重烃分离罐分离后，限流孔板节流降压到 0.7MPa（表压），然后经复热器复热后，送至燃料气缓冲罐做燃料。

1# 冷剂由 1# 冷剂分离罐进入 1# 冷剂压缩机压缩至 2.74MPa（表压）后进入 1# 冷剂压缩机出口空冷器，经过水冷器水冷后，进入 1# 冷剂凝液罐，再进入冷箱顶部，在冷箱中自上向下流动，在冷箱中部流出冷箱，节流膨胀降温后进入分离罐，气液两相分别从分离罐顶部和底部流出，经混合后返回冷箱，由冷箱中部流道向上流出冷箱，进入 1# 冷剂分离罐，完成冷剂循环。

2# 冷剂经 2# 冷剂分离罐缓冲后进入 2# 冷剂压缩机，经两段压缩至 3.92MPa（表压）后经空冷器、水冷器降温至 40℃左右以气态形式进入冷箱换热器，在冷箱中向下流动，在冷箱底部流出冷箱，节流膨胀降温后进入分离罐，气液两相分别从分离罐顶部和底部出去，经混合后返回冷箱，由冷箱流道向上流出冷箱，进入 2# 冷剂分离罐，完成冷剂循环。

### 2. 操作核心和任务

该项目液化单元采用寰球公司双循环混合冷剂制冷工艺，冷剂经压缩机压缩后进入冷箱，通过节流后温度降低，温度降低后的冷剂经过分离罐从冷箱下部进入冷箱，通过冷箱内的板翅式换热器给进入冷箱的天然气提供冷量将天然气液化，该单元的任务是得到合格的 LNG；该单元操作的核心是合理控制压缩机各项工艺参数，确保压缩机安全稳定运行，同时根据生产负荷合理匹配压缩机负荷，合理匹配冷箱冷剂量，实现冷箱低耗高效运行。

### 3. 主要控制点及操作优化

1）冷剂压缩机入口压力的控制

（1）控制范围：1# 冷剂压缩机为 210kPa（表压）±10kPa（表压）；2# 冷剂压缩机为 220kPa（表压）±10kPa（表压）。

（2）控制方式。压力不足时，首先确定冷箱冷量匹配情况，若冷箱冷量较足，可适当降低转速和开防喘振阀的形式提高入口压力，若冷箱冷量相当或欠缺，则需根据冷剂组分和冷箱温度场情况补充冷剂以提高入口压力。

（3）异常处理。冷剂压缩机在运行过程中可能会出现入口压力降低速度极快的异常情况，原因可能有以下几个方面：① 预冷段温度过低，处理方法为增加天然气负荷，提高预冷段温度；关小 J-T 阀，开大防喘振阀；② 压缩机喘振阀开度过小，处理方法为适当开大防喘振阀；③ 冷剂组分偏重，处理方法为适当补充轻组分。

冷剂压缩机在运行过程中也可能会出现入口压力上升速度极快的异常情况，原因可能有以下几个方面：① 预冷段温度急速上升，处理方法为在压缩机工作点允许范围内缓慢关小防喘振阀，同时，较大幅度地减少天然气量，使预冷段温度较快速度下降；② 防喘振阀误动作（开大），处理方法为将防喘振阀打至手动并缓慢关小。

2）冷剂压缩机入口流量的控制

（1）控制范围：1# 冷剂压缩机为 22700～26500m³/h；2# 冷剂压缩机为 43600～58000m³/h。

（2）控制方式。流量不足时，可通过开防喘振阀增加流量，同时开大 J-T 阀也能增加流量，但以上操作方法必须基于冷箱冷剂量过量的情况；当冷箱冷量适中时需补充冷剂，增加流量。流量大一般出现在压缩机带压启动时或冷箱温度场上升导致入口压力上升进而造成流量增加；同时，防喘阀开度过大也会造成压缩机流量过大。

（3）异常处理。冷剂压缩机在运行时可能会出现入口流量降低速度极快的现象，主要原因可能为：① 预冷段温度过低，处理方法为增加天然气负荷，提高预冷段温度；关小 J-T 阀，开大防喘振阀。② 压缩机喘振阀开度过小，处理方法为适当开大防喘振阀；③ J-T 阀误动作，处理方法为调整 J-T 阀，无法调整时，开大防喘阀，同时降低天然气量并迅速联系相关方处理。

冷剂压缩机在运行时也可能会出现入口流量上升速度极快的现象，主要原因可能为：① 预冷段温度急速上升，处理方法为在压缩机工作点允许范围内缓慢关小防喘振阀；同时，较大幅度地减少天然气量，使预冷段温度较快速度下降。② 防喘振阀误动作（开大），处理方法为将防喘振阀打至手动并缓慢关小。

3）1# 冷剂压缩机入口温度的控制

（1）控制范围：25～30℃。

（2）控制方式。1# 冷剂压缩机组分较重，若入口温度过低，会使压缩机入口气体中带液，造成压缩机损坏，所以必须严格控制压缩机入口温度，通过控制天然气入冷箱温度和两台冷剂压缩机入冷箱温度进行调整。

（3）异常处理。1# 冷剂压缩机在运行时入口温度可能出现下降速度较快的情况，主要原因可能为：① 预冷段冷量过足，处理方法为增加天然气负荷，提高预冷段温度，同时适当增加深冷段冷剂量，适当提高预冷冷剂温度；② 深冷段冷量过足，处理方法为增加天然气负荷，提高深冷段温度，同时适当增加预冷段冷剂量，适当提高深冷冷剂温度；③ 天然气进冷箱温度过低等，处理方法为调整 BOG 换热器处天然气与 BOG 量，提高天然气温度。

4）冷剂压缩机扭矩控制

（1）控制范围：1# 冷剂压缩机＜5380daN·m[●]；2# 冷剂压缩机：＜13500daN·m。

（2）控制方式。压缩机带压启动压力过高、冷箱复温、防喘振阀误动作开大均会造成压缩机扭矩过高，当扭矩高报警时，需根据压缩机冷箱实际情况进行调整，防止压缩机高扭矩跳车。

（3）异常处理。冷剂压缩机扭矩在运行过程中可能会出现扭矩高报警，主要原因可能为：带压启动压力过高、冷箱温度场破坏液相气化、防喘振阀误动作，处理方法为涨幅慢时可通过减少天然气量，关小防喘振阀进行调整；涨幅较快时，优先选用压缩机出口和冷箱液相底部放空进行快速泄压。

---

❶ 1 daN·m = 10N·m。

4. 操作注意事项

（1）冷箱首次预冷时预冷速度要缓慢、均匀（≤1℃/min），可以稍微开启天然气流量控制阀，先缓慢开启深冷段 J–T 阀，待 J–T 阀前温度降低至 –40℃左右时缓慢开启预冷段 J–T 阀。当预冷段和深冷段温度接近设计值后，加大天然气流量，当温度不降或者上升时开大 J–T 阀，直至冷箱负荷达到要求。

（2）冷箱换热器相邻两流道间最大温差不得大于 27℃。

（3）要注意负荷、转速、功率的综合控制，在一定负荷下，合理的增减转速，达到降低功率的目的，节能降耗。

（4）要密切关注压缩机流量、入口压力、温度、转速等，防止压缩机发生喘振现象。

（5）压缩机启机前腔体压力不宜过大，否则在启机过程中容易造成压缩机过载跳车。

（6）防喘阀开度要合理，不要刻意关小防喘阀来达到降低功率的目的，必须和压缩机转速相结合，以安全稳定、节能为目的。

（7）冷剂的补充需遵循"先轻后重，少量多次"的原则。

（8）冷箱 J–T 阀前后温差控制在 3~5℃，温差较小说明冷剂重组分较多，温差较大说明轻组分较多，需要合理补充冷剂。

（9）冷剂配比要合理，可以通过压缩机入口压力、流量、压缩比、排气温度等方面来判断冷剂的配比情况。当压缩机出现入口压力低、流量高、压缩比小时，一般情况下冷剂配比重组分较多，当出现入口压力高流量低、压缩比较大、排气温度较高时，一般情况下冷剂配比轻组分居多。

（10）不同负荷下冷剂组分要合理控制，当负荷较低时，可以多添加轻组分，能很好地降低压缩机功率，当负荷较高时，需要合理地控制轻重组分的比例。

（11）根据温度场的情况也可以判断冷剂组分的情况，当温度场下部温度明显较低时，说明冷剂配比轻组分较多，当温度场上部温度较低时，说明冷剂重组分过多。

## 四、LNG 储运单元操作技术

1. 工艺流程

来自液化单元的 LNG 在 –157℃、0.01MPa（表压）进入 LNG 储罐，储罐的压力通过 BOG 压缩机压缩回收储罐内产生的蒸发气进行控制。来自 LNG 储罐的 BOG，与净化后的天然气在 BOG 换热器进行换热后，BOG 温度由 –163℃上升达到 –30℃，经 BOG 压缩机压缩，增压［0.8MPa（表压）］后为原料气干燥单元提供净化气。

同时，设有三台 LNG 装车泵（2 用 1 备）和 10 个装车臂用于 LNG 外运。每个装车位系统，设置支管循环管路及开关阀。无装车时，各支路循环线开关阀打开，通过各支路限流孔板控制循环流量，保持 LNG 管线的循环状态；有部分装车时，未使用的装车臂通过限流孔板维持一最小循环量，保持循环总管的循环量在各工况操作时恒定，以保证 LNG 及循环总管的低温状态。

2. 操作核心和任务

确保 LNG 储罐不超压、不泄漏，同时，密切关注 LNG 储罐的液位及分层情况，保证潜液泵稳定运行，安全的将 LNG 产品输送至 LNG 槽车。

3. 主要控制点及操作优化

LNG 储罐关键控制点在于储罐压力控制，防止储罐液位溢出和储罐泄漏，LNG 储存单元控制，主要是 LNG 储罐的压力和液位，LNG 装车泵设有最小流量回流保护，为了防止 LNG 储罐基础低温冻结，基础设有电加热温控，维持基础温度。

1）LNG 储罐压力的控制

（1）控制范围：6～17.5kPa（表压）。

（2）控制方式。压力不足时可以通过降低 BOG 压缩机负荷来控制，当 BOG 压缩机为零负荷且压力依然有下降时，通过开启破真空阀给 LNG 储罐进行补压；压力较高时可以通过提升 BOG 压缩机负荷来控制，当 BOG 压缩机为满负荷且压力依然有上升时，通过开启 LNG 储罐泄压阀进行泄压。

（3）异常处理。LNG 储罐在正常运行时可能会出现压力快速上升的异常情况，可能原因主要有：① LNG 储罐进料温度高，处理方法为通过对冷箱的调整降低进料的温度；② BOG 压缩机负荷过低或故障，处理方法为提高 BOG 压缩机负荷或者停机进行处理；③ LNG 装车泵的启动，处理方法为在大罐压力较低时启动 LNG 装车泵。

LNG 储罐在正常运行时也可能会出现压力快速下降的异常情况，可能原因主要有：① LNG 储罐进料温度较低，处理方法为通过对冷箱的调整适当提高进料的温度；② BOG 压缩机负荷高，处理方法为降低 BOG 压缩机负荷；③ LNG 装车泵的大量外输，处理方法为适当减小 LNG 装车流量。

2）LNG 装车泵流量的控制

（1）控制范围：75～240m³/h。

（2）控制方式。通过 LNG 装车泵回流阀对流量进行控制，当 LNG 装车泵出口流量较低时，可以手动将回流阀开大，以保证 LNG 装车泵流量不因低联锁而跳车，当 LNG 装车泵出口流量较高时，可以手动将回流阀关小，以保证 LNG 装车泵流量不超过额定流量。

（3）异常处理。LNG 装车泵流量在运行时可能会出现突然降低的异常情况，主要原因可能有以下几个方面：① LNG 装车泵回流阀异常关小，处理方法为联系仪表岗位人员进行处理；② 装车突然结束，处理方法为当装车快结束时，缓慢关闭装车阀门或者中控人员通过手动操作及时将回流阀开大。

4. 操作注意事项

（1）操作人员必须随时警惕 LNG 储罐压力的增加并采取相应的措施。当压缩机已经不能调节储罐压力时，应采取下列操作：通过检测 LNG 储罐气相空间的表压过高，BOG 总管压力释放阀打开，BOG 将被送到冷火炬总管。

（2）操作人员必须随时警惕压力的减小并采取相应的措施。当 BOG 压缩机已经不能调节储罐压力时，应采取下列操作：首先，储罐压力低报警时，DCS 可人工干预使 BOG 压缩机进入零负荷状态。其次，如果储罐压力过低，BOG 总管上压力控制阀打开以保持储罐压力高于低压限值，防止储罐内出现真空，补充气体来自原料天然气总管。最后，压力低低警报会触发 SIS 关闭联锁 PI-2100102。

（3）温度监测罐内任何相邻温度检测点温差不超过 3℃，防止储罐翻滚现象发生。

（4）LNG 储罐的液位在进料过程中，必须严格监控液位，防止罐内的 LNG 溢出。

（5）对于温度在 -120℃ 以上的 LNG 槽车，必须进行冷却。

（6）如果 LNG 槽车罐内气体是未知或有怀疑的，则必须取样分析，在实验室进行得到分析结果后，操作员再作出相应的氮气置换操作。

## 第二节　LNG 接收站操作运行技术

"十二五"期间，中国石油依靠自主技术和管理建成了江苏、大连和唐山三座 LNG 接收站。本节以江苏 LNG 接收站为例，总结归纳了中国石油在 LNG 接收站操作运营方面取得的经验。

江苏 LNG 项目是中国石油落实国家能源战略，保障国家能源安全，满足长三角地区清洁高效能源需求，减少环境污染，推动地区经济可持续发展的国家重点工程。该项目位于江苏省南通市如东县黄海海滨辐射沙洲的西太阳沙人工岛，包括人工岛、接收站、码头栈桥、跨海外输管道四部分，主要接收、存储和气化来自海外的 LNG，通过外输管道与冀宁联络线和西气东输一线联网，为江苏省用户和西气东输调峰供气，并进行 LNG 槽车充装外运。

江苏 LNG 接收站分两期建设，一期工程设计规模为 $350 \times 10^4$t/a，设置 $16 \times 10^4$m$^3$ 全容式 LNG 储罐 3 座、高压泵 5 台、开架式气化器（ORV）3 台、浸没燃烧式气化器（SCV）2 台、BOG 压缩机 3 台和回流鼓风机 2 台，项目于 2008 年 1 月开工建设，2011 年 4 月底机械完工，2011 年 5 月 24 日试运投产，是中国石油第一个投运的 LNG 接收站。二期工程增设 1 座 $20 \times 10^4$m$^3$LNG 储罐（国内最大容积 LNG 储罐）、2 台高压泵、1 台 ORV、2 台 SCV 和 1 台 BOG 高压压缩机，于 2016 年 11 月 3 日投产成功，建成后接收站设计规模达 $650 \times 10^4$t/a，LNG 储存能力达 $68 \times 10^4$m$^3$，并为远期发展 $1000 \times 10^4$t/a 预留扩建空间。LNG 槽车充装站设有 20 台装车橇，于 2011 年 6 月 30 日投产，设计充装能力达 $100 \times 10^4$t/a。2014 年 8 月，江苏 LNG 冷能利用项目杭氧空分投产，实现了中国石油首个 LNG 冷能利用技术转化。江苏 LNG 接收站实景图如图 8-2 所示。

图 8-2　江苏 LNG 接收站实景图

江苏LNG接收站包括卸料、储存、低压输出、BOG处理、高压气化外输及公用工程等系统。低压输出泵将LNG从储罐中抽出，经高压泵增压后，送至LNG气化系统经换热气化后进入下游管网。气化系统主要使用海水换热的ORV，海水温度偏低、调峰保供或ORV故障检修时可投运消耗燃料气的SCV。LNG还可以通过装车管线直接输送至装车橇实现LNG装车外运，并设有专门装船管线保留装船功能。装置系统产生的BOG气体可利用再冷凝装置冷凝输出，也可以使用BOG高压机直接加压外输。工艺流程简图如图8-3所示。

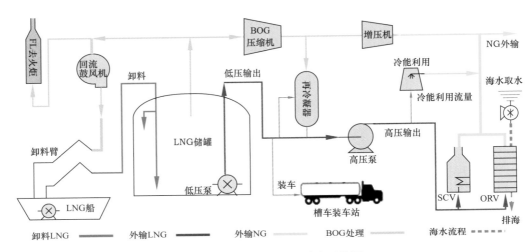

图8-3　江苏LNG接收站流程简图

目前，由江苏LNG接收站主持编制的LNG操作程序和运行规程已上升为LNG行业操作标准；论文"液化天然气接收站运行管理技术研究"荣获科技部国家石油和化工自动化应用协会2013年度科技进步二等奖，"我国大型液化天然气关键技术开发及应用"荣获集团公司2014年度科学技术进步奖；"江苏LNG接收站轻烃分离技术研究""浸没燃烧式燃烧器SCV国产化研究"等科研成果获得多项国家专利。此外，江苏LNG接收站主编或参编了Q/SY 1489—2012《液化天然气接收站运行规程》、Q/SY 1784—2015《液化天然气码头船岸兼容规范》、Q/SY BD84—2014《LNG外输调度运行管理规定》、Q/SY 1783—2015《液化天然气槽车站装车规程》及CDP-G-GUP-IS-046《油气储运工程能耗数据采集技术规定》等多项技术标准规范。

为归纳LNG接收站运行技术，总结操作经验，现对接收站运行操作关键环节分别阐述。

## 一、卸船单元操作技术

1. 工艺流程

江苏LNG接收站卸料工艺流程如图8-4所示。

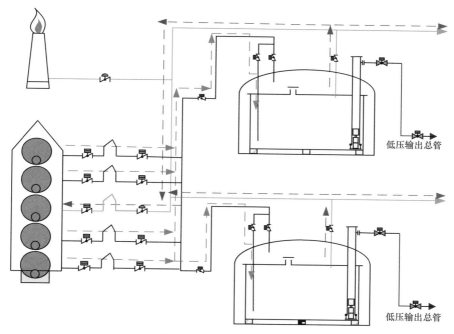

图 8-4　卸料工艺流程图

1）卸料管线保冷

在非卸船的正常操作期间，LNG 卸船管线需处于保冷备用状态，用于保冷的 LNG 从储罐中的低压输送泵抽出，通过一根码头保冷循环管线以小流量 LNG 经卸船管线循环。LNG 循环量可通过流量调节阀控制，正常循环流量的确定原则是使卸船总管内的 LNG 不产生气化，具体的循环量需根据卸船总管的长度确定。LNG 循环流程只在非卸船操作期间启动，在卸船操作期间码头保冷循环停止。

接收站码头保冷循环流程有两种：一种是码头保冷循环返回的 LNG 直接进入 LNG 储罐；另一种是码头保冷循环返回的 LNG 进入低压外输总管直接外输。接收站可根据工艺流程、操作特点和外输需求，可以选择两种流程的一种或两种。两种流程有各自的优缺点，对于码头保冷循环返回 LNG 储罐流程，由于卸船管线相对较长，管线吸收的热量较多，该流程在 LNG 储罐中闪蒸量较大，接收站产生的 BOG 量相对多。对于码头保冷循环返回的 LNG 进入低压外输总管直接外输流程，大部分循环 LNG 将输至低压 LNG 总管外输，另一小部分经 LNG 储罐进料阀保冷旁路回流至 LNG 储罐中，此流程的优点是节能，经过低压泵增压后的 LNG 大部分直接外输没有返回储罐，并且闪蒸量相对小，接收站产生的 BOG 量也相对小。该流程的缺点是上下游水力系统关联性较大，如果下游波动，会影响码头保冷循环量；如果码头保冷循环停止，对下游再冷凝器运行的影响也较大。

2）卸料流程

卸料工况下，航海运输的 LNG 经过船舱内的卸料泵加压后，通过船上的管汇分别进入 LNG 卸料臂，汇入到接收站的 LNG 卸料总管和码头保冷循环管线，最终进入 LNG 储罐。接收站操作员根据卸料的 LNG 的密度，选择接收 LNG 的储罐及储罐的进料方式。卸料时，为了维持 LNG 船舱压力及一定的卸料速度，需要不断由 LNG 储罐通过回流鼓风机向 LNG 船舱返回补充 BOG。

2. 操作核心和任务

不同船型的LNG船卸船泵台数及排量也不完全相同，通常全速卸料时卸船速度为10000～14000m³/h，卸船时间约为12～20h。LNG船舶从靠泊到离港在码头前沿的停泊时间为24～33h。卸料操作重点任务包括：

（1）卸船前检查。来船前，接收站需要组织相关部门进行卸船前检查，重点检查的设备设施有：辅助靠泊及缆绳张力监控系统、船岸连接系统、快速脱缆系统、码头消防系统、在线取样及在线分析系统、卸料臂、登船梯、回流鼓风机等。需要确保卸船相关的设备设施处于正常备用状态。各设备操作使用的遥控器电量充足，卸船使用的对讲设备正常。

（2）LNG船靠泊与系缆。LNG靠泊前2h，操作人员需要携带相关的工器具到码头，并将卸料臂回转接头氮气吹扫的流量、压力调至卸料状态的参数值，启动靠泊监控系统和船岸连接系统，码头水手应到码头前沿待命。

LNG船舶靠泊过程由引航员指挥拖轮进行，岸上需要专人协助船舶对中工作，确保船上管汇处的气相管线与岸上气相管线对齐。靠泊完成后，按照确定的系缆顺序和系缆方式进行系缆。系缆墩上需设置警告标志，禁止无关人员进入靠船墩和系缆墩。

（3）放置登船梯。系缆完成并征得船方同意后，将登船梯放置在LNG船舶甲板的指定区域内，以便引航员下船，卸船相关操作人员、一关三检人员登船。登船梯放置指定位置后，一定要确保登船梯处于浮动模式，由于潮位及船舶吃水深度的不断变化，卸船过程中，需要定期调整登船梯的位置。

（4）连接船岸连接系统。确认岸方准备好光缆和电缆，使用岸上的撇缆将光缆或电缆带给船方，由船方将光缆或电缆连接好，确认船岸连接系统信号正常。

（5）联检及卸船前会议。海关、边检和港口检疫和海事局登船办理联检手续。

由船方、岸方、船方代理和第三方计量单位共同参加卸船前会议，确定卸货作业程序、船岸连接系统ESD测试的程序、船岸设施和设备的状态，并进行船岸安全检查。

（6）连接卸料臂。联检结束后，岸方操作人员可以登船进行卸料臂连接，卸料臂连接按照先气相臂、后液相臂的原则进行，根据船方要求将卸料臂连接到指定管口，卸料臂连接前需要检查卸料臂快速连接接头（QC/DC）处密封的完好状态，旋转接头处氮气量是否正常。

（7）卸料臂泄漏测试和氮气吹扫。卸料臂连接完成后，对卸料臂进行氮气充压和泄漏测试，根据惯例气相臂一般加压到0.2MPa（表压），液相臂加压到0.5MPa（表压）。测试完成后，对卸料臂进行泄压并检测氧气浓度，直至氧气浓度低于1%。

（8）首次计量。计量人员确认已具备计量条件，如船上卸料管汇已冷却，船舶状态符合计量条件，船上停止燃烧天然气（如船舶以天然气为燃料）等，使用贸易交接系统（CTMS）进行首次计量。LNG船舶计量及卸货过程需要第三方计量检验单位全程参与见证。

（9）停止码头保冷循环。首次计量结束后，岸方可以停止码头保冷循环并对卸料管线泄压。

（10）热态ESD测试。根据卸船前会议要求，进行船岸卸料系统热态ESD测试，确保船岸连接通信畅通及联锁设备阀门能够正常停车关闭。热态ESD只测试ESDA，测试的次数及由何处触发在卸船前会议约定。一般热态ESD测试测试两次，船岸各触发一次。

（11）卸料臂冷却。船岸双方按照卸料臂冷却流程设置阀门的阀位，船方启动喷淋泵开始卸料臂的冷却，控制卸料臂冷却速率不超过 8～10℃/min，卸料臂底部管线温度降至 –130℃后，卸料臂冷却完成。

（12）冷态 ESD 测试。卸料臂冷却完成后，进行冷态 ESD 测试，冷态 ESD 测试的目的是测试船岸阀门在冷态时动作是否顺畅。冷态 ESD 也只测试 ESDA，是否进行冷态 ESD 测试及由何处触发在卸船前会议约定。一般冷态 ESD 测试只测试一次。

（13）LNG 卸料。ESD 测试结束后，船岸双方按照 LNG 卸料流程设置阀门的阀位，船上需要在卸料前打开船上的水幕保护船体，岸上根据船上 LNG 密度选择接收的 LNG 储罐及进料方式，船方依次启动卸料泵开始卸料（主流 LNG 船配备 8 台或 10 台卸料泵），直至船上所有卸船泵启动并达到额定功率，达到 LNG 最大卸料速率，全速卸料后，岸方需要开启在线取样装置，分析 LNG 组分。

（14）BOG 返回。在开始卸料后，需要设置气相返回管线阀位，保证岸上的 BOG 气体能够及时返回到 LNG 船舱内，从而确保 LNG 船舱压力在正常操作范围内。

卸船过程中 LNG 储罐会产生大量 BOG，并且 BOG 总管压力也会上升。卸料工况下 BOG 流向包括蒸发气通过气相返回线和气相返回臂返回 LNG 船以及蒸发气通过接收站内 BOG 系统回收。

蒸发气返回船舱的体积流量大约等于 LNG 卸船体积流量减去船舱内产生的蒸发气体积量，回流量通过调整 LNG 储罐与船舱间的压力差或回流鼓风机负荷保证。返回船舱的气体流量通过气相返回线的压力控制阀调节，需要保证 LNG 船舱压力不超过 18kPa（表压）。

（15）停止卸料。LNG 船舱内 LNG 不足时，船方开始减速卸料，减速卸料前岸方需要停止在线取样。船方逐台停止卸料泵，所有卸料泵关闭卸料结束后，岸方关闭接收站内卸料流程阀门。恢复卸料管线的保冷循环。

（16）恢复码头保冷循环。卸料完成后，卸料臂排净的 LNG 液体排入码头排净罐，然后恢复码头保冷循环。

（17）卸料臂排净及置换。卸料结束后，通过氮气将卸料臂进行加压至约 0.45MPa（表压），对卸料臂内的 LNG 进行排净，重复加压排净数次直至卸料臂内 LNG 完全排净。

LNG 排净后再次对卸料臂进行氮气加压，加压结束后，由船方进行压力泄放，重复加压泄放数次直至泄放气体中烃含量低于 1%，卸料臂置换完成。

（18）末次计量。计量人员确认船舶卸料和吹扫已完成，确认具备末次计量条件，进行末次计量。

（19）断开卸料臂。船方确认可以断开卸料臂后、岸方按照先断开液相臂、后断开气相臂的原则，依次断开卸料臂并收回到储存位置。

（20）船岸末次会议。由船方、岸方、船方代理和第三方计量单位共同参加卸船后会议，确认密闭卸货情况、船舶离港时间，并签署相关文件。

（21）断开通信电缆。确认船岸连接系统的信号已经屏蔽，岸方通知船方拆开电缆或光缆，并收回到储存位置。

（22）收回登船梯及离泊。确认所有登船人员已经回到岸上后，岸方将登船梯从船侧收回至储存位置。

（23）LNG 船离泊。确认船方已经做好离泊准备可以脱缆，根据脱缆程序依次脱开缆绳，船方收回缆绳后，LNG 船在引航员的指引下离泊。

3. 主要控制点和操作优化

1）来船船舱压力控制要求

接收站要求 LNG 船进入外锚地前船舱压力控制在 10kPa（表压）以下，来船压力高将会导致全速卸料后接收站 LNG 储罐压力急剧升高，严重时会造成站内火炬放空。LNG 船舶一般采取再液化流程或公海放空方式控制船舱压力。

2）回流鼓风机启停时间与返回压力控制

江苏 LNG 接收站回流鼓风机采用入口导叶轮（IGV）和气相返回管线末端压力控制阀自动控制返回压力，该压力设定值可根据实际设定。回流鼓风机要根据船舱压力决定何时启停，一般情况下由海事经理通知接收站运行班组在增速卸料过程中启动回流鼓风机，在减速卸料过程中停运。

3）船岸连接系统的屏蔽与解除屏蔽

非卸船工况下，船岸连接系统处于关机且联锁屏蔽状态；来船前由岸方负责开机检查，在船岸通信建立后、ESD 测试进行前恢复联锁；卸料结束断开卸料臂后再次由岸方屏蔽联锁。

4）在线取样系统启停时间

在线取样系统必须在全速卸料之后开始取样，在减速卸料前停止取样，因为在线取样和化验结果采用的是累计样分析，越是接近于算术平均值，分析结果越准确。

4. 操作注意事项

1）卸料臂预冷过程控制

卸料臂预冷时要严格控制预冷速度不超过 8～10℃/min，可通过船方预冷喷淋泵出口阀和卸料臂排净阀调整来调节冷却速度。受卸料臂管路结构和预冷气液两相流态影响，在冷气或冷液翻过高点到达卸料臂立柱后，卸料臂底部管线温度将急剧下降，预冷过程中易发生 LNG 泄漏。在接船前检查中对卸料臂液压抓爪动作、密封面及"O"形圈等进行完整性确认，严格控制预冷速度，可大大降低泄漏发生概率。

2）LNG 储罐卸料方式选择

为防止 LNG 储罐分层或翻滚，应根据来船前 LNG 物性信息合理匹配进液方式。若来船 LNG 密度小于 LNG 储罐内 LNG 密度，应选择底部进料方式，反之应选择顶部卸料方式，以加速 LNG 自掺混达到均一状态，有效避免 LNG 罐内分层甚至翻滚[5]。

## 二、LNG 储罐罐压控制技术

1. 工艺流程

LNG 接收站在运行过程中会产生大量 BOG[7]，BOG 产生主要原因有：（1）储罐及 LNG 管线的漏热闪蒸；（2）卸船期间 LNG 置换储罐内的气相空间及 LNG 闪蒸；（3）LNG 循环保冷返回储罐的 LNG 闪蒸；（4）低压泵运行产生的热量；（5）安全阀起跳产生的蒸发气。

江苏 LNG 接收站通过 BOG 压缩机将 LNG 储罐内的 BOG 气体抽出，增压后通过再冷凝工艺进行回收，或者输往 BOG 增压机加压后直接外输，从而对 LNG 储罐的压力进行控制。接收站内四座 LNG 储罐的气相空间互相连通，每座储罐的操作压力基本相同。为了降低大气压变化对储罐操作的影响，江苏 LNG 接收站储罐压力控制采取绝压控制。储罐通过多组变送器进行压力监测，罐压的表压值和绝压值均能在控制室内和就地进行监控。

2. 操作核心和任务

在非卸料期间，LNG 储罐的操作压力应维持在合理范围，压力控制通过调节 BOG 压缩机运行台数和运行负荷来实现，一旦压力控制系统发生故障，操作人员有足够的反应时间采取措施对储罐操作压力进行干预，防止储罐超压或欠压。在卸船操作前期，船舱内 LNG 进入储罐时闪蒸量较大，罐压升高较快，为避免卸料前期储罐压力上升过高放空至火炬造成资源浪费，卸料前 LNG 储罐应调整到适宜的操作压力。同时，储罐操作压力的控制还要兼顾卸船中后期，储罐需要向船舱返气来弥补由于卸料引起的船舱压力的下降，所以储罐压力控制得也不宜过低，否则影响储罐向船舱的返气速度，从而影响卸料速度。

（1）储罐超压保护。

接收站运行过程中如 BOG 的产生量长时间高于 BOG 系统的运行负荷，会导致储罐超压。储罐压力增加的几个主要原因为：① 卸料期间，船泵产生的热量扩散到卸料管线，LNG 在储罐进口闪蒸；② LNG 进入储罐置换储罐气相空间；③ LNG 低压输送泵联锁停车；④ 低压泵或高压泵长时间回流；⑤ BOG 压缩机联锁停车；⑥ 大气压力的降低，此工况下，储罐绝压不变，但表压增加；⑦ 翻滚。

上述情况下，操作员在压力升高时，采取必要的控制操作维持罐压。如果接收站 BOG 压缩机故障、或高压泵与低压泵长时间回流产生大量蒸发气，BOG 压缩机无法处理全部的 BOG，此时必须设置压力保护系统以防储罐出现超压。

LNG 储罐超压保护分两级：第一级超压保护通过将过量蒸发气排至火炬系统燃烧，即在 BOG 总管上设压力控制阀，当 LNG 储罐压力达到压力控制器的设定值时，压力控制阀开启，蒸发气直接排放至火炬汇管；第二级超压保护通过储罐顶部设置数个压力安全阀，安全阀的设定压力略低于储罐的设计压力，储罐超压时超压气体可通过压力安全阀排至大气。

（2）储罐负压保护。

储罐操作运行过程中，以下几种情况会导致储罐压力降低：① 储罐气相空间冷却速度过快（如卸料初期采用顶部进料或储罐冷却管线阀门误开）；② LNG 低压输送泵开启；③ BOG 压缩机启动或压缩机负荷设置过大；④ 大气压力的升高，此工况下，储罐绝压维持不变，但表压降低。

上述情况下，操作员应采取必要的控制操作，防止储罐发生负压。当储罐压力持续降低并发生压力低报警后，操作员需要手动将 BOG 压缩机、回流鼓风机降低负荷。同时，为安全起见，系统设有 DCS 联锁以自动关停 BOG 压缩机和回流鼓风机。当通过降低压缩机负荷或停运压缩机不能满足储罐压力的调节需要时，将启动储罐负压保护系统。当罐压达到高压补气阀门控制器的设定值后，高压补气阀门自动打开，通过外输管网的高压天然气为储罐补充压力。当压力降低至储罐压力低低报警值时，通过安全仪表系统联锁关停低压泵、BOG 压缩机、回流鼓风机等可能导致储罐压力下降的全部设备。此外，罐顶配置数个真空安全阀，当罐内产生负压，压力低至真空安全阀的开启压力时，真空安全阀起跳，空气直接进入罐内以维持罐内压力正常，保护储罐安全。

## 三、LNG 储存单元操作技术

1. 储罐管理系统组成

LNG 储罐是 LNG 接收站中的重要设备之一，在运行操作过程中，须监控储罐内 LNG 温度、密度分布，及时发现 LNG 分层并采取措施，避免产生翻滚现象，防止造成 LNG 储罐损坏。

在实际生产运行中，接收站所有 LNG 储罐共同使用一套储罐管理系统（TMS）对储罐内 LNG 的液位、温度、密度进行详细的监控。储罐管理系统中每个 LNG 储罐均设有 2 台伺服液位计、1 台液位、温度、密度计（LTD）、1 台雷达液位计和 2 套多点温度监测系统（RTD）。罐表系统的结构如图 8-5 所示。

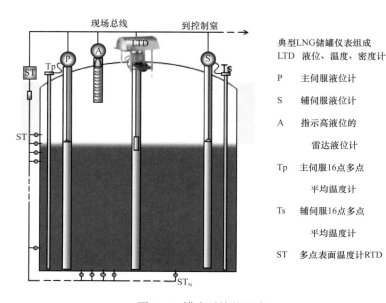

图 8-5　罐表系统的组成

2. 储罐管理系统仪表作用

1）伺服液位计

伺服液位计是高精度、高可靠性、先进的储罐测量仪表，主要用来跟踪测量储罐的液位，由于较高的精确度，可以作为计量的参考。每个储罐伺服液位计设置两台，二者测量的液位信号二选一参与液位低低联锁，并与一台雷达液位计三选二参与液位高高联锁。

2）液位、温度、密度计（LTD）

LTD 是实时测量液位、温度和密度的设备。LTD 可以监测整个罐的液位、温度和密度，提供各个指定位置的温度和密度分布，及时发现分层现象并预警，以便操作员采取措施。

3）雷达液位计

雷达液位计在储罐管理系统是用于检测储罐高液位并输出联锁信号，与两台伺服液位计的高高联锁信号共同触发储罐高高液位的三取二联锁。雷达液位计的测量原理是顶端探头发射出一定强度的雷达波，并接收反射回来的一定强度的雷达波，通过发射和接收的时间差以及雷达波的传播速度可以计算出发射点到液面的距离，进而得出液位值。

4）多点温度监测系统

多点温度计（RTD）探头可以测量固定多点位置的温度，具体的点数取决于储罐的内部高度。多点温度计系统主要监测储罐内壁温度。

3. 翻滚

储罐内 LNG 正常操作时很少发生分层，储罐从罐底、罐壁吸热，LNG 气化成蒸发气，从液面上方闪蒸出，整个储罐内的 LNG 密度在均匀增加（图 8-6）。不同产地、不同气源的 LNG 卸料到同一储罐，如果进料方式错误或没有混合均匀，由于组分的差别，长时间储存后，会产生分层。

储罐内的 LNG 形成明显分层后，储罐内部的整体的自然对流被抑制，上下两层对流独立进行（图 8-7）。上部密度轻的 LNG 由于罐顶和罐壁吸热，轻组分挥发造成密度不断增大；下部密度重的 LNG 吸收罐底和罐壁的热量，但由于上层 LNG 静压的作用导致热量无法释放，温度逐渐升高，密度不断减小（图 8-8）。经过一段时间后，上下层密度足够接近，上下两层快速混合，下层过饱和的 LNG 的能量得以释放，瞬间产生大量的 BOG，形成 LNG 储罐翻滚现象（图 8-9）。

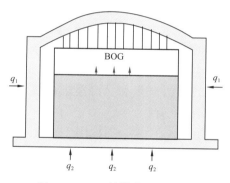

图 8-6 LNG 储罐未发生分层

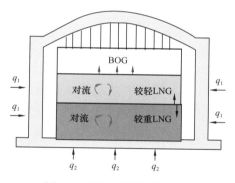

图 8-7 LNG 储罐发生分层

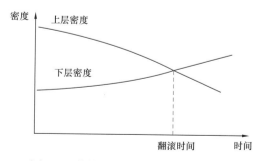

图 8-8 储罐 LNG 上层与下层密度演变

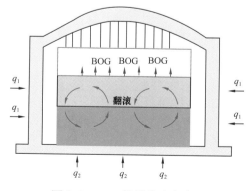

图 8-9 LNG 储罐发生翻滚

4. 储罐分层翻滚预防控制

接收站主要采用 LTD 采集储罐内不同液位下的 LNG 温度密度数据，对储罐的分层进行监测。当 LTD 采集数据中，相邻两个液位采集点的最高温差超过 0.3℃或最高密度差超过 0.8kg/m³，储罐管理系统就判断出储罐内的 LNG 已经分层。储罐分层后，储罐管理系统会根据储罐的吸热量、储罐内 LNG 密度、温度的变化趋势等一系列参数，进行模拟分析计算，从而预测储罐内 LNG 的翻滚时间。在储罐内 LNG 分层后一般会采取两种方式来消除分层：

（1）储罐内 LNG 强制循环。在 LNG 外输量较小的情况下，会采用储罐内 LNG 强制循环的方式来消除储罐内 LNG 的分层。通过启动分层储罐内的低压外输泵，将储罐底部重组分的 LNG，通过顶部进料管线进入到储罐顶部来促进储罐内 LNG 的混合，从而消除分层。

（2）储罐内 LNG 强制外输。在 LNG 外输量较大的情况下会采用启动储罐内 LNG 低压外输泵，将储罐内的 LNG 尽快外输的方式，一方面减少底部重组分 LNG，另一方面也加速储罐内 LNG 的混合，从而消除储罐内 LNG 分层。

## 四、BOG 冷凝单元操作技术

### 1. 工艺流程

中国石油江苏 LNG 接收站 BOG 处理方式均采用再冷凝工艺。储罐正常运行时产生的 BOG 气体，由站内的 BOG 压缩机加压进入再冷凝器，与低压泵输出的过冷的 LNG 在再冷凝器内直接接触，冷凝后的 BOG 气体以液态 LNG 的形式通过高压泵加压，输送到气化器气化外输。再冷凝器作为 BOG 主要的回收设备，它是一个填充有填料（不锈钢拉西环）的压力容器，BOG 和 LNG 从再冷凝器的顶部进入，在填料层充分接触并换热，BOG 冷凝后随 LNG 一同外输。进入再冷凝器的 LNG 的量由 BOG 的流量和再冷凝器的压力决定。再冷凝器冷凝处理量取决于天然气外输量和 BOG 压缩机负荷。

同时再冷凝器作为高压泵入口缓冲罐，与高压泵形成一个连通器，用于平衡高压泵的压力，再冷凝器的 LNG 液位控制直接影响到高压泵罐内 LNG 是否充满[6]。再冷凝器的基本结构如图 8-10 所示。

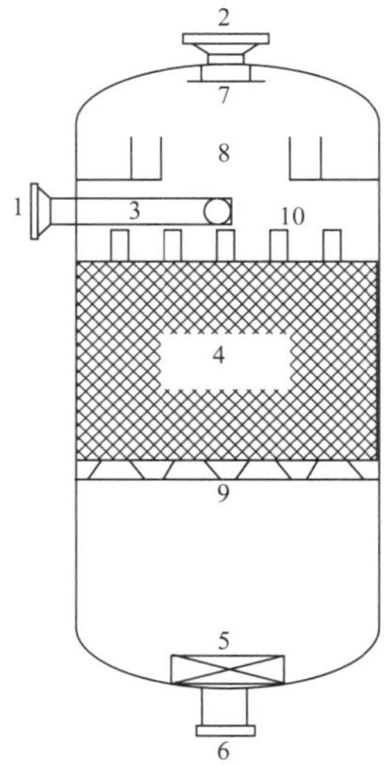

### 2. 操作核心和任务

再冷凝器压力由顶部压力变送器进行监控，当再冷凝器压力过高时，通过压力调节阀自动将气体泄放到 BOG 总管。再冷凝器的操作压力通过再冷凝器底部出口的压力变送器进行测量，此压力控制器同时控制低压输出总管再冷凝器旁路上的分程控制阀来维持高压泵入口压力的稳定。

在正常操作时，再冷凝器内的温度取决于来自 BOG 压缩机总运行负荷及再冷凝器入口 LNG 流量。再冷凝器的液位稳定时不需要控制，但需要保持在设计范围内，以使 BOG 和 LNG 的充分热交换，液位由再冷凝器上的

图 8-10 再冷凝器基本结构

1—LNG 进口；2—BOG 进口；3—液体进料管（T 形）；4—填料；5—破涡器；6—LNG 出口；7—气体折流板；8—闪蒸盘；9—填料支撑盘；10—填料压板

液位变送器监控。再冷凝器的液位控制器用于防止液位过低（防止损坏高压泵）和过高（避免 LNG 回流到再冷凝器顶部的 BOG 管线中）。再冷凝器液位低时，通过低选器直接作用控制 BOG 压缩机的负荷来减少进入再冷凝器的气体量；在液位高时，直接引入外输管网的高压天然气，来降低再冷凝器的液位。

3. 主要控制点及操作优化

来自 BOG 压缩机的蒸发气，通过对其流量、温度和压力的计算，得到实际的 BOG 质量流量，再通过对再冷凝器液位、温度和压力的控制，计算 LNG/BOG 质量流量比率 $R$，并根据实际运行状态设定 $R$ 值来实现自动跟踪，进而调节再冷凝入口 LNG 的流量，使再冷凝器液位维持在适当范围。对于江苏 LNG 接收站再冷凝器来说，一般控制液位在 55%～60%，底部压力控制在 0.72～0.74MPa（表压），根据外输 LNG 组分手动设定 $R$ 值，实现 BOG 的持续稳定冷凝。

4. 操作注意事项

再冷凝装置必须在接收站正常外输工况下运行，保证有足够的过冷 LNG 来冷凝接收站的 BOG，维持 LNG 储罐压力在合适范围。对任何一个接收站来说，都存在一个最小连续外输量，该最小连续外输量应综合考虑低压泵、高压泵最小连续输量和站内 BOG 完全冷凝需要的 LNG 流量。

另外，在应急操作时，可手动关闭再冷凝器底部出口阀门，短时间停运 BOG 压缩机，手动控制再冷凝器底部控制阀，实现低压泵到高压泵的 LNG 直供，维持 LNG 正常外输，待 BOG 压缩系统重启后再投运再冷凝器。

## 五、BOG 增压外输技术

1. 工艺流程

目前国内大多数的接收站用气不均匀系数较大，在夏季外输量小甚至零外输，冬季外输量较大。为了平衡冬夏季的外输不均性对接收站处理 BOG 气体的影响，江苏 LNG 接收站设计采用 BOG 增压外输流程。BOG 增压外输流程与再冷凝流程相比，优点是不受下游外输流量的影响，接收站产生的 BOG 均可进行外输，而再冷凝流程为完全冷凝接收站产生的 BOG，必须保证足够的量 LNG 外输。BOG 增压外输流程提高了接收站运行控制灵活性，但缺点是外输相同体积的气体，与再冷凝流程相比，能耗是后者的 6 倍左右。

江苏 LNG 接收站 BOG 压缩机压缩后 0.7MPa（表压）的 BOG 先进入增压机入口分液罐，气液分离后通过一级入口缓冲罐分别进入前、后一级气缸，一级压缩后气体的压力约为 2.2MPa（表压），温度约为 129℃，分别进入一级出口缓冲罐，经一级空冷器冷却后，温度降低到 45℃左右，进入二级入口缓冲罐，经二级压缩的气体压力约为 4.8MPa（表压），温度约为 109℃，经二级空冷器冷却后温度降低到 45℃，进入三级入口缓冲罐，三级压缩后的气体压力最终达到外输管线的压力，温度达到 107℃，经三级空冷器冷却温度降低到 45℃以下后外输。

2. 操作核心和任务

以江苏 LNG 接收站为例，增压机相关参数见表 8-1。

表 8-1　江苏 LNG 接收站增压机参数

| 参数 | 数值 |
| --- | --- |
| 能力，$m^3/h$ | 2929（入口） |
| 操作压力，MPa（表压） | 入口 0.7/ 出口 9.55 |
| 操作温度，℃ | −45/50 |
| 各级吸气压力，MPa（表压） | 0.7/2.2/4.8 |
| 各级排气压力，MPa（表压） | 2.2/4.8/9.55 |
| 吸气温度，℃ | 40/45/45 |
| 排气温度，℃ | 129/109/107 |
| 填料软化水进 / 出水温度，℃ | 40/50 |
| 气缸软化水进 / 出水温度，℃ | 46/56 |
| 缸径，mm | 500/390/275 |
| 运动机构润滑油供油温度，℃ | ≤45 |
| 运动机构润滑油供油压力，MPa（表压） | 0.3～0.4 |
| 运动机构润滑油耗量，L/min | 200 |
| 轴承温度，℃ | ≤65 |
| 冷却水耗量，t/h | 软化水 95 |
| 机组噪声，dB（A） | ≤85 |
| 传动方式 | 刚性直联 |
| 机组外形尺寸（长、宽、高）<br>mm × mm × mm | 12500 × 9000 × 6000（不含抽芯长度） |
| 介质 | 甲烷、氮气、乙烷 |
| 电动机型号 | TZYW/TAW2700-18/2600WTHF1 |
| 电动机类型 | 正压 + 增安型无刷励磁同步电动机 |
| 电动机负荷，kW | 2700（6.0kV，50Hz，3 相） |
| 转速（额定转速），r/min | 333 |

3. 主要控制点及操作优化

接收站零外输时，BOG 增压机与 BOG 压缩机串联运行，所有 BOG 直接加压外输，维持储罐压力；BOG 增压机也可与再冷凝器并联运行，一部分 BOG 经 LNG 冷凝处理，另一部分则直接加压外输，此时运行系统较多、关联控制较为复杂，需要做好外输量、再冷凝器运行状态和 BOG 压缩机 / 增压机负荷匹配进行系统优化工作。

江苏 LNG 增压机配备了无级液压调节系统，可实现负荷从 0 至 100% 的无级调节。当负荷低于 20% 时，增压机的液压调节系统以 20% 负荷维持运行，多余的气量通过旁通阀自动增加开度来满足整个气量调节的需要。当负荷高于 20% 时，旁通阀全关，由液压调节系统单独负责负荷的调节。当液压调节系统出现故障时，其会立即切除，控制器信号切换给旁通阀自动控制，增压机恢复到原来的 100% 负荷状态。

4. 操作注意事项

由于接收站产生的 BOG 气体量取决于大气温度、储罐个数、保冷量等多个条件，故接收站产生的 BOG 量存在一定差异，为了合理控制储罐的压力，则需要 BOG 增压外输流程能够根据接收站产生的 BOG 量的多少调节增压机的负荷。

另外，增压机辅助系统较多，启动前需要提前将各部位空间加热器、电动机励磁电加热器、冷却水系统、润滑油系统、液压调节系统、空冷系统投运，并完成主电动机氮气吹扫和盘车，各系统运行正常后，增压机主系统方可启动。

## 六、LNG 气化单元操作技术

1. 工艺流程

江苏 LNG 接收站设置两种形式气化器，分别为利用海水换热的开架式气化器（ORV）和燃烧天然气换热的浸没燃烧式气化器（SCV）。一般情况下接收站运行能耗较低的 ORV，在应急保供、海水温度偏低或 ORV 故障检修时再投运 SCV。

ORV 设计气化能力 200t/h，有三个单元，每个单元 6 排换热管束，每排换热管束 77 根换热翅片组成。LNG 在传热管内流动，海水在传热管外部流动，传热管内的 LNG 通过海水加热后气化外输。ORV 结构简图如图 8-11 所示。

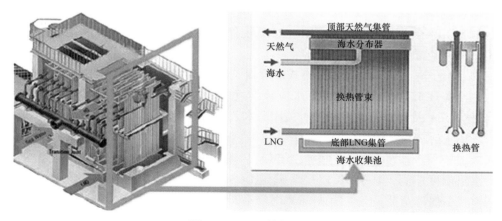

图 8-11　ORV 结构简图

SCV 在海水温度低于 5℃、外输峰值或者 ORV 故障时使用，利用天然气燃烧加热和气化低温 LNG。来自燃料气系统的天然气和来自鼓风机的助燃空气按照控制比例注入燃烧器，燃烧后产生的高温气体进入水浴池加热水浴。LNG 由浸没在水浴中的换热管束的下部流入，在换热管中被水浴加热、气化后输出到外输总管。SCV 结构简图如图 8-12 所示。

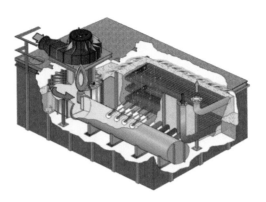

图 8-12　SCV 结构简图

2. 操作核心和任务

1）ORV 操作步骤

ORV 加压和冷却操作步骤为：（1）打开海水入口阀，并通过调节阀调节海水流量，通过海水流量计进行监测，确保海水流量达到额定值。（2）调节气化器上海水槽入口蝶阀的开度（投产前由厂商调节，调节好后铅封固定），将海水平均分配到各水槽，确保海水槽深度变化不超过 10mm。（3）LNG 流量控制阀手动控制模式下保持全关。（4）当海水分配均匀后，打开 LNG 入口切断阀、出口切断阀和出口手阀。（5）打开入口旁路阀。（6）由 LNG 流量控制阀的旁路 CSP 截止阀，将 LNG 引入气化器系统，进行 ORV 的冷却，控制降温速度不大于 8～10℃/min，入口温度达到 -120℃。（7）在加压过程中，调节手阀开度来控制加压和冷却速度，均匀加压。（8）当 ORV 系统压力稳定在高压输出压力时，冷却加压过程完成。

备用模式下开车步骤为：（1）确认 ORV 入口 LNG 管线完全冷却（由表面温度计确认）。（2）确认海水循环系统达到 ORV 的额定流量。（3）在手动控制模式下，逐渐打开 LNG 流量控制阀。阀门开度每次增加 0.1%，观察 LNG 流量，开车时 LNG 的流量应该以每分钟少于 10% 的额定负载率增加。（4）系统稳定后，将 LNG 流量控制阀设定到自动控制模式，ORV 启动过程完成。

正常停车步骤为：（1）在手动模式下缓慢关闭 LNG 流量控制阀。（2）关闭 LNG 入口阀，在完全关闭 LNG 入口阀后，海水应该继续供应 10 分钟，以完全气化设备中剩余的 LNG，观察 ORV 管束是否结冰。（3）关闭海水入口流量控制阀，ORV 处于备用模式。

2）SCV 操作步骤

SCV 加压和冷却步骤为：（1）按下 SCV 启动按钮设备自动点火开车，通过水浴温度计进行水浴温度监测（4～40℃）。（2）确定 DCS 上 LNG 许可灯亮，LNG 流量控制阀在手动控制模式下保持全关。（3）确认 SCV 出口手阀打开。（4）打开 SCV 进出口截断阀。（5）确认 SCV 入口手阀关闭，缓慢打开其旁路手阀，观察温度计，通过 LNG 流量控制阀的旁路 CSP 截止阀对 SCV 入口管线进行冷却，冷却速率不超过 8～10℃/min，冷却过程中要注意监测 SCV 的水浴温度，当其达 40℃时，按下 SCV 停车按钮，启动鼓风机和冷却水泵继续进行冷却加压，并密切监控水浴温度，若温度下降过快，立即再次启动 SCV。（6）在冷却加压过程中，通过配合调节手阀开度来控制 SCV 系统的压力和冷却速率，当 SCV 系统压力稳定达到高压输出系统压力同时温度计达到 -120℃时，气化器系统得到充分加压和冷却。（7）打开 MV-1600115，关闭 MV-1600118，冷却加压过程完成。（8）再次按下 SCV 启动按钮 HS-1601103，SCV 可以进行气化外输步骤。

备用模式下开车步骤为：（1）远程遥控面板通电。（2）所有的公共设施（仪表风、燃料气等）激活，供应阀门打开。（3）控制系统中没有联锁和限制性报警。（4）确认 SCV 已经按照冷却加压步骤完成冷却，系统处于热备用状态，可以进行外输气化步骤。（5）在手动控制模式下，逐渐打开 LNG 流量控制阀。（6）阀门开度每次增加 0.1%，观察流量计流量，然后根据 NG 输出流量和压力需求逐渐将其打开到所需要的 LNG 流量。开车时 LNG 的流量应该以每分钟少于 10% 的额定负载率增加。（7）系统稳定后，将流量控制阀 FCV-1600101 设定到自动控制模式。

正常停车步骤：（1）手动缓慢关闭 LNG 入口阀，关闭入口截断阀，SCV 应该继续加热 10min，以完全气化设备中剩余的 LNG。（2）操作员按下单元停车按钮，关闭 SCV。（3）气温低于 5℃时，启动冷却水泵循环。

3. 主要控制点及操作优化

ORV 为静设备，本身并不是用能设备，但需要引入海水作为换热介质，因此需要考虑海水泵的电耗和运行海水泵所消耗的冷却水用量。以江苏 LNG 接收站为例，海水泵功率为 1400kW，冷却水使用量为 5t/h，单台 ORV 每小时运行能耗成本约 1100 元。

SCV 运行时主要消耗燃料气，燃料气消耗量与 LNG 负荷有关，同时助燃风机也耗电（450kW），根据运行经验来看，单台 SCV 每小时运行能耗成本与 LNG 负荷对应关系见表 8-2。

表 8-2 SCV 运行能耗成本

| 单位 | LNG 负荷，t/h | 燃料气消耗，t/h | 耗电，kW·h | 总成本，元 |
|---|---|---|---|---|
| 1 | 10 | 0.12 | 450 | 700 |
| 2 | 20 | 0.23 | 450 | 1000 |
| 3 | 30 | 0.35 | 450 | 1400 |
| 4 | 40 | 0.46 | 450 | 1700 |
| 5 | 50 | 0.58 | 450 | 2100 |
| 6 | 60 | 0.69 | 450 | 2400 |
| 7 | 80 | 0.92 | 450 | 3100 |
| 8 | 100 | 1.15 | 450 | 3800 |
| 9 | 120 | 1.38 | 450 | 4500 |
| 10 | 140 | 1.71 | 450 | 5400 |
| 11 | 160 | 1.96 | 450 | 6200 |
| 12 | 180 | 2.21 | 450 | 7000 |
| 13 | 200 | 2.50 | 450 | 7800 |

注：以 LNG 每吨 3000 元、电费 0.75 元/（kW·h）估算。

综上，在 LNG 负荷在 20% 以下时，SCV 运行成本低于 ORV；若 LNG 负荷高于 20%，SCV 运行成本将高于 ORV，LNG 负荷量越大 SCV 运行成本越高，满负荷运行时 SCV 运行成本大概是 ORV 的 7 倍。

因此，即使冬季海水温度偏低，接收站一般仍维持 ORV 部分负荷运行，以 ORV 翅片结冰高度和不均匀度来调控 LNG 流量，同时在入冬前应相应调高 ORV 海水流量，保证有充足海水提供气化热能。ORV 翅片结冰高度和不均匀度控制指标如图 8-13 所示。

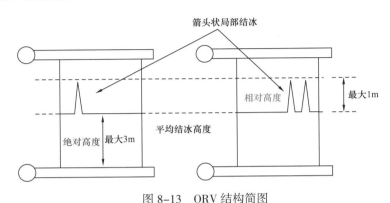

图 8-13　ORV 结构简图

### 4. 操作注意事项

ORV 运行中应重点关注换热翅片管束结冰情况、海水分布、异物质、涂层有无腐蚀及水槽堵塞情况，定期对 ORV 翅片涂层进行测量检查。当局部金属喷涂厚度低于 70μm 时，需要重新进行金属喷涂，同时检查管束板变形情况，管束板的曲率易导致海水堵塞，正常情况下，变形量不超过 40mm，在曲率状况比较严重时，需要进行敲击修正曲率。ORV 附属海水系统应配置连续加药管线，以杀死海水中的微生物，避免其堆积生长堵塞海水管线和附着 ORV 翅片，影响 ORV 的传热效率。

SCV 运行中要重点关注水浴有无天然气泄漏、冷却水循环是否正常、水浴 pH 值控制是否正常等，定期检测烟气组分判断 SCV 燃烧状态也非常重要，同时要检查助燃风机分配系统及燃烧室火焰形态。

## 七、LNG 装车单元操作技术

### 1. 槽车站工艺描述

江苏 LNG 接收站一期配备 5 台装车橇，设计装车能力为 $20\times10^4$t/a；二期工程增加 15 个装车位，设计能力为 $80\times10^4$t/a，合计总装车能力可达 $100\times10^4$t/a，建成时为国内 LNG 项目中装车能力最大的装车站。槽车装车系统用于 LNG 槽车的装载外运，采用冷态常压装车方案。低温液态 LNG 由低压泵从储罐增压输出，低压外输总管的部分 LNG 输至装车站，通过液相装车臂进入 LNG 运输槽车，同时 BOG 由气相返回臂进入接收站 BOG 系统。每台臂配备保冷循环系统及氮气吹扫系统，另外系统还包括 LNG 收集罐及排净管线等管道系统。

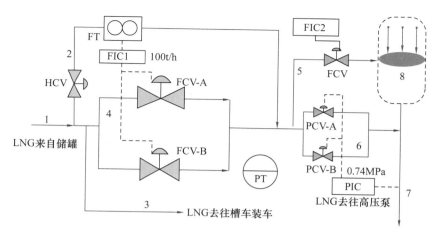

图 8-14　储罐低压输出系统流程示意图

装车过程中主要工艺流程（图 8-14）说明：储罐中的 LNG 由低压泵输出，进入低压输出总管（流程 1）。部分 LNG 进入码头保冷循环管线、储罐卸料管线进行保冷（流程 2），该管路上设置流量计 FT，其流量由流量控制器 FIC1 通过分程流量控制阀 FCV-A 和 FCV-B 开度调节去码头保冷量（流程 4）。低压总管引出装车总管往槽车站用于槽车液体装车，部分 LNG 通过装车总管进入充装站供给槽车装车（流程 3）。PT 用于监测再冷凝器入口压力，一般维持在 0.9～1.1MPa（表压）。部分 LNG 去再冷凝器 8 中冷凝 BOG，其流量由流量控制器 FIC2 通过 FCV 开度调节控制（流程 5）。LNG 去往高压泵入口（流程 7），其压力由压力控制器 PIC 通过中分程压力控制阀 PCV-A 和 PCV-B 开度调节维持恒定（流程 6）。

2. 操作核心和任务

LNG 装车臂由立柱、LNG 管线（3in 液相臂）、NG 管线（3in 气相臂）、旋转接头氮气吹扫系统、氮气置换系统及静电接地系统等构成，LNG 装车臂的气相臂、液相臂安装在同一个立柱上，气相臂和液相臂结构类似，可独立操作。主要参数如下：

（1）装车速度为 60m³/h；

（2）装车臂管线尺寸为 3in；

（3）操作压力为 0.7～0.9MPa（表压）（液相）/0.01～0.03MPa（表压）（气相）；

（4）操作温度为 -161℃/60℃（液相）/-130℃/60℃（气相）；

（5）设计流量为 60m³/h（液相）/110m³/h（气相）；

（6）设计压力为 1.79MPa（表压）（液相）/1.15MPa（表压）（气相）；

（7）设计温度为 -170℃/60℃。

LNG 槽车主流车型的运输罐全容积为 51.5m³，最大充装质量 20150kg，采用尾装式，可常压装车，亦可带压装车，每台槽车装车需要时间约为 1.5h。典型槽车阀门流程如图 8-15 所示。

3. 主要控制点及操作优化

LNG 槽车装车主要分成接车检查、泊车、装车前准备、装车四个环节，以江苏 LNG 装车橇为例，参见工艺流程图 8-16，主要步骤为：

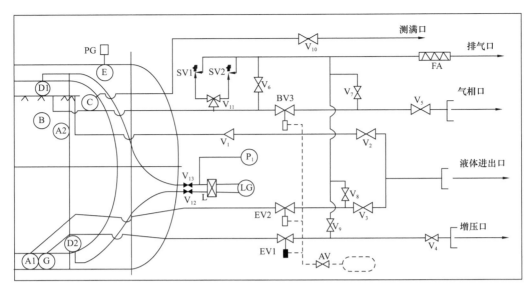

图 8-15　典型槽车阀门流程图

（1）槽车进站前确认一切危险物品如打火机、相机、手机等交保安处保存。

（2）确认销售部门的提货单。

（3）检查随车配备的两个灭火器是否正常，防火罩是否关闭。

（4）由槽车操作员确认装车站内无紧急情况，进站槽车压力小于 0.3MPa（表压）。雷雨天气、发生火灾、站内泄漏、LNG 储罐或槽车压力异常等情况下不得从事装车作业。

（5）确认地衡处无其他车辆，必要时等待其他车辆完成在地衡处称量。

（6）由操作员在装车管理系统中输入相关信息，并确认装车量。

（7）分配到装车卡后，可以进入槽车装车站进行充装。

（8）操作员在完成装车检查之后，按下"OK"按钮，"Stand By"指示灯亮。

（9）由驾驶员将槽车停入装车台"Parking Position"位置，停止槽车引擎，将手闸放置于正确位置，将阻滑器置于车轮下，并将钥匙交由操作员保管。

（10）由操作员检查以下内容：槽车是否停入装车台"Parking Position"停放位置；槽车液位计是否正常，槽车储罐是否空仓；槽车的压力应为 0.3MPa 以下，压力高于 0.5MPa 时可以判断为热车。

（11）根据触摸屏的指示将"Card Reader"（读卡器）上读入装车卡，卡上数据由 SVS 读取并反馈装车信息，触摸屏指示：槽车号、槽车罐号码、计划装载量。

（12）检查触摸屏指示，确认数据正常，驾驶员提起槽车接地带，然后根据触摸屏的指示连接槽车的接地电缆，"Earth Cable connected"（接地电缆已连接）指示灯变绿。

（13）操作员要求押运员检查现场，并填写《槽车充装前检查记录表》。

（14）操作员根据触摸屏指示按下"OK"按钮，"LNG/RG Arm Connection"指示灯亮。

（15）"LNG/RG Arm Connection"灯亮，可以进行 LNG 装车臂的连接。

（16）操作员确认指示，由驾驶员、押运员连接 LNG 装车臂和槽车。

（17）确认 XV-3001403、MV3001456、排净阀 XV-3001404 关闭。

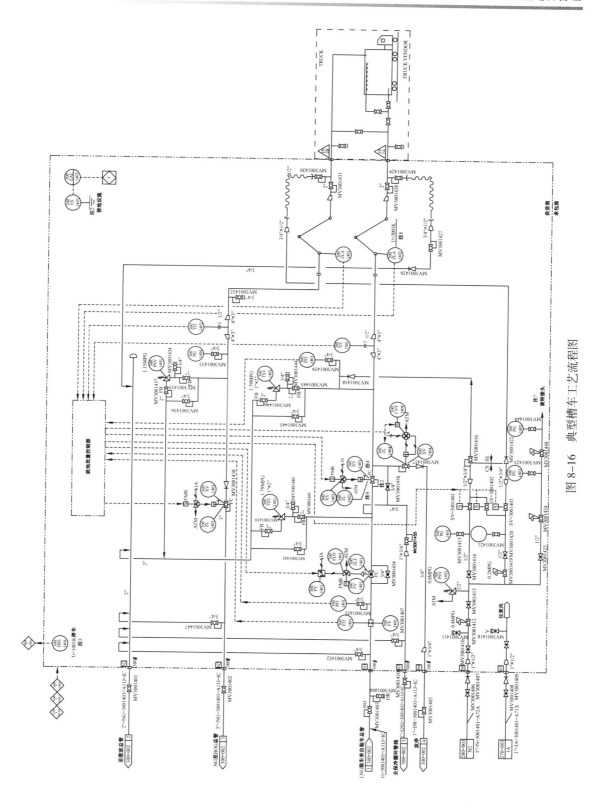

图 8-16　典型槽车工艺流程图

（18）打开 LNG 装车臂手阀 MV3001428 和 MV3001430。

（19）确认槽车液相、气相紧急切断阀关闭，缓慢打开槽车上 LNG 下部进液阀 V–3、放空阀 V–8，打开槽车气相阀 V–5 和放空阀 V–7，阀门打开之后按下"OK"键。

（20）电磁阀 SV–3001402 和 SV–3001403 自动打开 5s，进行装车臂的吹扫。

（21）听到排气声音后关闭放空阀 V–8 和 V–7，确认关闭之后按下"OK"按钮，"Leak Test"指示灯亮。

（22）"Leak Test"指示灯亮，可以进行装车臂的泄漏测试。

（23）根据指示按下"OK"按钮，按照设定的时间打开 SV–3001401 和 SV–3001403 加压 LNG 装车臂和气相返回臂。

（24）人工检查气相返回臂连接法兰处无泄漏，液相臂压力指示 PIT–3001402 达到 0.25MPa 时，检查液相臂连接法兰处无泄漏。

（25）检查后缓慢打开槽车上的放空阀 V–8、V–7 泄压，观察压力表，泄压完成后关闭 V–8、V–7，然后按下"OK"键。

（26）关闭氮气吹扫阀 MV3001430，然后按下"OK"键，"Depressure"指示灯亮。

（27）"Depressure"指示灯亮，可以开始槽车储罐的降压程序，气相返回管线上的 XV–3001401 自动打开。

（28）打开气相臂上手阀 MV3001431，打开气相紧急切断阀 EV–3。

（29）观察槽车上压力表显示槽车储罐压力低于 0.2MPa，完成降压，按下"OK"键，"Cool Down"指示灯亮。

（30）"Cool Down"指示灯亮，可以进行槽车的冷却程序，开启槽车冷却阀门 V–2，确认液相紧急切断阀 EV–2 关闭，关闭保冷循环阀 MV3001455，按下"OK"按钮。

（31）注意液相管线的压力、温度和装车臂的结霜情况，TIT–3001401 温度达到 –130℃ 冷却完成。

（32）打开槽车液相紧急切断阀 EV–2，关闭上进液阀 V–2，按下"OK"键，"LNG Loading"指示灯亮，进行装车程序。

（33）"LNG Loading"指示灯亮，可以进行 LNG 装车的程序。

（34）系统缓慢打开 FV–3001401，将装车速度增加到 10m³/h。

（35）触摸屏提示现在将装载速度提高到 60m³/h，如没有问题，按下"OK"按钮。系统逐渐打开 FV–3001401（以 1% 速度增加开度）将卸料速度增加到 60m³/h 稳定装车。

（36）装车过程中监控温度压力等参数，特别注意气相管线 TIT3001402 示数，当达到 –140℃时，系统将暂停。

（37）在剩余装车量小于 6m³ 时，根据提示按下"OK"按钮。

（38）剩余装车量为 0.4t 时，装车速度自动降低到 10m³/h，缓慢关闭 FV–3001401（以 1% 的速度减小开度），直到完全关闭，检查槽车储罐的液位指示。

（39）根据槽车的液位表，检查已装载的 LNG 量，打开保冷循环阀 MV3001455，如果没有问题，按下"OK"键，"LNG Arm N2 Purge"指示灯亮。

（40）"LNG Arm N$_2$ Purge"指示灯亮，可以进行 LNG 装车臂的排净和吹扫程序。

（41）关闭 EV-2，打开氮气吹扫管线阀 MV-3001430，按下"OK"键。

（42）自动打开 SV-3001402 开始吹扫液相臂，观察 PIT-3001402 示数，达到 0.3MPa（表压）后将 V-2 打开 5s 后关闭，重复 3 次（共 4 次），将装车臂上的 LNG 吹到槽车上，最后按下"OK"键。

（43）打开排净阀 MV-3001429，将装车臂排净，关闭 MV3001428 和 MV3001429，关闭槽车下进液阀 V-3，再次打开 MV3001429 阀，5s 后关闭，确认装车管线排空和泄压，然后按下"OK"键，系统自动打开球阀 XV-3001404，保持 15s，关闭 XV-3001404。

（44）气相返回臂氮气吹扫"RG Arm N$_2$ Purge"指示灯亮，可以进行气相返回臂的氮气吹扫程序。

（45）关闭气相紧急切断阀 EV-3，然后按下"OK"键，SV-3001403 自动打开 5 秒，然后关闭 MV3001430，关闭 MV3001431，关闭槽车气相阀 V-5，确认气相管线泄压完成后按下"OK"键，"Arm Disconnection"指示灯亮。

（46）"Arm Disconnection"指示灯亮，可以收回装车臂。

（47）通知驾驶员拆卸连接法兰螺栓，断开 LNG/RG 臂的连接。

（48）限位开关指示装车臂在储存位置，LNG 装车臂在储存位置的限位 ZLA-3001402 和 RG 气相返回臂在储存位置的限位 ZLA-3001401 信号显示，断开接地电缆并收入电缆盘内储存，按下"OK"键。

（49）装车工作全部完成，将阻滑器摆放整齐，检查槽车状况，要求押运员填写《槽车充装后检查记录表》，确认正常后可以驶离装车台，到称重处进行满车称重。

4. 操作注意事项

单橇装车时流量由低至高再降低，加上各橇频繁启停，装车总管流量、压力存在较大波动。江苏 LNG 接收站通过实践和摸索，为避免装车操作引起上下游工艺参数波动较大，采取手动调节储罐低压泵出口 HCV 阀的方式来控制流量匹配装车，以低压输出总管压力维持恒定为目标，实现了装车期间其他工艺系统的稳定操作，确保了下游再冷凝装置和高压泵设备运行正常。

另外，根据每日装车数量，槽车装车可灵活安排装车窗口时间，但需要提前启动低压泵来保证装车流量。低压泵出口流量和启动台数根据要装车的量来确定，一般来说，每 8 台橇同时装车，单橇流量 25t/h，即需要额外启动一台低压泵。

## 八、LNG 接收站保冷循环操作技术

1. 工艺流程

基于 LNG 低温特性，接收站首次投产成功后，卸料管线、低压输出总管、高压输出总管、装车/装船总管等 LNG 管线和高压泵均需要设置保冷循环以维持冷态，主要目的是管路和设备重新引入 LNG 启动时无须再次预冷，降低风险和节省时间。接收站主要保冷循环配置见表 8-3。

表 8-3　接收站主要保冷循环配置

| 序号 | 设备 / 管道 | 保冷描述 | 图例 |
|---|---|---|---|
| 1 | 低压泵及泵井 | 浸没在储罐 LNG 中，利用 LNG 及储罐 BOG 自然冷却 | — |
| 2 | 低压泵出口管线 | 储罐的低压输出截断 XV 阀常开，每台备用低压泵出口流量控制阀（FCV）旁路阀和最小回流流量控制阀旁路阀均为铅封保位（CSP）设置，利用低压输出总管压力反冲泵井来维持冷态 | 图 8-17 |
| 3 | 卸料管线 | 通过设置码头保冷循环来维持冷态，利用低压输出总管压力经卸料流程回流至储罐 | 图 8-18 |
| 4 | 装车 / 装船管线 | 通过设置装车 / 装船保冷循环来维持冷态 | — |
| 5 | 高压泵及高压输出总管 | 通过设置排净截断 XV 阀、最小外输循环旁路流程、高 / 低压排净总管来维持冷态 | 图 8-19 |

2. 操作核心和任务

可通过各个铅封保位（CSP）阀来设定开度控制保冷流量，码头保冷循环设置手动控制阀（HCV）控制循环流量，以管线表面温度维持恒定为目标，一般情况下认为管线上表面温度低于 –145℃为宜，此时既可维持管线冷态，又保证保冷量不致过大造成耗能增加。保冷管线温度监控如图 8-20 所示。

3. 主要控制点及操作优化

以江苏 LNG 为例，简述码头保冷循环启停操作。

停止码头保冷循环操作步骤：（1）将 FIC-1200101 切换到手动模式；（2）将 FCV-1200101A/B 逐渐打开，同时缓慢关闭阀 HCV-1200101，严格监控低压泵出口流量以及出口压力 PI-1200103；（3）关闭 XV-1200103；打开 XV-1200101；（4）打开 T-1201 和 T-1202 储罐底部进料阀 5% 左右开度泄压；（5）观察 PI-1200105 压力降到 0.25MPa（表压）左右，关闭储罐底部进料阀。

建立码头保冷循环操作步骤：（1）关闭阀 XV-1200101；（2）缓慢打开阀 HCV-1200101 约 10% 左右对码头保冷循环管线充压，观察再冷凝器的运行状态，根据上下游流量匹配原则调节低压泵出口流量；（3）在 PI-1200105 压力接近 PI-1200103 时，打开 XV-1200103；（4）观察 FIC-1200101 流量，手动缓慢调节阀 FCV-1200101A/B，逐渐开大 HCV-1200101 至全开，在 FIC-1200101 流量接近设定值并趋于稳定时，将 FIC-1200101 切换到自动模式。

4. 操作注意事项

江苏 LNG 接收站适时优化所有保冷循环调节阀设置，在确保管线设备不回温的前提下控制保冷循环量尽量小，以免产生多余 BOG。根据运行经验，一般情况下夏季需要的保冷量略高于冬季。同时受保冷影响，低压泵总输出量略高于高压泵总输出量，高压泵总输出量略高于计划输出量，比如目标输量 200t/h，则高压泵需运行在 210t/h 以上，低压泵需运行在 220t/h 以上，方可保证保冷需求，在运行匹配时需要考虑这方面的影响，避免 LNG 泵长时间高负荷运行。

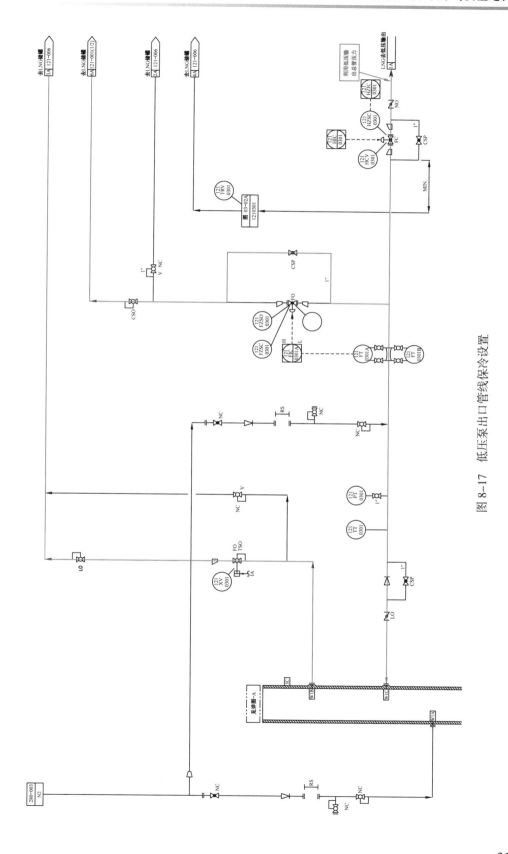

图 8-17　低压泵出口管线保冷设置

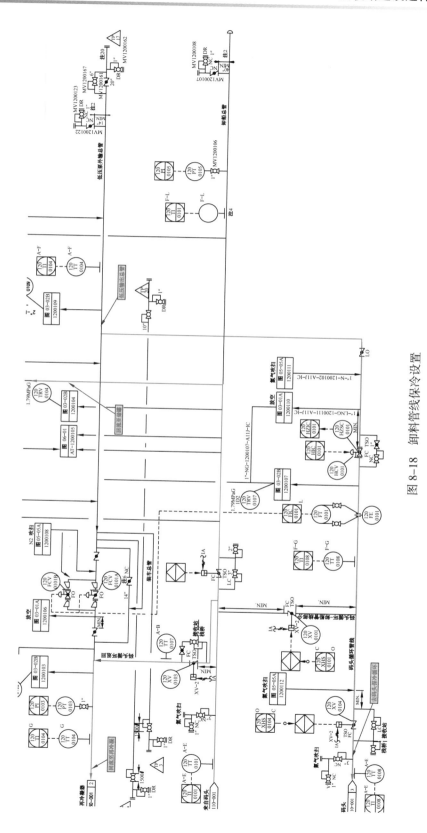

图 8-18　卸料管线保冷设置

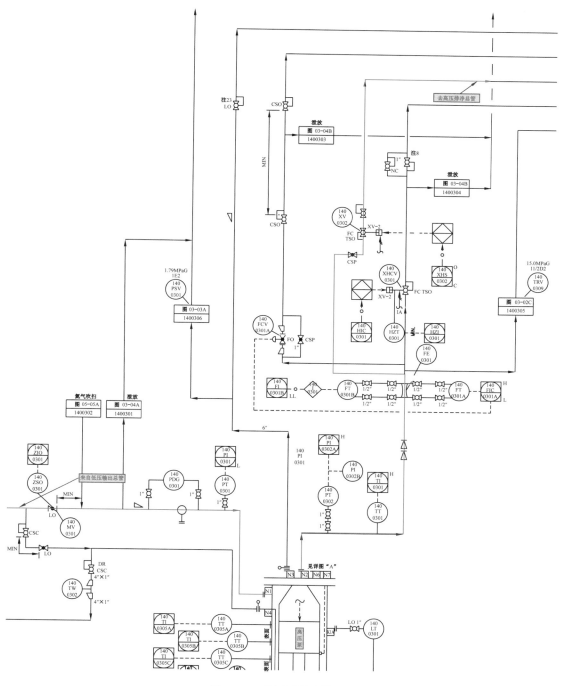

图 8-19　高压泵保冷设置

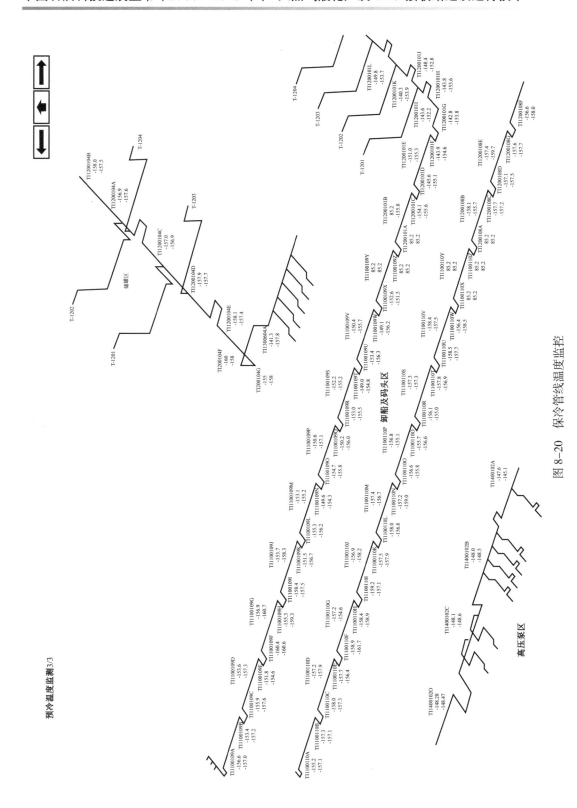

图 8-20　保冷管线温度监控

# 第三节　天然气液化厂安全生产及操作运行管理

安塞 LNG 工厂作为全国首套规模最大，国产化程度最高的液化天然气项目，项目地处陕北黄土高原地区，属偏远山区，各项资源条件极为匮乏，项目投产运行后遇到的主要问题包括项目投产运行之初缺乏运行实践基础；原料气来自净化厂出口，装置较管道气应急缓冲能力较差；地质为湿陷性黄土，土建维护成本高。本节以安塞 LNG 工厂为例，归纳并总结了液化厂的操作运行管理中积累的经验。

## 一、生产运行特点

安塞 LNG 工厂生产运行具有以下 7 个特点：

（1）安塞 LNG 工厂装置设计单套加工能力 $6.67 \times 10^8 m^3/a$，年生产液化天然气 $48.11 \times 10^4 t$，是当时国内首套大型国产化装置，因无运行经验可借鉴，要依靠在运行中逐步积累经验，安全生产运行压力大。

（2）工艺控制参数多，工艺控制要求高，操作难度大。工厂设置两套 DCS 系统、多套 PLC 系统，上位机数量较多，导致中控操作人员工作量较大，监盘任务重，操作难度大。

（3）生产用物资采购难度大，物资运输距离远，加工辅料费用高。液化厂生产加工用物料较大型化工厂使用量少；同时，由于地处偏远地区，导致物料采购非常困难，多数供货商会因运输距离远、使用量少而拒绝供货，对装置安全生产造成较大困扰，在遇到紧急情况时由于物资不能很快就位而造成的损失较大。

（4）所在地区水资源匮乏，取水、用水费用大。安塞 LNG 工厂取水地距离工厂超过 5km，5 口取水井分别位于不同地点，维护与维修难度大、费用高，动力电源由工厂变电所提供，使用 110kV 电缆桥架铺设，需当地变电所付费进行维护，转水站需外包公司进行运行，工厂取水费用包括供电线路维护费、转水站承包费、供水设备、管线维护维修费用、取水税、排污费等多方面组成，导致用水费用非常大且设备管线维护难度极大。

（5）地处陕北地区，土质松散，植被覆盖率低，土建维护成本高。近年陕北地区雨水明显增多，受土质影响，强降雨过后土质流失严重，现场塌陷处较多，水质流失还导致多数建筑物出现地基下沉，屋面开裂；此外，因地下土质含水大，冬季上冻后土层膨胀造成水泥路面大面积损坏，每年投入的土建费用较高。

（6）采用净化厂直供气，气源抗冲击能力小，生产运行受上游运行状态影响大。

（7）部分进口关键设备维修维护周期长、费用高、难度大。厂内部分关键设备采用进口，出现紧急情况不能及时与厂商取得联系，外企到厂服务程序繁琐，费用高，出现备件损坏需更换时加工制造周期很长，价格远高于国产同类型备件。

## 二、安全生产及运行管控具体措施

针对安塞 LNG 工厂的生产运行特点，投产以来，经过一系列摸索和实践，形成了一套完整的安全生产与运行管控措施，具体措施如下：

（1）公司生产运行管理采用生产厂长、生产运行部、技术员到班组长四级管理，各负其责，有效保障生产运行工作有序开展，并通过层层落实岗位责任，确保生产运行管理工作全覆盖。生产运行部建立制度汇编，对各项生产工作均有制度支持、制度约束。

（2）严格各项管理程序，确保生产受控。装置开停车由生产运行部制订开停工方案，在主要设备操作过程中严格执行操作卡；装置运行过程中对负荷调整、操作方法调整执行生产调度指令、生产受控指令，对存在工艺变更的进行变更评价审批；定期评估、更新操作规程、工艺卡片，工艺卡片上墙公示，确保所有操作指标在规定范围内；交接班严格执行"十交五不接"，填写交接班确认记录。

（3）持续开展"班组劳动竞赛"和"QC"活动。坚持每月开展劳动竞赛，使班组形成"赛产量、比能耗"的良好氛围，有效提高班组节能意识，生产主管部门对年度加工任务、物料消耗分解至班组，强化班组能源管理意识。每年组织开展 QC 活动，针对装置存在的突出问题及影响装置能耗的因素，有针对性地确定攻关课题，解决装置问题的同时，降低能耗。

（4）培训工作常态化。培训工作计划在年初制订，按月进行培训，培训成绩列入当月考核，通过奖励考核机制树立先进典型激励后进人员。

（5）坚持不懈地开展"八个必须"活动，通过日常安全生产组织，落实安全管理程序。工厂每天在生产例会上进行一次安全经验分享，剖析危化企业事故案例，吸取经验教训；每周组织一次安全检查，及时发现消除隐患；每月开展一次安全主题月活动，夯实安全管理基础；每个节假日前开展一次安全检查，确保节日期间的安全生产；每季度进行一次桌面应急演练，使全员熟练掌握应急方案；每半年进行一次应急实战演练，检验队伍应急抢险能力；每年必须进行一次危险源辨识和评价，不断推进工厂 HSE 体系建设；每年进行一次全面的安全工作总结，不断完善、提高安全管理水平。

（6）强化设备管理，确保本质安全的"七个坚持"。工厂安排班组每个班次对备用的动设备进行盘车，防止备用动设备卡涩变形；每周对换热设备进行数据检测，使换热设备处于安全受控、高效运行状态；每 10 天组织一次设备查漏工作，及时发现消除泄漏隐患，杜绝着火、爆炸风险；每半月对备用设备进行启动检查，确保备用设备完好备用；根据季节变化，做好设备防冻、防暑检查工作，确保安全运行；针对关键设备、重点部位制订特护管理措施，严格落实特护管理方案，保证特护设备、重点部位安全运行；定期组织员工对装置区域内的螺栓、阀门等进行保养，防止氧化腐蚀，延迟使用寿命。

（7）加大隐患排查力度，坚持日常巡检和专项检查相结合，将各种隐患消灭在萌芽状态下，实现标本兼治。为了将各种事故消灭在萌芽状态下，工厂要求当班人员每小时巡检一次、安全检查和设备保养每周一次、管线查漏 10 天一次，并进行节假日前的安全检查、日常情况下的专业检查以及装置启动前的安全检查，通过不间断的检查巡视，使工厂的各种隐患都处于监控状态。

（8）组织演练，锻炼队伍，提升应急管理能力。先后编制专项应急预案 27 个，应急卡片 30 个，现场处置方案 68 个，消防器材班班检查、安全设施周周检查、应急设施月月试运行，班组每季度演练一次，工厂每半年演练一次。通过实施有针对性的应急救援预案的演练，提高全员处置抢险能力。

# 第四节　液化天然气接收站安全生产及操作运行管理

江苏 LNG 接收站地处外海人工岛上，夏季温度高、湿度大、腐蚀性强，冬季附近海域寒潮大风频发，被业界誉为"世界上建设和运营难度最大的 LNG 接收站"。本节以江苏 LNG 接收站为例，总结了接收站安全生产及操作运行管理的经验。

## 一、生产运行特点

江苏 LNG 接收站生产运行具有以下 8 个特点：

（1）工艺介质低温高压、易燃易爆，安全生产运行压力大。LNG 介质达到 −162℃超低温，高压外输压力达到 11MPa；高压外输管道总长近 20km，通过管线桥后埋地敷设穿越临港工业区，第三方施工监管难度大；LNG 储罐存储容量大，属重大危险源一级站库，安全生产压力大。

（2）技术密集型站场，工艺控制要求高，操作难度大。接收站设计上采用最新工艺技术，进口设备多，系统集成化程度高，装置程序复杂，具有 BOG 增压外输与再冷凝器并联运行、冷能装置与气化设备并联运行、装车橇与高压泵并联运行等特殊流程，生产控制、船岸衔接、安保消防等均采用 DCS 集散控制和自动化监控，生产运行连续不间断，卸料总管长，联锁设置多，工艺流程复杂，运行操作难度大。

（3）港口作业条件苛刻，多专业多部门协调衔接难度大。LNG 船需乘潮进港、候流靠泊，为浅滩大潮差作业环境，为世界唯一，港口码头地处无遮掩的外海，附近海域寒潮大风频发，靠泊接卸受风、浪、潮影响大，LNG 船进港窗口期仅 6h，靠泊窗口期仅 2h，卸船时海事、海关、港口、消防、边检、计量、化验、运行、维护多专业多部门需统筹安排无缝衔接，协调难度大。

（4）地处长三角，保供应急压力大。接收站位于长三角供气负荷中心，承担西气东输管网的调峰任务，峰谷差大。冬季调峰保供期间保持高负荷运行，夏季生产淡季期间保持零外输运行，负荷调节范围 $50 \times 10^4 \sim 4000 \times 10^4 m^3/d$。天然气管网运行异常工况的突发性、船期不确定性给接收站保供应急带来巨大压力。

（5）四面环海，高温高湿，防腐蚀维护难度大。远离海岸建设人工岛和接收站，地处亚热带季风气候区，四面环海，高温高湿，设备设施腐蚀严重，同时受风雨天气影响较多，作业窗口期不可预期，腐蚀维护难度大。

（6）海水含沙量大，设备维修维护频次高，运行成本大。接收站地处长江入海口附件，海水含沙量大，沙粒质地坚硬，造成站内海水制氯系统、旋转滤网系统、海水泵、ORV 换热翅片等设备设施磨损严重，频发故障，运行成本高。

（7）关键设备进口多，维修维护周期长、费用高、难度大。站内关键设备为进口的居多，国产化程度不高，一旦出现故障需联系厂商协助维修，往往费时费力，维修维护协调困难，导致设备长时间不备用，同时维修费用居高不下。

（8）行业跨度宽，监管范围广，管理难度大。公司业务涵盖海工作业、码头作业、管道运输作业、工艺操作类同炼化行业。管理协调工作涉及国家及地方的海关、海事、边检、国检、海洋与渔业局、港口管理局、口岸办、气象局、码头、安全消防、边防安保、交通运输等方面，对外的协调面广事杂，衔接协调压力大。

## 二、安全生产及运行管控具体措施

结合江苏LNG接收站的生产特点，江苏LNG接收站制定了安全生产及运行的管控具体措施如下：

（1）公司生产运行工作坚持以生产计划为龙头、以安全生产为中心、以《生产运行工艺问题统计表》《设备存在问题统计表》为抓手，不断夯实生产运行管理基础。

（2）严格执行操作卡，确保操作受控。定期开展工艺危险与可操作性分析（HAZOP），对系统装置进行充分的风险辨识；根据生产需要及时修订操作规程（程序），做好操作卡修订发布工作；定期对基层操作人员、维修人员进行技能培训，提升业务素质能力。

（3）强化LNG接卸船作业管理。领导靠前指挥，运行操作、海事港作、安全监督、计量化验、维修保障人员全力合作，强化卸料作业管控，提前做好LNG船与码头匹配研究、靠泊前风险分析、接卸船检查等关键环节，卸料过程严格执行卸料程序，并根据冬季高频接船提前编制操作程序。

（4）加强工艺设备变更管理，重点管控能量隔离。重大操作和检修作业坚持方案在先、技术交底到位；隔离方案要经过充足分析论证，充分辨识工艺危险性和操作风险，安全措施保障到位；对执行全过程实施量化考核，确保方案落实到位。

（5）建立生产、设备问题动态管理台账，实施"分级负责、挂牌督办、限期整改、量化考核"机制。对《生产运行工艺问题统计表》《设备存在问题统计表》执行周更新、月评审，在安全生产周例会督办、通报隐患治理情况，直接与绩效考核挂钩，进行销项落实。

（6）推行"三级"岗位巡检机制，确保日常隐患排查到位。运行人员加强工艺运行巡检、检维修人员加强设备巡检、安全监督加强作业巡检，联合对关键装置、要害部位、重点作业巡查，及时发现工艺设备、作业风险隐患问题，推进隐患排查日常专业化管理；同时，建立考核机制，对隐患排查表现突出者按隐患等级进行表彰奖励。

（7）严格管控LNG槽车充装管理。严格审查槽车备案技术资料，严格执行槽车司驾和押运人员培训考核制度，严格对槽车进行进站前安全检查，严格执行提货计划审批制度。

（8）强化作业许可管理，重点管控外输管道第三方施工。对现场作业执行许可管理，强化直线责任，严格审核施工作业方案，尤其是动火、临时用电、高处作业等特种作业方案，按职责分级层层审核；对外输管道第三方作业执行"24h现场监护"，落实各项安全措施，确保施工作业安全受控。

（9）着力设备预防性维护，切实提高设备运行可靠性。充分发挥自有检维修队伍优势，开展预知性维护维修，形成动设备监控系统和预防性维修周期卡；开展维修技术难点攻关，及时进行维修技术总结，形成设备维修档案台账；科学合理编制重要设备维修计划，优化维修作业与生产协调；梳理关键设备备件清单，逐步完善备品配件需求计划，推进维修计划按时完成。

（10）优化备品备件配额管理。根据维修台账科学制定备品备件配额标准，从而确定备品备件采购与库存策略，在满足生产运行保障需求前提下争取备品备件库存最优化。

（11）着力推进隐患整改施工，加强生产运行隐患治理。

（12）建立生产应急保障服务体系。完成应急发电机、DCS 系统、SIS 系统、SCADA 系统、化验分析计量仪器、外供电线路、外输管道、储罐电梯、UPS 等系统的维修维保与应急协议签订，切实提高接收站生产应急处置能力。

## 参 考 文 献

［1］徐春明，鲍晓军.石油炼制与化工技术进展［M］.北京：石油工业出版社，2006.

［2］顾安忠.液化天然气技术［M］.北京：机械工业出版社，2004.

［3］刘华印，叶学礼.石油地面工程技术进展［M］.北京：石油工业出版社，2006.

［4］敬加强，梁光川，蒋宏业.液化天然气技术问答［M］.北京：化学工业出版社，2007.

［5］顾安中，鲁雪生.液化天然气技术手册［M］.北京：机械工业出版社，2010:284-287.

［6］GB 18442—2001　低温绝热压力容器［S］.

［7］乔国发.影响 LNG 储存容器蒸发率因素的研究［D］.东营：中国石油大学（华东），2007：73-74.

# 第九章　展　　望

国外液化天然气工业化发展已将近一个世纪，具有成熟的工艺技术、可靠的设备和材料、丰富的工程建设经验、完善的标准体系和强大的专业人才队伍。我国 LNG 技术研究开发和工业应用起步较晚，相关领域技术水平严重落后，但发展速度迅速。一方面，我国工艺技术、工程设计和建造技术快速发展；另一方面，我国核心设备逐步实现了国产化、标准体系逐步成熟以及人才队伍迅速成长。目前，我国已经具备了采用自主技术和国产化设备实施中小型天然气液化装置和大型 LNG 接收站的工程设计、建造和运行管理的能力。

截至 2016 年底，全球 19 个国家和地区拥有 107 条以产品远洋输出为目的的基荷型天然气液化生产线，液化生产能力为 $3.5 \times 10^8$ t/a，最大单线产能为 $780 \times 10^4$ t/a。全球 25 个国家和地区拥有 105 座 LNG 接收站，超过 430 座 LNG 储罐，储存能力达到 $5020 \times 10^4$ m³，接收能力超过 $7 \times 10^8$ t/a，最大储罐容积为 $27 \times 10^4$ m³，最大接收气化能力为 $1500 \times 10^4$ t/a。已经建成投产的浮动式天然气液化船（FLNG）1 套，其能力为 $1.2 \times 10^4$ t/a，浮动式气化船（FSRU）21 套，最大能力超过 $300 \times 10^4$ t/a。

拥有天然气液化技术的国际公司有美国的空气产品公司（Air Product）、康菲石油公司（ConocoPhillips）、博莱克威奇公司（Black Vetch），德国林德公司（Linde）及英荷壳牌公司（Shell）等，拥有 LNG 接收站技术的公司有美国凯洛格·布朗·路特公司（KBR）、法国索菲燃气工程公司（SOFREGAZ）、日本东京燃气工程公司（TGE）、大阪燃气工程公司（OGE）、韩国燃气公司（Kogas）等，拥有 LNG 储罐设计和建造技术的公司有美国芝加哥桥梁钢铁公司（CB&I）、德国 TGE 气体工程公司（TGE）、英国 Technodyne 公司（Technodyne）、日本石川岛播磨重工业公司（IHI）、日本东京燃气工程公司（TGE）、大阪燃气工程公司（OGE）、韩国燃气公司（Kogas）和法国万喜集团（Vinci）等；另外，国际上几家工程公司具有大型 LNG 工程设计和总承包建设的工程技术和丰富经验，如美国柏克德公司（Bechtel）、福陆公司（Flour）、法国德希尼布公司（Technip）和日本千代田公司（Chiyoda）等。

目前，拥有天然气液化技术的国内公司有寰球公司、中国石油工程建设有限公司西南分公司、成都深冷等 10 多家公司，采用自主技术建成了中小型天然气液化装置 50 余套，最大能力 $120 \times 10^4$ t/a。拥有 LNG 接收站和 LNG 储罐设计建造技术的公司有寰球公司等少数几家公司，采用自主技术独立建成大型 LNG 接收站 6 座，采用国内外技术合作建成 LNG 接收站 19 座，接收站最大能力 $650 \times 10^4$ t/a，LNG 储罐最大容积 $22.3 \times 10^4$ m³。

增加天然气液化装置单系列生产能力、提高装置运行稳定性和可靠性、降低综合能耗是天然气液化技术的发展方向。非常规天然气液化技术的发展也是未来发展趋势之一，掌握非常规天然气的液化工艺及配套技术至关重要。

由于浮动式天然气液化、气化装置以其对市场需求较强的灵活性、适应性，成为近期行业关注的热点，在未来会有一定的发展空间，并形成一定的生产规模。目前，国际上没有能够独立承接浮式储存和再气化装置（FSRU—Floating Storage and Regasification Unit）和浮式液化天然气生产储卸装置（FLNG—Floating Liquefied Natural Gas）的公司，一般整体由船舶制造商成套，其上部工艺装置和船体分别属于不同行业领域，浮式生产装置的建造模式多数是联合体设计模式，美国的 Excelerate Energy 公司拥有 FSRU 的技术，比利时船舶运营商 Exmar 拥有多条 FSRU，同时也负责运营管理，积累了丰富的经验，处于国际领先地位。

2017 年 1 月建成的首套 FLNG 是马来西亚石油公司投资的 PFLNG SATU，采用了美国空气产品公司（AP）的天然气液化技术，由法国德希尼布公司设计，大宇造船和德希尼布联合建造。在建的最大的 FLNG 项目为澳大利亚的 Prelude FLNG，该项目由壳牌公司投资，法国德希尼布公司和韩国三星重工联合设计建造，采用壳牌公司自有的双循环混合冷剂（DMR）液化技术。

在船体和模块化建造方面，韩国三星重工、现代重工和日本三菱重工等公司拥有模块化建造技术和能力，并且处于国际领先地位；中国海洋石油工程有限公司在国内的模块化建造领域处于领先并且有丰富的经验，在模块化建造方面也已经有了多年的积累并具有一些国内外重大项目的经验。模块化建造将是天然气液化项目、浮式 LNG 设施和 LNG 运输船的主要建造方式。

随着 LNG 储罐设计建造技术不断发展，近年来国际上新建和扩建的 LNG 储罐呈现出单体罐容大型化的趋势。韩国已完成设计并正在建造目前世界上最大罐容的 $27 \times 10^4 m^3$ LNG 全容罐。国内建成投产的 LNG 储罐最大容积为 $22.3 \times 10^4 m^3$，其设计和建造技术由寰球公司提供。目前，寰球公司已经完成了容积为 $30 \times 10^4 m^3$ LNG 储罐的技术开发。

随着国内 LNG 业务的快速发展、国际上非常规天然气开采技术的突破，以及国家对海外 LNG 资源需求的进一步增长，中国石油面临的 LNG 技术开发和项目建设难度将进一步加大。一方面，为了降低 LNG 资源购置价格，需要输出自主技术和国产装备，积极参与海外大型 LNG 项目的自主建设和运营管理；另一方面，国内天然气液化工厂和 LNG 接收站项目的建设条件日趋恶化，越来越多的国企和民企力求参与项目投资和建设，竞争更加激烈，因此需要进一步研发和推广中国石油自主技术和装备，降低项目建设和运营成本，在激烈的市场竞争中巩固优势地位。

"十三五"期间，中国石油 LNG 业务将以突出满足主营业务重大需求、突出增强科技长远发展能力、突出促进科技成果转化应用为原则。"十三五"末，LNG 接收能力达到 $2500 \times 10^4 t/a$，新增深圳、福建 LNG 接收站等项目，新增 LNG 接收能力 $600 \times 10^4 t/a$。

随着非常规天然气开采技术的发展，未来 LNG 行业将迎来更大的发展空间。LNG 技术的发展趋势主要为工艺技术将朝着多元化、充分竞争化发展；天然气液化工厂向着大型化、高单线能力（$500 \times 10^4 t/a$ 及以上）发展；天然气液化工厂从传统岸基工厂向海上 FLNG 发展；LNG 储罐建设向着大型化、常压化发展；LNG 接收站从陆上向海上发展，浮式 LNG 设施逐步实现大规模应用和快速发展；工程建造将朝着模块化方面快速发展，实现 LNG 产业链多样化及进一步降低其投资。

未来中国石油在 LNG 领域面临的主要挑战有海外投资 LNG 项目中自主技术和国产化核心装备的应用，工程建设队伍的参与需进一步加强；浮式 LNG 和非常规液化天然气技术基础薄弱，尚需加大技术开发力度。

　　预测未来中国石油在 LNG 领域的技术发展将围绕以下几方面开展[1]：（1）工艺技术将注重现有技术优化、拓展和完善，进一步提高竞争力，并在大型项目上推广及应用，尤其是海外项目；（2）工程设计和建造技术将注重与国际接轨，参与国际大型 LNG 项目的执行，使用先进的数字化设计理念、方法、软件和国际标准规范优化工程设计；（3）建造方式上采用模块化思路，结合国内尤其是中国石油模块厂的优势开展工作，努力提高工程质量、降低工程造价；（4）装备和材料供应注重"中国创造"模式，积极推进全面国产化，提高制造质量，并推向国际市场；（5）工厂运行管理注重总结、优化和完善现有管理运行经验，与国际对标，提出一套适合国外 LNG 工厂运行管理的标准和规程，以适应中国石油的海外 LNG 工厂运行要求。

　　LNG 相关重大技术开发课题将围绕以下方向进行：超大型（$500 \times 10^4$t/a 以上）天然气液化关键技术；大型 LNG 核心装备国产化和工程建设模块化；非常规天然气净化工艺及工程化配套技术；浮式天然气液化、接收与再气化关键技术；超大型（$30 \times 10^4 m^3$）全容式 LNG 储罐，薄膜式 LNG 储罐以及地下和半地下安装的 LNG 储罐 / 设计建造关键技术。

## 参 考 文 献

［1］黄维和 . 2016—2017 油气储运工程学科发展报告［M］. 北京：中国科学技术出版社，2018.